物件導向程式設計

結合生活與遊戲的 C++語言

（第六版）

邏輯林　編著

全華圖書股份有限公司　印行

國家圖書館出版品預行編目資料

物件導向程式設計 ：結合生活與遊戲的 C++ 語言/邏輯林編著. -- 六版. -- 新北市：全華圖書股份有限公司, 2023.10

面； 公分

ISBN 978-626-328-707-5(平裝)

1.CST: C++(電腦程式語言)

312.32C 112015163

物件導向程式設計－結合生活與遊戲的 C++語言

(第六版)

作者／邏輯林

發行人／陳本源

執行編輯／王詩蕙

封面設計／楊昭琅

出版者／全華圖書股份有限公司

郵政帳號／0100836-1 號

印刷者／宏懋打字印刷股份有限公司

圖書編號／0626105

六版一刷／2023 年 10 月

定價／新台幣 580 元

ISBN／978-626-328-707-5 (平裝)

ISBN／978-626-328-710-5 (PDF)

全華圖書／www.chwa.com.tw

全華網路書店 Open Tech／www.opentech.com.tw

若您對書籍內容、排版印刷有任何問題，歡迎來信指導 book@chwa.com.tw

臺北總公司(北區營業處)

地址：23671 新北市土城區忠義路 21 號

電話：(02) 2262-5666

傳真：(02) 6637-3695、6637-3696

南區營業處

地址：80769 高雄市三民區應安街 12 號

電話：(07) 381-1377

傳真：(07) 862-5562

中區營業處

地址：40256 臺中市南區樹義一巷 26 號

電話：(04) 2261-8485

傳真：(04) 3600-9806(高中職)

(04) 3601-8600(大專)

前言

一般來說，以人工方式處理日常生活事務，只要遵循程序就能達成目標。但以下類型案例告訴我們，以人工方式來處理，不但效率低浪費時間，且不一定可以在既定時間內完成。

1. 不斷重複的問題。例：早期人們要提存款，都必須請銀行櫃檯人員辦理。人多時，等候的時間就拉長。現在有了可供存提款的自動櫃員機 (ATM) 之後，存提款變成一件輕輕鬆鬆的事了。
2. 大量計算的問題。例：設 $f(x) = x^{100} + x^{99} + \cdots + x + 1$，求 f(13)。若用手算，則無法在短時間內完成。現在有了計算機工具，很快就能得知結果。
3. 大海撈針的問題。例：從 500 萬輛車子中，搜尋一部車牌為 888-8888 的汽車。若用肉眼的方式去搜尋，則曠日廢時。現在有了車輛辨識系統，很快就能發現要搜尋的車輛。

一個好的工具，可以使問題處理更加方便及快速。以上案例都可利用電腦程式設計求解出來，由此可見程式設計與生活的關聯性。程式設計是一種利用電腦程式語言解決問題的工具，只要將所要處理的問題，依據程式語言之語法描述出問題的流程，電腦便會根據我們所設定之程序，完成所要的目標。

多數的程式設計初學者，因學習成效不彰，對程式設計課程興趣缺缺，進而產生排斥。導致學習效果不佳的主要原因，有下列三點：

1. 上機練習時間不夠，又加上不熟悉電腦程式語言的語法撰寫，導致花費太多時間在偵錯上，進而對學習程式設計缺乏信心。
2. 對問題的處理作業流程（或規則）不了解，或畫不出問題的流程圖。
3. 不知如何將程式設計應用在日常生活所遇到的問題上。

因此，初學者在學習程式設計時，除了要不斷上機練習，熟悉電腦程式語言的語法外，還必須了解問題的處理作業流程，才能使學習達到事半功倍的效果。

本書所撰寫之文件，若有謬錯或疏漏之處，尚祈先進及讀者們指正。謝謝！

2023/6/17 酉時

邏輯林 於

學習資源

❍ **編譯器（complier）：**

本書所用的編譯器是免費的 Dev-C++ 5.0 以上的整合發展環境軟體，其下載位置為：http://orwelldevcpp.blogspot.tw/。書上所有的範例程式碼，在 Dev-C++ 5.0 以上的整合發展環境中均執行無誤。

❍ **程式設計相關網站：**

在學習程式設計過程中，若遭遇困難時，可以搜尋以下網站，尋找相關的資源。

http://ocw.aca.ntu.edu.tw/ntu-ocw/ocw/cou/101S112

（計算機程式——臺灣大學 電機工程系 廖婉君 教授）

目錄

※ 本書附錄 A 請線上下載

Chapter 01 電腦程式語言介紹

Chapter 02 C++語言的基本資料型態

Chapter 06 庫存函式

Chapter 07 陣列

Chapter 08 指標

Chapter 09 前置處理程式

Chapter 10 自訂函式

Chapter 11 變數類型

Chapter 12 結構與列舉

Chapter 13 動態記憶體

Chapter 14 類別

Chapter 15 運算子的多載

Chapter 16 繼承

Chapter 17 檔案處理

Chapter 18 例外處理

Appendix A Visual Studio Community 2022安裝及使用（電子書）

Chapter 01

電腦程式語言介紹

當人類在日常生活中遇到問題時，常會開發一些工具來解決它。例如：發明筆來寫字、發明腳踏車來替代雙腳行走等等。電腦程式語言也是解決問題的一種工具，過去傳統的人工作業方式，有些都已改由電腦程式來執行。例如：過去的手排車，換檔是由駕駛手動控制，而現在的自排車，換檔則是由電腦程式根據時速來控制。又例如：過去大學選課作業是靠行政人員處理，現在則是透過電腦程式來撮合。因此，電腦程式在日常生活中已是不可或缺的一種工具。

人類必須借助相互了解的語言才能進行溝通；同樣地，當人類要與電腦溝通時，也必須使用彼此間都能了解的語言，像這樣的語言我們稱為電腦程式語言（Computer Programming Language）。電腦程式語言分成兩大類：其中一類為編譯式的程式語言，執行效率高；另一類為直譯式的程式語言，執行效率差。若程式語言的原始程式碼（Source Code），必須經過編譯器（Compiler）編譯成機器碼（Machine Code）無誤後才能被執行，則稱這種程式語言為「編譯式程式語言」。例如：COBOL、C、C++ 等。編譯式程式語言的原始程式碼編譯無誤後，下次就無須重新編譯，否則必須修改程式並重新編譯。若程式語言的原始程式碼，必須經過直譯器（Interpreter）將指令一邊翻譯成機器碼一邊執行，直到產生錯誤或執行結束才停止，則稱這種程式語言為「直譯式程式語言」。例如：BASIC、HTML 等。直譯式程式語言的原始程式碼，每次執行都要重新經過直譯器翻譯成機器碼。

編譯式的程式語言，從原始程式變成可執行檔的過程分成編譯（Compile）、連結（Link）兩個階段，分別由編譯程式（Compiler）及連結程式（Linker）負責處理。編譯程式，負責檢查程式的語法是否正確及所使用的函式是否有定義。當原始程式編譯正確後，接著由連結程式去連結函式定義的所在位址，若連結成功，則會產生原始程式的可執行檔。

程式從撰寫階段到執行階段，常發生的錯誤有三種類型，分別為編譯錯誤（compile error）、連結錯誤（link error）及執行錯誤（run-time error）。撰寫程式時，若程式碼違反程式語言的語法規則，則會產生編譯錯誤或連結錯誤。這兩類的錯誤，稱之為「語法錯誤（Syntax error）」。例如：在 C++ 語言中，大多數的程式敘述是以「;」（分號）作為該程式敘述的結束，若缺少「;」，則編譯時會產生錯誤訊息「error: expected ';'」。程式執行時，若產生例外狀況或結果與預期不符，則代表程式碼的邏輯設計不夠周詳。像這類的執行錯誤，稱之為「語意錯誤（Semantic error）」或「邏輯錯誤（Logic error）」。例如：「a = b / c ;」，在語法上是正確的。但執行時，若 c 為 0，則會產生錯誤訊息「return value 3221225620」，表示「除零錯誤」（divided by zero）。

1-1 物件導向程式設計

利用任何一種電腦程式語言所撰寫的指令集，被稱為電腦程式。而撰寫程式的整個過程，稱為程式設計。程式設計的步驟如下：

1. 分析問題。
2. 構思解決問題的程序，並繪出流程圖。
3. 選擇一種電腦程式語言，依據步驟 2 的流程圖撰寫指令集。
4. 編譯程式並執行，若編譯正確且執行結果符合問題的需求，則結束；否則必須重新檢視步驟 1~3。

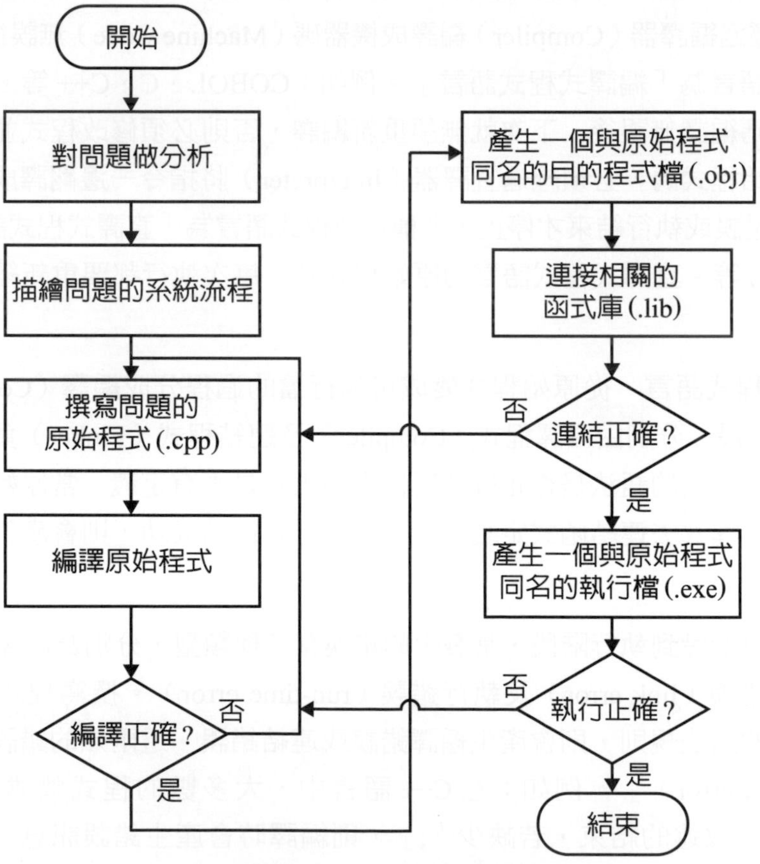

▲圖1-1 程式設計流程圖

原始程式（.cpp）需經過編譯程式編譯成目的程式碼（object code），為二進制檔案。接著，將目的程式碼與使用的函式庫連結產生一個執行檔（.exe）。以 Dev C++ 做為 C++ 程式開發工具，若程式架構為單一程式，則編譯後的目的程式檔會被刪除；若以專案為程式架構，則編譯後會產生與程式名稱同名且副檔名為「.o」的目的程式碼。

程式設計方式可分成下列兩種類型：

1. 第一類為程序導向程式設計（Procedural Programming）：設計者依據解決問題的程序，完成電腦程式的撰寫，程式執行時電腦會依據流程進行各項工作的處理。
2. 第二類為物件導向程式設計（Object Oriented Programming, OOP）：它結合程序導向程式設計的原理與真實世界中的物件觀念，建立物件與真實問題間的互動關係，使程式在維護、除錯，及新功能擴充上更容易。

何謂物件（Object）呢？物件是具有屬性及方法的實體，例如：人、汽車、火車、飛機、電腦等。這些實體都具有屬於自己的特徵及行為，其中特徵以屬性（Properties）來表示，而行為則以方法（Methods）來描述。物件可以藉由它所擁有的方法，改變它擁有的屬性值及與不同的物件溝通。例如：人具有胃、嘴巴等屬性，及吃、說等方法。可藉由「吃」這個方法，來降低胃的飢餓程度；可藉由「說」這個方法，與別人溝通或傳達訊息。因此，OOP 就是模擬真實世界的物件運作模式之一種程式設計概念。常見的 OOP 電腦程式語言有 C++、Visual Basic、Visual C#、Java 等。本書主要是以介紹 C++ 程式語言為主。

1-2 C++ 語言簡介

C 語言是 Dennis Ritchie 和 Ken Thompson 在 1972 年於 AT&T 貝爾實驗室所發表的電腦程式語言，主要目的是為了研發 UNIX 系統。後來，許多研究單位及學術機構根據 Dennis Ritchie 和 Ken Thompson 所著的 *C programming language* 一書，各自發展自己的 C 語言編譯程式，但缺乏統一標準，且存在許多的缺失。為了統一 C 語言標準，美國國家標準局（American National Standards Institute, ANSI）於 1983 年成立一個特別委員會，並於 1989 年制定一套 C 語言的國際標準語法，並稱之為 ANSI C。

1979 年，Bjarne Stroustrup 以 C 語言架構為基礎並結合 C with Classes 的構想，發展一套易開發且具高效能的物件導向（Object Oriented）程式語言。1983 年，Rick Mascitti 正式將 C with Classes 命名為 C++，之後陸續加入 C++ 標準串流 I/O 函式庫（取代傳統的 C 標準 I/O 函式庫）、布林（bool）資料型態、虛擬函式（virtual function）、運算子多載（operator overloading）命名空間（namespace）等功能。

❖ 1-2-1 C++ 語言程式架構

C++ 語言程式的撰寫順序依序為：

1. **前置處理指令區**

   程式的開端處為前置處理指令區。在此區中，以「#include」或「#define」開頭的敘述，稱之為前置處理指令。編譯 C++ 語言程式前，前置處理器（Preprocessor）會先完成前置處理指令交代的工作。

   「#include」的目的，是將其後角括弧（< >）內的標頭檔（header file），或稱含括檔（include file）之內容引入原始程式的最前頭，即標頭檔的內容會取代「#include <...>」這一行程式敘述，這個動作被稱為含括（include），請參考「圖 1-2」。「#define」的目的，是將其後的「識別字名稱」定義成「常數」或「巨集函式」，方便之後以「識別字名稱」來代替該「常數」或「巨集函式」。「#include」及「#define」介紹，請參考「第九章 前置處理程式」。

   在程式中，都會用到 C++ 語言的標準庫存函式或類別，在使用它們之前都必須宣告。而這些庫存函式或類別都宣告在所屬的標頭檔中，若要使用它們，則將其對應的標頭檔含括到原始程式中即可，這樣就等於宣告這些庫存函式或類別了。

2. **整體（或全域）變數及整體函式宣告區（可有可無）**

   為整體（或全域）變數及整體（或全域）自訂函式宣告的位置。（參考「第十一章 變數類型」）

3. **主函式區**

   程式主要的目的都是撰寫在這裡，即撰寫在 int main () { } 內部。

4. **自訂函式區（可有可無）**

   使用者定義的函式都撰寫在這裡。（參考「第十章 自訂函式」

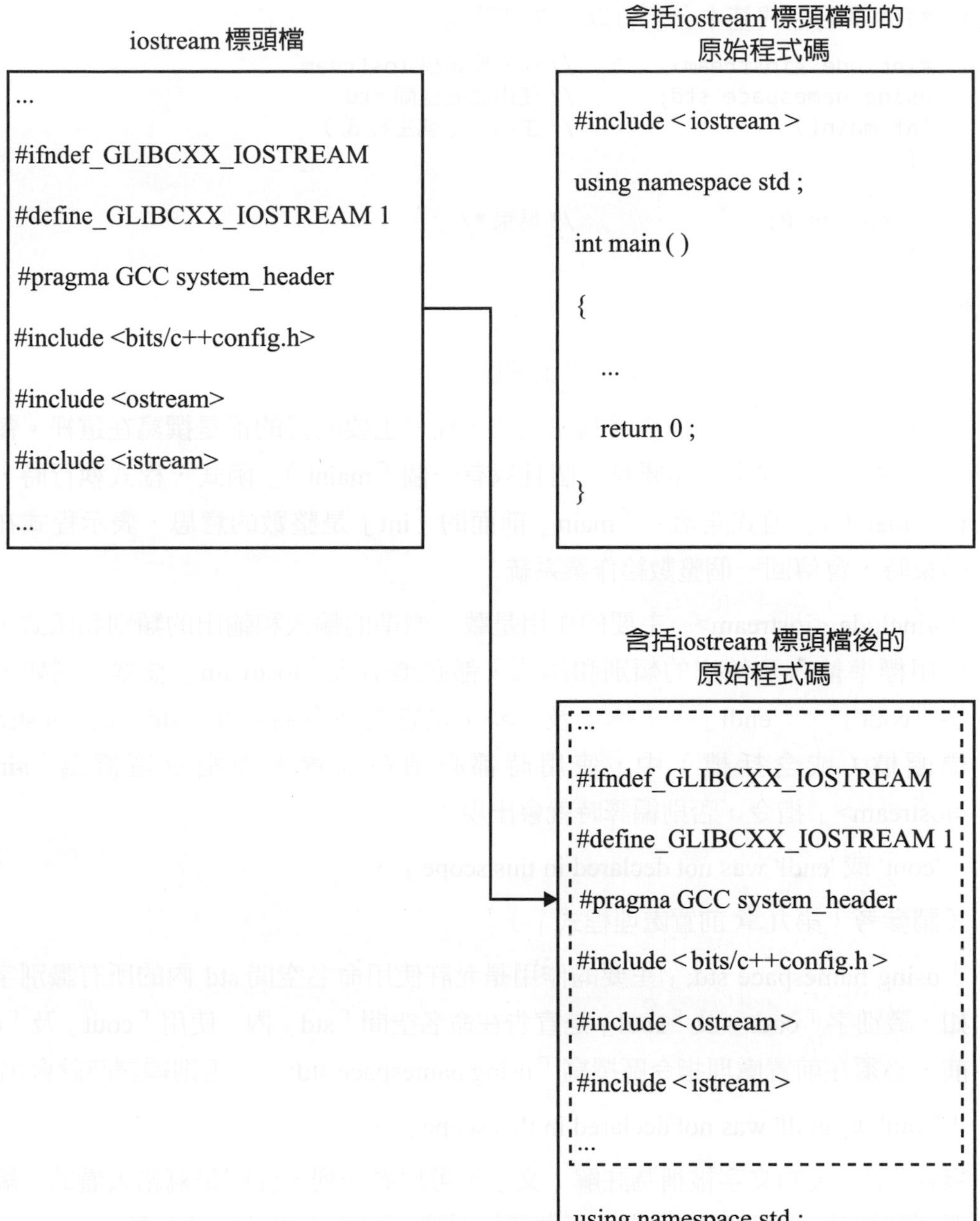

▲圖1-2 標頭檔含括前及含括後的原始程式碼示意圖

例：每個原始程式基本上須有以下 7 列敘述。

```
#include <iostream>          // 引入標頭檔 iostream
using namespace std;         // 使用命名空間 std
int main()                   // 主函式（或主程式）
 {
   ...
   return 0;                 /* 結束 */
 }
```

■ **程式解說**

1. 此程式只有前置處理指令區及主函式區。
2. 「int main( ) { }」結構被稱為主函式，程式主要的目的都是撰寫在這裡。每一個 C++ 的原始程式中，都要有一個且只有一個「main( )」函式，程式執行時，都是從「main( )」函式開始。「main」前面的「int」是整數的意思，表示程式在執行結束時，會傳回一個整數給作業系統。
3. 「#include <iostream>」主要的作用是載入標準的輸入和輸出的類別和函式，只要使用標準輸入及輸出的類別和函式，都必須引入「iostream」檔案。例如，識別字「cout」、「endl」、「<<」及「>>」是宣告在命名空間「std」的「iostream」標頭檔（或含括檔）中，使用時都必須在前置處理指令區撰寫「#include <iostream>」指令，否則編譯時就會出現：

   「'cout' 或 'endl' was not declared in this scope」。

   （請參考「第九章 前置處理程式」）

   「using namespace std;」主要的作用是允許使用命名空間 std 內的所有識別字。例如，識別字「cout」及「endl」是宣告在命名空間「std」內，使用「cout」及「endl」前，必須在前置處理指令區撰寫「using namespace std;」，否則編譯時就會出現：

   「'cout' 或 'endl' was not declared in this scope」。
4. 寫在「//」後的文字被稱為註解，文字不可超過一列。註解是寫給人看的，編譯器遇到註解時，會跳過註解文字不做任何編譯，因此註解可寫可不寫。
5. 寫在「/*」與「*/」之間的那些文字也被稱為註解，文字可以超過一列以上。「/*」與「*/」不能寫成巢狀形式。例如：/*… /*…*/…*/。
6. 「return 0;」的作用是將整數 0 傳回給作業系統。
7. 「{」及「}」為程式區塊的開始敘述及結束敘述。
8. 在大多數的程式敘述尾部都要加上「；」（分號），只有少數的程式敘述不必在尾部加上「；」，「；」代表一個程式敘述的結束。例如：「{」、「}」、「(」、「)」、「else」、「do」、「#include」及「#define」等程式敘述的尾部都不必加上「；」。

「main( ) { } 」主函式的內部結構，由上往下包括以下三個部份：

1. 區域變數或區域函式宣告區：主函式內使用的區域變數或區域函式，通常在此區宣告，方便日後追蹤，但也可寫在核心程式碼撰寫區中。
2. 核心程式碼撰寫區：是解決問題的主要程式碼撰寫區。
3. 結束區：以「return 0;」指令，作為主函式呼叫的結束。

範例 1

寫一程式，輸出 " 歡迎您來到程式設計 C++ 的世界 !"。

```
1     #include <iostream>
2     using namespace std;
3     int main()
4     {
5        // 顯示:歡迎您來到C++的世界!(接著游標換列)
6        cout << "歡迎您來到C++的世界!" << endl ;
7
8        return 0 ;
9     }
```

執行結果

歡迎您來到程式設計 C++ 的世界！

程式解說

1. 程式第 6 列的 cout 讀作 c-out，為輸出資料串流物件，宣告在標頭檔 iostream 內。其主要的作用是將資料顯示在標準輸出裝置（通常是指命令列視窗）上。使用 cout 物件前必須在前置處理指令區加入「#include <iostream>」指令，否則編譯時就會出現：
   `'cout' was not declared in this scope`。
2. 程式第 6 列的「<<」被稱為資料流輸出運算子，主要的作用是將它後面的資料導向 cout 物件，再由 cout 物件將資料顯示在標準輸出裝置（通常是指命令令列視窗）上。
3. 程式第 6 列的 endl 讀作 End Line，是宣告在標頭檔 iostream 內的換列物件，主要的作用是輸出一個換列符號，即執行游標換列。使用 endl 物件前，必須在前置處理指令區撰寫「#include <iostream>」指令，否則編譯時就會出現：
   `'endl' was not declared in this scope`。

❖ 1-2-2 撰寫程式的良好習慣

撰寫程式不是只貪圖快速方便，還要考慮到將來程式維護及擴充。貪圖快速方便，只會讓程式維護及擴充付出更多的時間及代價。因此，養成良好的程式撰寫習慣是學習程式設計的必經過程。以下是良好的程式撰寫習慣方式：

1. 一列一指令敘述：方便程式閱讀及除錯。
2. 程式碼適度內縮：內縮是指程式碼右移幾個空格的意思。

   當程式碼屬於多層結構時，適度內縮裡層的程式碼，使程式具有層次感，方便程式閱讀及除錯。
3. 善用註解：讓程式碼容易了解，以及程式維護和擴充更快速方便。

❖ 1-2-3 撰寫程式時常疏忽的問題

1. 忘記將函數宣告所在的標頭檔含括進來。
2. 忘記加或多加「；」（分號）。
3. 忽略了大小寫字母的不同。
4. 忽略了不同資料型態間在使用上的差異性。
5. 將字元常數與字串常數的表示法混淆。
6. 忘記在一區間的前後加上「{」及「}」。
7. 將「=」與「==」的用法混淆。

1-3 Dev-C++ 5 軟體簡介

C++ 語言的程式開發軟體有很多種，Dev-C++ 5 軟體是其中常見的一種。Dev-C++ 5 為 Bloodshed 軟體公司所開發的一套免費開放軟體，適用於 Windows 環境下的 C++ 語言程式開發。它提供編輯、編譯、除錯和執行的整合開發環境，以簡化程式從編輯到執行的銜接過程。Dev-C++ 5 於 2005/2/22 後就不再更新，且依舊仍有問題產生。Orwell 修正 Dev-C++ 5 原始碼，並更新編譯器成為 Orwell Dev-C++ 5。目前最新的版本為 5.11（2015/4/27 released）。

本書籍所有的範例程式，都是利用 Dev-C++ 5 軟體所完成的。另外，也可使用「附錄 A」所介紹的免費開放軟體 Visual Studio Community 2022 來完成。

❖ 1-3-1 Dev-C++ 5 軟體下載及安裝說明

一、軟體下載的官方網頁：http://orwelldevcpp.blogspot.tw

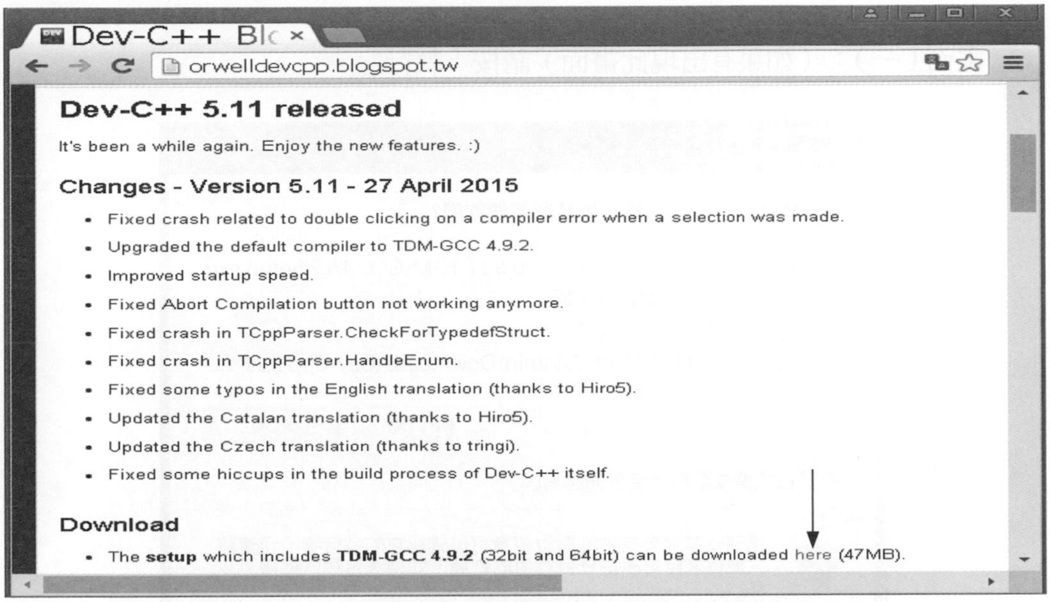

點選箭頭所指的「here」，即可下載 Dev-C++ 5.11 版。

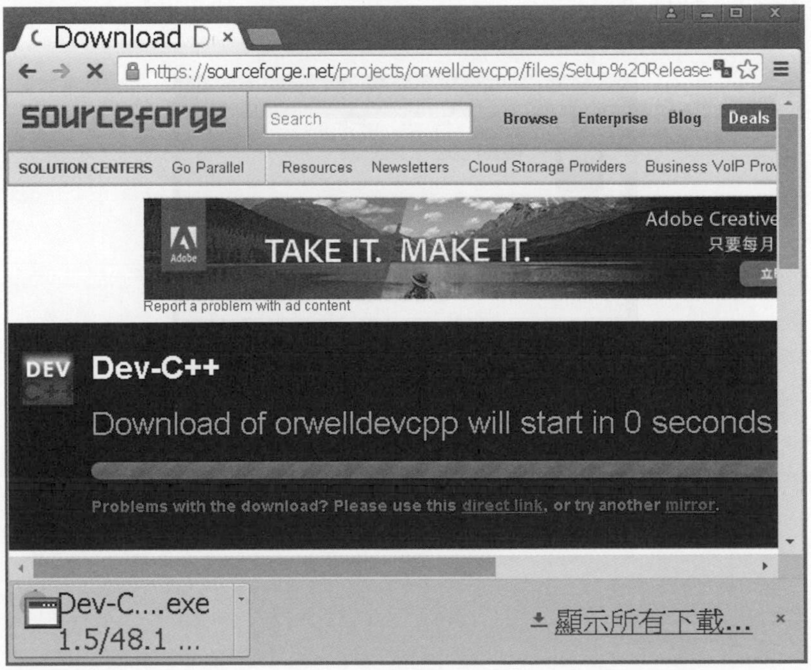

二、安裝過程

執行下載的 Dev-Cpp 5.11 TDM-GCC 4.9.2 Setup.exe，並安裝。安裝程序請參考下列畫面。

❍ 畫面(一)：(如果有出現此畫面)請按「執行」。

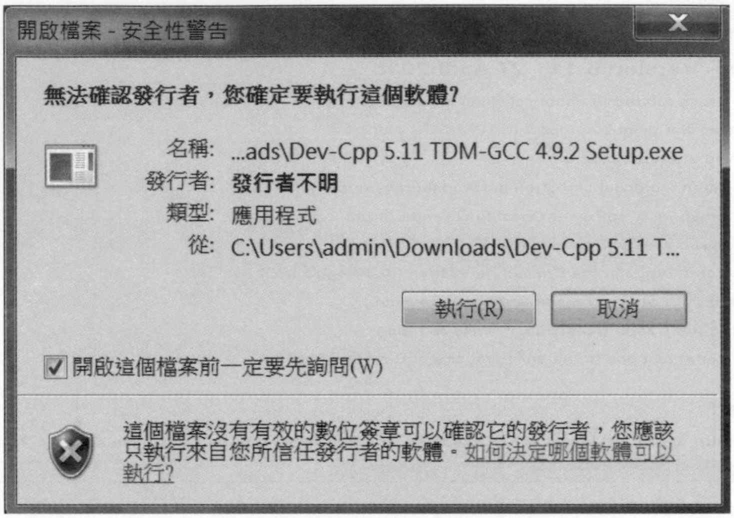

❍ 畫面(二)：請按「OK」。

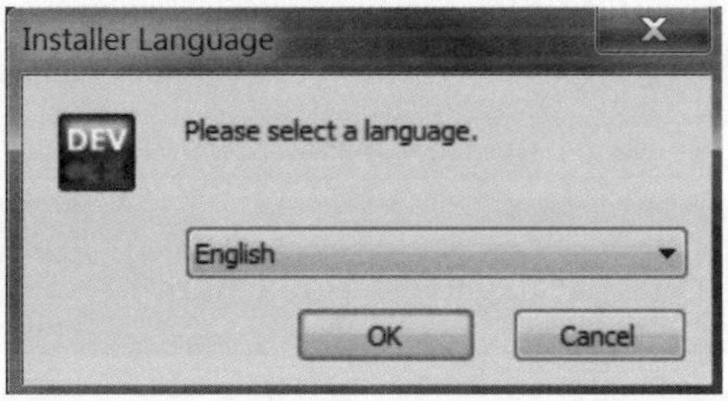

○ 畫面(三)：請按「I Agree」（我同意）。

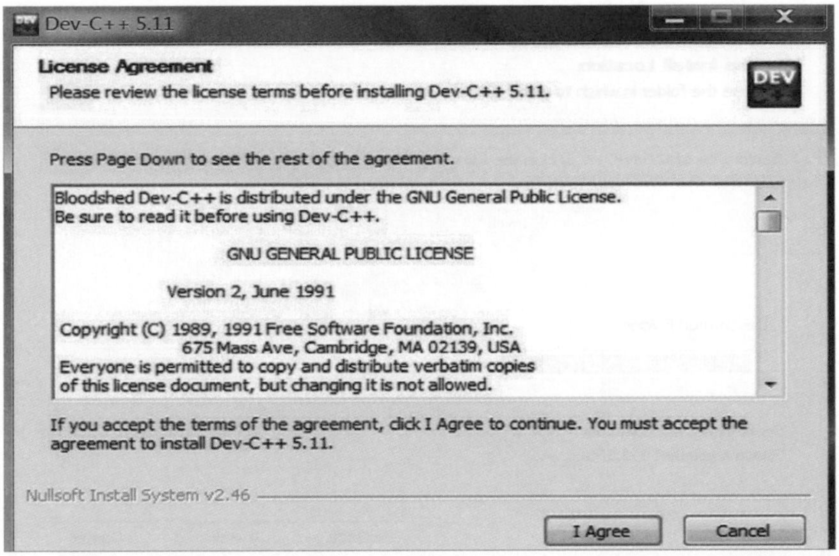

○ 畫面(四)：請按「Next」（下一步）。

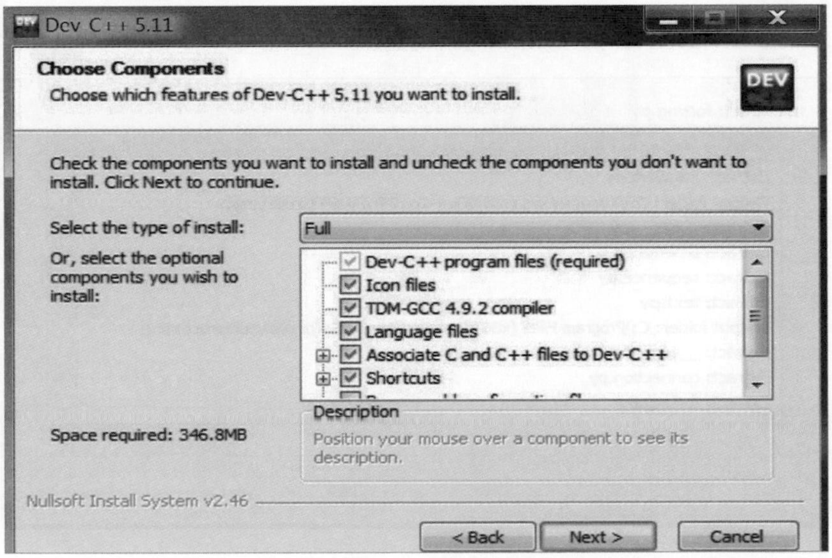

○ 畫面（五）：請按「Install」（安裝）。

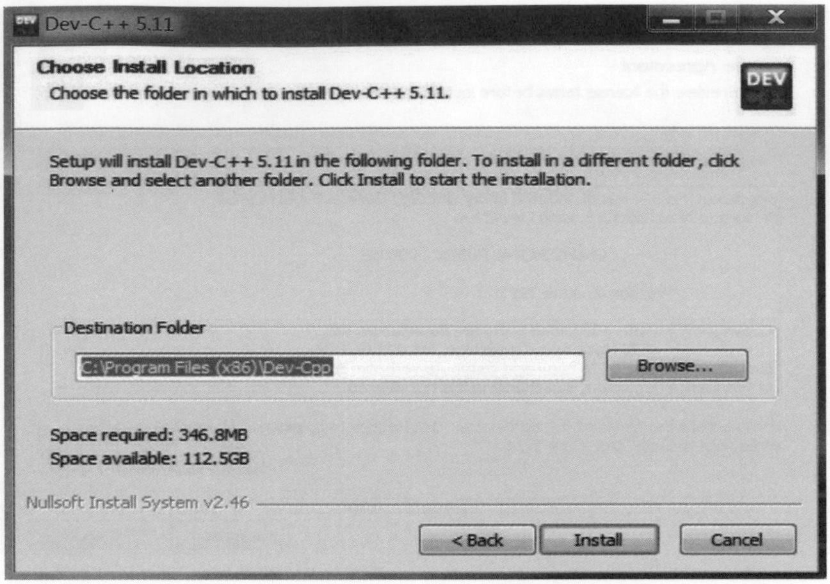

○ 畫面（六）：Dev-C++ 在解壓縮後，請按「Next」（下一步）。

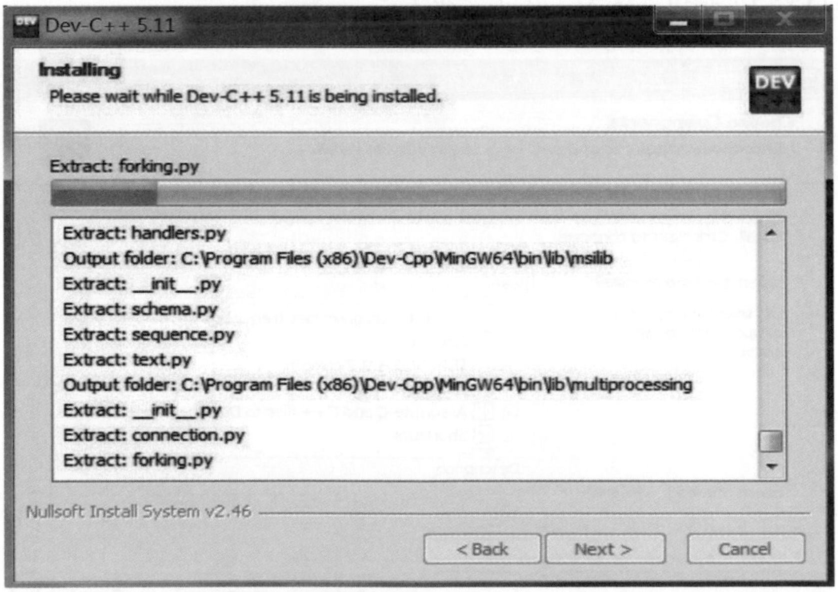

❍ 畫面(七)：請點掉「Run Dev-C++ 5.11」前面之打勾後，按「Finish」(完成)。

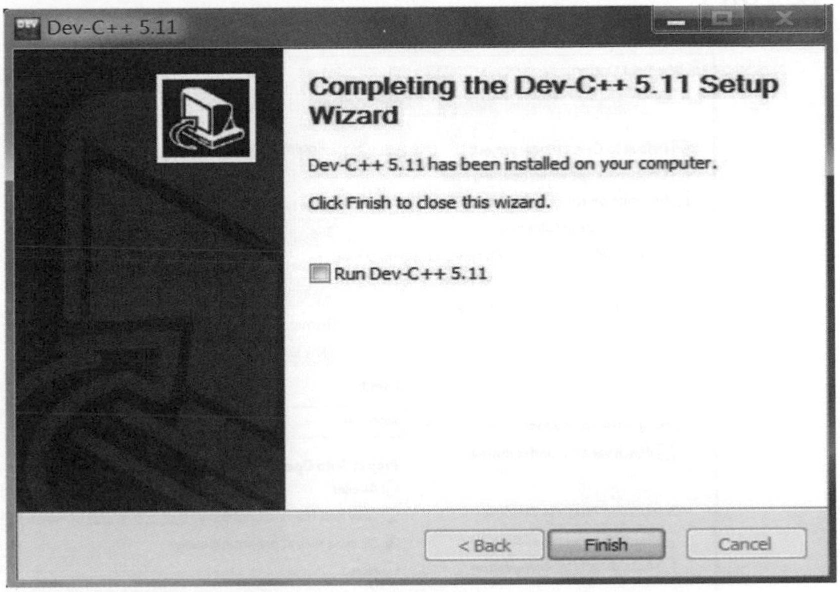

❖ 1-3-2 Dev-C++ 5 軟體操作環境設定說明

Dev-C++ 5 是一套有中文化介面的軟體，對於不熟悉英文的使用者而言是一大福音。中文化環境、調整字型大小及顯示行號的設定程序，請參考下列畫面。

一、中文化環境設定：

❍ 畫面(一)：請按功能表中的「Tools」→ 選取「Environment Options」。

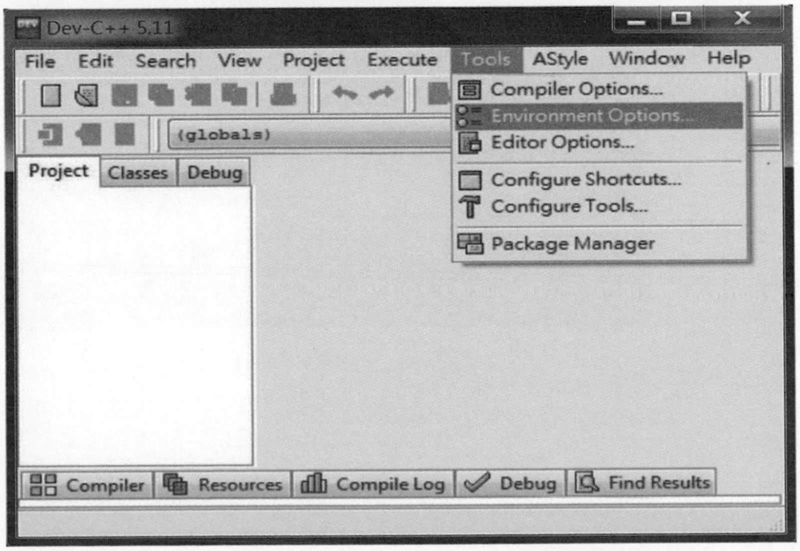

❍ 畫面(二):請按頁籤中的「General」➔ 在「Language」欄位中，選取 Chinese (TW) 後，按「OK」。

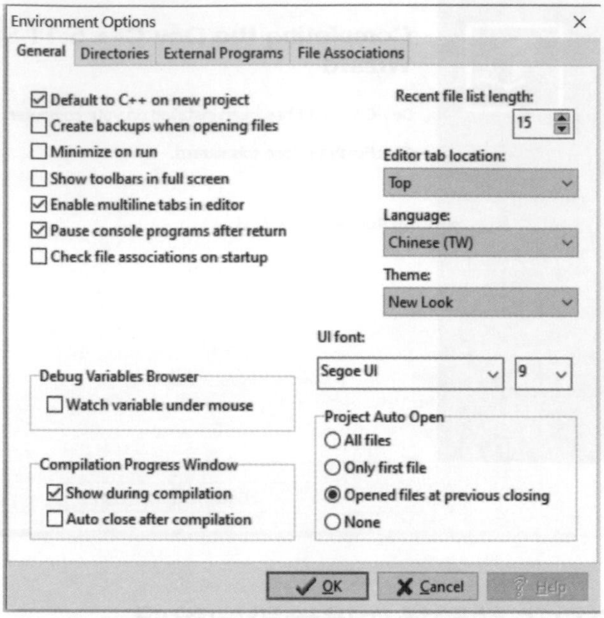

二、調整字型大小及顯示行號：

❍ 畫面(一):請按功能列中的「工具(T)」➔ 選取「編輯器選項(E)」。

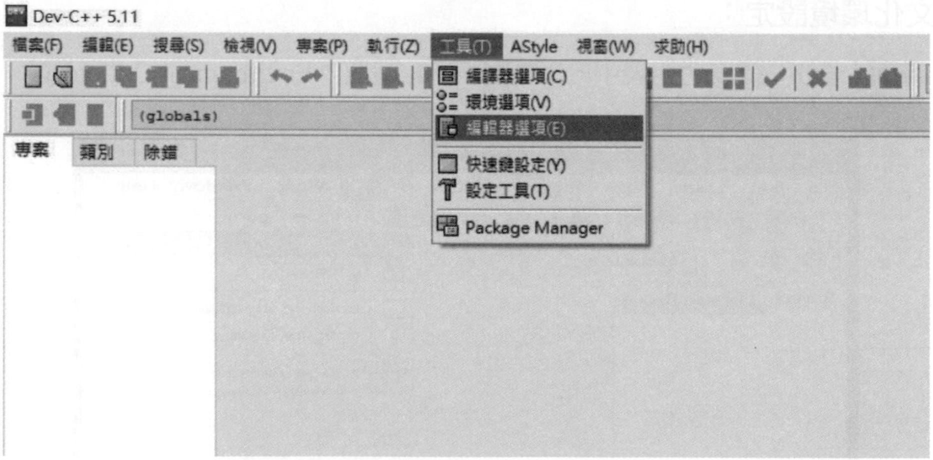

- **畫面(二)**：請按頁籤中的「字型」→ 在「大小」欄位中，選取 14；在「顯示行號」選項打勾後，按「確定」。

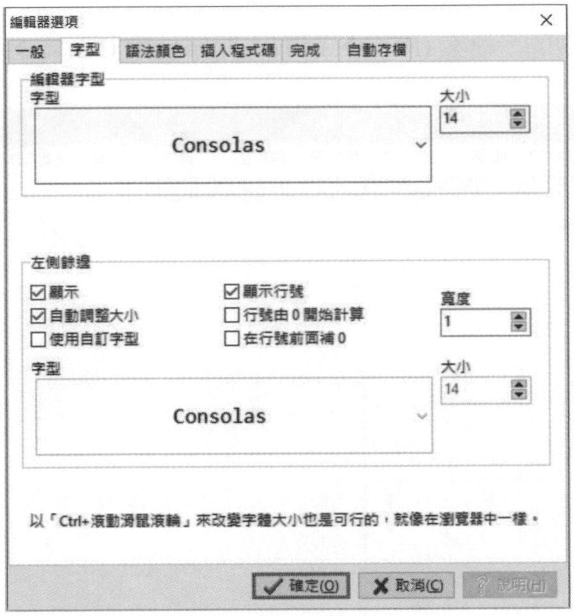

1-4 利用 Dev-C++5 軟體來撰寫原始程式

初學者剛開始所要學習的是 C++ 語言的基本語法，並運用這些語法設計程式來解決一些簡易的問題。因此，剛開始建立程式時，是以單一程式架構來設計，等到初階的問題都能設計完成，接著要處理較大問題時，就必須以專案模式架構來設計。專案（Project）是用來幫助程式設計者，了解在應用程式中撰寫了哪些原始程式檔案（.cpp）和相關標頭檔（.h），及這些檔案所在之路徑和編譯器之相關設定。以專案模式開發應用程式時，系統會分成多個原始程式檔來撰寫，方便日後團隊合作（或功能獨立）設計及維護。每個原始程式檔都會個別被編譯，並個別產生一個同名的目的程式檔（.obj），再將所有的目的檔與函式庫（.dll）連結在一起，並產生一個與主程式檔同名的執行檔（.exe）。

❖ 1-4-1 建立單一程式

以撰寫原始程式「範例 1.cpp」為例，說明單一程式架構的建立步驟。

步驟 1 點選功能表中的「檔案 (F)」➔ 選取「開新檔案 (N) 」➔ 選取「原始碼 (S) 」。

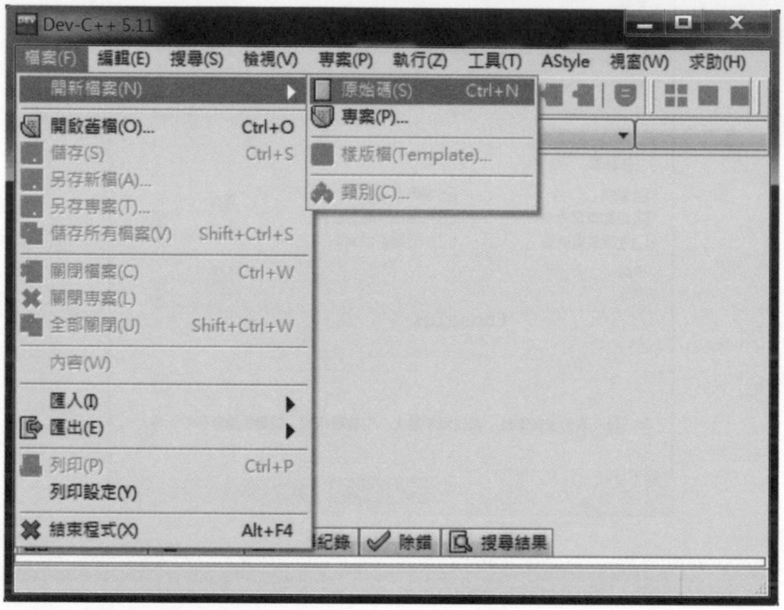

步驟 2 在編輯區，撰寫以下的程式碼：

```
#include <iostream>
using namespace std ;
int main( )
 {
    // 顯示:歡迎您來到C++的世界!(接著游標換列)
    cout << "歡迎您來到C++的世界!" << endl ;

    return 0;
 }
```

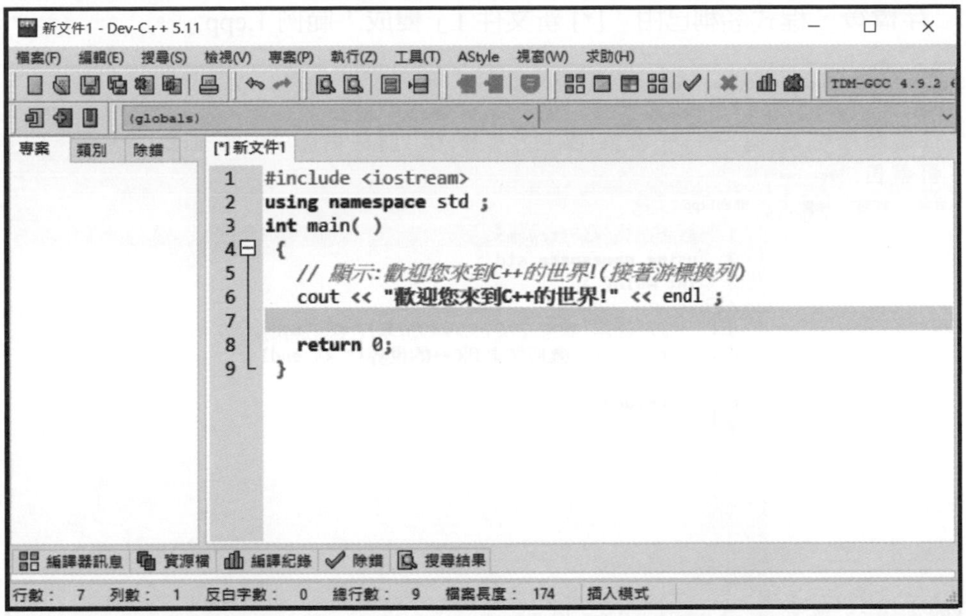

步驟 3 程式存檔。點選功能表中的「檔案 (F)」➔ 選取「存檔 (S)」。

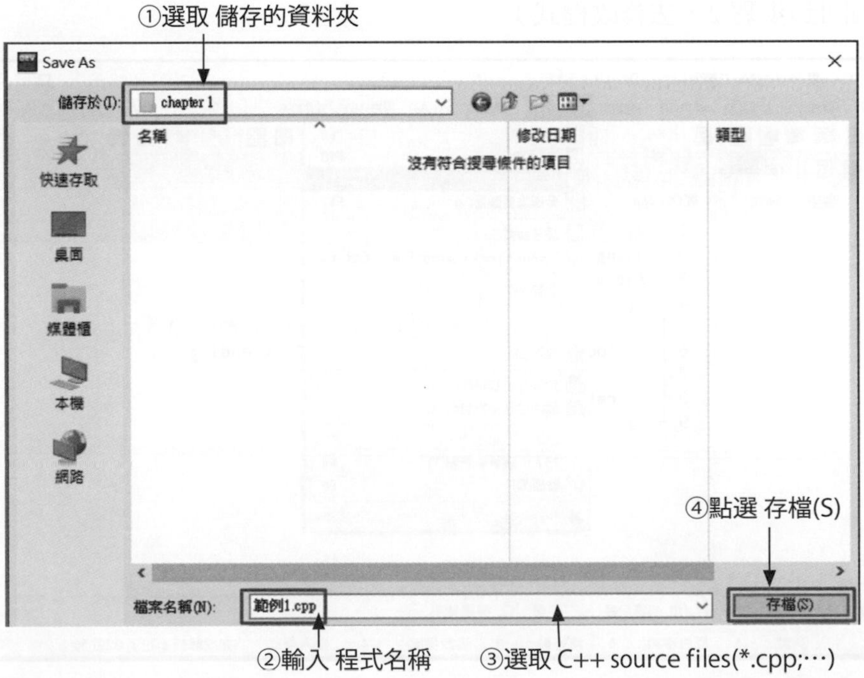

存檔後，程式名稱已由「[*] 新文件 1」變成「範例 1.cpp」。

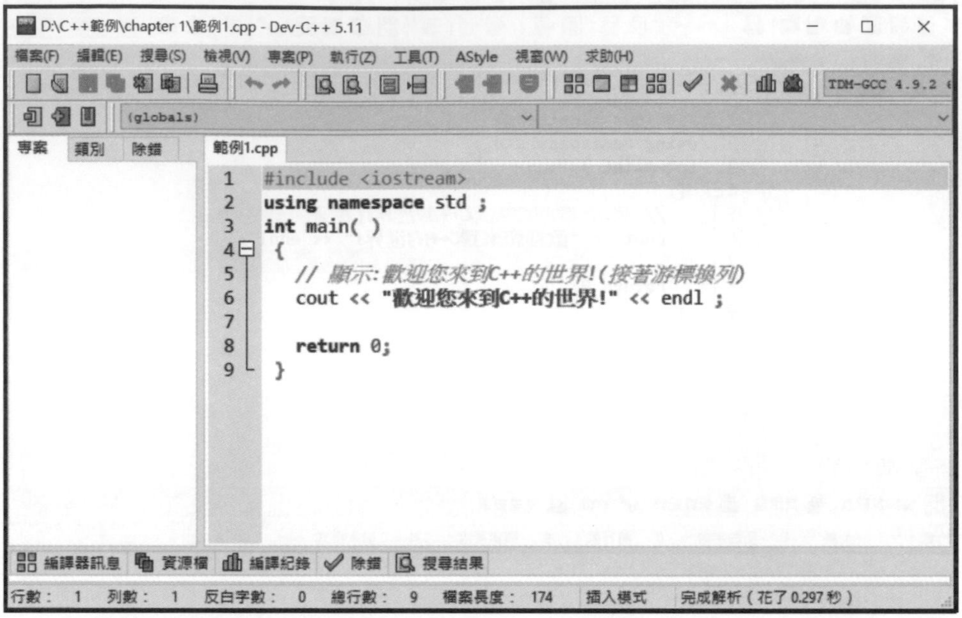

步驟 4　執行程式。點選功能表中的「執行 (R)」→ 選取「編譯並執行 (C)」。（若編譯程式正確，則可以看到結果；否則在編譯訊息區就會出現錯誤的訊息，此時必須回到步驟 2，去修改程式）

執行結果的畫面如下：

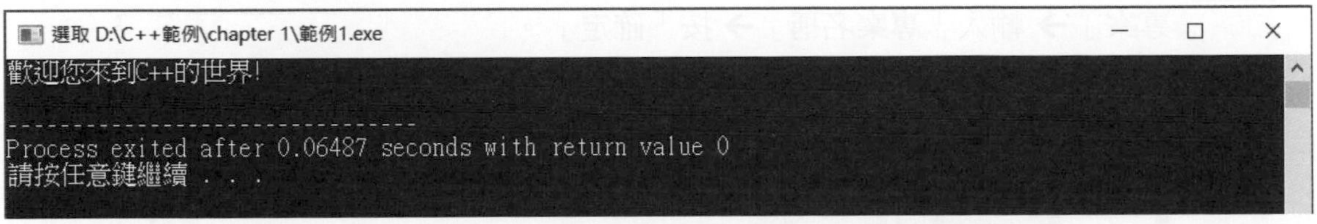

❖ 1-4-2　建立專案程式

以撰寫專案程式「score.dev」為例，說明專案程式架構的建立步驟。

步驟 1　點選功能表中的「檔案 (F)」➔ 選取「開新檔案 (N)」➔ 選取「專案 (P)」。

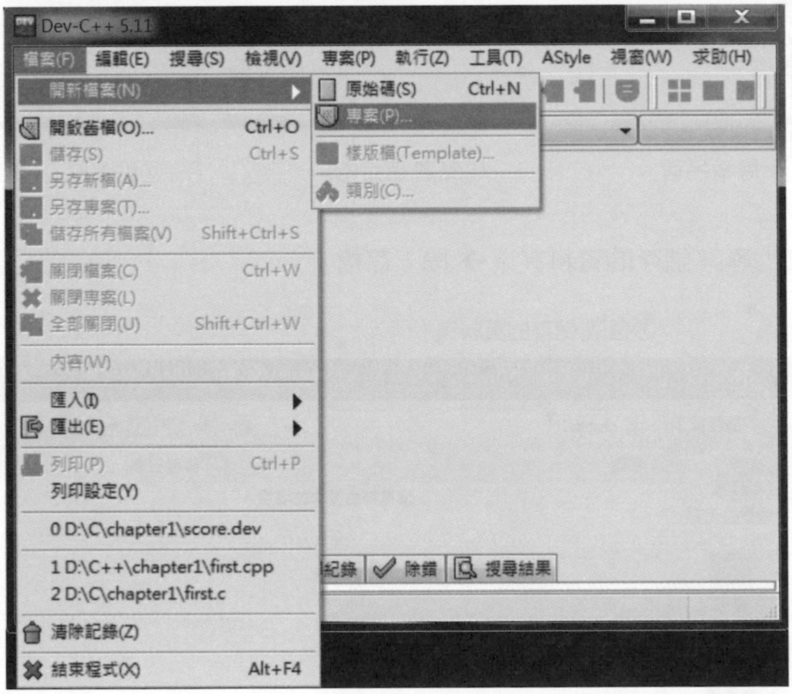

步驟 2 在建立新專案視窗，點選「Basic」➔ 點選「Console Application」➔ 點選「C++專案」➔ 輸入「專案名稱」➔ 按「確定」。

步驟 3 選取「專案儲存的資料夾」➔ 按「存檔」。

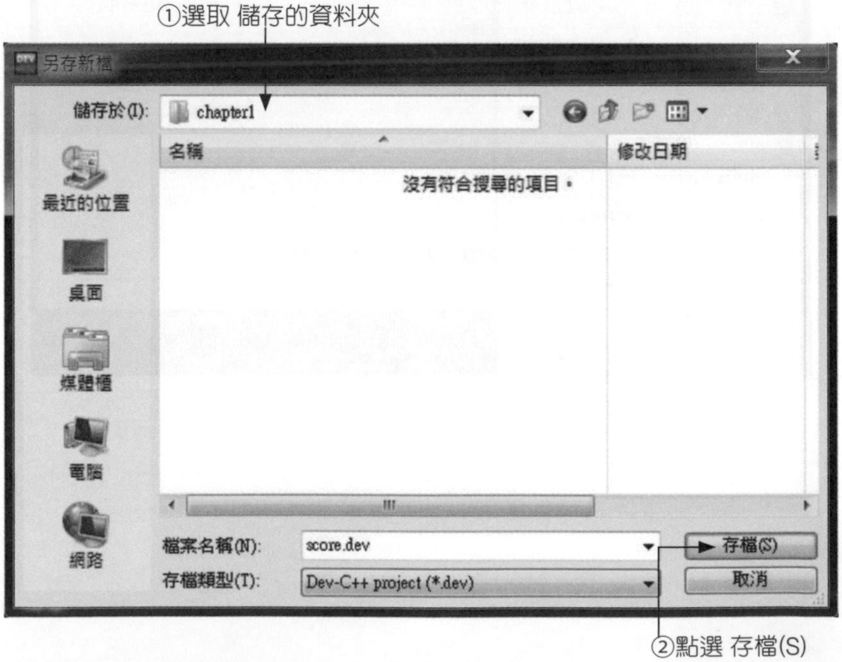

接著會開啟所設定的 score 專案視窗，並在編輯區內出現預設的程式名稱 main.cpp 及內容。

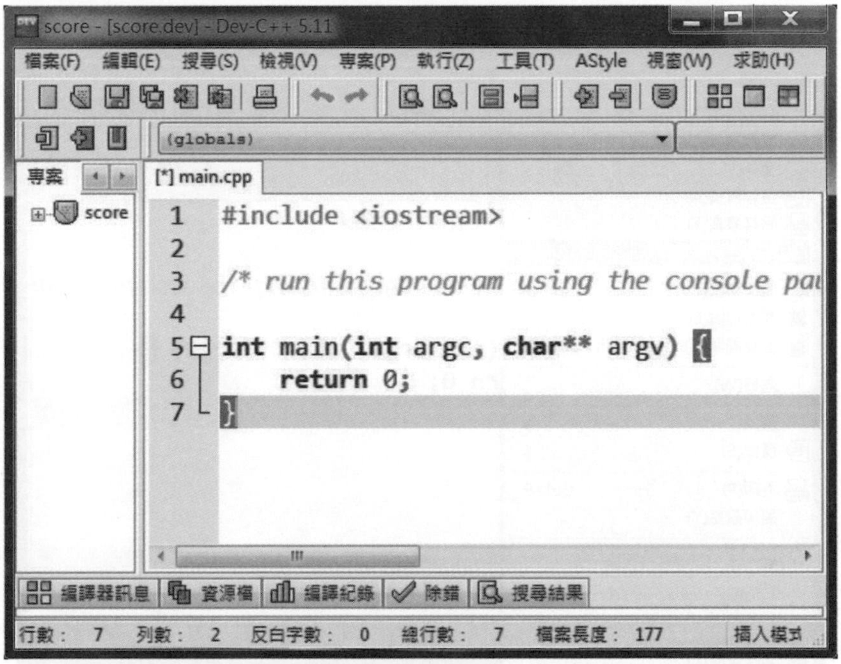

步驟 4 若要對專案做新增或移除程式等功能，則必須對著專案名稱「score」按右鍵，選取「New File」或「從專案中移除檔案 (R)」。

步驟 5 關閉專案之前，請儲存專案內所有檔案。選取功能表中的「檔案(F)」→ 選取「儲存所有檔案(V)」。

1-5 如何提升讀者對程式設計的興趣

書中的程式範例是以生活體驗及益智遊戲為主題，有助於讀者了解如何運用程式設計來解決生活中所遇到的問題，使學習程式設計不再與生活脫節又能重溫兒時的回憶，進而提升對程式設計的興趣及動力。

生活體驗範例，有統一發票對獎、綜合所得稅計算、電費計算、車資計算、油資計算、停車費計算、購物行銷活動、平均走路步數、數學四則運算問題、文字跑馬燈、身高轉換、紅綠燈小綠人行走、紅綠燈轉換、…等。益智遊戲範例，有吃角子老虎（拉霸）、貪食蛇、河內塔、踩地雷、…等單人遊戲；剪刀石頭布及猜數字等人機互動遊戲；撲克牌對對碰、井字（OX）、最後一顆玻璃彈珠及五子棋等雙人互動遊戲。

自我練習

一、選擇題

1. 下列哪些不是 C++ 語言的註解？

   (A) / 這是註解 /　(B) /* 這是註解 */　(C) ' 這是註解 '　(D) // 這是註解

2. 下列哪些是 C++ 語言的前端處理命令？

   (A) cout　(B) #define　(C) #include　(D) 以上皆非

3. 撰寫程式時常疏忽的問題有哪些？

   (A) 忘記將使用的函數所在的標頭檔含括進來

   (B) 忘記加「;」（分號）或多加「;」

   (C) 忽略了大小寫字母的不同

   (D) 將「=」與「==」的用法混淆

   (E) 以上皆是

4. 在 C++ 語言中，「;」（分號）是程式敘述的

   (A) 分隔符號　(B) 起始符號　(C) 結束符號　(D) 聯結符號

二、問答題

1. 說明直譯式語言與編譯式語言的差異。
2. 描述 C++ 語言程式架構的 4 大區塊。
3. 變數及函式在使用前，都必須經過什麼動作。
4. 「;」（分號）所代表的意義為何？
5. 說明「//」與「/* */」在用法上的差異。
6. 說明撰寫程式的良好習慣。
7. 說明原始程式、目的程式與執行檔的差異。
8. C++ 語言的一列程式敘述尾部，大部分是__________符號。
9. 放在__________與__________之間，或放在__________之後的文字，稱為註解。
10. 以__________開始的敘述且以__________結束的區間，稱為 C 語言的程式區塊。

Chapter 02

C++語言的基本資料型態

資料，是任何事件的核心。一個事件隨著狀況不同，會產生不同資料及因應之道。例一：隨著交通事故通報資料的嚴重與否，交通事故處理單位派遣調查事故的人員會有所增減。例二：隨著年節的到來與否，鐵路局對運送旅客的火車班次會有所調整。

對不同事件，所要處理的資料型態也不盡相同。例一：對乘法「*」事件，處理的資料一定為數字。例二：對「姓名輸入」事件，處理的資料一定為文字。因此，了解資料型態是學習程式設計的基本課題。

2-1 基本資料型態

資料處理，是包括資料輸入、資料運算及資料輸出三個部分。因此，設計程式解決日常生活問題，首先問題必須提供資料，程式再將資料加以處理，最後輸出問題的需求。

C++ 語言在 <climits> 和 <cfloat> 標頭檔中，定義各種基本資料型態的範圍，而各種基本資料型態所佔用記憶體空間，依作業系統不同而有所不同。例：在 32 位元的電腦作業系統（Windows XP），整數所佔用記憶體空間是 4 個位元組（Byte）；而在 64 位元的電腦作業系統（Windows 10 或 11），整數所佔用記憶體空間是 8 個位元組。

C++ 語言的基本資料型態，有整數型態（int）、浮點數型態（float）、字元型態（char）、字串型態（string）及布林型態（bool）五大類。整數型態又可細分成整數型態（int）、無符號整數型態（unsigned int）、短整數型態（short int）、無符號短整數型態（unsigned short int）、長長整數型態（long long int）及無符號長長整數型態（unsigned long long int）。浮點數型態又可細分成單精度浮點數型態（float）及倍精度浮點數型態（double）。

❖ 2-1-1 整數

整數型態共有以下六種：

- 短整數型態：沒有小數點的數字。系統會提供 2 個位元組的空間來存放短整數資料。

- 無符號短整數型態：無正負號且沒有小數點的數字。系統會提供 2 個位元組的空間來存放無符號短整數資料。
- 整數型態：沒有小數點的數字。系統會提供 4 個位元組的空間來存放整數資料。
- 無符號整數型態：無正負號且沒有小數點的數字。系統會提供 4 個位元組的空間來存放無符號整數資料。
- 長長整數型態：沒有小數點的數字。系統會提供 8 個位元組的空間來存放長長整數資料。
- 無符號長長整數型態：無正負號且沒有小數點的數字。系統會提供 8 個位元組的空間來存放無符號長長整數資料。

無論哪一種類型的整數資料，除了能以十進制的方式來表示，還能以八進制或十六進制的方式來表示。例如：整數 10，在十進制中以 10 來表示，在八進制中以 012 來表示，在十六進制中以 0xa 來表示。

▼表 2-1　各整數資料所佔用的空間及範圍

資料型態	空間大小	範圍
short int	2 Bytes	–32768 ~ 32767 （即，$-2^{15} \sim 2^{15}-1$）
unsigned short int	2 Bytes	0 ~ 65535 （即，$0 \sim 2^{16}-1$）
int	4 Bytes	–2147483648 ~ 2147483647 （即，$-2^{31} \sim 2^{31}-1$）
unsigned int	4 Bytes	0 ~ 4294967295 （即，$0 \sim 2^{32}-1$）
long long int	8 Bytes	-9223372036854775808 ~ 9223372036854775807 （即，$-2^{63} \sim 2^{63}-1$）
unsigned long long int	8 Bytes	0 ~ 18446744073709551615 （即，$0 \sim 2^{64}-1$）

> ⚠ 注意
>
> - 資料型態占用的記憶體空間，又與編譯器預設的資料模型有關。Dev-C++ 編譯器預設的資料模型為 IPL32，使得「int」型態的資料只會使用 32 位元（4 Byte）的記憶體空間，而不是 8 Bytes。
> - 當一個整數值超過短整數型態的資料範圍時，則無法將此整數值正確地存入記憶體中。例：32768 不在「short int」型態的範圍中，若將 32768 指定給「short int」型態的變數，則這個變數的實際值是 –32768。因為 C++ 語言系統會將 –32768 到 32767 看成一個循環，32767 的下一數值是 –32768；同樣地，若將 –32769 指定給「short int」型態的變數，則這個變數的實際值是 32767。
> - 若整數值超過其他整數型態的資料範圍時，則一樣會產生上述的狀況。

❖ 2-1-2 浮點數

浮點數型態共有以下 2 種：

- **單精度浮點數型態**：帶有小數點的數字。系統會提供 4 個位元組的空間來存放單精度浮點數資料。
- **倍精度浮點數型態**：帶有小數點的數字。系統會提供 8 個位元組的空間來存放倍精度浮點數資料。

▼表 2-2 浮點數資料所佔用的空間及範圍

資料型態	空間大小	範圍
float	4 Bytes	● 次方 ≥ 0的float範圍，約在$\pm 3.4 \times 10^{38}$之間 ● 次方 < 0的float範圍，最小只能10^{-45}
double	8 Bytes	● 次方 ≥ 0的double範圍，約在 $\pm 1.79 \times 10^{308}$之間 ● 次方 < 0的double範圍，最小只能10^{-323}

> ⚠ 注意
>
> - float 資料儲存時，一般只能準確 7 ~ 8 位（整數位數 + 小數位數）。
> - double資料儲存時，一般只能準確16 ~ 17位（整數位數 + 小數位數）。
> - 有關精準度位數，請參考「3-3 發現問題」之「範例 9」。

浮點數資料的表示法，有兩種下列：

1. 直接表示法。例：51.6888888、-3.14159。
2. 科學記號表示法。例：-2.38e+001、5.143E+002。

【註】輸出浮點數資料時，若無特別聲明，則小數部分系統會預設輸出 6 位，及「E」的後面預設最多 4 位，包括正負號。

例：213.45 的科學記號表方法為何？

解：因為 213.45 = 2.1345 * 10^2， 所以 213.45 的科學記號表方法為 2.134500e+002 或 2.134500E+002。

❖ 2-1-3 字元

文字資料的內容，若只有一個英文字母或一個半形字符號，且放在一組「'」（單引號）中，則稱這種類型的文字資料為 char（字元）型態資料。字元型態資料是以整數的形式儲存在 1 個位元組的記憶體空間中，且每一個字元資料都對應一個介於 0~255 之間的整數。

有一些具有特殊意義的字元，則必須以一個「\」（反斜線）作為開頭，後面跟著該字元，才能將字元顯示在螢幕上或產生指定的動作。例如：要輸出「"」（雙引號）字元，則需以「\"」表示；要執行螢幕游標換列，則需以「\n」表示。這種組合方式，稱為逸出序列（Escape Sequence）。逸出序列相關說明，請參考「表 2-3」。

▼表 2-3 常用的逸出序列

逸出序列	作用	所對應的十進位 ASCII 碼	所對應的八進位 ASCII 碼	所對應的十六進位 ASCII 碼
\n	「New Line」（換列）字元，是讓游標移到下一列的開頭	10	012	0xA
\a	「Beep」（警告）字元，是讓喇叭發出「嗶」的聲音	7	007	0x7
\b	「←Backspace」（倒退）字元，是讓游標往左一格	8	010	0x8
\t	「Tab」（定位）字元，是讓游標移到下一個定位格	9	011	0x9
\r	「Enter」（歸位）字元，是讓游標移到該列的開頭	13	015	0xD

▼表2-3　常用的逸出序列（續）

逸出序列	作用	所對應的十進位 ASCII 碼	所對應的八進位 ASCII 碼	所對應的十六進位 ASCII 碼
\"	輸出「"」（雙引號）字元	34	042	0x22
\'	輸出「'」（單引號）字元	39	047	0x27
\\	輸出「\」（反斜線）字元	92	0134	0x5C

注意

水平定位格預設在螢幕的 1,9,17,25,33,41,49,57,65,73 位置。

字元資料的表示法，有三種下列：

1. 直接表示法。例如：'0'、'A'、'a'。
2. 以 0 ～ 255 之間的整數來代表字元。例如：48 代表 '0' 字元，65 代表 'A' 字元，97 代表 'a' 字元。
3. 以「\x」開始，後面跟著 2 位十六進位 ASCII 碼，或以「\」開始，後面跟著 3 位八進位 ASCII 碼，來代表字元。

   例如：「'\x41'」代表 'A' 字元，「'\102'」代表 'B' 字元。

❖ 2-1-4　字串

字串是由一個字元一個字元組合而成的資料，並以「'\0'」（空字元）作為字串資料的結束字元。字串資料，必須在其文字的前後加上「"」（雙引號）。例如："早安"為字串。（參考「7-1-3 字串」）

❖ 2-1-5　布林

只包含 true（真）及 false（假）這兩種常數的資料型態，稱之為布林型態。布林型態資料，占用 1 個位元組的空間，主要是用來記錄判斷式的結果。

2-2 常數與變數宣告

程式執行時，無論是輸入的資料或產生的資料，它們都是存放在電腦的記憶體中。但我們並不知道資料是存放在哪塊記憶體空間中，那要如何存取記憶體空間中的資料呢？大多數的高階語言，都是透過常數識別字或變數識別字存取其所對應的記憶體空間中之資料。

使用者自己命名的常數、變數及函數名稱，都被稱為識別字（Identifier）。識別字命名規則如下：

1. 識別字名稱只能以英文字母或底線為開頭。
2. 識別字名稱中可以是英文字母或底線或數字，但不能有空白及 -、*、$、@ 等符號。
3. 盡量使用有意義的名稱當作識別字名稱。
4. 識別字名稱有大小寫字母區分。若英文字相同但大小寫不同，則這兩個識別字名稱是不同的。
5. 不可使用關鍵字或其他函數名稱當作其他識別字的名稱。

關鍵字（key word）或稱保留字（reversed word）為編譯器專用的識別字名稱，每一個關鍵字都有特殊的意義，使用者不可以拿它來當作其他識別字的名稱。C++ 語言所提供的關鍵字，請參考「表 2-4」。

▼表 2-4　C++ 語言的關鍵字

and	and_eq	asm	auto	break	bitand
bitor	case	catch	char	class	compl
const	const_cast	continue	default	delete	do
double	dynamic_cast	else	enum	explicit	export
extern	false	float	for	friend	goto
if	int	inline	long	mutable	namespace
new	not	not_eq	operator	or	or_eq
private	protected	public	register	reinterpret_cast	return

▼表 2-4 C++ 語言的關鍵字（續）

short	signed	sizeof	static	static_cast	struct
switch	template	this	throw	true	try
typeid	typedef	typename	union	unsigned	using
virtual	wchar_t	xor	xor_eq	void	volatile
while					

例：以下為合法的識別字名稱。

解：_a、b1、c_a_2、aabb_cc3_d44。

例：以下為不合法的識別字名稱。

解：1a、%b1、c?a_2、if、成績。

常數識別字（Constant Identifier）與變數識別字（Variable Identifier）都是用來代表某一塊記憶體空間中的資料。常數識別字存放的資料是固定不變的；而變數識別字存放的資料可隨著程式進行而改變。

C++ 語言是限制型態式的程式語言，當我們要存取記憶體中的資料之前，先要宣告一常數識別字或變數識別字，接著才能對記憶體中的資料進行各種處理。

常數識別字的宣告語法如下：

```
const 資料型態 常數名稱=常數值 ;
```

■ **語法說明**

- 宣告一個「常數名稱」，並設定其值為「常數值」。常數名稱通常是使用大寫英文字來命名，例如：PI。
- 「const」為 C++ 的關鍵字，作為宣告常數識別字之用。
- 「資料型態」，可以是 int、float、double、char、string 或 bool。
- 在程式執行過程中，「常數名稱」的內容是不能被改變的。

例：若要宣告一個資料型態為 double 的常數識別字 PI，並設定其值為 3.14，則宣告語法為何？

解：`const double PI=3.14 ;`

變數識別字的宣告語法如下：

方式 1：資料型態 變數名稱 1 [, 變數名稱 2 , … , 變數名稱 n] ;

方式 2：資料型態 變數名稱 1= 初始值 1 [, 變數名稱 2= 初始值 2 , … , 變數名稱 n= 初始值 n] ;

■ 語法說明

- 「資料型態」，可以是 int、float、double、char、string 或 bool。
- 「[ ]」，表示它內部（包含 [ ]）的資料是選擇性的，需要與否視情況而定。若要同時宣告多個資料型態相同的變數，則必須使用「,」將變數名稱隔開，否則可以省略「[ ]」這部分。

例：宣告 2 個整數變數 a 及 b。

解：
```
int a,b;
```

例：宣告 2 個整數變數 a 及 b，且 a 的初始值 =0 及 b 的初始值 =1。

解：
```
int a=0,b=1;
或
int a,b;
a=0;
b=1;
```

例：宣告 3 個變數，其中 a1 為單精度浮點數變數，a2 及 a3 為字元變數。

解：
```
float a1;
char a2,a3;
```

例：宣告 2 個字串變數，name 及 team ，其中 name 的初始值 ="Jordan" ，team 未設定初始值。

解：
```
string name="Jordan" , team ;
```

說明：

(1) name[0]='J'，name[1]='o'，name[2]='r'，name[3]='d'，name[4]='a'，name[5]='n' 及 name[6]='\0'。（參考「7-1-3 字串」）

(2) 沒有設定初始值的字串變數，其內容為空字串。

例：宣告 2 個布林變數，sex 及 marriage，其中 sex 的初始值 =true，marriage 的初始值 =false。

解：
```
bool sex=true,marriage=false;
```

說明：C++ 有提供 bool 型態與整數的自動轉換，並以 0 值表示 false，非 0 值表示 true。因此，上例可以改成 bool sex=1 , marriage=0 ;

例：宣告 4 個變數，其中 i 為整數，f 為單精度浮點數變數，d 為倍精度浮點數變數，c 為字元變數。且 i 的初值 =0，f 的初值 =0.0f，d 的初值 =0.0，c 的初值 ='A'。

解：
```
int i=0;
// 數字要設定為 float 型態，必須在數字後加上 f 或 F。
float f=0.0f;
double d=0.0;  // 浮點數，C++ 語言預設 double 型態
char c='A';
或
int i;
float f;
double d;
char c ;
i=0;
f=0.0f;
d=0.0;
c='A';
```

一般我們在處理整數運算時，通常是以十進位方式來表示整數，但在有些特殊的狀況下，被要求以八進位方式或十六進位方式來表示整數。八進位表示整數的方式是直接在數字前加上 0；而十六進位表示整數的方式是直接在數字前加上 0x。

例：宣告 2 個整數變數 a 及 b，且 a 的初始值 =14_{10} 及 b 的初始值 =58_{10}。並以八進位方式來表示 a，及以十六進位方式表示 b。

解：
```
int a=016;   // 14₁₀ 等於 016₈
int b=0x3a;  // 58₁₀ 等於 0x3a₁₆
```

宣告常數識別字或變數識別字的主要目的，是告訴編譯器要配置多少記憶體空間給常數識別字或變數識別字使用，以及常數識別字或變數識別字能儲存何種型態的資料。

在 C++ 語言中，根據記憶體的配置時間點，可以將記憶體分成下列兩種類型：

1. 靜態記憶體：在編譯期間，編譯器為程式中宣告過的變數所預留的記憶體空間。靜態記憶體空間大小是固定的，在執行時也無法調整其大小。
2. 動態記憶體：在執行期間，程式向作業系統請求配置的記憶體空間。動態記憶體空間的大小是可以調整的，只要回收後再重新向作業系統請求配置即可。（請參考「第十三章 動態記憶體」）

例：float x = 3.14f; //靜態記憶體配置

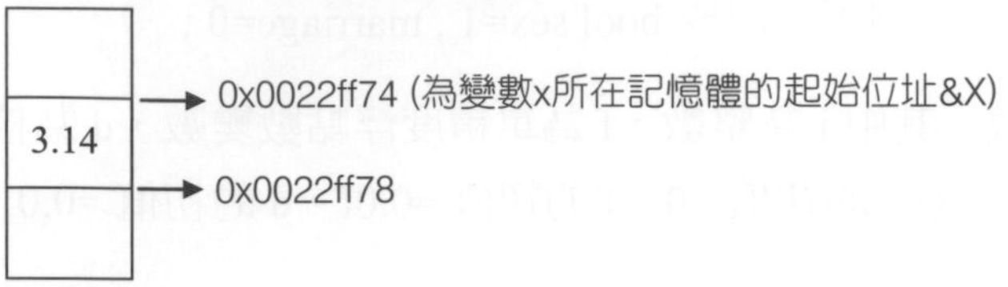

宣告 x 為單精度浮點數時，編譯器會分配 4 bytes 的記憶體空間給 x 使用（如上圖 0x0022ff74~0x0022ff78）。

2-3 資料運算處理

設計程式解決日常生活問題，若只是資料輸入及資料輸出，而沒有做資料處理（或運算），則程式執行的結果是很單調的。因此，為了讓程式有不同的結果，執行時必須輸入資料，並加以運算處理。

資料處理是以運算式來表示。運算式是由運算元（Operand）與運算子（Operator）所組合而成。運算元可以是常數、變數、函數或其他運算式。運算子若以性質來分類，則分成指定運算子、算術運算子、遞增遞減運算子、比較（或關係）運算子、邏輯運算子、位元運算子及條件運算子。運算子若以與它相鄰的運算元數量來分類，則分為一元運算子（Unary Operator）、二元運算子（Binary Operator）及三元運算子（Ternary Operator）。結合算術運算子的運算式，稱之為算術運算式；結合比較（或關係）運算子的運算式，稱之為比較（或關係）運算式；結合邏輯運算子的運算式，稱之為邏輯運算式；結合位元運算子的運算式，稱之為位元運算式；結合條件運算子的運算式，稱之為條件運算式。

例：a - b * 2 + c / 5 % 7 + 1.23 * d，其中「a」、「b」、「c」、「d」、「2」、「5」、「7」及「1.23」等變數或常數稱為運算元（Operand），而「+」、「-」、「*」、「/」及「%」等運算符號稱為運算子（Operand）。

❖ 2-3-1 指定運算子

「=」（指定運算子）的作用，是將「=」右方的值指定給「=」左方的變數。「=」的左邊必須為變數，右邊則可以為變數、常數、函數或其他運算式。

例：（程式片段）

```
sum=0;          //將0指定給變數sum
avg=(a+b)/2;  //將變數a及變數b相加後除以2的結果，指定給變數avg
```

❖ 2-3-2 算術運算子

與數值運算有關的運算子，有算術運算子、遞增運算子及遞減運算子三種。算術運算子的使用方式，請參考「表 2-5」。（假設 a=-2、b=23）

▼表 2-5 算術運算子的功能說明

運算子	幾元運算子	作用	例子	結果	說明
+	二元運算子	求兩數之和	a + b	21	數字可以是整數或浮點數
-	二元運算子	求兩數之差	a - b	-25	數字可以是整數或浮點數
*	二元運算子	求兩數之積	a * b	-46	數字可以是整數或浮點數
/	二元運算子	求兩數相除之商	b / 2 b / 2.0	11 11.5	1. 整數相除，結果為整數 2. 數字為浮點數時，相除結果為浮點數
%	二元運算子	求兩數相除之餘數	b % 3	2	數字必須為整數
+	一元運算子	將數字乘以+1	+(a)	-2	數字可以是整數或浮點數
-	一元運算子	將數字乘以-1	- (a)	2	數字可以是整數或浮點數

範例 1

寫一程式，輸出 18 除以 8 的商及餘數。

```
1    #include <iostream>
2    using namespace std ;
3    int main( )
4     {
5       cout << "18除以8的商=" << 18 / 8 << '\n';
6       cout << "18除以8的餘數=" << 18 % 8 ;
7
8       return 0 ;
9     }
```

執行結果

18 除以 8 的商 =2

18 除以 8 的餘數 =2

程式解說

程式第 5 列中的「'\n'」，是換列字元。

範例 2

寫一程式，輸出 5168 的個位數

```
#include <iostream>
using namespace std ;
int main( )
 {
   cout << "5168的個位數為" << 5168 % 10 ;

   return 0 ;
 }
```

執行結果

5168 的個位數為 8

❖ 2-3-3 遞增運算子及遞減運算子

「++」（遞增運算子）及「--」（遞減運算子）的作用，分別是對數值資料「+1」及「-1」的處理。遞增及遞減運算子的使用方式，請參考「表 2-6」。（假設 a=10）

▼表 2-6 遞增及遞減運算子的功能說明

運算子	幾元運算子	作用	例子	結果	說明
++	一元運算子	將變數值+1	a++; ++a;	11 11	1. 數字可以是整數或浮點數 2. ++放在變數之前與之後，其執行的順序是不同的
--	一元運算子	將變數值-1	a--; --a;	9 9	1. 數字可以是整數或浮點數 2. --放在變數之前與之後，其執行的順序是不同的

範例 3

後置型遞增運算子應用。

```
#include <iostream>
using namespace std;
int main()
{
    int a=0,b=1,c;
    c=a++ + b; //先處理c=a＋b;，然後再處理a++;
    cout << "a=" << a << " , " << "c=" << c ;
    return 0;
}
```

執行結果

a=1 , c=1

範例 4

前置型遞增運算子應用。

```
#include <iostream>
using namespace std;
int main()
{
    int a=0,b=1,c;
    c=++a + b; // 先處理++a;，然後再處理c=a＋b;
    cout << "a=" << a << " , " << "c=" << c ;
    return 0;
}
```

執行結果

a=1 , c=2

範例 5

後置型遞減運算子應用。

```
#include <iostream>
using namespace std;
int main()
{
    int a=0,b=1,c;
    c=a-- + b; //先處理c=a＋b;，然後再處理a--;
    cout << "a=" << a << " , " << "c=" << c  ;
    return 0;
}
```

執行結果

a=-1 , c=1

範例 6

前置型遞減運算子應用。

```
#include <iostream>
using namespace std;
int main()
```

```
    {
        int a=0,b=1,c;
        c=--a + b; // 先處理--a;，然後再處理=a+b;
        cout << "a=" << a << " , " << "c=" << c  ;
        return 0;
    }
```

執行結果

a=-1 , c=0

❖ 2-3-4 比較（或關係）運算子

比較運算子的作用，是用來判斷資料間的關係。即，何者為大，何者為小，或兩者一樣。若問題中提到條件或狀況，則必須配合比較運算子來處理。比較運算子通常出現在「if」選擇結構，「for」或「while」迴圈結構的條件中，請參考「第四章 程式之設計模式——選擇結構」及「第五章 程式之設計模式——迴圈結構」。

比較運算子的使用方式，請參考「表 2-7」。（假設 a=2、b=1）

▼表 2-7 比較運算子的功能說明

運算子	幾元運算子	作用	例子	結果	說明
>	二元運算子	判斷「>」左邊的資料是否大於右邊的資料	a > b	1	1. 各種比較運算子的結果不是0就是1。0表示結果為假；1表示結果為真。 2. 當問題中有提到條件時，就要使用比較運算子來處理。 3. 比較運算子通常會出現在選擇結構if、迴圈結構for或while的條件中。
<	二元運算子	判斷「<」左邊的資料是否小於右邊的資料	a < b	0	
>=	二元運算子	判斷「>=」左邊的資料是否大於或等於右邊的資料	a >= b	1	
<=	二元運算子	判斷「<=」左邊的資料是否小於或等於右邊的資料	a <= b	0	
==	二元運算子	判斷「==」左邊的資料是否等於右邊的資料	a == b	0	
!=	二元運算子	判斷「!=」左邊的資料是否不等於右邊的資料	a != b	1	

❖ 2-3-5 邏輯運算子

邏輯運算子的作用，是連結多個比較運算式來處理更複雜條件或狀況的問題。若問題中提到多個條件要同時成立或部分成立，則可配合邏輯運算子來處理。邏輯運算子通常出現在「if」選擇結構，「for」或「while」迴圈結構的條件中，請參考「第四章 程式之設計模式──選擇結構」及「第五章 程式之設計模式──迴圈結構」。邏輯運算子的使用方式，請參考「表 2-8」。（假設 a=2、b=1）

▼表 2-8 邏輯運算子的功能說明

<table>
<tr><th>運算子</th><th>幾元運算子</th><th>作用</th><th>例子</th><th>結果</th><th>說明</th></tr>
<tr><td>&&</td><td>二元運算子</td><td>判斷「&&」兩邊的比較運算式結果，是否都為「1」</td><td>a>3
&&
b<2</td><td>0</td><td rowspan="4">1. 含有比較運算子的式子被稱為比較運算式。
2. 各種邏輯運算子的結果，不是0，就是1。0表示結果為假，1表示結果為真。
3. 當問題中所提到的條件超過1個時，此時可使用邏輯運算子來處理。
4. 邏輯運算子通常會出現在選擇結構if或迴圈結構for及while的條件中。</td></tr>
<tr><td>||</td><td>二元運算子</td><td>判斷「||」兩邊的比較運算式結果，是否有一個為「1」</td><td>a>3
||
b<=2</td><td>1</td></tr>
<tr><td>!</td><td>一元運算子</td><td>判斷「!」右邊的比較運算式結果，是否為「0」</td><td>!(a>3)</td><td>1</td></tr>
<tr><td>^</td><td>二元運算子</td><td>判斷「^」兩邊的比較運算式結果，是否一邊為「1」且另一邊為「0」</td><td>(a>3) ^ (b<2)</td><td>1</td></tr>
</table>

真值表，是比較運算式在邏輯運算子「&&」、「||」、「!」或「^」處理後的所有可能結果，請參考「表 2-9」。

▼表 2-9　&&、||、! 及 ^ 運算子之真值表

&&(且)運算子		
A	B	A && B
0	0	0
0	1	0
1	0	0
1	1	1

||(或)運算子		
A	B	A || B
0	0	0
0	1	1
1	0	1
1	1	1

!(否)運算子	
A	!A
0	1
1	0

^(互斥或)運算子		
A	B	A ^ B
0	0	0
0	1	1
1	0	1
1	1	0

【註】1. A 及 B 分別代表任何一個比較運算式（即條件）。
2. 「&&」（且）運算子：當「&&」兩邊的比較運算式皆為真（以 1 表示，即同時成立）時，其結果才為真 (1)；當「&&」兩邊的比較運算式中有一邊為假（以 0 表示）時，其結果都為假。
3. 「||」（或）運算子：當「||」兩邊的比較運算式皆為假（以 0 表示，即同時不成立）時，其結果才為假 (0)；當「||」兩邊的比較運算式中有一邊為真（以 1 表示）時，其結果都為真。
4. 「!」（否定）運算子：當比較運算式為真 (1) 時，其否定之結果為假 (0)；當比較運算式為假 (0) 時，其否定之結果為真 (1)。
5. 「^」（互斥或）運算子：當「^」兩邊的比較運算式，有一邊的結果為「1」且另一邊的結果為「0」（即不同時成立）時，其結果都為「1」；當「^」兩邊的比較運算式的結果皆為「1」或「0」（即同時成立或不成立）時，其結果都為「0」。

❖ 2-3-6　位元運算子

位元運算子，是用來對二進位整數進行運算處理的工具。對於非二進位的整數，系統會先將它轉換二進位整數，然後才進行位元運算。

位元運算子的使用方式，請參考「表 2-10」。（假設 a=2、b=1）

▼表 2-10　位元運算子的功能說明

<table>
<tr><th>運算子</th><th>幾元運算子</th><th>作用</th><th>例子</th><th>結果</th><th>說明</th></tr>
<tr><td>&</td><td>二元運算子</td><td>將兩個二進位數字執行「且」的運算。每一個位元值逐一比較，若皆為1時，則值為1；其餘皆為0。</td><td>a & b</td><td>0</td><td rowspan="3">1. 數字必須是整數。
2. 執行前先將數字轉成二進位整數，然後才進行&或|或^運算。</td></tr>
<tr><td>|</td><td>二元運算子</td><td>將兩個二進位數字執行「或」的運算。每一個位元值逐一比較，若皆為0時，則值為0；其餘皆為1。</td><td>a | b</td><td>3</td></tr>
<tr><td>^</td><td>二元運算子</td><td>將兩個二進位數字執行「互斥或」的運算。每一個位元值逐一比較，若皆為1或0時，則值為0；其餘皆為1。</td><td>a ^ b</td><td>3</td></tr>
<tr><td>~</td><td>一元運算子</td><td>將一個二進位數字執行「否」的運算。
每一個位元值逐一比較，若為1時，則值為0；否則為1。</td><td>~a</td><td>-3</td><td>1. 數字必須是整數。
2. 執行前先將數字轉成二進位整數，然後才進行~運算。
3. 若結果為負，則必須使用2的補數法（=1的補數+1），將它轉成十進位整數。</td></tr>
<tr><td><<</td><td>二元運算子</td><td>將（「<<」左邊的）整數轉成二進位整數後，往左移動（「<<」右邊的）整數個位元，相當於乘以2的（「<<」右邊的）整數次方。</td><td>a << 1</td><td>4</td><td>1. 數字必須為整數。
2. 執行前先將數字轉成二進位整數，然後才進行<<運算。
3. 向左移動後，超出儲存範圍的數字捨去，而右邊空出的位元就補上0。
4. 若結果為負，則必須使用2的補數法（=1的補數+1），將它轉成十進位整數。</td></tr>
</table>

▼表 2-10 位元運算子的功能說明（續）

運算子	幾元運算子	作用	例子	結果	說明
>>	二元運算子	將（「>>」左邊的）整數轉成二進位整數後，往右移動（「>>」右邊的）整數個位元，相當於除以2的（「>>」右邊的）整數次方。	a >> 1	1	1. 數字必須為整數。 2. 執行前先將數字轉成二進位整數，然後才進行>>運算。 3. 向右移動後，超出儲存範圍的數字捨去，而左邊空出的位元就補上0（若此數為正數）或1（若此數為負數）。

例：2 & 1= ？

解：2 的二進位表示法如下：

00000000000000000000000000000010

1 的二進位表示法如下：

```
  00000000000000000000000000000001
  00000000000000000000000000000010
& 00000000000000000000000000000001
------------------------------------
  00000000000000000000000000000000
```

故 2 & 1=0。

例：2 << 1 = ？

解：2 的二進位表示法如下：

00000000000000000000000000000010

2 << 1 的結果之二進位表示法如下：

00000000000000000000000000000100

轉成十進位為 4。

例：2 >> 1= ？

解：2 的二進位表示法如下：

0 0 0 0 0 0 0 0 0 0 0 0 0 0 0 0 0 0 0 0 0 0 0 0 0 0 0 0 0 0 1 0

2 >> 1 的結果之二進位表示法如下：

0 0 0 0 0 0 0 0 0 0 0 0 0 0 0 0 0 0 0 0 0 0 0 0 0 0 0 0 0 0 0 1

轉成十進位為 1。

例：~ 2= ？

解：2 的二進位表示法如下：

0 0 0 0 0 0 0 0 0 0 0 0 0 0 0 0 0 0 0 0 0 0 0 0 0 0 0 0 0 0 1 0

~2 的二進位表示法如下：

1 1 1 1 1 1 1 1 1 1 1 1 1 1 1 1 1 1 1 1 1 1 1 1 1 1 1 1 1 1 0 1

因第 1 個位元值為 1，所以 ~2 的結果是一個負值。

使用 2 的補數法 (=1 的補數 +1（最後一位）)，將它轉成十進位整數。

1. 做 1 的補數法：(0 變 1，1 變 0)

   0 0 0 0 0 0 0 0 0 0 0 0 0 0 0 0 0 0 0 0 0 0 0 0 0 0 0 0 0 0 1 0

2. 最後一位元加 1：

   0 0 0 0 0 0 0 0 0 0 0 0 0 0 0 0 0 0 0 0 0 0 0 0 0 0 0 0 0 0 1 1

   值為 3，但為負的。

   例：-2147483648 >>2 = ?

   -2147483648=

   (1 0 0 0 0 0 0 0 0 0 0 0 0 0 0 0 0 0 0 0 0 0 0 0 0 0 0 0 0 0 0 0)2

   (1 0 0 0 0 0 0 0 0 0 0 0 0 0 0 0 0 0 0 0 0 0 0 0 0 0 0 0 0 0 0 0)2>>2

   =(111 0 0 0 0 0 0 0 0 0 0 0 0 0 0 0 0 0 0 0 0 0 0 0 0 0 0 0 0 0)2

   =-536870912

有關位元運算子的例子，可參考第五章「5-4 進階範例」的「範例 19」與「自我練習」的「實作題 11」。

❖ 2-3-7 條件運算子

「? :」為條件運算子，主要是應用在有條件的簡易問題上。由三個運算式及「? :」條件運算子所構成的敘述，稱之為條件運算式。語法如下：

```
變數 = 運算式1 ? 運算式2 : 運算式3
```

■ 語法說明

運算式 1 為條件式。當條件式為「true」時，會將運算式 2 的結果指定給變數，否則會將運算式 3 的結果指定給變數。

例：（程式片段）

```
int a=18, b;
b = a > 18 ? 1 : 0 ;  // 運算式1為「a > 18」；運算式2為「1」；運算式3為「0」
// 執行後，b=0
```

2-4 運算子的優先順序

不管哪一種運算式，式子中一定含有運算元與運算子。運算處理的順序是依照運算子的優先順序為準則，運算子的優先順序在前的先處理；運算子的優先順序在後的後處理。

▼表 2-11　運算子優先順序

運算子優先順序	運算子	說明
1	()	括號
2	::	範圍（例：std::cout）
3	+、-、 ++、--、 !、 ~、 .、 ->、 sizeof、 new []、 delete []	取正號、取負號、 遞增、遞減、 邏輯否、位元否、 一般成員存取、 指標成員存取、 計算資料型態的大小（Byte）、 動態配置陣列記憶體、 釋放動態陣列記憶體
4	*、/、%	乘、除、取餘數

運算子優先順序	運算子	說明
5	+、-	加、減
6	<<、>>	位元左移、位元右移
7	>、>=、 <、<=	大於、大於等於 、 小於、小於等於
8	==、!	等於、不等於
9	&、|、^	位元且、位元或、位元互斥或
10	&&、||	邏輯且、邏輯或
11	=、+=、-=、*=、/=、%=、 &=、^=、|=、<<=、>>=	指定運算及各種複合指定運算
12	++、--	後置型遞增、後置型遞減

範例 7

寫一程式，輸出 char、int、float、double 四種資料型態所占用的記憶體空間（Bytes）。

```
#include <iostream>
#include <cstdlib>
using namespace std ;
int main( )
 {
   cout << "char占用" << sizeof(char) << "Byte的記憶體空間\n" ;
   cout << "short int占用" << sizeof(short int)
        << "Bytes的記憶體空間\n" ;
   cout << "int占用" << sizeof(int) << "Bytes的記憶體空間\n" ;
   cout << "long long int占用"
        << sizeof(long long int) << "Bytes的記憶體空間\n" ;
   cout << "float占用" << sizeof(float) << "Bytes的記憶體空間\n" ;
   cout << "double占用" << sizeof(double) << "Bytes的記憶體空間" ;

   return 0 ;
 }
```

執行結果

char 占用 1Byte 的記憶體空間
short int 占用 2Bytes 的記憶體空間
int 占用 4Bytes 的記憶體空間
long long int 占用 8Bytes 的記憶體空間
float 占用 4Bytes 的記憶體空間
double 占用 8Bytes 的記憶體空間

2-5 資料型態轉換

當不同型態的資料放在同一個運算式中，資料是如何運作？其處理的方式有下列兩種：

1. 自動轉換資料型態（或隱含型態轉換：Implicit Casting）：由編譯器來決定轉換成何種資料型態。C++ 編譯器會將數值範圍較小的資料態型轉換成數值範圍較大的資料型態。數值型態的範圍由小到大為 char、short int、int、long long int、float、double。

   例：（程式片段）
   ```
   char c='A';
   int i=10;
   float f=3.6f;
   double d;
   d=c+i+f； //將c值轉換為整數65，再執行65+i → 75
             //接著將75的值轉換為單精度浮點數75.0
             //再執行75.0+f → 78.6
             //最後將78.6轉換為倍精度浮點數78.6，並指定給d
   ```

2. 強制轉換資料型態（或明顯型態轉換：Explicit Casting）：由設計者自行決定轉換成何種資料型態。當問題要求的資料型態與執行結果的資料型態不同時，設計者就必須強制對執行結果做資料型態轉換。

   強制型態轉換語法：

   ```
   (資料型態) 變數或運算式；
   ```

   例：（程式片段）
   ```
   int a=1,b=2,c=4;
   float avg;
   avg=(float)(a+b+c)/3;  //  avg=2.333333
   //將a+b+c的值轉換為單精度浮點數，再除以3
   ```

   例：（程式片段）
   ```
   int a=1,b=2,c=3,total;
   total=(int)(a*0.3+b*0.3+c*0.4);  //  total=2
   //將a*0.3+b*0.3+c*0.4的值轉換為整數（即，將小數部分去掉）。
   ```

自我練習

一、選擇題

1. 下列哪些是 C++ 語言的基本資料型態？

   (A) int　(B) boolean　(C) float　(D) double

2. 下列哪一個資料它的資料型態是布林型態？

   (A) 0　(B) -1　(C) 5　(D) true

3. 下列何者是 C++ 語言的合法變數名稱

   (A) 1-a　(B) myname　(C) int　(D) three%

4. 在 C++ 語言中，變數 student 與何者相同？

   (A) Student　(B) StuDent　(C) STUDENT　(D) 以上皆非

5. 在 C++ 語言中，資料型態為 int 的變數所佔的記憶體位元組（Byte）數為

   (A) 1　(B) 2　(C) 3　(D) 4

6. 下列運算子中何者的優先權最高？

   (A) *　(B) -　(C) &&　(D) ||

7. 算術運算式「7/3」的結果為

   (A) 2.5　(B) 2　(C) 1　(D) 以上皆非

8. 比較運算式「5==8」的結果為

   (A) 0　(B) 1　(C) 1　(D) 以上皆非

9. 比較運算式「6 * 3 > 2 * 7」的結果為？

   (A) 0　(B) 1　(C) 2　(D) 3

10. 假設變數 a 的資料型態為 char，b 的資料型態為 int，c 的資料型態為 float，則算術運算式「a+b*c」的結果為何種資料型態？

    (A) char　(B) int　(C) float　(D) double

11. 在 C++ 語言中，以下哪一個運算子的用途是取餘數？

    (A) \　(B) div　(C) %　(D) mod

12. 在 C++ 語言中，以下哪一個運算子的用途是判斷不相等？

    (A) <>　(B) ><　(C) !=　(D) ~

二、問答題

1. 變數未經過宣告，是否可直接使用？
2. 變數 age 與 Age 是否為同一個變數？
3. 說明運算子「=」與「==」的差異。
4. （程式片段）

   ```
   int a=10;
   float b;
   b=(float)a+1;
   ```

   在執行 b=(float)a+1; 指令後，a 的資料型態為何？
5. 說明下列字元的意義。

   (1) \a　(2) \b　(3) \n　(4) \r　(5) \t
6. 說明int、float及double等資料型態所佔的空間大小(Byte)，及它們可使用的資料範圍。
7. 完成下列 C++ 語言的程式碼片段，使程式的執行結果為「a=12,b=3.6」。

   ```
   int a=__________;
   __________ b=__________
   cout << __________ << __________ << __________ ;
   ```
8. （程式片段）

   ```
   int a=1, b=2;
   b = a < b  ? a+b : a-b ;
   ```

   在執行後，b 的值為何？

Chapter 03

輸出物件及輸入物件

資料輸入與資料輸出是任何事件的基本元素，猶如因果關係。例如：考試事件，學生將考題的作法寫在考卷上（資料輸入），考完後老師會在學生的考卷上給予評分（資料輸出）。又例如：開門事件，當我們將鑰匙插入鎖孔並轉動鑰匙（資料輸入），門就會被打開（資料輸出）。若資料輸入與資料輸出不是同時存在於事件中，則事件的結果不是千篇一律（因沒有資料輸入，所以資料輸出就沒有變化），就是不知其目的為何（因沒有資料輸出）。

無論是從鍵盤輸入資料，或從檔案中讀取資料，或將程式的執行結果輸出到螢幕及寫入檔案中，C++語言都是以串流（stream）的方式來處理。串流指的是一種資料傳輸方式，將資料依序傳送出去或接收進來，就像水流一樣。C++ 語言的資料輸入與資料輸出處理，是使用宣告在iostream標頭檔內的標準輸出串流物件cout，標準錯誤輸出串流物件cerr及標準輸入串流物件cin來處理。串流物件cout的作用，是將資料顯示在標準輸出裝置（通常指螢幕）上；串流物件cin的作用，則是從標準輸入裝置（通常指鍵盤）輸入資料；串流物件cerr，則是將錯誤訊息輸出到標準錯誤輸出裝置（通常指螢幕）上。

3-1 資料輸出

執行程式時，如何將資料呈現出來呢？資料的呈現方式有下列三種：

1. 顯示在螢幕上。
2. 存入在檔案中。（參考「第十七章 檔案處理」）
3. 印在紙上。（參考「範例1」）

範例 1

寫一程式，將test.txt 檔案內容印在紙上。
（假設test.txt 檔案的內容為
Trust yourself, you can pass Language C++）

```
#include <iostream>
#include <cstdlib>
using namespace std;
int main()
 {
   system("type test.txt > lpt1");
   return 0;
 }
```

執行結果

```
Trust yourself, you can pass Language C++
```

程式解說

- 程式第6列中的「system」函式，是宣告在「cstdlib」標頭檔中 ，請參考「6-5 DOS作業系統指令呼叫函式」介紹。使用前，必須在前置處理指令區撰寫「#include <cstdlib>」指令。
- 「system("type test.txt > lpt1");」的作用，是執行Windows作業系統的「type」命令，將「test.txt」檔案的內容輸出到標準輸出裝置上，再將標準輸出裝置上的資料重導到印表機「LPT1」上，從而使檔案內容從印表機上輸出。

要將資料顯示在螢幕上，可以使用ostream類別所建立出來的cout輸出物件來處理。在程式中，只要使用到cout輸出物件，就必須在程式的前置處理指令區加入下列指令敘述：

```
#include <iostream>
using namespace std ;
```

因為 cout 輸出物件是宣告在 iostream 標頭檔的 std 命名空間（namespace）內的 ostream 類別。使用 cout 輸出物件前，必須將宣告部份引入程式中，否則可能會出現下面錯誤訊息（切記）：

```
'cout' was not declared in this scope
```

cout（讀作 c-out）物件的作用，是利用「<<」（insertion operator：插入運算子）將「<<」後的的資料（可以是數字、字元或字串）依序顯示在標準輸出裝置（通常指螢幕）上。在預設的情況下，浮點數顯示時，最多6位（整數位數 + 小數位數）。若浮點數的整數部份超過6位，則會以科學記號的方式表示，例如1234567.8 結果為1.23457e+006。

輸出物件cout的使用語法如下：

```
[ I/O格式旗標 ; ]
cout [<< I/O格式操縱器] << 運算式1
     [ [ << I/O格式操縱器] << 運算式2 …] ;
```

■ 語法說明

1. 設定 I/O 格式旗標的目的，是要將其設定處以後的所有資料依據指定的格式輸出，並維持到下一次被變更前為止。設定與解除格式旗標的語法如下：

```
（一）設定格狀旗標：
        cout.setf(格式旗標）;
（二）解除格式旗標：
        cout.unsetf(格式旗標）;
```

■ 說明

(1) setf 及 unsetf 兩個成員函式，是定義在 std 命名空間中的 ios_base 類別裡。

(2) 常用的格式旗標，請參考「表 3-1 常用的格式旗標」。

2. 常用的 I/O 格式操縱器有 setw(n) 與 endl 兩種。

(1) setw(n) 的作用，是設定其後緊鄰的資料項之寬度為 n 個位元組。setw 函式是宣告在 iomanip 標頭檔中，使用 setw 函式前，必須在前置處理指令區使用「#include <iomanip>」將 iomanip 標頭檔含括到程式中，否則可能會出現下面錯誤訊息（切記）：

```
'setw' was not declared in this scope
```

(2) endl 的目的是執行換列且清除緩衝區的資料。endl 宣告在「iostream」標頭檔的 std 命名空間（namespace）內的 ostream 類別中。

(3) 一個 I/O 格式操縱器，只影響其後的第一個資料，處理後即回復 C++ 預設的輸出格式。

3. 「運算式」可以是常數、變數或函式，也可以是常數、變數或函式的組合。

4. 「[ ]」，表示它內部（包含 [ ]）的資料是選擇性的，需要與否視情況而定。

5. cout 用法除了以上方式外，還有下列兩種方式：

(1) 使用定義在 std 命名空間中的 ios 類別之成員函式 fill，以指定的字元來填滿輸出資料時的空白位置，但必須配合 setw 函式，設定要輸出資料的寬度才有作用。語法如下：

```
cout.fill('指定的字元') ;
```

(2) 使用定義在 std 命名空間中的 ios_base 類別之成員函式 precision，可以使輸出的浮點數資料達到希望的準確度（或精確度）。語法如下：

```
cout.precision(n) ;
// 設定浮點數資料輸出時，整數位數 + 小數位數，共n位
```

▼表3-1 常用的格式旗標

格式旗標	說明	語法:設定方式 / 取消設定	注意事項
ios::left	靠左	cout.setf(ios::left); cout.unsetf(ios::left);	預設靠右
ios::dec	以十進位方式顯示	cout.setf(ios:: dec); cout.unsetf(ios:: dec);	1. 預設十進位 2. 在關閉十六進位方式設定後，再設定十進位方式，才有效
ios::hex	以十六進位方式顯示	cout.setf(ios:: hex); cout.unsetf(ios:: hex);	1. 只適用於整數 2. 預設十進位 3. 在關閉十進位方式設定後，再設定十六進位方式，才有效
ios::showbase	以0x作為十六進位資料的前導文字	cout.setf(ios:: showbase); cout.unsetf(ios:: showbase);	1. 只適用於整數 2. 預設十進位 3. 有設定十六進位顯示後，才有效
ios::scientific	以科學記號的方式表示	cout.setf(ios:: scientific); cout.unsetf(ios:: scientific);	1. 只適用於浮點數 2. 以n.mmmmmmE+xxx方式呈現，其中整數部份1 位， 小數部份6位，指數部份3位 3. 有設定精確度cout.precision(n);，小數部份則為n位 4. 若與cout.setf(ios::fixed);同時存在時，則兩者皆無作用
ios::fixed	固定小數部份的位數	cout.setf(ios:: fixed); cout.unsetf(ios:: fixed);	1. 只適用於浮點數 2. 預設6位 3. 有設定精確度cout.precision(n);小數部份則為n位 4. 若與cout.setf(ios:: scientific);同時存在時，則兩者皆無作用
ios::uppercase	將科學記號以大寫E顯示，或十六進位的英文字母部份以大寫顯示	cout.setf(ios:: uppercase); cout.unsetf(ios:: uppercase);	有設定cout.setf(ios::hex);或cout.setf(ios::scientific);才有效

■ 範例 2

輸出資料的格式旗標設定、精確度設定precision(n)、寬度設定setw(n)及逸出序列（請參考「表2-3 常用的逸出序列」）的應用練習。

```
#include <iostream>
#include <string>
#include <iomanip>
using namespace std;
int main()
 {
  string name="mike"; //參考7-1-3字串
  int age=28;
  char blood='A';
  float height=168.5;
  double money=1234567000;

  cout.precision(4);  // 設定浮點數資料輸出時，整數位數 + 小數位數，共4位
  cout << "1234567890123456789012345678901234567890"
       << "1234567890\n"
       << "我的名字叫" << name
       << "\t今年" << age << "歲\n"
       << "血型是" << blood <<"\t身高"
       << setw(7) << height << "公分\t" ;

  cout.setf(ios::scientific);  //  浮點數以科學記號的方式
  cout.precision(6);  //  設定浮點數資料的小數位數6位
  cout << "銀行存款" << money << "元";
  return 0;
 }
```

執行結果

```
12345678901234567890123456789012345678901234567890
我的名字叫mike   今年28歲
血型是A  身高   168.5公分   銀行存款1.234567e+009元
```

程式解說

1. 若「cout.precision(n);」單獨使用，則表示設定(整數位數) + (小數位數) 共n位。
2. 「cout.precision(n);」若與「cout.setf(ios::fixed);」同時存在，則表示設定小數位數n位。
3. 「cout.precision(n);」若與「cout.setf(ios::scientific);」同時存在，則表示設定小數位數n位，且以浮點數以科學記號表示。
4. 水平定位鍵的預設位置，分別為1、9、17、25、33、41、49、57、65及73。

範例 3

利用cout物件的成員函式fill( )，輸出00011000。

```
1     #include <iostream>
2     #include <iomanip>
3     using namespace std;
4     int main()
5      {
6       int num=1;
7       cout.fill('0') ;
8       cout << setw(4) << num ; //以4Byte寬度顯示num
9       cout.setf(ios::left) ; //資料靠左輸出
10      cout << setw(4) << num;
11      return 0;
12     }
```

執行結果

```
00011000
```

程式解說

資料輸出前，若無設定靠右或靠左輸出，則預設靠右輸出。例如，程式第 8 列。

3-2 資料輸入

程式執行時，所需的資料要如何取得呢？資料取得的方式有下列四種：

1. 在程式撰寫階段時，就將資料寫在程式中：

   這是取得資料最簡單的方式，但每次執行結果都一樣。因此，只能解決固定的問題。（參考「範例4」）

2. 在程式執行階段，由鍵盤輸入資料：

   取得的資料，會隨著使用者輸入的內容不同而不同，且執行結果也隨之不同。因此，適合解決同一類型的問題。（參考「範例5」）

3. 在程式執行階段，由亂數隨機產生資料：

   其目的在自動產生資料，或不想讓使用者掌握資料內容，進而預先得知結果。（參考「第七章 陣列」）

4. 在程式執行階段，由檔案中讀取資料：

   當程式要處理的資料很多時，可事先將資料儲存在檔案中，在程式執行時，再從檔案中取出資料。（參考「第十七章 檔案處理」）

本節主要在探討程式執行階段，如何由鍵盤輸入資料。要將資料經由鍵盤輸入，可以使用istream類別所建立出來的cin物件，或宣告在stdio.h及conio.h兩個標頭檔中的字元輸入函式來處理。

❖ 3-2-1　輸入物件

要從鍵盤輸入資料，可以使用istream類別所建立出來的cin輸入物件來處理。在程式中，只要使用到cin輸入物件，就必須在程式的前置處理指令區加入下列指令敘述：

```
#include <iostream>
using namespace std ;
```

cin輸入物件是宣告在iostream標頭檔的std 命名空間（namespace）內的istream的類別。使用cin輸入物件前，必須將宣告部份引入程式中，否則可能會出現下面錯誤訊息（切記）：

```
'cin' was not declared in this scope
```

cin（讀作 c-in）物件的作用，是將標準輸入裝置（即鍵盤）所輸入的資料（可以是數字、字元或字串），利用「>>」（extraction operator：萃取運算子）將輸入的資料萃取出來，分別傳送給「>>」後所對應的變數。

輸入物件cin的使用語法如下：

```
cin >> 變數1 [ >> 變數2 ] [ >> 變數3 ]… ;
```

■ **語法說明**

1. 輸入資料時，若前導的資料是空白、Tab 鍵或 Enter 鍵，則會被忽略且不會當做資料的一部分。
2. 若輸入的資料要存入整數變數，則輸入的資料只接受最前面的整數值，後面不符合的部分則會留在鍵盤緩衝區，使得後續要輸入的資料是直接從鍵盤緩衝區讀取而不是從鍵盤取得，導致取得不正確的資料。
3. 若輸入的資料要存入浮點數變數，則輸入的資料只接受最前面的浮點數，後面不符合的部分則會留在鍵盤緩衝區，使得後續要輸入的資料是直接從鍵盤緩衝區讀取而不是從鍵盤取得，導致取得不正確的資料。
4. 防止資料直接從鍵盤緩衝區讀取的兩項撰寫要點：

   (1) 輸入的資料個數要與實際需要的資料個數一樣。

   (2) 若在輸入數值資料後，接著要輸入文字資料，則在輸入文字資料前，執行「cin.sync( ) ;」。

   sync 函式是定義在命名空間 std 中的 istream 類別之成員函式，其作用是清除留在鍵盤緩衝區的資料。
5. 輸入的各個資料間是以空白、Tab 鍵或 Enter 鍵做區隔。
6. 「[ ]」，表示它內部（包含[ ]）的資料是選擇性的，需要與否視情況而定。若只輸入一資料，則「[ ]」可省略，否則由需要輸入的資料量，來決定需要多少個「[ ]」內的敘述。

輸入字串資料除了上述的方式外，還可以藉由定義在 std 命名空間中的 istream 類別之成員函式 getline 來處理。getline 函式的使用語法如下：

```
getline(cin ,字串物件變數);
```

■ **語法說明**

1. 以 Enter 鍵作為輸入字串資料的結束，並將輸入的資料存入字串物件變數中。
2. 輸入字串資料時，前導的資料可以是空白或 Tab 鍵。

   例：

```
string str ;
cout << " 輸入字串 :" ;

// 由鍵盤輸入字串資料，並以 Enter 鍵作為結束，
// 最後將輸入的資料存入 str 字串物件變數中。
getline(cin , str) ;
```

範例 4

寫一程式，輸出長為20、寬為12的長方形面積。

```
#include <iostream>
using namespace std;
int main()
 {
    int length=20, width=12 ;  //  長方形的長與寬
    cout << "長為" << length << ",寬為" << width
         << "的長方形面積=" << length * width ;
    return 0;
 }
```

執行結果

長為20,寬為12的長方形面積=240

程式解說

1. 長度（length）固定為 20、寬度（width）固定為 12，故程式每次執行時都輸出面積 =240。
2. 本範例的做法，只能計算長度 =20、寬度 =12 的長方形面積，若要計算其他不同長度或寬度的長方形面積，則必須修改程式碼。

範例 5

寫一程式，輸入長方形的長與寬，印出其面積。

```
#include <iostream>
using namespace std;
int main()
 {
    int length, width ;
    cout << "輸入長方形的長與寬:" ;
    cin >> length >> width ;
    cout << "長為" << length << ",寬為" << width
         << "的長方形面積=" << length * width ;
    return 0;
 }
```

執行結果

輸入長方形的長與寬:9 6

長為9,寬為6的長方形面積=54

程式解說

1. 程式第 7 列「cin >> length >> width ;」的目的，是要求輸入兩個整數，以空白隔開，並將輸入的資料分別存入整數變數「length」及「width」。
2. 本範例無須修改任何一列程式敘述，就能計算各種不同長度或寬度的長方形面積。

範例 6

寫一程式，輸入英制身高（尺和吋），輸出公制身高（公分）。

【提示】1 尺=12 吋，1 吋= 2.45 公分。

```
#include <iostream>
using namespace std;
int main()
 {
    int foot, inch ;  //  英尺，英吋
    cout << ("輸入英制的身高(英尺和英吋，以空白隔開):") ;
    cin >> foot >> inch ;
    cout << "公制身高為" << (foot * 12 + inch) * 2.54 << "公分" ;
    return 0;
 }
```

執行結果

輸入英制的身高(英尺和英吋，以空白隔開):5 10

公制身高為177.8公分

範例 7

寫一程式，將華氏溫度轉換成攝氏溫度。

```
#include <iostream>
using namespace std;
int main()
 {
    float f,c;
    cout << "輸入華氏溫度:" ;
    cin >> f;
    c = ( f - 32 ) * 5 / 9;
    cout << "攝氏溫度=" << c ;
    return 0;
 }
```

執行結果

輸入華氏溫度:77
攝氏溫度=25

❖ 3-2-2　字元輸入函式

一、標準字元輸入函式getchar( )

功能：從鍵盤輸入一個字元。

語法如下：

```
字元變數=getchar( );
```

■ **語法說明**

1. getchar 函式被呼叫時，會等待使用者輸入一個字元（需按 Enter 鍵作為輸入結束），並將該字元存入字元變數中，且輸入的字元會顯示在螢幕上。
2. getchar 函式的宣告放在 stdio.h 標頭檔中，使用前須在前置處理指令區撰寫「#include <stdio.h>」，否則可能會出現下面錯誤訊息（切記）：
   `'getchar' was not declared in this scope`

二、非標準字元輸入函式getche( )

功能：從鍵盤輸入一個字元。

語法如下：

```
字元變數=getche( );
```

■ **語法說明**

1. getche 函式被呼叫時，會等待使用者輸入一個字元（無需按 Enter 鍵），並將該字元存入字元變數中，且輸入的字元會顯示在螢幕上。
2. getche 函式的宣告放在 conio.h 標頭檔中，使用前須在前置處理指令區撰寫「#include <conio.h>」，否則可能會出現下面錯誤訊息（切記）：
   `'getche' was not declared in this scope`

三、非標準字元輸入函式getch( )

功能：從鍵盤輸入一個字元。

語法如下：

```
字元變數=getch( );
```

■ 語法說明

1. getch 函式被呼叫時，會等待使用者輸入一個字元（無需按 Enter 鍵），並將該字元存入字元變數中，但輸入的字元不會顯示在螢幕上。
2. getch 函式的宣告放在 conio.h 標頭檔中，使用前須在前置處理指令區撰寫「#include <conio.h>」，否則可能會出現下面錯誤訊息（切記）：
`'getch' was not declared in this scope`

範例 8

寫一程式，比較getchar()、getche()及getch()三個函式之間的差異。

```
#include <iostream>
#include <stdio.h>
#include <conio.h>
using namespace std;
int main()
 {
  char ch1,ch2,ch3;
  cout << "輸入一字元:" ;
  ch1 = getchar();
  cout << "輸入一字元:" ;
  ch2 = getche();
  cout << "\n輸入一字元:" ;
  ch3 = getch();
  cout << "\n輸入的字元為:" << ch1 << ch2 << ch3 ;
  return 0;
 }
```

執行結果

輸入一字元:A (按Enter)

輸入一字元:B(沒有按Enter)

輸入一字元:C(沒有顯示且沒有按Enter)

輸入的字元為:ABC

四、非標準字元輸入函式kbhit ( )

功能：從鍵盤輸入一個字元。

語法如下：

```
字元變數=kbhit( );
```

■ 語法說明

1. kbhit 函式被呼叫時，會等待使用者輸入一個字元（無需按「Enter」鍵），且輸入的字元不會顯示在螢幕上。
2. kbhit 函式的宣告放在 conio.h 標頭檔中，使用前須在前置處理指令區撰寫「#include <conio.h>」，否則可能會出現下面錯誤訊息（切記）：
   `'kbhit' was not declared in this scope`
3. kbhit 函式被呼叫時，不會暫停等待使用者按下任何鍵，而是立刻判斷當時使用者是否按下任何按鍵。不管使用者是否按下任何按鍵，程式繼續往下執行。
4. 參考「5-4 進階範例」之「範例 18」。

3-3 發現問題

■ 範例 9

float 資料型態及 double 資料型態的資料之準確度問題。

```
#include <iostream>
using namespace std;
int main()
 {
  float  a=1.2345678901234567890f;
  double b;
  cout.precision(20);
  cout.setf(ios::fixed);
  cout << "a=" << a << '\n' ;
  // 1.23456788063049316406

  a=12.345678901234567890f;
  cout << "a=" << a << '\n' ;
  // 12.34567928314208984375

```

```
    b=1.2345678901234567890;
    cout << "b=" << b << '\n' ;
    // 1.23456789012345669043

    b=12.345678901234567890;
    cout << "b=" << b << '\n' ;
    // 12.3456789012345673484 1

    return 0;
}
```

執行結果

a=1.23456788063049316406

a=12.3456792831420898437 5

b=1.23456789012345669043

b=12.3456789012345673484 1

（有畫底線的部分表示準確的數字）

程式解說

由於不是每一個浮點數都能準確儲存在記憶體中，導致有誤差產生。故有些「float」型態的資料，儲存在記憶體中只能準確 7~8 位（整數位數 + 小數位數），有些「double」型態的資料，儲存在記憶體中只能準確 16~17 位（整數位數 + 小數位數）。

自我練習

一、選擇題

1. 在C++ 語言中，以下哪一個物件可以從鍵盤讀取資料？

   (A) printf　(B) scan　(C) cout　(D) cin

2. 以下片斷程式，執行後的結果為何？

   (A) 3　(B)△△ 4　(C) 4 △△　(D) 4（△：空白）

```
int num=4;
cout << setw(3) << num ;
```

3. 以下片段程式，執行後的結果為何？

   (A) 3　(B)△ 20　(C) 20 △　(D) 4（△：空白）

```
int num=20 ;
cout.setf(ios::left) ;
cout << setw(3) << num ;
```

4. 以下片段程式，執行後的結果為何？

   (A) 176.5　(B) 176.6　(C) 176.58　(D)以上皆非

```
float height=176.58 ;
cout.precision(4) ;
cout << height ;
```

5. 以下片段程式，執行後的結果為何？

   (A) 176.5　(B) 176.6　(C) 176.58　(D)以上皆非

```
float height=176.58;
cout.precision(2) ;
cout.setf(ios::fixed) ;
cout << height ;
```

6. 以下片段程式，執行時若輸入12.3a，則輸出的結果為何？

   (A) 12　(B) 12.3　(C) 12.　(D) 12.3a

```
int a ;
cin >> a ;
cout << a ;
```

7. 以下片段程式，執行時若輸入12.3b，則輸出的結果為何？

   (A) 12　(B) 12.3　(C) 12.　(D) 12.3a

```
float b ;
cin >> b ;
cout << b ;
```

二、問答題

1. 以下片段程式，執行時會輸出幾個資料？輸出的資料，是以「,」隔開嗎？

```
cout << a << b << c ;
```

2. 以下片段程式，執行時需要輸入幾個資料？以甚麼來隔開所輸入的資料？

```
cin >> a >> b ;
```

3. 輸入物件cin，是以甚麼作為每一個資料的結束輸入？
4. 當呼叫getline函式來輸入字串資料時，輸入的前導資料可以是________或________？
5. 防止資料直接從鍵盤緩衝區讀取的兩項撰寫要點為何？

三、實作題

1. 寫一程式，輸入兩個整數a及b，輸出a除以b的商及餘數。
2. 假設某百貨公司周年慶活動，購物滿10,000元送1000禮券，滿20,000元送2000禮券，以此類推。寫一程式，輸入購物金額，輸出禮券金額。
3. 寫一程式，輸入三角形的底與高，輸出其面積。
4. 寫一程式，輸入英哩數，轉成公里數輸出。轉換公式：公里數 = 1.609 x 英哩數。
5. 寫一程式，輸入兩個整數，輸出兩數之和。
6. 寫一程式，輸入體重(kg)和身高(m)，輸出BMI值。公式：BMI = 體重(kg) / 身高(m^2)。
7. 寫一程式，輸入一個十進位的整數，輸出該整數的八進位和十六進位表示法。
8. M超商推出集點活動，消費金額每滿100元，可獲得1點。

   寫一程式，輸入消費金額，輸出可獲得的點數。

Chapter 04 程式之設計模式——選擇結構

任何事件的發展，都源自最初的決策。因此，決策走向會直接影響事件的後續發展。例如：陰天時，走路出門前需決定帶或不帶傘，若不帶傘，當下雨真的發生，就可能被淋成落湯雞。同理，程式會隨著程式碼的決策走向，選擇不同的程式敘述執行，並產生不同的結果。

4-1 程式運作模式

程式的運作模式是指程式的執行流程。C++ 語言有下列三種運作模式：

1. 循序結構：程式碼由上往下，一列接著一列逐列執行。循序結構的執行流程示意圖，請參考「圖 4-1」。
2. 選擇結構：程式碼至少包含一組限制條件的決策結構。若限制條件結果為「1」，則執行條件下方的程式敘述區塊；否則執行另一個程式敘述區塊。例如：成績若大於或等於 60 分，就是及格；否則，就是不及格。選擇結構的相關說明，請參考「4-2 選擇結構」。
3. 迴圈結構：程式碼至少包含一組迴圈條件的重複結構。若迴圈條件的結果為「1」，則會執行迴圈結構內部的程式敘述；否則會直接跳到迴圈結構外部的第一列程式敘述。若進入迴圈結構內部，並執行內部的程式敘述後，則會再次檢查迴圈條件是否為「1」，作為再次進入迴圈結構內部的依據。例如：車子的里程數，會隨著行駛時間不斷增加，直到報廢為止。迴圈結構的相關說明，請參考「第五章 程式之設計模式——迴圈結構」。

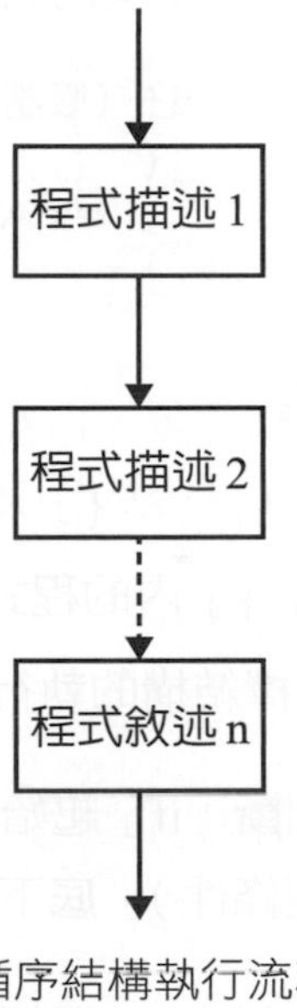

▲圖4-1　循序結構執行流程示意程圖

【註】迴圈條件的結果為「1」，代表「真」；迴圈條件的結果為「0」，代表「假」。

4-2 選擇結構

當問題有限制條件時，使用選擇結構來撰寫程式碼，是最直接最適合的方式。限制條件的形式，是由算術運算式、關係運算式、位元運算式或邏輯運算式所組合而成。

C++ 語言提供「if」、「if - else」、「if - else if -else」及「switch - case」四種類型的選擇結構，來處理具有限制條件的問題。

❖ 4-2-1 if 選擇結構

若問題中的限制條件只有一個，且只提到條件成立時的處理方式，則使用「if」選擇結構來撰寫程式碼，是最直接最適合的。

「if」選擇結構的語法如下：

```
if (限制條件)
 {
   程式敘述區塊
 }
```

■ 語法說明

- 在「()」、「{」及「}」的尾部，都不能加上「;」。
- 若「{ }」內的程式敘述只有一列，則可以省略「{」及「}」，否則不能省略。

「if」選擇結構的執行步驟如下：

步驟 1 判斷「if」起始列的「限制條件」結果是否為「1」？若為「1」，則執行「if(限制條件)」底下的「程式敘述區塊」。

步驟 2 執行「if」選擇結構外的第一列程式敘述。

「if」選擇結構的執行流程示意圖，請參考「圖 4-2」。

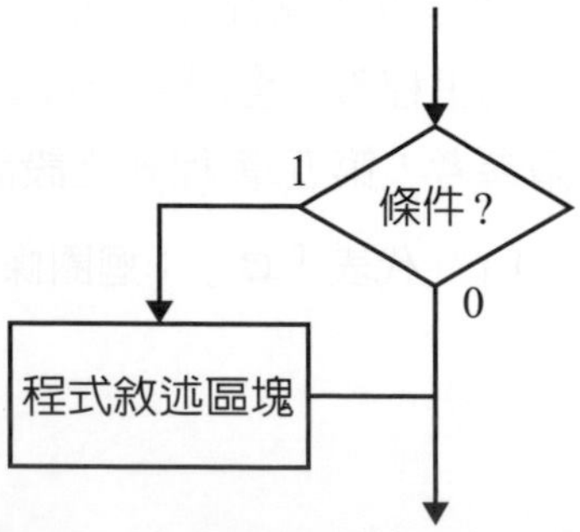

▲圖4-2 if 選擇結構執行流程示意圖

■ 範例 1

A網路購物平台規定購物的運費為100元，但當會員購物金額大於或等於800元時，就免運費。寫一支程式，輸入購物金額，輸出運費。

```
1    #include <iostream>
2    using namespace std;
3    int main( )
4     {
5       int shopping, fare = 0 ;  //  購物金額, 運費
6       cout << "輸入購物金額:" ;
7       cin >> shopping ;
8       if (shopping < 800)
9          fare = 100 ;
10      cout << "運費為" << fare << "元" ;
11
12      return 0;
13    }
```

執行結果

輸入購物金額 :1000
運費為 0 元

程式解說

1. 程式第 8 列中的「shopping < 800」與「購物金額大於或等於 800 元」，在意義上是剛好相反的，所以在程式第 9 列將運費設為 100 元。
2. 流程圖如右：

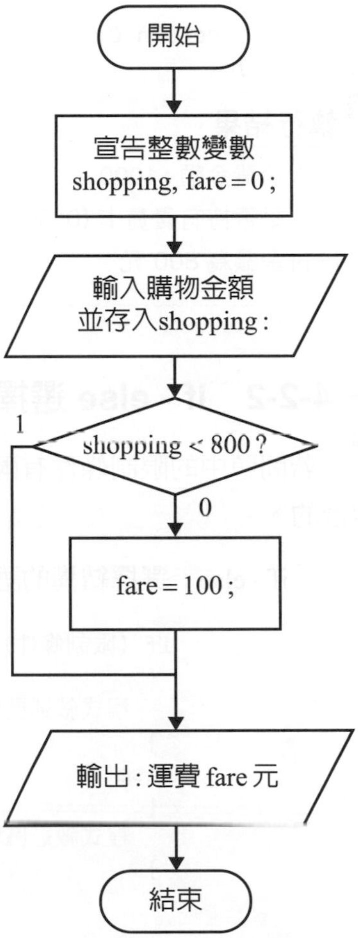

▲範例1 流程圖

範例 2

在 B 牛排館用餐，只要持有貴賓卡，消費金額一律折抵 200 元。

寫一支程式，輸入消費金額及是否持有貴賓卡，輸出應付金額。

```
#include <iostream>
using namespace std;
int main( )
 {
   int money, vip ;  //  消費金額, 貴賓卡
   cout << "輸入消費金額:" ;
   cin >> money ;
   cout << "輸入是否持有貴賓卡(0:無 , 1:有):" ;
   cin >> vip ;
   if (vip == 1)
      money = money - 200;
   cout << "應付金額為" << money << "元" ;

   return 0;
 }
```

執行結果

輸入消費金額 : 1000

輸入是否持有貴賓卡 (0: 無 , 1: 有):1

應付金額為 800 元

❖ 4-2-2 if - else 選擇結構

若問題中的限制條件有兩個，則使用「if-else」選擇結構來撰寫程式碼，是最直接最適合的。

「if - else」選擇結構的語法如下：

```
if (限制條件)
 {
   程式敘述區塊1
 }
else
 {
   程式敘述區塊2
 }
```

■ 語法說明

- 在「()」、「{」、「}」及「else」的尾部，都不能加上「;」。
- 若「{ }」內的程式敘述只有一列，則可以省略「{」及「}」，否則不能省略。

「if - else」選擇結構的執行步驟如下：

步驟 1 判斷「if - else」起始列的「限制條件」結果是否為「1」？若為「1」，則執行「if (限制條件)」底下的「程式敘述區塊 1」，接著跳到步驟 (2)；否則執行「else」底下的「程式敘述區塊 2」。

步驟 2 執行「if - else」選擇結構外的第一列程式敘述。

「if - else」選擇結構的執行流程示意圖，請參考「圖 4-3」。

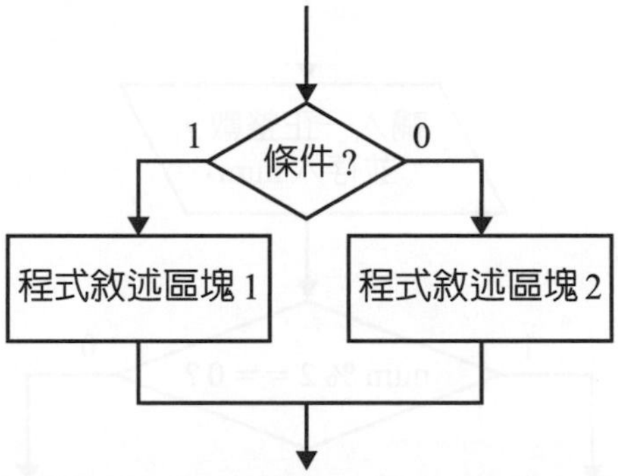

▲圖4-3　if - else選擇結構執行流程示意圖

■ 範例 3

寫一支程式，輸入一正整數，輸出此正整數是否為 2 的倍數。

```
#include <iostream>
using namespace std;
int main( )
 {
   int num;  //  正整數
   cout << "輸入一正整數:" ;
   cin >> num ;
   if (num % 2 == 0)
      cout << num << "為2的倍數" ;
   else
      cout << num << "不為2的倍數" ;

   return 0 ;
 }
```

執行結果

輸入一正整數 :18
18 為 2 的倍數

程式解說

1. 程式第 8 列中的「num % 2 == 0」，代表 num 為 2 的倍數 "。
2. 流程圖如下：

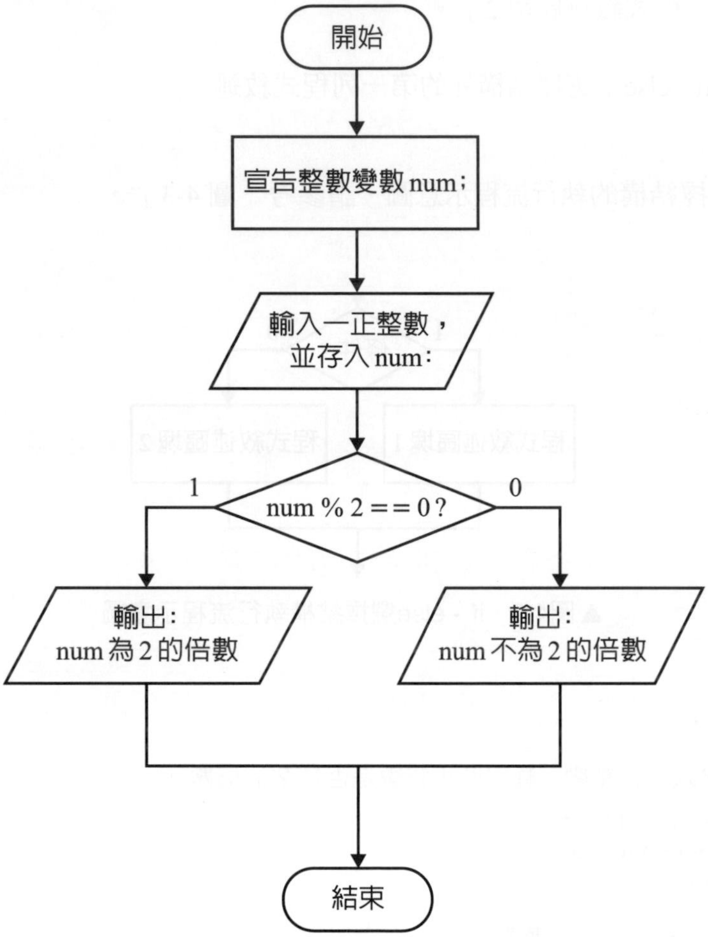

▲範例3　流程圖

■ **範例 4**

西元年份符合下列兩個條件之一，則為閏年。

(1) 若年份為 400 的倍數。

(2) 若年份不是 100 的倍數，但為 4 的倍數。

寫一支程式，輸入西元年份，輸出此西元年份是否為閏年。

```
1     #include <iostream>
2     using namespace std;
3     int main( )
4      {
5        int year;  //  西元年份
6        cout << "輸入西元年份:" ;
7        cin >> year ;
8        if ( year % 400 == 0 || ( year % 100 !=0 && year % 4 == 0 ) )
9           cout << "西元" << year << "年是閏年"  ;
10       else
11          cout << "西元" << year << "年不是閏年" ;
12
13       return 0 ;
14     }
```

執行結果

輸入西元年份 :2022

西元 2022 年不是閏年

程式解說

符合兩個條件之一，其意義代表只要其中有一個成立，就成立。因此，程式第 8 列中用「||」，來連結條件「year % 400 == 0」及「year % 100 !=0 && year % 4 == 0」。

❖ 4-2-3 if - else if - else 選擇結構

若問題中的限制條件有三個（含）以上，則使用「if - else if - else」選擇結構來撰寫程式碼，是最直接最適合的。

「if - else if - else」選擇結構的語法如下：

```
if (限制條件)
 {
   程式敘述區塊1
 }
else if
 {
   程式敘述區塊2
 }
    .
    .
    .
else if (限制條件n)
 {
   程式敘述區塊n
 }
else
 {
   程式敘述區塊(n+1)
 }
```

■ 語法說明

- 在「( )」、「{」、「}」及「else」的尾部，都不能加上「;」。
- 若「{ }」內的程式敘述只有一列，則可以省略「{」及「}」，否則不能省略。
- 「if - else if - else」選擇結構中的「else { 程式敘述區塊 (n+1) }」是選擇性的，是可以省略的（視問題或設計者的寫法而定）。若省略，則「if - else if - else」選擇結構內的程式敘述區塊，有可能全部都不會被執行到；否則會從「if - else if - else」選擇結構的 (n+1) 個程式敘述區塊中，擇一執行。

「if - else if - else」選擇結構的執行步驟如下：

步驟 1 判斷「if - else if - else」起始列的「限制條件 1」結果是否為「1」？若為「1」，則執行「if (限制條件 1)」底下的「程式敘述區塊 1」，接著跳到步驟 (6)。

步驟 2 判斷「else if (限制條件 2)」中的「限制條件 2」結果是否為「1」？若為「1」，則執行「else if (限制條件 2)」底下的「程式敘述區塊 2」，接著跳到步驟 (6)。

步驟 3 判斷「else if (限制條件 3)」中的「限制條件 3」結果是否為「1」？若為「1」，則執行「else if (限制條件 3)」底下的「程式敘述區塊 3」，接著跳到步驟 (6)。

步驟 4 以此類推…。

步驟 5 若「條件 1」、「條件 2」、…及「條件 n」的結果都為「0」，則會執行「else」底下的「程式敘述區塊 (n+1)」。

步驟 6 執行「if - else if - else」選擇結構外的第一列程式敘述。

「if - else if -else」選擇結構的執行流程示意圖，請參考「圖 4-4」。

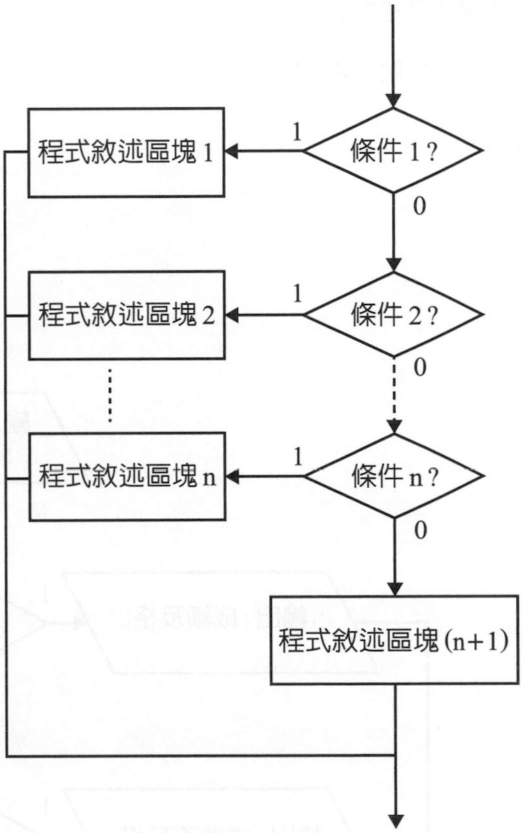

▲圖4-4　if - else if - else選擇結構執行流程示意圖

範例 5

假設 T 大學成績的等級與分數對照表如下：

等級	A	B	C	D	F
分數	90-100	80-89	70-79	60-69	0-59
表現	極佳	佳	平均	差	不及格

寫一支程式，輸入成績等級，輸出成績是否及格。

```
#include <iostream>
using namespace std;
int main( )
 {
   char grade ;
   cout << "輸入成績等級(A,B,C,D或F):" ;
   cin >> grade ;
   if ( grade >= 'A' && grade <= 'D' )
      cout << "成績及格" ;
   else if ( grade == 'F' )
      cout << "成績不及格" ;
   else
      cout << "成績等級輸入錯誤" ;

   return 0 ;
 }
```

執行結果

輸入成績等級

(A,B,C,D 或 F):B

成績及格

程式解說

流程圖如右：

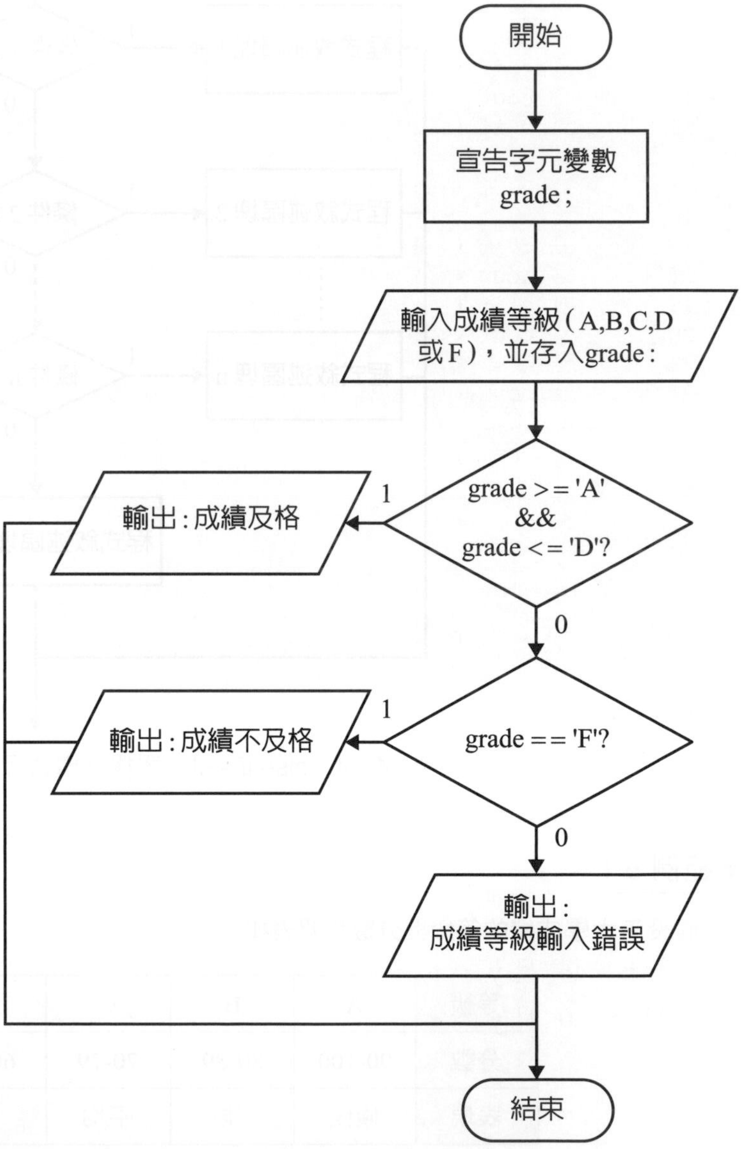

▲範例5 流程圖

範例 6

寫一支程式，輸入平面座標上的一點 (x, y)，判斷 (x, y) 是位於哪一個象限內，或 x 軸上，或 y 軸上。

```
#include <iostream>
using namespace std;
int main( )
 {
   int x, y ;
   cout << "輸入平面上一點的x座標及y座標(以空白隔開):" ;
   cin >> x >> y ;
   cout << "(" << x << "," << y << ")位於" ;
   if (x > 0 && y > 0)
      cout << "第一象限內" ;
   else if (x < 0 && y > 0)
      cout << "第二象限內" ;
   else if (x < 0 && y < 0)
      cout << "第三象限內" ;
   else if (x > 0 && y < 0)
      cout << "第四象限內" ;
   else if (x != 0 && y == 0)
      cout << "x軸上" ;
   else if (x == 0 && y != 0)
      cout << "y軸上" ;
   else  //  x == 0 && y == 0
      cout << "原點上" ;

   return 0;
 }
```

執行結果

輸入平面上一點的 x 座標及 y 座標 (以空白隔開):-1 2
(-1,2) 位於第二象限內

程式解說

若 x > 0　且 y > 0　，則座標 (x, y) 是位於第一象限內。
若 x < 0　且 y > 0　，則座標 (x, y) 是位於第二象限內。
若 x < 0　且 y < 0　，則座標 (x, y) 是位於第三象限內。
若 x > 0　且 y < 0　，則座標 (x, y) 是位於第四象限內。
若 x != 0　且 y == 0　，則座標 (x, y) 是位於 x 軸上。
若 x == 0　且 y != 0　，則座標 (x, y) 是位於 y 軸上。
若 x == 0　且 y == 0　，則座標 (x, y) 是位於原點上。

範例 7

國家發展委員會定義的經濟景氣對策信號如下：

燈號	意義	分數
藍燈	景氣低迷	16 ~ 9
黃藍燈	景氣欠佳	22 ~ 17
綠燈	景氣穩定	31 ~ 23
紅黃燈	景氣活絡	37 ~ 32
紅燈	景氣過熱	45 ~ 38

(https://index.ndc.gov.tw/n/zh_tw)

寫一支程式，輸入景氣對策信號的分數，輸出景氣對策信號的意義。

```
#include <iostream>
using namespace std;
int main( )
 {
   int score;  //  分數
   cout << "輸入分數(9 ~ 45):" ;
   cin >> score ;
   if (score >= 9 && score <= 16)
      cout << "景氣低迷" ;
   else if (score >= 17 && score <= 22)
      cout << "景氣欠佳" ;
   else if (score >= 23 && score <= 31)
      cout << "景氣穩定" ;
   else if (score >= 32 && score <= 37)
      cout << "景氣活絡" ;
   else if (score >= 38 && score <= 45)
      cout << "景氣過熱" ;
   else
      cout << "分數輸入錯誤" ;

   return 0;
 }
```

執行結果

輸入分數 (9 ~ 45):32

景氣活絡

❖ 4-2-4 switch - case 選擇結構

當問題中的限制條件有三個（含）以上時，除了可使用「if - else if - else」選擇結構來撰寫程式碼外，有時也改用「switch - case」選擇結構來撰寫。「switch - case」與「if - else if - else」結構的差異，在於「switch（運算式）」中的運算式之型態，必須是整數或字元時，才能套用「switch - case」選擇結構，**否則編譯時會出現 switch quantity not an integer 錯誤訊息**。

「switch - case」選擇結構的語法如下：

```
switch (運算式)
 {
  case 常數1 :
    程式敘述區塊1
    break;
  case 常數2 :
    程式敘述區塊2
    break;
    .
    .
    .
  case 常數n :
    程式敘述區塊n
    break;
  default :
    程式敘述區塊(n+1)
 }
```

■ **語法說明**

- 在「( )」、「{」、「}」及「:」的尾部，都不能加上「;」。
- 在「case 常數值」的尾部，必須加上「:」（冒號）。
- 每一個「case」後面的常數值，一次只能寫一個整數常數或字元常數。例如：7 或 'X'。若想以連續的整數（或字元）常數呈現，則必須使用「 ... 」將起始值及終止值連接起來，例如：1 … 10 或 'B' … 'Z'。

【註】「 ... 」符號的前面及後面各有一個空白，若缺少一個，則編譯時會出現「too many decimal points in number」錯誤訊息。

- 「default: 程式敘述區塊 (n+1)」是選擇性的，是可以省略的（視問題或設計者的寫法而定）。若省略，則「switch - case」選擇結構內的程式敘述區塊，有可能全部都不會被執行到；否則會從「switch - case」選擇結構的 (n+1) 個程式敘述區塊中，擇一執行。

- 在「switch - case」選擇結構中，每個「case」底下的最後一列敘述「break ;」，是做為離開「switch - case」選擇結構之用。若某個「case」底下無「break;」敘述，則此「case」被執行時，程式會繼續執行下一個「case」底下的程式敘述，一直到遇到「break ;」敘述或「}」，才會離開「switch - case」結構。

「switch - case」選擇結構的執行步驟如下：

步驟 1 計算「switch - case」起始列的「運算式」。

步驟 2 若「運算式」的結果等於「常數 1」，則執行「常數 1」底下的「程式敘述區塊 1」及「break ;」，接著步驟 (6)。

步驟 3 若「運算式」結果等於「常數 2」，則執行「常數 2」底下的「程式敘述區塊 2」及「break ;」，接著接著步驟 (6)。

步驟 4 以此類推…。

步驟 5 若「運算式」結果不等於「常數 1」、「常數 2」、…及「常數 n」，則會執行「default:」底下的「程式敘述區塊 (n+1)」。

步驟 6 執行「switch - case」選擇結構外的第一列程式敘述。

「switch - case」選擇結構的執行流程示意圖，請參考「圖 4-5」。

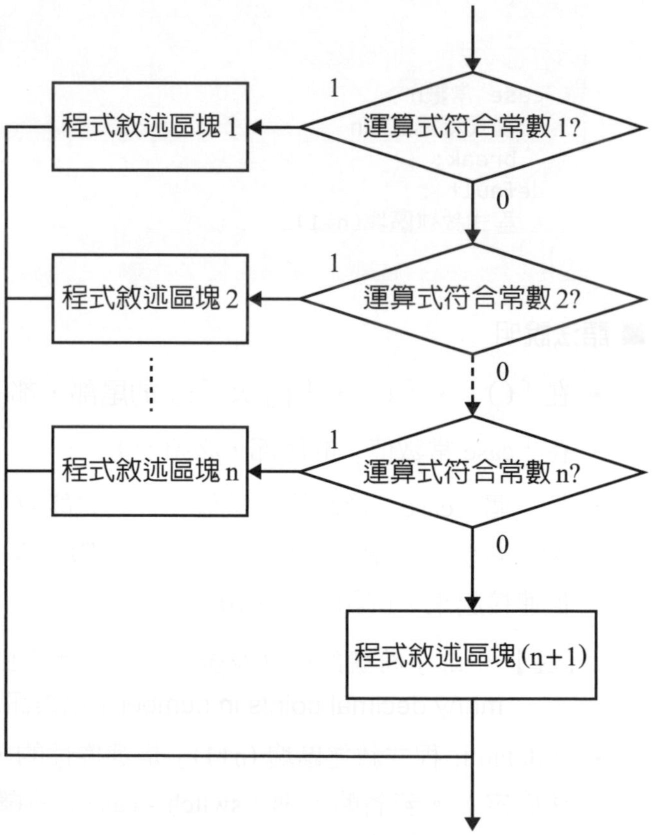

▲圖4-5 switch - case選擇結構執行流程示意圖

■ 範例 8

寫一支程式，輸入一個運算符號 (+、-、* 或 /) 及兩個整數，輸出其運算結果。

```
#include <iostream>
using namespace std;
int main( )
 {
   char op ;  //  運算符號
   int num1, num2 ;  //  兩個整數
   cout << "輸入一運算符號(+、-、*或/):" ;
   cin >> op ;
   cout << "輸入兩個整數(以空白隔開):" ;
   cin >> num1 >> num2 ;
   switch(op)
    {
      case '+' :
         cout << num1 << "+" << num2 << " = " << num1+num2 ;
         break ;
      case '-' :
         cout << num1 << "-" << num2 << " = " << num1-num2 ;
         break ;
      case '*' :
         cout << num1 << "*" << num2 << " = " << num1*num2 ;
         break ;
      case '/' :
         cout << num1 << "/" << num2 << " = " << num1/num2 ;
         break ;
      default :
         cout << "運算符號輸入錯誤" ;
    }

   return 0 ;
 }
```

執行結果

輸入一運算符號 (+、-、* 或 /):*

輸入兩個整數 (以空白隔開):2 50

2*50=100

程式解說

流程圖如下：

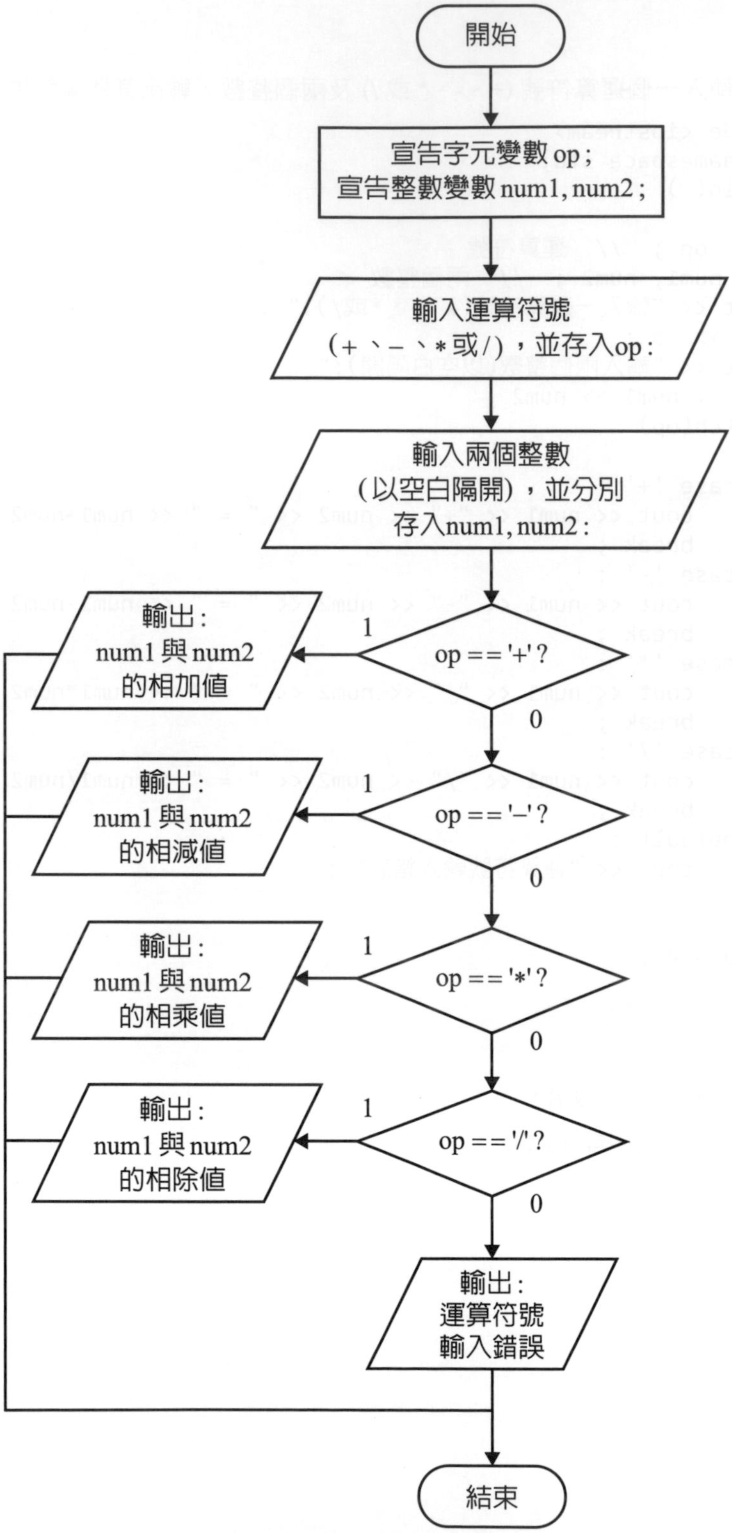
開始
宣告字元變數 op；
宣告整數變數 num1, num2；
輸入運算符號
(+、−、*或/)，並存入op：
輸入兩個整數
(以空白隔開)，並分別
存入num1, num2：
op == '+' ?
1
0
輸出：
num1 與 num2
的相加值
op == '−' ?
1
0
輸出：
num1 與 num2
的相減值
op == '*' ?
1
0
輸出：
num1 與 num2
的相乘值
op == '/' ?
1
0
輸出：
num1 與 num2
的相除值
輸出：
運算符號
輸入錯誤
結束

▲範例8　流程圖

■ 範例 9

農曆 2~4 月為春季、5~7 月為夏季、8~10 月為秋季、11~1 月為冬季。

寫一程式，輸入農曆月份，輸出該月份為哪一個季節。

```
1     #include <iostream>
2     using namespace std;
3     int main( )
4      {
5        int month;
6        cout << ("輸入農曆月份:") ;
7        cin >> month ;
8        cout << month << "月份" ;
9        switch(month)
10        {
11         case 2 ... 4 :
12            cout << "為春季" ;
13            break ;
14         case 5 ... 7 :
15            cout << "為夏季" ;
16            break ;
17         case 8 ... 10 :
18            cout << "為秋季" ;
19            break ;
20         case 1 :
21         case 11 ... 12 :
22            cout << "為冬季" ;
23            break ;
24         default :
25            cout << "輸入錯誤" ;
26       }
27
28       return 0 ;
29     }
```

執行結果

輸入農曆月份 :1

1 月份為冬季

程式解說

當 month 為 1 時，符合程式第 20 列「case 1 :」的狀況，但「case 1 :」底下無任何程式敘述，故會繼續執行下一個「case」中的程式敘述。

範例 10

假設家庭用電度數 0~100 度，每度 3 元；101~200 度數，每度 3.2 元；201~300 度數，每度 3.4 元；301 度數以上，每度 3.6 元。

寫一程式，輸入用電度數 (>=0)，輸出電費。（使用 switch-case 選擇結構）

```
1    #include <iostream>
2    using namespace std ;
3    int main( )
4     {
5       float power ;
6       float bill ;
7       cout << "輸入用電度數(>=0):" ;
8       cin >> power ;
9       switch((int) (power - 1) / 100)  //  參考2-5資料型態轉換
10       {
11         case 0 :  //  0 ~100 度
12           bill=power*3.0 ;
13           break ;
14         case 1 :  //  100度以上~ 200度
15           bill=100*3.0 + (power - 100)*3.2 ;
16           break ;
17         case 2 :  //  200度以上~ 300度
18           bill=100*3.0 + 100*3.2 + (power - 200)*3.4 ;
19           break ;
20         default :  //  300度以上
21           bill=100*3.0 + 100*3.2 + 100*3.4 + (power - 300)*3.6 ;
22       }
23
24       cout.setf( ios::fixed ) ;
25       cout.precision(0) ;
26       cout << "電費=" << bill << "元" ;
27
28       return 0;
29     }
```

執行結果

輸入用電度數 (>=0):220

電費 =688

程式解說

1. 程式第 9 列中的「(int) (power-1) / 100)」的目的，是將用電度數區段轉換成不同的整數值，並利用這個整數值去計算所對應的用電度數區段電費。而「100」，則是這四個用電度數區段的最大公因數。若使用「(int) power / 100」將用電度數區段轉換成不同的整數值，則在「power=101」時得到的結果與「power=100」時相同，在「power=201」時得到的結果與「power=200」時相同，及在「power=301」時得到的結果與「power=300」時相同，這樣違反「不同用電度數區段電費應不同」規定。將一區間範圍的數據轉換成一個對應值的做法，只適用於不同範圍間彼此有公因數的問題。

2. 程式第 24 列「cout.setf(ios::fixed) ; 」與第 25 列「cout.precision(0) ; 」一起使用後，之後的浮點數會以四捨五入到整數的方式輸出。

4-3 巢狀選擇結構

在一個選擇結構中，若還包含著其他選擇結構，則稱這種架構為巢狀選擇結構。當一個問題提到兩個（含）以上的限制條件，在同時成立或不用同時成立的狀況下，都會執行相同的程式敘述，則可以使用巢狀選擇結構來撰寫程式碼。若覺得巢狀選擇結構的寫法太繁瑣，則可改用一般選擇結構的寫法，並在限制條件中套用邏輯運算子即可。「同時成立」所使用的邏輯運算子是「&&」，「不用同時成立」所使用的邏輯運算子是「||」。

■ 範例 11

寫一支程式，輸入三個整數，輸出最大的整數。

```
#include <iostream>
using namespace std;
int main( )
 {
   int num1, num2, num3;
   cout << "輸入三個整數(以空白隔開):" ;
   cin >> num1 >> num2 >> num3 ;
   if (num1 >= num2)    //  2的倍數
     if (num1 >= num3)  //  3的倍數
        cout << "最大的是" << num1 ;
     else
        cout << "最大的是" << num3 ;
   else
      if (num2 >= num3)  //  3的倍數
         cout << "最大的是" << num2 ;
      else
         cout << "最大的是" << num3 ;

   return 0 ;
 }
```

執行結果

輸入三個整數 :1 8 3
最大的是 8

程式解說

1. 巢狀選擇結構，也可改用一般的選擇結構結合邏輯運算子來撰寫。
2. 程式的第 8~17 列，可以改成下列寫法：

```
if (num1 >= num2 && num1 >= num3)
    cout << "最大的是" << num1 ;
else if (num2 >= num1 && num2 >= num3)
    cout << "最大的是" << num2 ;
else
    cout << "最大的是" << num3 ;
```

3. 流程圖如下：

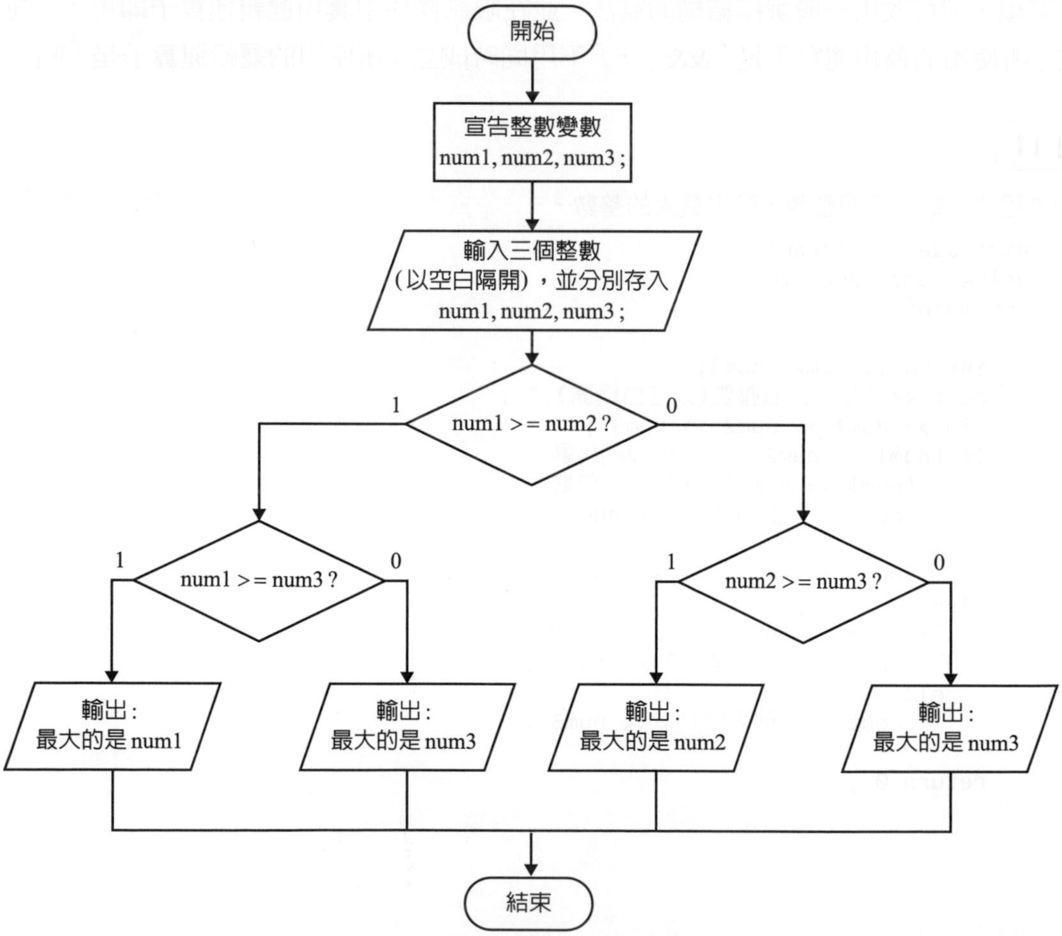

▲範例11　流程圖

範例 12

寫一支程式，輸入上網的帳號及密碼，若正確，則輸出"歡迎您"；否則輸出"帳號或密碼錯誤"。（假設：帳號為 logic 及密碼為 5168）

```
1    #include <iostream>
2    using namespace std;
3    int main( )
4     {
5       string id, password ;  //  帳號及密碼
6       cout << "輸入帳號:" ;
7       cin >> id ;
8       cout << "輸入密碼:" ;
9       cin >> password ;
10      if (id == "logic")
11        if ( password == "5168")
12           cout << "歡迎您" ;
13        else
14           cout << "帳號或密碼錯誤" ;
15      else
16        cout << "帳號或密碼錯誤" ;
17
18      return 0 ;
19    }
```

執行結果

輸入帳號 :login

輸入密碼 :1234

帳號或密碼錯誤

程式解說

程式的第 10~16 列，可以改成下列寫法：

```
if (id == "logic" && password == "5168")
    cout << "登入成功" ;
else
    cout << "帳號或密碼錯誤" ;
```

自我練習

一、選擇題

1. 下列哪一個，不是 C++ 語言的選擇結構型態？

   (A) for　(B) if　(C) if - else if - else　(D) switch - case

2. 在流程圖中，選擇結構是以何種圖形來呈現？

   (A) 　(B) 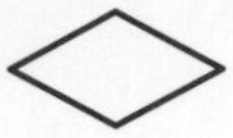　(C) 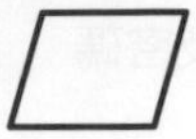　(D)

3. 在流程圖中，計算處理的程式敘述是以何種圖形來呈現？

   (A) 　(B) 　(C) 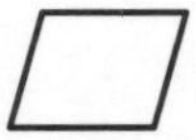　(D)

4. 在流程圖中，輸入輸出的程式敘述是以何種圖形來呈現？

   (A) 　(B) 　(C) 　(D)

5. 有關「if - else if - else」選擇結構的說明，下列哪一個是對的？

   (A)「else if」只能寫一個

   (B) 限制條件中的數值，必須為整數

   (C)「else { 程式敘述區塊 (n+1)}」是選擇性的

   (D) 以上皆非

6. 在「switch - case」選擇結構中，是用下列哪一個關鍵字作為「case」程式區塊敘述的結束？

   (A) default　(B) exit　(C) continue　(D) break

7. 「switch - case」選擇結構中的「default」，它的意義為何？

   (A) 真　(B) 其它狀況　(C) 預設　(D) false

8. 下列片段程式碼執行後，輸出結果為何？

```
money = 520;
if (money < 800)
    fare = 60 ;
cout << fare ;
```

   (A) 520　(B) 800　(C) 60　(D) 0

9. 下列片段程式碼執行後，輸出結果為何？

```
int temperature=36.5 ;
if (temperature < 37.5)
    cout << "正常" ;
else
    cout << "發燒" ;
```

   (A) 發燒　(B) 發燒正常　(C) 正常　(D) 正常發燒

10. 下列片段程式碼執行後，b 的值為何？

```
int a = 45, b ;
if ( a >= 60 )
    b = a + 1 ;
else if ( a >= 50 )
    b = a + 2 ;
else
    b = a + 3 ;
```

(A) 45 (B) 46 (C) 47 (D) 48

11. 下列片段程式碼執行後，輸出結果為何？

```
int a=7, sum=0 ;
switch (a % 3)
 {
    case 1 :
        sum = sum + 1 ;
    case 2 :
        sum = sum + 2 ;
        break ;
    case 3 :
        sum = sum + 3 ;
 }
 cout << sum ;
```

(A) 6 (B) 3 (C) 2 (D) 1

12. 下列片段程式碼執行後，輸出結果為何？

```
int a=18 ;
if (a % 5 == 0)
    cout << "5" ;
else
    if (a % 2 == 0)
        cout << "2" ;
    else
        cout << "x" ;
```

(A) 2 (B) 3 (C) 5 (D) x

13. 下列片段程式碼的目的為何？

```
int a = 1, b = 2, c ;
c=b ;
b=a ;
a=c ;
```

(A) 將變數 a 的值與變數 b 的值做交換
(B) 將變數 a 的值與變數 c 的值做交換
(C) 將變數 b 的值與變數 c 的值做交換
(D) 以上皆非

二、填充題

1. C++ 語言的選擇結構，有哪幾種型態？________、________、________、________
2. 「if - else」選擇結構，適合處理有幾種狀況的問題？________
3. 在「switch - case」選擇結構中的「case」後面，只能放何種型態的資料？________、________
4. 「switch - case」選擇結構中的「break;」敘述，其作用為何？________
5. 下列片段程式碼執行後，輸出結果為何？________________

```
int i=64 ;
if (i >= 65)
    cout << 0 ;
```

6. 以下片段程式碼：

```
if (i % 2 == 0)
    cout << 0 ;
else
    cout << 1 ;
```

可改成

```
if (  ?  )
    cout << 1 ;
else
    cout << 0 ;
```

那「?」位置上的內容為何？________________

7. 下列片段程式碼執行後，輸出結果為何？________________

```
int a=9, sum=0 ;
switch (a % 4)
 {
    case 1 :
        sum = sum + 1 ;
    case 2 :
        sum = sum + 2 ;
    case 3 :
        sum = sum + 3 ;
 }
 cout << sum ;
```

8. 以下片段程式碼：

```
if (i % 2 == 0)
    if (i % 3 == 0)
       cout << 6 ;
```

可改成

```
if (  ?  )
    cout << 6
```

那「?」位置上的內容為何？________________

9. 以下片段程式碼執行後，輸出結果為 23。

```
int a= 10 ;
if ( a / 3 == ____?____ )
    cout << 2*a + 3 ;
else
    cout << 3*a - 1 ;
```

10. 以下片段程式碼執行後，輸出結果為 6。

```
int a=7, sum=0 ;
switch (a % ____?____ )
 {
    case 1 :
       sum = sum + 1 ;
    case 2 :
       sum = sum + 2 ;
    case 3 :
       sum = sum + 3 ;
 }
cout << sum ;
```

那「?」位置上的內容為何？________________

三、實作題

1. 寫一程式，輸入一整數，輸出其絕對值。（限用「if」選擇結構）
2. 若手中的統一發票號碼末 3 碼與本期開獎的統一發票頭獎號碼末 3 碼一樣時，至少獲得 200 元獎金。寫一程式，輸入本期的統一發票頭獎號碼及手中的統一發票號碼，判斷是否至少獲得 200 元獎金。
3. 全民健保自 108/03 起，藥品部分負擔費用對照表如下：

藥費	0 ~ 100	101 ~ 200	201~300	301 ~ 400	401 ~ 500	501 ~ 600
藥品部分負擔	0	20	40	60	80	100
藥費	601 ~ 700	701 ~ 800	801 ~ 900	901 ~ 1000	1001以上	
藥品部分負擔	120	140	160	180	200	

寫一程式，輸入藥費，輸出其所對應的藥品部分負擔費用。（限用「if」選擇結構）

4. 寫一程式，輸入英文大寫字母，輸出對應的英文小寫字母。
5. 寫一程式，輸入一整數，輸出其為偶數或奇數。
6. 寫一程式，輸入一正整數，判斷是否為三位數的正整數。

7. 三角形的三邊長 a、b 及 c，若 a + b <= c，或 a + c <= b，或 b + c <= a，則 a、b 及 c 無法構成一個三角形。

   寫一程式，輸入三角形的三邊長 a，b 及 c，判斷是否可以構成一個三角形。

8. 我國 112 年綜合所得稅的課徵稅率表如下：綜合所得淨額稅率累進差額

綜合所得淨額	稅率	累進差額
0~560,000	5%	0
560,001~1,260,000	12%	39,200
1,260,001~2,520,000	20%	140,000
2,520,001~4,720,000	30%	392,000
4,720,001 以上	40%	864,000

   應納稅額 = 綜合所得淨額 × 稅率 – 累進差額。

   寫一程式，輸入綜合所得淨額，輸出應納稅額。

9. 西元年份符合下列兩個條件之一，則為閏年。

   (1) 若年份為 400 的倍數。

   (2) 若年份不是 100 的倍數，但為 4 的倍數。

   寫一程式，輸入西元年份，輸出此西元年份是否為閏年。（使用巢狀選擇結構）

10. 農曆 2~4 月為春季、5~7 月為夏季、8~10 月為秋季、11~1 月為冬季。

    寫一程式，輸入農曆月份，輸出該月份為哪一個季節。（限用「switch - case」選擇結構，參考「範例 10」）

Chapter

05 程式之設計模式——迴圈結構

一般學子常為背誦數學公式所苦。例如：求 1 + 2 + ⋯ + 10 的和，可利用等差級數的公式：(上底 + 下底) × 高 ÷ 2，得到 (1 + 10) × 10 ÷ 2 = 55。但我們要計算的問題，並不是都有公式。例如：求 10 個任意整數的和，就沒有公式可幫我們解決，那該如何是好呢？

宇宙間重複循環的事件，屢見不鮮。例如：太陽總是每日由東方升起西方落下；經濟景氣會按照「成長、榮景、衰退、復甦」四個階段不斷循環。這種重複循環的結構，在程式設計範疇中，稱為迴圈結構。

迴圈結構，是指在特定條件成立時，才會重複執行特定程式敘述的一種架構。若一個問題涉及重複執行相同的程式敘述，程式敘述中的資料可以不同，則不論是否有公式可使用，都可利用迴圈結構來處理。

5-1 程式運作模式

程式的運作模式，是指程式的執行流程。C++ 語言有下列三種運作模式：

1. 循序結構。（參考「第四章 程式之設計模式——循序結構」）
2. 選擇結構。（參考「第四章 程式之設計模式——選擇結構」）
3. 迴圈結構：是內含一組迴圈條件的重複結構。迴圈條件的形式，是由算術運算式、關係運算式、位元運算式或邏輯運算式組合而成的。當程式執行到迴圈結構時，是否重複執行迴圈內部的程式敘述，是由迴圈條件的結果來決定的。若迴圈條件的結果為「1」（真），則會執行迴圈內部的程式敘述；若迴圈條件的結果為「0」（假），則不會進入迴圈內部。

C++ 語言提供的迴圈結構類型，有「for」、「while」及「do while」三種。

5-2 迴圈結構

根據迴圈條件的撰寫位置，迴圈結構分成前測式迴圈及後測式迴圈兩種類型。

1. 前測式迴圈結構：即迴圈條件寫在迴圈結構的開端之迴圈。當執行到迴圈結構開端時，會檢查迴圈條件，若迴圈條件的結果為「1」（真），則會執行迴圈內部的程式敘述，之後會再回到迴圈結構的開端，檢查迴圈條件；若迴圈條件的結果為「0」（假），則不會進入迴圈內部，而是直接跳到迴圈結構外的第一列程式敘述。前測式迴圈結構執行流程示意圖，請參考「圖 5-1」。

   【註】若迴圈條件的結果一開始就為「0」，則前測式迴圈內部的程式敘述，一次都不會被執行。

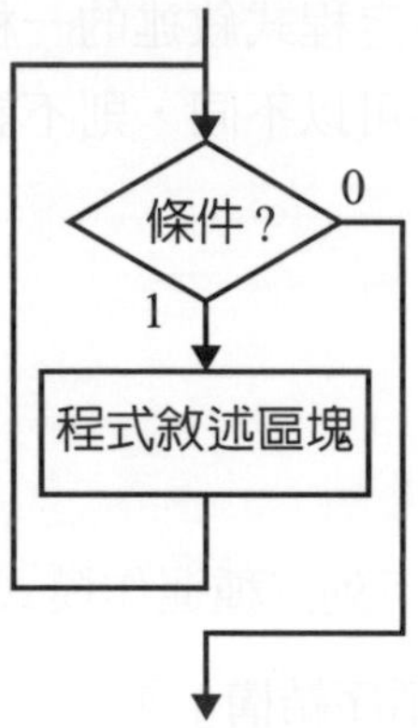

▲圖5-1 前測式迴圈結構執行流程示意圖

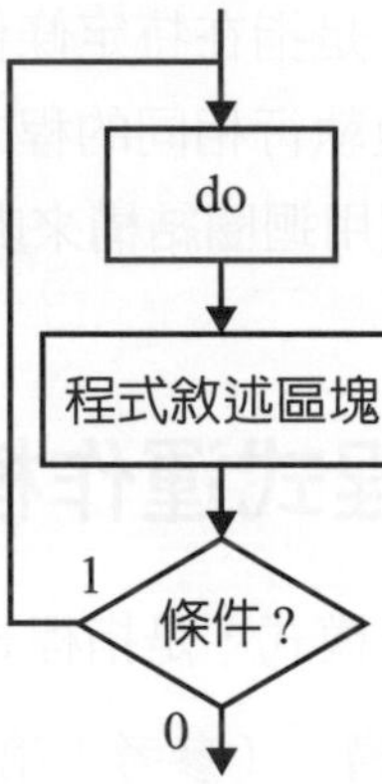

▲圖5-2 後測式迴圈結構執行流程示意圖

2. 後測式迴圈結構：即迴圈條件寫在迴圈結構尾部的迴圈。當執行到迴圈結構時，會直接執行迴圈內部的程式敘述，並檢查迴圈結構尾部的迴圈條件，若迴圈條件的結果為「1」，則會回到迴圈結構的開端，再執行一次；否則執行迴圈結構外的第一列程式敘述。後測式迴圈結構執行流程示意圖，請參考「圖 5-2」。

   【註】後測式迴圈內部的程式敘述，至少被執行一次。

❖ 5-2-1 前測式迴圈結構

C++ 語言提供的前測式迴圈結構類型，有「for」及「while」兩種。

1. 「for」迴圈：

若問題會重複執行某些特定的程式敘述，且知道重複執行的次數，則使用「for」迴圈來撰寫程式碼，是最直接最適合的。

「for」迴圈的語法如下：

```
for (迴圈變數的初始值設定 ; 迴圈條件 ; 迴圈變數增(或減)量)
{
  程式敘述區塊
}
```

■ 語法說明

- 在「( )」、「{」及「}」的尾部，都不能加上「;」。
- 在「( )」中有 3 個三個運算式，彼此間須用「;」隔開。
- 若「{ }」內的程式敘述只有一列，則可以省略「{」及「}」；否則不能省略。
- 「迴圈條件」，通常是由迴圈變數所組成的運算式。
- 若「迴圈條件」中包含「<」或「<=」，則在「迴圈變數」的「初始值」<=「終止值」，且在「迴圈變數增量」的情況下，才會執行迴圈內的程式敘述；若「迴圈條件」中包含「>」或「>=」，則在「迴圈變數」的「初始值」>=「終止值」，且在「迴圈變數減量」的情況下，才會執行迴圈結構內的程式敘述。
- 從「for」迴圈結構的「設定迴圈變數的初始值」、「限制條件」及「迴圈變數增（或減）量」三個資訊，就能算出迴圈結構內的程式敘述會被重複執行幾次。因此，「for」迴圈，又稱為計數迴圈。

「for」迴圈結構的執行步驟如下：

步驟 1 設定迴圈變數的初始值。

步驟 2 檢查「迴圈條件」的結果是否為「1」（真）？若為「1」，則執行步驟 (3)；否則執行步驟 (5)。

步驟 3 執行「{ }」內的程式敘述。

步驟 4 增加（或減少）迴圈變數值，然後回到步驟 (2)。

步驟 5 「for」迴圈結構外的第一列程式敘述。

接著以「範例 1」與「範例 2」，來說明迴圈結構的使用與否，對撰寫程式解決問題的差異及優劣。

範例 1

寫一程式，輸出 1+3+5+7+9+11+13+15+17+19 的結果。

```
1     #include <iostream>
2     using namespace std;
3     int main( )
4      {
5        int i, sum=0 ;
6        sum= sum+1 ;
7        sum= sum+3 ;
8        sum= sum+5 ;
9        sum= sum+7 ;
10       sum= sum+9 ;
11       sum= sum+11 ;
12       sum= sum+13 ;
13       sum= sum+15 ;
14       sum= sum+17 ;
15       sum= sum+19 ;
16       cout << "1+3+5+7+9+11+13+15+17+19=" << sum ;
17
18       return 0 ;
19     }
```

執行結果

1+3+5+7+9+11+13+15+17+19=100

程式解說

程式第 6 列到第 15 列的程式敘述都類似，只是數字不同而已。這種撰寫方式雖然簡單，但最沒有效率。若問題換成計算 50 個數值相加，則必須再增加 40 列類似的程式敘述，不但徒增程式的長度，且浪費撰寫程式的時間。

■ 範例 2

寫一程式，輸出 1+3+5+7+9+11+13+15+17+19 的結果。（使用 for 迴圈）

```
1     #include <iostream>
2     using namespace std;
3     int main( )
4      {
5        int i, sum=0 ;
6        for (i = 1 ; i <= 19 ; i = i + 2)
7           sum=sum + i;
8        cout << "1+3+5+7+9+11+13+15+17+19=" << sum ;
9
10       return 0 ;
11     }
```

執行結果

1+3+5+7+9+11+13+15+17+19=100

程式解說

1. 由程式第 6 列的「for」迴圈結構中，知道迴圈變數「i」的初始值 =1，「迴圈條件」為「i <= 19」，及「迴圈變數增（或減）量」為「i = i + 2」。利用這三個資訊，可算出「for」迴圈結構內部的程式敘述總共執行 10（=(19-1)/2+1）次，直到 i=21 時，違反了「迴圈條件」，才不會進入「for」迴圈結構內。
2. 若題目改成計算 1+3+…+97+99 公差為 2 的等差級數值，則程式只需將「i <= 19」改成「i <= 99」即可。
3. 因「for」迴圈結構內部的程式敘述只有一列，故「{ }」被省略。
4. 流程圖如右：

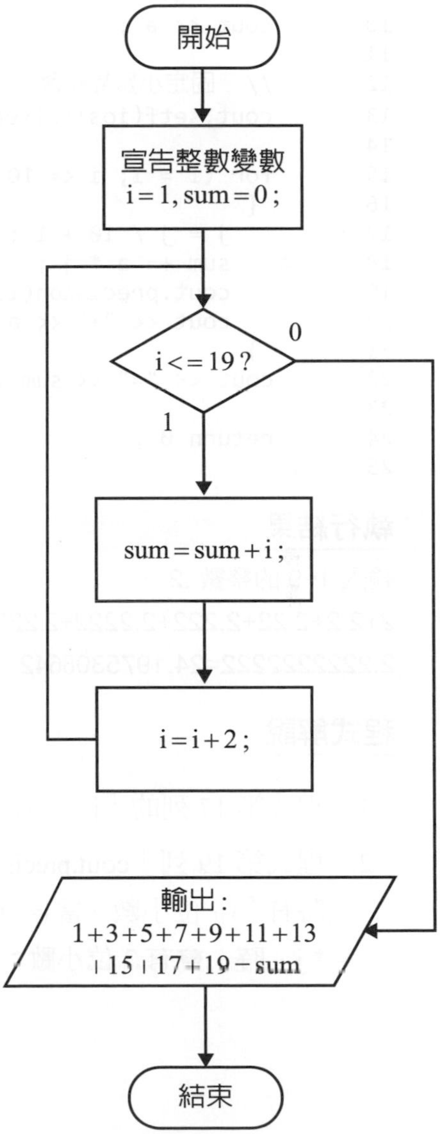

▲範例2　流程圖

範例 3

寫一程式，輸入 1~9 的整數 a，輸出 a + a.a + a.aa + a.aaa + ...+a.aaaaaaaaa 的和。

```
1     #include <iostream>
2     using namespace std ;
3     int main()
4      {
5        int a, i ;
6        double j = 1.0, sum ;
7        cout << "輸入1~9的整數:" ;
8        cin >> a ;
9        sum = a ;
10       cout << a ;
11
12       //  固定小數點位數
13       cout.setf(ios::fixed) ;  //  參考第3章之表3-1常用的格式旗標
14
15       for (i = 1; i <= 10; i++)
16        {
17          j = j / 10 + 1 ;
18          sum += a * j ;
19          cout.precision(i) ;  //  設定浮點數資料輸出時有i位小數
20          cout << "+" << a * j ;
21        }
22       cout << "=" << sum ;
23
24       return 0 ;
25     }
```

執行結果

輸入 1~9 的整數 :2

2+2.2+2.22+2.222+2.2222+2.22222+2.222222+2.2222222+2.22222222+2.222222222+2.2222222222=24.1975308642

程式解說

1. 程式第 17 列的「j」，在 i=1~10 時，分別為 2.2、2.22、…及 2.2222222222。
2. 程式第 19 列「cout.precision(i) ;」的作用，是設定這列之後的浮點數資料，輸出時有「i」位小數。當 i=1 時，輸出「a * j」時，會有 1 位小數；當 i=2 時，輸出「a * j」時，會有 2 位小數；以此類推。

3. 流程圖如下：

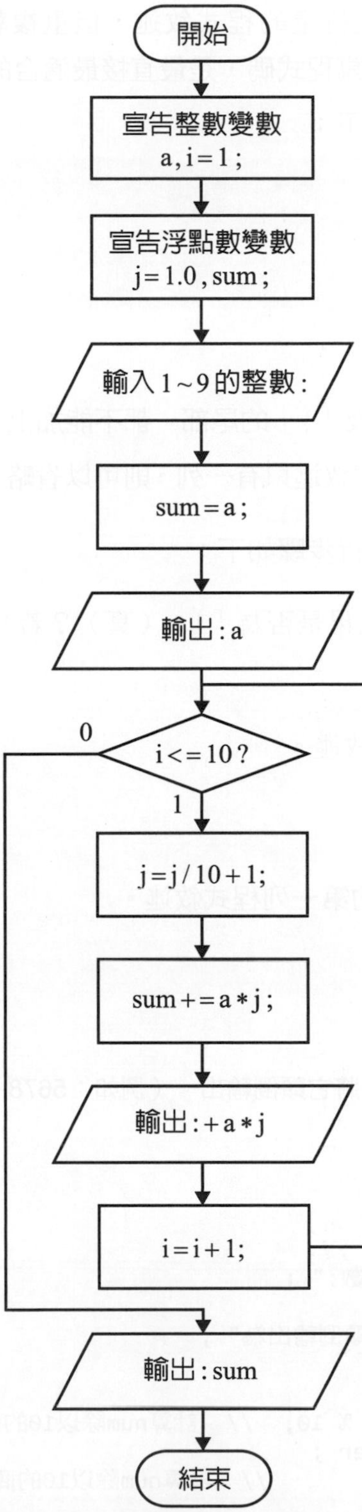

▲範例3　流程圖

2. 「while」迴圈：

若問題會重複執行某些特定的程式敘述，但重複執行的次數不確定，則使用「while」迴圈結構來撰寫程式碼，是最直接最適合的。

「while」迴圈的語法如下：

```
while (迴圈條件)
 {
   程式敘述區塊
 }
```

■ 語法說明

- 在「()」、「{」及「}」的尾部，都不能加上「;」。
- 若「{ }」內的程式敘述只有一列，則可以省略「{」及「}」；否則不能省略。

「while」迴圈結構的執行步驟如下：

步驟 1 檢查「迴圈條件」的結果是否為「1」（真）？若為「1」，則執行步驟 (2)；否則執行步驟 (4)。

步驟 2 執行「{ }」內的程式敘述。

步驟 3 回到步驟 (1)。

步驟 4 「while」迴圈結構外的第一列程式敘述。

■ 範例 4

寫一程式，輸入一正整數，然後將它顛倒輸出。（例如：5678 → 8765）

```
#include <iostream>
using namespace std;
int main( )
 {
   int num, remainder ;
   cout << "輸入一正整數:" ;
   cin >> num ;
   cout << num << "的顛倒輸出為" ;
   while (num > 0)
    {
      remainder = num % 10;   //  計算num除以10的餘數
      cout << remainder ;
      num = num / 10;        //  計算num除以10的商
    }

```

```
16        return 0 ;
17    }
```

執行結果

輸入一正整數 :5678

5678 的顛倒輸出為 8765

程式解說

1. 程式第 11 列中的「num % 10」，相當於計算「num」的個位數。
2. 程式第 13 列中的「num / 10」，相當於去掉「num」的個位數。
3. 流程圖如右：

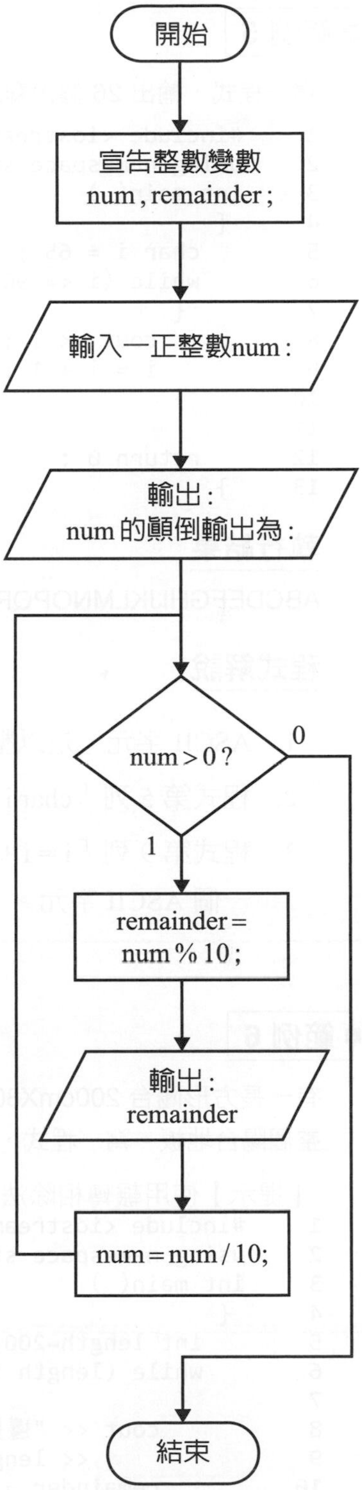

▲範例4　流程圖

範例 5

寫一程式，輸出 26 個大寫的英文字母。

```
1    #include <iostream>
2    using namespace std;
3    int main( )
4     {
5       char i = 65 ;
6       while (i <= 90)
7        {
8         cout << i ;
9          i = i + 1 ;
10       }
11
12      return 0 ;
13    }
```

執行結果

ABCDEFGHIJKLMNOPQRSTUVWXYZ

程式解說

1. ASCII 字元，是以整數的形式儲存在電腦中。
2. 程式第 5 列「char i = 65 ;」，代表字元變數「i」的內容為字元「A」。
3. 程式第 9 列「i = i + 1 ;」的作用，是將字元變數「i」的內容設定為目前字元的下一個 ASCII 字元。

範例 6

有一長方形陽台 200cmX80cm，最少需要各買多少個大小不同的正方形磁磚，才能剛好填滿整個陽台地板。寫一程式，輸出各正方形磁磚的數量。

【提示】使用輾轉相除法。

```
#include <iostream>
using namespace std;
int main( )
 {
   int length=200, width=80, remainder ;  //  長, 寬, 餘數
   while (length >= width)
    {
      cout << "邊長為" << width << "cm的正方形"
            << length / width <<"個\n" ;
      remainder = length % width;
      length = width;
      width = remainder;
    }
```

```
14
15        return 0 ;
16    }
```

執行結果

邊長為 80cm 的正方形 2 個

邊長為 40cm 的正方形 2 個

程式解說

1. 本範例的求解過程，與計算兩個正整數的最大公因數之輾轉相除法類似。
2. 程式第 9 列中的「length / width」，代表邊長為「width」公分的正方形之個數。

若不想使用「while (迴圈條件)」迴圈結構，來重複執行某些特定的程式敘述，則可使用「while (1)」迴圈結構來替代。「while (1)」迴圈結構，是將「while (迴圈條件)」迴圈結構中的「迴圈條件」改成「1」，並將「while (迴圈條件)」迴圈結構中的「迴圈條件」移到「{ }」內。

「while (1)」迴圈的語法如下：

```
while (1)
 {
   程式敘述區塊
 }
```

■ 語法說明

- 在「( )」、「{」及「}」的尾部，都不能加上「;」。
- 「while (1)」中的「1」，與「1 != 0」的意義相同。
- 若「{ }」內的程式敘述只有一列，則可以省略「{」及「}」；否則不能省略。
- 在「{ }」內的「程式敘述區塊」中，一定要包含一「選擇結構」及「break;」程式敘述。若選擇結構中的條件成立，則執行「break;」程式敘程，並離開「while (1)」迴圈；否則繼續重複執行「{ }」內的程式敘述。
- 在「{ }」內的「程式敘述區塊」中，若缺少一「選擇結構」或「break;」程式敘述，則會造成無窮迴圈或違反迴圈結構重複執行的精神。

「while (1)」迴圈結構的執行步驟如下：

步驟 1 執行「{ }」內的「程式敘述區塊」。

步驟 2 若「程式敘述區塊」的執行過程中，遇到「break;」程式敘述，則執行步驟 (3)；否則等「程式敘述區塊」的程式敘述執行完，又會回到步驟 (1)。

步驟 3 「while (1)」迴圈結構外的第一列程式敘述。

■ 範例 7

寫一程式，輸入整數 a 及 b，然後回答 a/b 的值。若答對，則輸出答對了；否則答錯了，並繼續回答。

```
#include <iostream>
using namespace std;
int main( )
 {
   int a, b, answer ;  //  兩個正整數，回答
   cout << "輸入兩個整數(以空白隔開):" ;
   cin >> a >> b ;
   while (1)
    {
      cout << a << "/" << b << "=" ;
      cin >> answer ;
      if (answer == a/b)
       {
         cout << "答對了" ;
         break ;
       }
      else
         cout << "答錯了" ;
    }
   return 0 ;
 }
```

執行結果

輸入兩個整數 (以空白隔開):5 3

5/3=2

答錯了

5/3=1

答對了

程式解說

1. 程式第 12 列中的「a/b」，其意義為兩個整數相除，且其結果為整數。
2. 程式第 15 列「break ;」被執行時，會跳到程式第 20 列「return 0 ;」。
3. 流程圖如下：

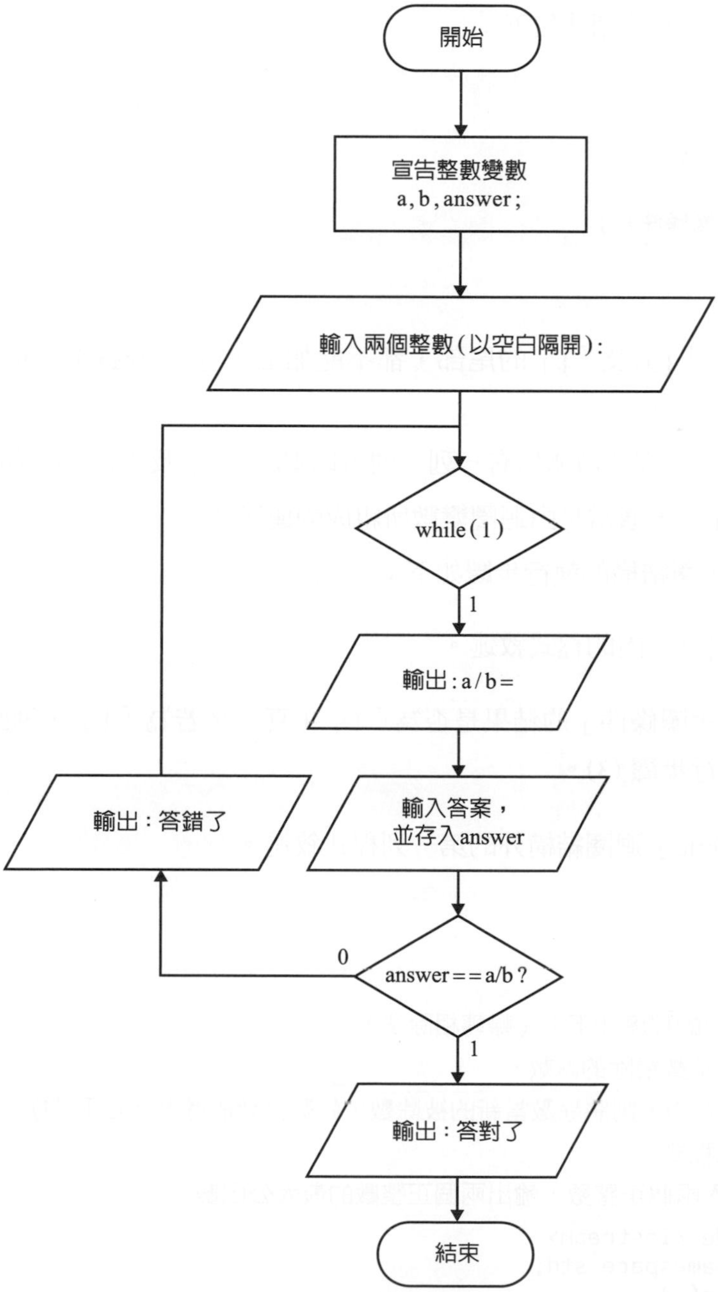

▲範例7　流程圖

❖ 5-2-2 後測式迴圈結構

C++ 語言提供的後測式迴圈結構類型，只有「do while」一種。

若問題會重複執行某些特定的程式敘述，且知道重複執行的次數至少一次，則使用「do while」迴圈結構來撰寫程式碼，是最直接最適合的。

「do while」迴圈的語法如下：

```
do
 {
   程式敘述區塊
 }
while (迴圈條件) ;
```

■ 語法說明

- 在「do」、「{」及「}」的尾部，都不能加上「;」（分號），但在「( )」的尾部必須加上「;」。
- 若「{ }」內的程式敘述只有一列，則可以省略「{」及「}」；否則不能省略。
- 「迴圈條件」，通常是由迴圈變數所組成的運算式。

「do while」迴圈結構的執行步驟如下：

步驟 1 執行「{ }」內的程式敘述。

步驟 2 檢查「迴圈條件」的結果是否為「1」（真）？若為「1」，則回到步驟 (1)；否則執行步驟 (3)。

步驟 3 「do while」迴圈結構外的第一列程式敘述。

範例 8

計算最大公因數的程序如下：（輾轉相除法）

(1) 計算兩個正整數相除的餘數。

(2) 若餘數不等於 0，則將除數當新的被除數，餘數當新的除數，回到 (1)；否則最大公因數為除數，結束程式。

寫一程式，輸入兩個正整數，輸出兩個正整數的最大公因數。

```
#include <iostream>
using namespace std;
int main( )
 {
   int a, b ;  //  兩個正整數
   int divisor, dividend, remainder, gcd ;  // 除數,被除數,餘數,最大公因數
```

```
7         cout << "輸入兩個正整數(以空白隔開):" ;
8         cin >> a >> b ;
9         dividend = a ;
10        divisor = b ;
11        do
12         {
13           remainder = dividend % divisor ;
14           dividend = divisor ;
15           divisor = remainder ;
16         }
17        while (remainder != 0) ;
18        gcd = dividend ;
19        cout << "(" << a << "," << b << ")="
               << gcd ;
20
21        return 0 ;
22    }
```

執行結果

輸入兩個正整數 (以空白隔開):72 28
(72, 28)=4

程式解說

1. 程式第 11~17 列，計算最大公因數的演算法（輾轉相除法）。
2. 計算 72 與 28 的最大公因數之輾轉相除法過程如下：

   72 ÷ 28 = 2(商) ... 16(餘數)

   28 ÷ 16 = 1(商) ... 12(餘數)

   16 ÷ 12 = 1(商) ... 4(餘數)

   12 ÷ 4 = 3(商) ... 0(餘數)

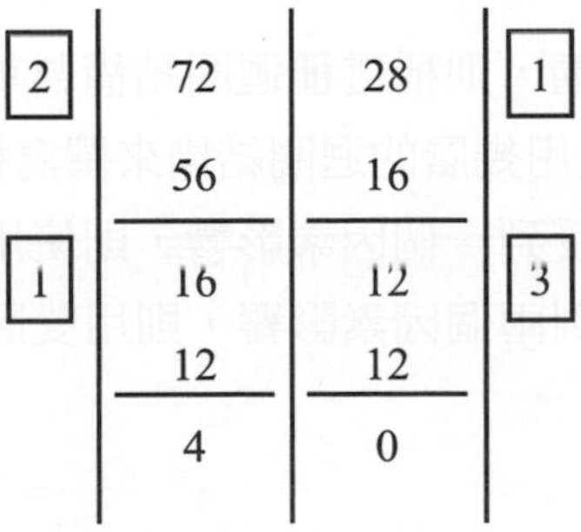

3. 流程圖如右：

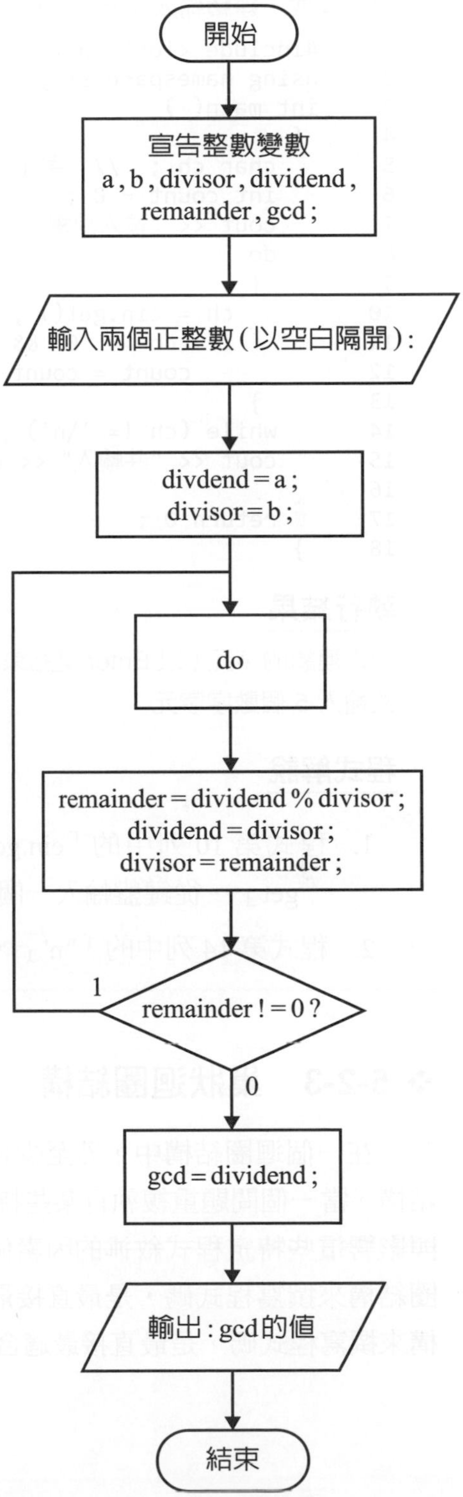

▲範例8流程圖

範例 9

寫一程式，連續輸入字元，並以「Enter」鍵作為結束輸入，輸出共輸入幾個數字字元。

```
1     #include <iostream>
2     using namespace std;
3     int main( )
4      {
5        char ch ;  //  字元
6        int count = 0 ;  // 數字字元的個數
7        cout << "輸入連續的字元(以Enter鍵結束輸入):" ;
8        do
9         {
10          ch = cin.get() ;  // 從鍵盤輸入一個字元
11          if (ch >= '0' && ch <= '9')
12             count = count + 1;
13        }
14       while (ch != '\n') ;
15       cout << "共輸入" << count<< "個數字字元" ;
16
17       return 0 ;
18     }
```

執行結果

輸入連續的字元 (以 Enter 鍵結束輸入): 中華民國 112 年 9 月 1 日
共輸入 5 個數字字元

程式解說

1. 程式第 10 列中的「cin.get()」，是呼叫標準輸入串流物件「cin」的成員函數「get」，從鍵盤輸入一個字元。
2. 程式第 14 列中的「'\n'」，代表「Enter」鍵字元。

❖ 5-2-3 巢狀迴圈結構

在一個迴圈結構中，若至少包含另外一個迴圈結構，則稱這種迴圈結構為巢狀迴圈結構。當一個問題重複執行某些特定程式敘述時，要使用幾層的迴圈結構來撰寫程式碼，與影響這些特定程式敘述的因素個數有關。若問題只受到一個因素影響，則使用一層迴圈結構來撰寫程式碼，是最直接最適合的；若問題受到兩個因素影響，則用雙層迴圈結構來撰寫程式碼，是最直接最適合的；以此類推。

巢狀迴圈結構的撰寫要點，有下列三項：

- 最先改變的因素，須設定在巢狀迴圈結構的最內層迴圈中，以此類推，最後改變的因素，則須設定在巢狀迴圈結構的最外層迴圈中。（參考「範例 10」、「範例 11」及「範例 12」）
- 若內層迴圈的迴圈條件受到外層迴圈的迴圈變數影響，則內層迴圈的迴圈條件，必須包含外層迴圈的迴圈變數。（參考「範例 11」）
- 若內層迴圈結構的迴圈變數初始值受到外層迴圈的迴圈變數影響，則內層迴圈的的迴圈變數初始值設定，必須包含外層迴圈的迴圈變數。（參考「範例 12」）

■ 範例 10

寫一程式，輸出九九乘法表（如下）。

1×1=1	2×1=2	3×1=3	4×1=4	5×1=5	6×1=6	7×1=7	8×1=8	9×1=9
1×2=2	2×2=4	3×2=6	4×2=8	5×2=10	6×2=12	7×2=14	8×2=16	9×2=18
1×3=3	2×3=6	3×3=9	4×3=12	5×3=15	6×3=18	7×3=21	8×3=24	9×3=27
1×4=4	2×4=8	3×4=12	4×4=16	5×4=20	6×4=24	7×4=28	8×4=32	9×4=36
1×5=5	2×5=10	3×5=15	4×5=20	5×5=25	6×5=30	7×5=35	8×5=40	9×5=45
1×6=6	2×6=12	3×6=18	4×6=24	5×6=30	6×6=36	7×6=42	8×6=48	9×6=54
1×7=7	2×7=14	3×7=21	4×7=28	5×7=35	6×7=42	7×7=49	8×7=56	9×7=63
1×8=8	2×8=16	3×8=24	4×8=32	5×8=40	6×8=48	7×8=56	8×8=64	9×8=72
1×9=9	2×9=18	3×9=27	4×9=36	5×9=45	6×9=54	7×9=63	8×9=72	9×9=81

```
#include <iostream>
using namespace std;
int main( )
 {
   int row, col ;  //   列 , 行
   for (row=1 ; row<=9 ; row++)
    {
      for (col=1 ; col<=9 ; col++)
         cout << col << "x" << row << "=" << col * row  << "\t" ;
      cout << "\n" ;
    }

   return 0 ;
 }
```

程式解說

1. 九九乘法表，共有九列九行資料。輸出時，先從第 1 列的第 1 行資料到第 9 行資料，然後從第 2 列的第 1 行資料到第 9 行資料，以此類推，最後從第 9 列的第 1 行資料到第 9 行資料。故有「行」及「列」兩個因素在改變，且「行」先改變，而「列」後改變。

2. 九九乘法表的每個資料之輸出程序都是相同的，且有兩個因素在改變，故使用兩層巢狀迴圈結構來撰寫程式碼是最直接最適合的，且「行」變數須設定在內層迴圈結構中，而「列」變數則須設定在外層迴圈結構中。
3. 若「row」代表列編號，「col」代表行編號，則程式第 6 列「for (row=1 ; row<=9 ; row++)」的迴圈結構會重複執行 9 次，代表輸出 9 列資料。程式 第 8 列「for (col=1 ; col<=9; col++)」的迴圈結構會重複執行 9 次，代表輸出 9 行資料。
4. 流程圖如右：

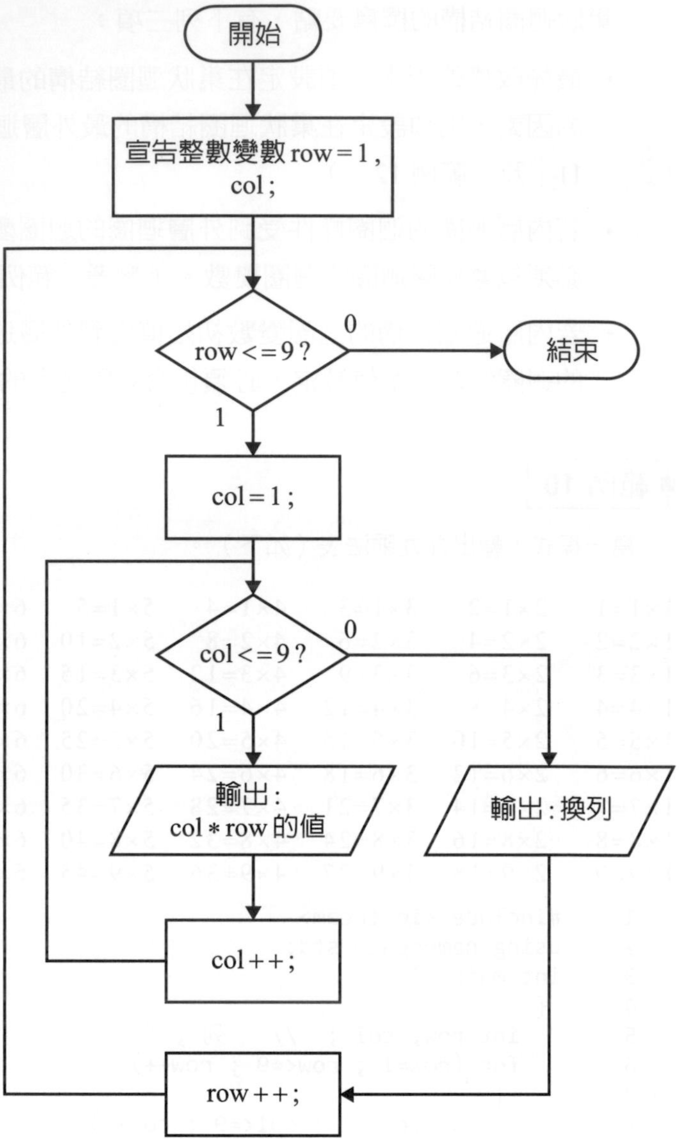

▲範例10 流程圖

■ 範例 11

寫一程式，輸出下列結果。

1

12

123

1234

```
1     #include <iostream>
2     using namespace std;
3     int main( )
4      {
5        int row, col ;  //   列 , 行
6        for (row=1 ; row<=4 ; row++)
7         {
8          for (col=1 ; col<=row ; col++)
9             cout << col ;
10         cout << "\n" ;
11        }
12
13       return 0;
14     }
```

程式解說

1. 題目中的第 1 列輸出 1 個數字，第 2 列輸出 2 個數字，第 3 列輸出 3 個數字，第 4 列輸出 4 個數字。故要輸出幾個數字，跟所在的列有密切關係。若「row」代表列編號，「col」代表每一列要輸出的行數，即每一列要輸出的數字個數，則「col」與「row」的關係為「col = row」。
2. 程式第 6 列「for (row=1 ; row<=4 ; row++)」的迴圈結構會重複執行 4 次，代表輸出四列資料。
3. 程式第 8 列「for (col=1 ; col<=row ; col++)」的迴圈結構會重複執行「row」次，代表第「row」列會輸出「row」個的數字。

範例 12

寫一程式，輸出對角線（含）以上的數字總和。（使用巢狀迴圈結構）

2 3 4 5
3 4 5 6
4 5 6 7
5 6 7 8

【提示】「對角線」是指數字為 2、4、6 及 8 這條斜線。

```
#include <iostream>
using namespace std;
int main( )
 {
   int row, col, sum=0 ;  // 列 , 行 , 總和
   for (row=1 ; row<=4 ; row++)
     for (col=row ; col<=4 ; col++)  // 從第row列的第row行開始加總
        sum = sum + (row + col) ;
   cout << "對角線(含)以上的數字總和=" << sum ;

```

```
11        return 0;
12    }
```

執行結果

對角線(含)以上的數字總和 =50

程式解說

1. 題目中的每一數字資料，剛好等於「列」編號 +「行」編號。例如：8=4 (第 4 列) + 4 (第 4 行)。
2. 對角線 (含) 以上的數字總和 = (第一列的 2、3、4 及 5) + (第二列的 4、5 及 6) + (第三列的 6 及 7) + (第四列的 8)。
3. 第 1 列從第 1 行的 2 開始加總；第 2 列從第 2 行的 4 開始加總；第 3 列從第 3 行的 6 開始加總；第 4 列從第 4 行的 8 開始加總。故要從第幾行的數字開始加總，跟所在的列有密切關係。若「row」代表列編號，「col」代表每一列開始加總的起始行，則「col」與「row」的關係為「col = row」
4. 程式第 6 列「for (row=1；row<=4；row++)」的迴圈結構會重複執行 4 次，代表有四列資料要加總。
5. 程式第 7 列「for (col=row；col<=4；col++)」，代表第「row」列是從第「row」行的數字開始加總，且迴圈結構會重複執行 (4 – row + 1) 次。

5-3 break 與 continue 敘述

程式執行的流程，一旦進入迴圈結構內部後，通常是在違反迴圈條件的狀況下，才會跳出迴圈結構。若希望在額外條件成立的狀況下，跳出迴圈結構，則必須在迴圈結構中加入「break;」敘述。若希望在額外條件成立的狀況下，跳到迴圈結構的最後一列程式敘述，則必須在迴圈結構中加入「continue;」敘述。「break;」及「continue;」兩個敘述，都必須撰寫在選擇結構中，否則就失去使用迴圈結構來處理重複程序的意義。

❖ 5-3-1 break 敘述的功能與使用方式

「break;」敘述除了可用在「switch-case」選擇結構中，還可用在迴圈結構。「break;」敘述的作用，是直接跳出「for」、「while」及「do while」三種迴圈結構的內部。當程式執行到迴圈結構內的「break;」敘述時，會直接跳出迴圈結構，並執行迴圈結構外的第一列程式敘述。在巢狀迴圈結構中，若用「break;」敘述，則只能跳出它所在的迴圈結構，而不是跳出整個巢狀迴圈結構。

■ 範例 13

寫一程式，輸入密碼（最多有 3 次機會），若密碼正確，則輸出密碼正確並結束，否則輸出密碼錯誤，並重新輸入密碼。

【提示】假設正確密碼為 20230901。

```
#include <iostream>
using namespace std;
int main( )
 {
   int num=1, password ;  //  輸入次數, 密碼
   do
    {
      cout << "輸入密碼:" ;
      cin >> password ;
      if (password == 20230901)
       {
         cout << "密碼輸入正確" ;
         break ;
       }
     else
        cout << "密碼輸入錯誤\n" ;
     num = num + 1 ;
    }
   while(num <= 3) ;

   return 0 ;
 }
```

執行結果

輸入密碼 :20220101
密碼輸入錯誤
輸入密碼 :20230901
密碼輸入正確

程式解說

1. 當程式第 13 列「break ;」被執行時，會直接跳出「do … while」迴圈，去執行程式第 21 列「return 0 ;」，結束程式。
2. 流程圖如右：

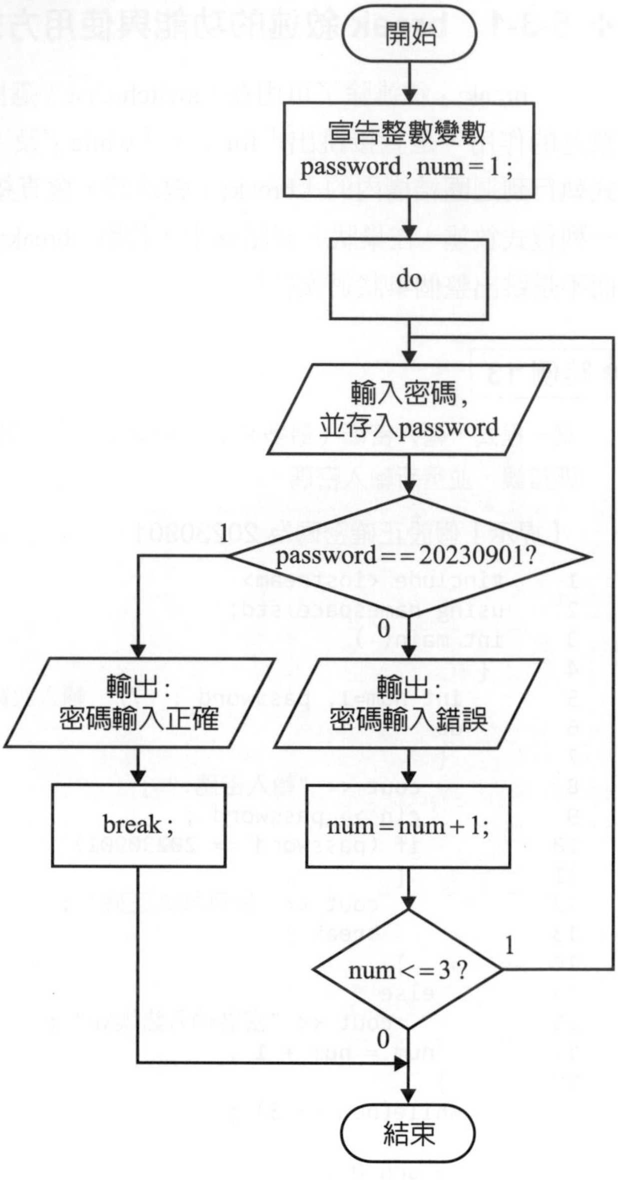

▲範例13　流程圖

■ 範例 14

假設期中考程式設計科目的題目，分成題型 1（35 分）、題型 2（35 分）、題型 3（35 分）及題型 4（15 分）四種，但總分合計最多 100 分。

寫一程式，輸入每一種題型所得到的分數，輸出程式設計的成績。（限用 break;）

【註】若前面題型所得到的分數合計 >= 100 分，則不再輸入後面其他題型的分數。

```
1     #include <iostream>
2     using namespace std;
3     int main( )
4      {
5        int score, sum= 0 ;  //  各題型所得的分數, 分數加總
6        int i ;
7        for (i=1 ; i<=4 ; i++)
8         {
9           cout << "輸入題型" << i  << "所得到的分數:" ;
10          cin >> score ;
11          if (sum + score >= 100)  // 已加總的分數 + 現在題型的分數>=100
12           {
13             sum = 100 ;
14             break ;
15           }
16          sum = sum + score ;
17        }
18       cout << "程式設計成績=" << sum ;
19
20       return 0 ;
21     }
```

執行結果1

輸入題型 1 所得到的分數 :22

輸入題型 2 所得到的分數 :32

輸入題型 3 所得到的分數 :35

輸入題型 4 所得到的分數 :10

程式設計成績 =99

執行結果2

輸入題型 1 所得到的分數 :33

輸入題型 2 所得到的分數 :34

輸入題型 3 所得到的分數 :35

程式設計成績 =100

程式解說

當程式第 14 列「break ;」被執行時，會直接跳出「for」迴圈，去執行程式第 18 列「cout << " 程式設計成績 =" << sum ;」。

❖ 5-3-2 continue 敘述的功能與使用方式

「continue;」敘述的作用，是跳過迴圈結構內的某些敘述。**以下針對「continue;」敘述，在「for」、「while」及「do while」這三種不同的迴圈結構中使用時，所產生的執行流程之差異說明：**

1. 在「for」迴圈結構中使用「continue;」：執行到「continue;」時，會跳到該層「for」迴圈結構的終止列「}」。若無「}」，則會跳到該層「for」迴圈結構的起始列第三部分「迴圈變數增（或減）量」，變更迴圈變數值。
2. 在「while」迴圈結構中使用「continue;」：執行到「continue;」時，會跳到該層「while」迴圈結構的終止列「}」。若無「}」，則會跳到該層「while」迴圈結構的起始列，檢查迴圈條件的結果是否為「1」。
3. 在「do while」迴圈結構中使用「continue;」：執行到「continue;」時，會跳到該層「do while」迴圈結構的「}」。若無「}」，則會跳到該層「do while」迴圈結構的終止列，檢查迴圈條件的結果是否為「1」。

範例 15

寫一程式，計算 1 到 50 之間的奇數和。（限用 continue;）

```
#include <iostream>
using namespace std;
int main( )
 {
   int sum= 0 ;  //  總和
   int i ;
   for (i=1 ; i<=50 ; i++)
    {
      if (i % 2 == 0)
        continue ;
      sum = sum + i ;
    }
   cout << "1到50之間的奇數和=" << sum ;

   return 0 ;
 }
```

執行結果

1 到 50 之間的奇數和 =625

程式解說

1. 程式第 9 列「if (i % 2 == 0)」中的「i % 2 == 0」，代表 i 為偶數時，會執行第 10 列「continue ;」，然後跳過程式第 11 列「sum = sum + i ;」，去執行程式第 12 列的「}」。
2. 第 9 列到第 11 列，可改寫成：
```
if (i % 2 == 1)  //  i為奇數時
    sum = sum + i ;
```
3. 流程圖如下：

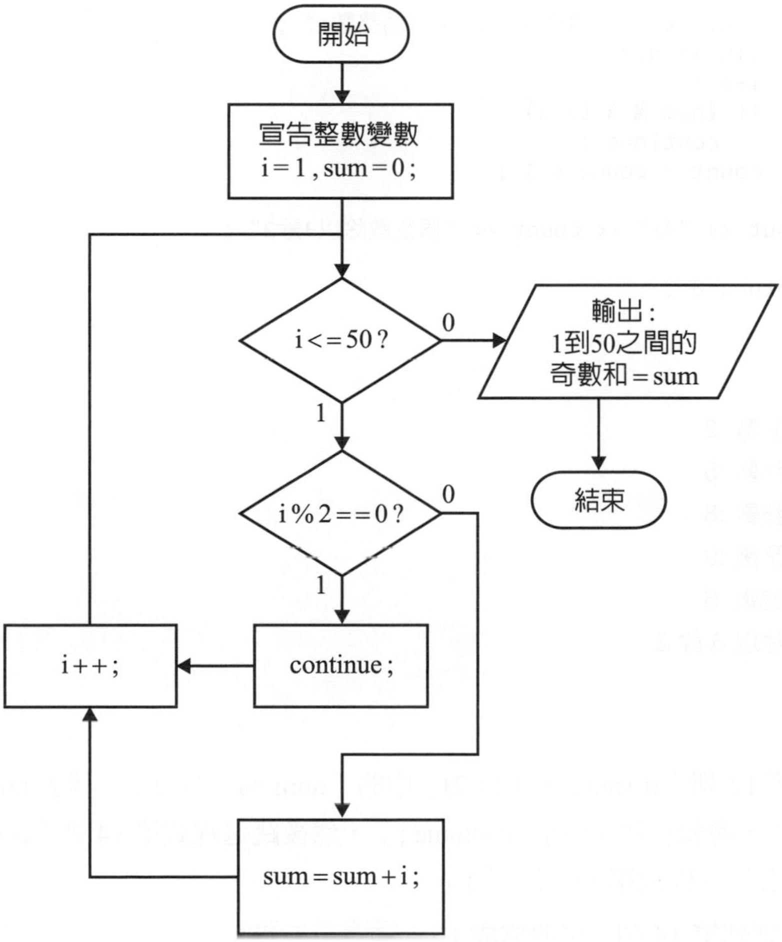

▲範例15　流程圖

範例 16

寫一程式，輸入 5 個整數，輸出除以 3 餘 2 的整數之個數。

【提示】使用「continue;」敘述。

```
1    #include <iostream>
2    using namespace std;
3    int main( )
4     {
5       int num, count = 0 ;  //  整數, 個數
6       int i = 1;
7       while ( i <= 5 )
8        {
9          cout << "輸入第" << i << "個整數:" ;
10         cin >> num ;
11         i++ ;
12         if (num % 3 != 2)
13           continue ;
14         count = count + 1 ;
15       }
16      cout << "有" << count << "個整數除以3餘2" ;
17
18      return 0 ;
19    }
```

執行結果

輸入第 1 個整數 :2
輸入第 2 個整數 :5
輸入第 3 個整數 :8
輸入第 4 個整數 :9
輸入第 5 個整數 :6
有 3 個整數除以 3 餘 2

程式解說

1. 程式第 12 列「if (num % 3 != 2)」中的「num % 3 != 2」，代表 num 除以 3 不是餘 2 時，會執行第 13 列「continue ;」，然後跳過程式第 14 列「count = count + 1 ;」，去執行程式第 15 列的「}」。
2. 第 12 列到第 14 列，可改寫成：
```
if (num % 3 == 2)  //  num除以3餘2時
    count = count + 1 ;
```

5-4 進階範例

範例 17

寫一程式，使用巢狀迴圈，輸出以下結果。

```
   1
  13
 135
1357
```

```
#include <iostream>
using namespace std ;
int main( )
 {
   int i, j ;
   for (i=1 ; i<=4 ; i++)
    {
      for (j=1 ; j<=4-i ; j++)
        cout << " " ;
      for (j=1 ; j<=i ; j++)
        cout << (2*j - 1);
      cout << "\n" ;
    }

   return 0 ;
 }
```

範例 18

寫一程式，使文字 I love C++ language. 呈現跑馬燈效果，直到按下任何按鍵，才結束。

```
#include <iostream>
#include <conio.h>
using namespace std ;
int main()
 {
  string letter="I love C++ language." ;
  int i=61, j ;  //  i=61，表示I love C++ language. 的活動寬度
  while (kbhit() == 0)  //  按下任何按鍵，結束程式(參考3-2-2 kbhit函式)
   {
     //  輸出I love C++ language.之前，先輸出 i 個空白
     for (j=1 ; j<=i ; j++)
       cout << " " ;

     cout << letter ;
     _sleep(250) ;  //  暫停0.25秒 (參考 6-6 停滯函式 _sleep())

```

```
        if (i>1)
           i-- ;
        else
           i=61 ;
        system("cls") ;  // 清除螢幕畫面
      }

    return 0;
  }
```

範例 19

寫一程式，輸入一正整數 n，輸出 n 的十六進位整數表示。

【提示】不可使用除號「/」及餘數「%」運算子，參考「2-3-6 位元運算子」。

```
#include <iostream>
using namespace std;
int main( )
 {
    int n;        //  正整數
    int num=0;  //  紀錄n轉成十六進位整數後的位數
    int value;   //  紀錄n轉成十六進位整數後的每一個數字
    cout << "輸入一正整數:" ;
    cin >> n;

    while ((n >> (4*num)) != 0)
        num++;

    cout << n << "轉成十六進位整數為" ;
    while (num > 0)
     {
        // 取得n轉成十六進位整數後的第num個數字
        value= (n & (15 << 4*(num-1))) >> 4*(num-1) ;
        switch (value)
         {
           case 10:
             cout << "A" ;
             break;
           case 11:
             cout << "B" ;
             break;
           case 12:
             cout << "C" ;
             break;
           case 13:
             cout << "D" ;
             break;
```

```
33              case 14:
34                cout << "E" ;
35                break;
36              case 15:
37                cout << "F" ;
38                break;
39              default:
40                cout << value ;
41            }
42           num--;
43        }
44
45       return 0;
46    }
```

執行結果

輸入一正整數 :43

43 轉成十六進位整數為 2B

程式解說

1. 程式第 11 列「while ((n >> (4*num)) != 0)」中的「4」，代表每 4 位的二進位整數，換成 1 位的十六進位整數。(例如：43 = $(101011)_2$ = $(2B)_{16}$)。

   而「n >> (4*num)」則是代表「n」分別除以 2^0、2^4、2^8、…(當 num=0、1、2、…時)。

   程式第 11~12 列的目的，是計算「n」轉換成十六進位整數後的位元數。

2. 為了取得正整數轉換成十六進位整數後，從右邊算起的第 1 個數字、第 2 個數字、…等，正整數必須分別與 $(1111)_2$、$(11110000)_2$、$(111100000000)_2$、…等做「位元且」運算，即與 15、$15*2^4$、$15*2^8$、…等做「位元且」運算。

   在程式第 18 列中的「15 << 4*(num-1)」，相當於「$15*2^{4*(num-1)}$」；「(n & (15 << 4*(num-1)))」，相當於「n」與「$15*2^{4*(num-1)}$」做「位元且」運算；「(n & (15 << 4*(num-1))) >> 4*(num-1)」的作用，是將「(n & (15 << 4*(num-1)))」的結果再除以「$2^{4*(num-1)}$」，其所得到的結果就是「n」以十六進位整數表示的第「num」個數字 (從右邊算起)。

例如：43 以十六進位整數表示的第 2 個位元值 (從右邊算起) 為何 ?

因「43 & (15 << 4*(2-1)) = 43 & $15*2^{4*(2-1)}$ = $(20)_{16}$」，且「$(20)_{16}$ >> 4*(2-1) = $(20)_{16}$ >> 4 = $(2)_{16}$」，故答案為「2」。

範例 20

(韓信點兵)寫一程式，輸出 1 到 500 間滿足三個三個一數餘 2、五個五個一數餘 3 及七個七個一數餘 2 的所有整數。

```
#include <iostream>
using namespace std ;
int main( )
 {
   int i ;
   cout << "1到500間\n" << "滿足三個三個一數餘2、五個五個一數餘3"
        << "及七個七個一數餘2的整數有\n" ;
   for (i=1 ; i<= 500 ; i++)
    {
     if (i % 3 == 2 && i % 5 == 3 && i % 7 == 2)
       cout << i << "\t";
    }

   return 0 ;
 }
```

執行結果

1 到 500 間

滿足三個三個一數餘 2、五個五個一數餘 3 及七個七個一數餘 2 的整數有

23 128 233 338 443

範例 21

走樓梯時，假設每次只能走 1 階或 2 階。寫一程式，輸入樓梯階數 (N)，輸出有幾種方法可以走到第 N 階。

【提示】

(1) 已知 N=1，走法只有 1 種，N=2，走法有 2 種。

(2) 應用費氏數列 (FIBONACCI) 觀念。

```
1	#include <iostream>
2	using namespace std ;
3	int main()
4	 {
5	   int N ;  // 樓梯階數
6	   // 前一階的方法數, 目前這一階的方法數, 下一階的方法數
7	   int front_step, current_step, next_step ;
8	   cout << "輸入樓梯階數(>=1):" ;
9	   cin >> N ;
10	   if (N == 1)
11	      cout << "走到第1階的方法數只有1種" ;
12	   else if (N == 2)
13	      cout << "走到第2階的方法數共有2種" ;
14	   else
15	    {
16	       front_step = 1 ;    // 已知走到第1階的方法數有1種
17	       current_step = 2 ;  // 已知走到第2階的方法數有2種
18	       // 走到第3階以後的方法數是根據費氏數列算法
19	       for (int i = 3 ; i <= N ; i++)
20	        {
21	           next_step = front_step + current_step ;
22	           front_step = current_step ;
23	           current_step = next_step ;
24	        }
25	       cout << "走到第" << N  << "階的方法數共有"
26	            << next_step << "種" ;
27	    }
28
29	   return 0 ;
30	 }
```

執行結果

輸入樓梯階數 (>=1):5
走到第 5 階的方法數共有 8 種

程式解說

1. 程式第 21 列「next_step = front_step + current_step ;」，代表「走到下一階的方法數 = 走到前一階的方法數 + 走到目前這一階的方法數」。
2. 程式第 22 列「front_step = current_step ;」，是設定「走到前一階的方法數 = 走到目前這一階的方法數」。
3. 程式第 23 列「current_step = next_step ;」，是設定「走到目前這一階的方法數 = 走到下一階的方法數」。

範例 22

寫一程式，輸入正方形的邊長，輸出其內部邊長至少為 1 的所有正方形。(使用巢狀迴圈結構)

【提示】邊長 =2，邊長至少為 1 的所有正方形之四個頂點座標：

(1)　(0,0),(0,1),(1,0),(1,1)

(2)　(0,1),(0,2),(1,1),(1,2)

(3)　(1,0),(1,1),(2,0),(2,1)

(4)　(1,1),(1,2),(2,1),(2,2)

(5)　(0,0),(0,2),(2,0),(2,2)

```
#include <iostream>
using namespace std;
int main( )
 {
   // 正方形的邊長, 小正方形的邊長, x座標 , y座標 , 編號
   int length, len, x, y, num ;
   cout << "輸入正方形的邊長:" ;
   cin >> length ;
   for (len=1 ; len<=length ; len++)
    {
      num=1 ;
      cout << "\n邊長為" << len << "的正方形之四個頂點座標有\n" ;
      for (x = 0 ; x <= length-len ; x++)
        for (y = 0 ; y <= length-len ; y++)
         {
           cout << num << ".\n" ;

           // 正方形左上角的頂點座標
           cout << "(" << x << "," << y << "),"

           // 正方形右上角的頂點座標
               << "(" << x << "," << y+len << ")\n" ;

           // 正方形左下角的頂點座標
           cout << "(" << x+len << "," << y << "),"

           // 正方形右下角的頂點座標
               << "(" << x+len << "," << y+len << ")\n" ;
           num++ ;
         }
    }
   return 0;
 }
```

執行結果

```
輸入正方形的邊長 :2

邊長為 1 的正方形之四個頂點座標有
1.
(0,0),(0,1)
(1,0),(1,1)
2.
(0,1),(0,2)
(1,1),(1,2)
3.
(1,0),(1,1)
(2,0),(2,1)
4.
(1,1),(1,2)
(2,1),(2,2)

邊長為 2 的正方形之四個頂點座標有
1.
(0,0),(0,2)
(2,0),(2,2)
```

程式解說

1. 因程式第 13 列中的 x 之起始值 =0，終止值 = length-len，增（減）量 =1，故「for (x = 0 ; x <= length-len ; x++)」迴圈會重複執行「length-len+1」次；同理，第 14 列「for (y = 0 ; y <= length-len ; y++)」迴圈會重複執行「length-len+1」次。
2. 程式第 13~30 列的雙重迴圈，代表邊長為 len 的小正方形有「(length-len+1) * (length-len+1)」個，而程式第 19~29 列代表的每個正方形的四個頂點座標。

自我練習

一、選擇題

1. 滿足條件時，會重複執行特定程式敘述的結構，被稱為甚麼？
   (A) 物件 (B) 類別 (C) 迴圈 (D) 方法
2. 下列哪一類型的迴圈結構，不是 C++ 語言的迴圈結構？
   (A) for (B) while (C) do while (D) while do
3. 下列哪一類型的迴圈結構，又稱為計數迴圈結構？
   (A) for (B) while (C) do while (D) 以上皆非
4. 前測式迴圈結構的內部程式敘述，至少被執行幾次？
   (A) 1 (B) 2 (C) 3 (D) 4 (E) 以上皆非
5. 從 for 迴圈的起始列，可以判斷迴圈最多重複執行幾次嗎？
   (A) 可以 (B) 不可以 (C) 不一定 (D) 以上皆非
6. 下列哪一種迴圈，其內部的程式敘述至少被執行一次？
   (A) for (B) while (C) do while (D) 巢狀迴圈
7. 有關迴圈的敘述，下列何者錯誤？
   (A) for 迴圈中的迴圈變數初始值設定，只會執行一次
   (B) for 迴圈中的程式敘述，至少會被執行一次
   (C) while 迴圈的迴圈條件成立時，才會執行迴圈中的程式敘述
   (D) do while 迴圈是先執行迴圈中的程式敘述，再檢查迴圈條件是否成立
8. 跳出無窮迴圈的指令為
   (A) continue (B) break (C) exit (D) 以上皆非
9. 以下片段程式碼執行後，sum 等於多少？
   ```
   for (sum=0 , i=1 ; i<=10 ; i=i+2)
       sum += i ;
   ```
   (A) 30 (B) 40 (C) 50 (D) 以上皆非
10. 以下片段程式碼中的「sum = sum + i * j」，會執行幾次？
   ```
   int i, j, sum=0 ;
   for (i=1 ; i<=10 ; i++)
       for (j=1 ; j<=i ; j=j+2)
           sum = sum +  i * j ;
   ```
   (A) 10 (B) 20 (C) 30 (D) 40

11. 以下片段程式碼執行後的輸出結果？

```
int i=1;
while (i < 10)
 {
    if (i % 3 == 0)
       break ;
    cout << i ;
    i++ ;
 }
```

(A) 12 (B) 1234 (C) 123456 (D) 以上皆非

12. 以下片段程式碼的目的為何？

```
int sum = 0, i = 1 ;
while ( i <= 20 )
 {
    if (i % 3 == 1)
       continue;
    sum = sum + i ;
    i = i + 1 ;
 }
```

(A) 計算 1+2+...+19+20 (B) 計算 2+3+⋯+18+20

(C) 計算 3+4+...+17+20 (D) 計算 4+5+...+16+20

13. 以下片段程式碼的目的為何？

```
int a = 1, b = 2, c ;
c=b ;
b=a ;
a=c ;
```

(A) 將變數 a 的值與變數 b 的值做交換

(B) 將變數 a 的值與變數 c 的值做交換

(C) 將變數 b 的值與變數 c 的值做交換

(D) 以上皆非

14. 以下片段程式碼執行後，g 等於多少？

```
int a = 28, b = 12, g, r
while ( a % b != 0 )
 {
    r = a % b ;
    a = b ;
    b = r ;
 }
g = b ;
```

(A) 2 (B) 4 (C) 6 (D) 7

二、填充題

1. 前測式迴圈結構有兩種類型？＿＿＿＿＿＿＿＿＿、＿＿＿＿＿＿＿＿＿

2. 後測式迴圈結構的內部程式敘述，至少被執行幾次？＿＿＿＿

3. 「break;」敘述，用在巢狀迴圈結構中，一次能跳出幾層迴圈結構？＿＿＿＿

4. 以下片段程式碼中，「for」迴圈內的「cout << i ;」，被執行幾次？＿＿＿＿

```
for (i = 1 ; i <= 1024 ; i = i * 2)
    cout << i ;
```

5. 以下片段程式碼中，「for」迴圈內的「cout << i ;」，被執行幾次？＿＿＿＿

```
for (i = 1 ; i <= 1024 ; i = i - 1)
    cout << i ;
```

6. 以下片段程式碼中，「for」迴圈內的「cout << i ;」，被執行幾次？＿＿＿＿

```
for (i = 1024 ; i >= 1 ; i = i + 1)
    cout << i ;
```

7. 以下片段程式碼中，「for」迴圈內的「cout << i ;」，被執行幾次？＿＿＿＿

```
for (i = 1 ; i >= 1024 ; i = i - 1)
    cout << i ;
```

8. 以下片段程式碼中，「for」迴圈內的「cout << i ;」，被執行幾次？＿＿＿＿

```
for (i = 1024 ; i <= 1 ; i = i + 1)
    cout << i ;
```

9. 以下片段程式碼，若希望執行時輸入「0」後，就不再輸入資料，則「?」位置上的內容為何？＿＿＿＿

```
int a ;
while (1)
 {
    cout << "輸入一整數:" ;
    cin >> a ;
    if (a == 0)
        ____?____
 }
```

10. 以下片段程式碼，若希望執行後，sum=55，則「?」位置上的內容為何？＿＿＿＿

```
int i, sum=0 ;
for (i = 1 ; i <= 20 ; i = i + 1)
 {
    if (i >= 11)
        ____?____
    sum = sum + i ;
 }
```

三、實作題

1. 寫一程式，輸入小於 50 的正整數 n(>=1)，輸出 1*2+2*3+…+n*(n+1) 之和。
2. 寫一程式，輸入小於 50 的正整數 n，輸出 1+1/2+1/3+…+1/n 之和。
3. 假設有一提款機只提供 1 元、10 元和 100 元三種紙鈔兌換。寫一程式模擬提款機的作業，輸入提領金額，輸出 1 元、10 及 100 元三種紙鈔各兌換數量（最少）。
4. 假設某文具店的鉛筆售價一枝 3 元，小英身上帶 22 元。寫一程式，在不使用除號「/」及餘數「%」運算子情況下，輸出可買幾枝鉛筆及剩下多少錢。

   【提示】使用 while 迴圈。
5. 分別寫一程式，使用巢狀迴圈，輸出以下結果。

   (1)

   ```
   123456789
   1234567
   12345
   123
   1
   ```

   (2)

   ```
   1
   23
   456
   ```

   (3)

   ```
   1 0 0 0
   0 2 0 0
   0 0 3 0
   0 0 0 4
   ```
6. 寫一程式，輸入一個 5 位數，輸出其個位數、十位數、百位數、千位數及萬位數。
7. 寫一程式，在螢幕上顯示一西洋棋盤。

   【提示】使用 word 中的插入功能中之符號內的■及□。
8. 寫一程式，輸入密碼，若密碼不等於 123，則輸出「密碼輸入錯誤」。若連續輸入三次都錯誤，則輸出「暫停使用本系統！」。若輸入正確，則輸出「歡迎光臨本系統！」。（限用 do while 迴圈結構）

9. （數學益智遊戲）兩個人輪流從 50 顆玻璃彈珠中，拿走 1 或 2 或 3 顆，拿走最後一顆玻璃彈珠的人就輸了。寫一程式，模擬此遊戲。

10. 寫一程式，模擬某個路口三分鐘紅綠燈的過程，假設綠燈時間 30 秒，黃燈時間 5 秒，紅燈時間 25 秒，由綠燈開始顯示。

11. 寫一程式，輸入一正整數 n，將 n 以二進位方式表示輸出。

【提示】不可使用除號「/」及餘數「%」運算子，參考「2-3-6 位元運算子」。

12. 寫一程式，輸出反對角線（含）以下的數字總和。（使用巢狀迴圈結構）

2	3	4	5
3	4	5	6
4	5	6	7
5	6	7	8

【提示】「反對角線」是指數字為 5、5、5 及 5 這條斜線。

13. 俗俗賣大賣場店內的商品，每件金額在 10~25 元間，任選 5 件一律 99 元。若 5 件商品的總價未超過 99 元，則以實際金額計算。

寫一程式，輸入 5 件商品的價格，輸出應付金額。（使用 break; 敘述）

【註】若前面商品的價格合計 >=99 分，則不再輸入後面其他商品的價格。

14. 俗俗賣大賣場內的商品，每件金額在 10~25 元間，任選 5 件一律 99 元。若 5 件商品的總價未超過 99 元，則以實際金額計算。

寫一程式，輸入 5 件商品的價格，輸出應付金額。（使用 continue; 敘述）

15. 寫一程式，輸入一正整數，輸出此整數中共有幾個非 0 的數字。（使用 continue; 敘述）

Chapter 06 庫存函式

生活中所使用的工具，都會內建一些基本的功能。例如，電視機內建的頻道切換功能，可以轉換不同的頻道；汽車內建的煞車功能，可以使汽車停止；洗衣機的脫水功能，可以分離衣服中的水分。

凡是具有特定功能的方法，稱為函式（function）。在程式設計上，經常使用的功能，就可將它定義成函式，方便日後重複使用。函式就好比是數學公式，初學者只要學會如何呼叫使用，就能快速完成自己希望的功能需求。

使用函式的方式撰寫程式有以下優點：

1. 縮短程式碼的長度：相同功能的程式碼不用重複撰寫。
2. 可隨時提供程式重複呼叫使用：需要某種特定功能時，就可以呼叫對應的函式。
3. 方便偵錯：程式偵錯時，可以很容易地發覺錯誤是發生在 main 主函式或是其他函式中。
4. 跨檔案使用：可提供給不同程式檔使用。

當程式呼叫特定函式時，程式流程的控制權就會轉移到被呼叫的函式上，等被呼叫的函式程式碼執行完後，程式流程的控制權會再回到原先程式執行位置，然後繼續執行下一列敘述。

函式以是否存在於 C++ 語言中來區分，可分成下列兩類：

1. 庫存函式：內建於 C++ 語言函式庫中的函式。
2. 使用者自訂函式：使用者自行撰寫的函式。（參考「第十章 使用者自訂函式」）

本章主要是以介紹常用的庫存函式為主，其他未介紹的庫存函式，請讀者自行參考相關的標頭檔。

在程式中，若有呼叫庫存函式，則必須使用「#include」程式敘述，將該庫存函式宣告所在的標頭檔含括到程式裡，否則可能會出現下面錯誤訊息（切記）：

```
'庫存函式名稱' was not declared in this scope
```

例：abs 函式是宣告在 cstdlib 標頭檔中，若要在程式中呼叫 abs 函式，則必須在前置處理指令區，撰寫「#include <cstdlib>」程式敘述。

6-1 常用庫存函式

程式語言所提供的庫存函式，就好像數學公式一般，只要代入庫存函式所規範的引數，就能得到所需要的結果。處理問題時，學習者若能學會以庫存函式替代一長串的程式碼，則程式的長度會大大地降低，同時能縮短撰寫程式的時程。C++ 程式語言提供的庫存函式可分成下列幾類：

1. 數學運算函式。
2. 亂數函式。（參考「第七章 陣列」）
3. 字元轉換及字元分類函式。
4. 字串物件成員函式。（參考「第七章 陣列」）
5. 時間與日期函式。
6. DOS 作業系統指令呼叫函式。
7. 停滯函式。

6-2 數學運算函式

無論是在生活或工作中，都會經常處理計算方面的問題。如何快速又正確得到計算的結果，對一般人來說是一件傷透腦筋的事。若能了解 C++ 語言提供的數學運算函式並使用它們，可省去許多不必要的計算程序，讓程式碼既精簡又減少錯誤發生的機率。

在程式中，若有呼叫 abs 函式，則必須使用「#include <cstdlib>」程式敘述，將 abs 函式宣告所在的 cstdlib 標頭檔含括到程式裡，否則可能會出現下面錯誤訊息（切記）：

```
'abs' was not declared in this scope
```

1. abs函式：（求整數的絕對值）

凡是對稱或等距離的問題，都可以使用 abs 函式來處理。

函式名稱	abs( )
函式原型	int abs(int x); 說明：abs(整數變數或常數x)
功能	求x的絕對值。
傳回	x的絕對值。
原型宣告所在的標頭檔	cstdlib

範例 1

寫一程式，輸出下列對稱圖形。

```
*
***
*****
***
*
```

【提示】輸出上下對稱的資料，使用絕對值的觀念是最佳的解決方式。

（絕對值的意義：與某一位置等距的資料俱有相同的樣子，即含有對稱的意思）

第 1 列 印 1(=5-2*|1-3|) 個 *， 第 2 列 印 3(=5-2*|2-3|) 個 *

第 3 列 印 5(=5-2*|3-3|) 個 *， 第 4 列 印 3(=5-2*|4-3|) 個 *

第 5 列 印 1(=5-2*|5-3|) 個 *

（其中，5 表示中間那一列 * 的個數，-2(=1-3=3-5) 表示每一列相差幾個 *，3 表示中間那一列的編號）

```
#include <iostream>
#include <cstdlib>
using namespace std;
int main()
 {
  int i,j;
  for (i=1;i<=5;i++)
   {
    for (j=1;j<=5-2*abs(i-3);j++)
      cout << '*' ;
    cout << '\n';
   }

  return 0;
 }
```

在程式中，若有呼叫以下的庫存函式，則必須使用「#include <cmath>」程式敘述，將該庫存函式宣告所在的 cmath 標頭檔含括到程式裡，否則可能會出現下面錯誤訊息（切記）：

```
'庫存函式名稱' was not declared in this scope
```

2. fmax函式：（求兩個數值中的最大值）

函式名稱	fmax( )
函式原型	double fmax(double x, double y); 說明：fmax(倍精度浮點數變數或常數x, 倍精度浮點數變數或常數y)
功能	求x與y的最大值。
傳回	x與y的最大值。
原型宣告所在的標頭檔	cmath

3. fmin函式：（求兩個數值中的最小值）

函式名稱	fmin( )
函式原型	double fmin(double x, double y); 說明：fmin(倍精度浮點數變數或常數x, 倍精度浮點數變數或常數y)
功能	求x與y的最小值。
傳回	x與y的最小值。
原型宣告所在的標頭檔	cmath

範例 2

寫一程式，輸入兩個倍精度浮點數，輸出最大值與最小值。

```
#include <iostream>
#include <cmath>
using namespace std;
int main()
 {
  double num1,num2,max,min;
  cout << "輸入兩個倍精度浮點數(以空白隔開):";
  cin >> num1 >> num2;
  max=fmax(num1,num2);
  min= fmin(num1,num2);
  cout << "最大值為" << max << "，最小值為" << min ;
  return 0;
 }
```

執行結果

輸入兩個倍精度浮點數 (以空白隔開):1.8 -5.1
最大值為 1.8，最小值為 -5.1

4. fabs函式：（求倍精度浮點數的絕對值）

函式名稱	fabs( )
函式原型	double fabs(double x); 說明：fabs(倍精度浮點數變數或常數x);
功能	求x的絕對值。
傳回	x的絕對值。
原型宣告所在的標頭檔	cmath

範例 3

寫一程式，輸入一倍精度浮點數，輸出它的絕對值。

```
#include <iostream>
#include <cmath>
using namespace std;
int main()
 {
  double num;
  cout << "輸入一倍精度浮點數:" ;
  cin >> num ;
  cout << num<< "的絕對值為" << fabs(num) ;
  return 0;
 }
```

執行結果

輸入一倍精度浮點數 :-12.3
-12.3 的絕對值為 12.3

5. round函式：（求倍精度浮點數四捨五入到整數位）

函式名稱	round( )
函式原型	double round(double x); 說明：round(倍精度浮點數變數或常數x)
功能	求x四捨五入後的整數。
傳回	x四捨五入後的整數。
原型宣告所在的標頭檔	cmath

■ 範例 4

寫一程式，模擬到中油公司加油所需的金額。
（假設 1 公升 31.3 元，金額以四捨五入計算）

```
#include <iostream>
#include <cmath>
using namespace std;
int main()
 {
  double liter,money;
  cout << "輸入汽油公升數:" ;
  cin >> liter ;
  money=round(liter*31.3);
  cout << "汽油" << liter << "公升,共" << money << "元" ;
  return 0;
 }
```

執行結果

輸入汽油公升數 :11
汽油 11 公升 , 共 344 元（比實際金額少 0.3 元）

6. floor函式：（求不大於倍精度浮點數的最大整數）

凡是無條件捨去的問題，都可以使用 floor 函式來處理。

函式名稱	floor( )
函式原型	double floor(double x); 說明：floor(倍精度浮點數變數或常數x)
功能	求不大於x的最大整數。
傳回	不大於x的最大整數。
原型宣告所在的標頭檔	cmath

範例 5

路邊停車收費，假設每 0.5 小時收費 10 元，不足 0.5 小時的部份則不收費。寫一程式，輸入停車時間，輸出停車費。（無條件捨去問題）

```
#include <iostream>
#include <cmath>
using namespace std;
int main()
 {
  double hour ;
  int money ;
  cout << "輸入路邊停車時間(單位時):" ;
  cin >> hour ;
  money = floor(hour / 0.5) * 10 ;
  cout << "停車" << hour << "時,共" << money << "元" ;
  return 0;
 }
```

執行結果

輸入停車時間 (單位時):2.3

停車 2.3 時 , 共 40 元

7. **ceil函式：（求不小於倍精度浮點數的最小整數）**

凡是無條件件進位的問題，都可以使用 ceil 函式來處理。

函式名稱	ceil( )
函式原型	double ceil(double x); 說明：ceil(倍精度浮點數變數或常數x)
功能	求不小於x的最小整數。
傳回	不小於x的最小整數。
原型宣告所在的標頭檔	cmath

範例 6

路邊停車收費，假設每 1 小時收費 20 元，不足 1 小時的部份也以 20 元收費。寫一程式，輸入停車時間，輸出停車費。（無條件進位問題）

```
#include <iostream>
#include <cmath>
using namespace std;
int main()
```

```
{
 double hour ;
 int money ;
 cout << "輸入路邊停車時間(單位時):" ;
 cin >> hour ;
 money=ceil(hour)*20 ;
 cout << "路邊停車" << hour << "時,共" << money << "元" ;
 return 0;
}
```

執行結果

輸入路邊停車時間 (單位時):2.5

路邊停車 2.5 時 , 共 60 元

---

8. pow函式：（求倍精度浮點數的次方）

函式名稱	pow( )
函式原型	double pow(double x, double y); 說明：pow(倍精度浮點數變數或常數x, 倍精度浮點數變數或常數y)
功能	求x的y次方。
傳回	x^y
原型宣告所在的標頭檔	cmath

■ **函式說明**

- 當 x=0 時，y 必須大於 0；否則 pow(x, y) 結果為 1.#INF00。
- 當 x<0 時，y 必須為整數；否則 pow(x, y) 結果為 1.#IND00。

【註】1.#INF00，表示除以 0；1.#IND00，表示根號中的值為負數。

9. sqrt函式：（求倍精度浮點數的平方根）

函式名稱	sqrt( )
函式原型	double sqrt(double x); 說明：sqrt(倍精度浮點數變數或常數x)
功能	求x的平方根。
傳回	x的平方根。
原型宣告所在的標頭檔	cmath

■ 函式說明

x 必須大於或等於，否則 sqrt(x) 結果為 1.#IND00。

範例 7

寫一程式，輸入一個正整數 n(>1)，判斷 n 是否為質數。（提示：若 n 不是 2、3、...、floor(sqrt(n)) 這些整數的倍數，則 n 為質數）

```
#include <iostream>
#include <cmath>
using namespace std ;
int main()
   {
    // 若一個整數n(>1)的因數只有n和1，則此整數稱為質數
    // 古希臘數學家Sieve of Eratosthenes埃拉托斯特尼的質數篩法:
    // 判斷介於2 ~floor(sqrt(n))之間的整數i是否整除n，
    // 若有一個整數i整除n，則n不是質數，否則n為質數

    int n ;
    bool IsPrime = true ;
    int i, j ;
    cout << "輸入一個正整數(>1):" ;
    cin >> n ;
    for (i = 2; i <= floor(sqrt(n)); i++)
       // 不需判斷大於2的偶數i是否整除n
       // 因為n(>2)若為偶數，則會被2整除，便知n不是質數
       if (!(i > 2 && i % 2 == 0))
         if (n % i == 0)  //  n不是質數
           {
             IsPrime = false ;
             break ;
           }

    if (IsPrime)
        cout << n << "為質數" << '\n' ;
    else
        cout << n << "不是質數" << '\n' ;

    return 0 ;
   }
```

執行結果1

輸入一個正整數 (>1):5

5 為質數

執行結果2

輸入一個正整數 (>1):18
18 不是質數

程式解說

若 n 為合數（即，非質數），則其至少包含一個因數小於或等於 $n^{0.5}$。

證明：（反證法）

因 n 為合數，故 n = $P_1 P_2 \cdots P_r$，

其中 P_1、P_2、⋯、P_r 分別為 n 的因數，$r \geq 2$

假設 P_1、P_2、⋯、$P_r > n^{0.5}$, 則 n = $P_1 P_2 \cdots P_r > n^{0.5r}$

但 $r \geq 2$，即 $0.5r \geq 1$，則 $n = P_1 P_2 \cdots P_r > n$，矛盾

因此，若 n 為合數，則其至少包含一個因數小於或等於 $n^{0.5}$。

範例 8

寫一程式，輸入一元二次方程式 $ax^2+bx+c=0$ 的係數 a、b 及 c，且 a、b 及 c 必須滿足 $b^2-4ac>=0$，輸出一元二次方程式的兩個根。

```
#include <iostream>
#include <cmath>
using namespace std;
int main()
 {
  double a,b,c,root1,root2;
  cout << "輸入方程式ax^2+bx+c=0的係數a,b,c(以空白隔開):" ;
  cin >> a >> b >> c ;
  root1=(-b+sqrt(pow(b,2)-4*a*c))/(2*a);
  root2=(-b-sqrt(pow(b,2)-4*a*c))/(2*a);
  cout << "ax^2+bx+c=0的根為" << root1 << "及" << root2 ;

  return 0;
 }
```

執行結果

輸入方程式 ax^2+bx+c=0 的係數 a,b,c(以空白隔開):1 6 9
ax^2+bx+c=0 的根為 -3 及 -3

10. log2函式：（求倍精度浮點數的二進位對數）

3^{50} 以十進位（或二進位）表示，會有幾位數？資產 100 億元的富人，若每年花掉資產的一半，則幾年後資產只剩下 1 元？像這類的數學問題，若用手算的方式，則有時是相當耗時且繁瑣，而最合適的方式是用 log2（或「log10」）對數函式來處理。

函式名稱	log2( )
函式原型	double log2(double x); 說明：log2(倍精度浮點數變數或常數x)
功能	求x的二進位對數。
傳回	x的二進位對數。
原型宣告所在的標頭檔	cmath

【註】若要計算一數值 x 的十進位對數，則可利用「log10」函式來處理。

範例 9

寫一程式，輸入一正整數，輸出它的二進位整數表示。

```
#include <iostream>
#include <cmath>
using namespace std;
int main()
 {
  int n ;    //  正整數
  int num ;  //  紀錄n轉成二進位整數後的位數
  cout << "輸入一正整數:" ;
  cin >> n;
  cout << n << "轉成二進位整數為" ;
  num = (int) log2(n) + 1 ;
  for (int i = num ; i >= 1 ; i--)
     cout << ( (n & (1 << (i-1)) ) >> (i-1)) ;
  return 0;
 }
```

執行結果

輸入一正整數 :36

36 轉成二進位整數為 100100

程式解說

1. 程式第 11 列中的「(int) log2(x)」，代表「x」以二進制表示的最高次方所在位元。從次方為「0」的位元到次方為「(int) log2(x)」「0」的位元，總共有「(int) log2(x) + 1」個位元。故「x」以二進位表示的位元數，共有「(int) log2(x) + 1」個。
2. 為了取得正整數轉換成二進位整數後，從右邊算起的第 1 個數字、第 2 個數字、…等，正整數必須分別與 $(1)_2$、$(10)_2$、$(100)_2$、…等做「位元且」運算，即與 2^0、2^1、2^2…等做「位元且」運算。
3. 在程式第 13 列中的「1 << (i-1)」，相當於「2^{i-1}」；「(n & (1 << (i-1)))」，相當於「n」與「2^{i-1}」做「位元且」運算；「(n & (1 << (i-1))) >> (i-1)」的作用，是將「(n & (1 << (i-1)))」的結果再除以「2^{i-1}」，其所得到的結果就是「n」以二進位表示的第「i」個數字 (從右邊算起)。

   例如：36 以二進位整數表示的第 6 個位元值 (從右邊算起) 為何？

   解：因「36 & (1 << (6-1)) = 36 & $2^{(6-1)}$ = $(100100)_2$」，且「$(100100)_2$ >> (6-1) = $(100100)_2$ >> 5 = $(1)_2$」，故答案為「1」。

6-3 字元轉換及字元分類函式

字元是屬於何種性質的字元，可以利用字元分類函式來判斷。另外，也可以利用字元轉換函式將它轉換成不同的形式。

在程式中，若有呼叫以下的庫存函式，則必須使用「#include <cctype>」程式敘述，將該庫存函式宣告所在的 cctype 標頭檔含括到程式裡，否則可能會出現下面錯誤訊息（切記）：

```
'庫存函式名稱' was not declared in this scope
```

1. toascii函式：（將整數轉成字元）

如何將整數轉成它所對應的字元？例：想將 65 轉成它所對應的 A 字元，可以使用 toascii 函式來處理。

函式名稱	toascii( )
函式原型	int toascii(int x); 說明：toascii(整數變數或常數x)
功能	求x所對應的字元。
傳回	x所對應的字元。
原型宣告所在的標頭檔	cctype

範例 10

寫一程式，輸入 ASCII 碼，輸出它所對應的字元。

```
#include <iostream>
#include <cctype>
using namespace std;
int main()
 {
  int ascii;
  char ch;
  cout << "輸入ASCII碼:" ;
  cin >> ascii;
  ch-toascii(ascii);
  cout << "ASCII碼" << ascii << "所對應的字元為" << ch ;

  return 0;
 }
```

執行結果

輸入 ASCII 碼 :97

ASCII 碼 97 所對應的字元為 a

2. tolower函式：（將英文字元轉成小寫的英文字元）

如何將一個英文字元轉成小寫的英文字元？例：想將 A 轉成 a，可以使用 tolower 函式來處理。

函式名稱	tolower( )
函式原型	int tolower(int x); 說明：tolower(字元變數或常數x)
功能	將英文字元 x 轉成小寫的英文字元。
傳回	英文字元 x 的小寫。
原型宣告所在的標頭檔	cctype

範例 11

寫一程式，輸入大寫英文字元，輸出它所對應的小寫英文字元。

```
#include <iostream>
#include <cctype>
using namespace std;
int main()
 {
  char ch1,ch2;
  cout << "輸入大寫英文字元:" ;
  cin >> ch1 ;
  ch2= tolower(ch1);
  cout << ch1 << "的小寫為" << ch2 ;
  return 0;
 }
```

執行結果

輸入大寫英文字元 :A

A 的小寫為 a

3. toupper函式：（將英文字元轉成大寫的英文字元）

如何將一個英文字元轉成大寫的英文字元？例：想將 b 轉成 B，可以使用 toupper 函式來處理。

函式名稱	toupper( )
函式原型	int toupper(int x); 說明：toupper(字元變數或常數x)
功能	將英文字元x轉成大寫的英文字元。
傳回	英文字元x的大寫。
原型宣告所在的標頭檔	cctype

範例 12

寫一程式，輸入小寫英文字元，輸出它所對應的大寫英文字元。

```
#include <iostream>
#include <cctype>
using namespace std;
int main()
 {
  char ch1,ch2;
  cout << "輸入小寫英文字元:" ;
  cin >> ch1 ;
  ch2= toupper(ch1);
  cout << ch1 << "的大寫為" << ch2 ;
  return 0;
 }
```

執行結果

輸入小寫英文字元 :b

b 的大寫為 B

4. isalpha函式：（判斷字元否為英文字元）

如何判斷一個字元是否為英文字元（A~Z,a~z）？例：2 是否為英文字元，可以使用 isalpha 函式來處理。

函式名稱	isalpha( )
函式原型	int isalpha(int x); 說明：isalpha(字元變數或常數x)
功能	判斷x是否為英文字母（A~Z,a~z）。
傳回	1. 若x不是英文字母，則傳回0。 2. 若x是大寫英文字母，則傳回1。 3. 若x是小寫英文字母，則傳回2。
原型宣告所在的標頭檔	cctype

範例 13

寫一程式，輸入一個字元，輸出它是否為英文字母（A~Z, a~z）。

```
#include <iostream>
#include <cctype>
using namespace std;
int main()
 {
  char ch;
  cout << "輸入字元:" ;
  cin >> ch ;
  if ( isalpha(ch) != 0 )
      cout << ch << "是英文字母" ;
  else
      cout << ch << "不是英文字母" ;

  return 0;
 }
```

執行結果

輸入字元 :2

2 不是英文字母

5. isdigit函式：（判斷字元否為文字型的數字）

如何判斷一個字元是否為文字型的數字（0~9）？例：b 是否為文字型的數字，可以使用 isdigit 函式來處理。

函式名稱	isdigit( )
函式原型	int isdigit(int x); 說明：isdigit(字元變數或常數x)
功能	判斷x是否為文字型的數字(0~9)。
傳回	1. 若x不是文字型的數字，則傳回0。 2. 若x是文字型的數字，則傳回1。
原型宣告所在的標頭檔	cctype

■ 範例 14

寫一程式，輸入一個字元，輸出它是否為文字型的數字。

```
#include <iostream>
#include <cctype>
using namespace std;
int main()
 {
  char ch;
  cout << "輸入字元:" ;
  cin >> ch ;
  if (isdigit (ch) != 0 )
      cout << ch << "是文字型的數字" ;
  else
      cout << ch << "不是文字型的數字" ;
  return 0;
 }
```

執行結果

輸入字元 :2

2 是文字型的數字

6. isalnum函式：（判斷字元否為英文字母或文字型的數字）

如何判斷一個字元是否為英文字母或文字型的數字（0~9）？例：> 是否為英文字母或文字型的數字，可以使用 isalnum 函式來處理。

函式名稱	isalnum( )
函式原型	int isalnum(int x); 說明：isalnum(字元變數或常數x)
功能	判斷x是否為文字型的數字或英文字母。
傳回	1. 若x不是文字型的數字或英文字母，則傳回0。 2. 若x是大寫英文字母，則傳回1。 3. 若x是小寫英文字母，則傳回2。 4. 若x是文字型的數字，則傳回4。
原型宣告所在的標頭檔	cctype

■ 範例 15

寫一程式，輸入一個字元，輸出它是否為文字型的數字或英文字母。

```
#include <iostream>
#include <cctype>
using namespace std;
int main()
 {
  char ch;
  cout << "輸入字元:" ;
  cin >> ch ;
  if (isalnum(ch) != 0 )
      cout << ch << "是文字型的數字或英文字母" ;
  else
      cout << ch << "不是文字型的數字或英文字母" ;
  return 0;
 }
```

執行結果

輸入字元 :>

> 不是文字型的數字或英文字母

7. isxdigit函式：（判斷字元否為十六進位字元）

如何判斷一個字元是否為十六進位字元（0,1,…,9,A,B,…,F,a,b,…,f）？例：z 是否為十六進位字元，可以使用 isxdigit 函式來處理。

函式名稱	isxdigit( )
函式原型	int isxdigit(int x); 說明：isxdigit(字元變數或常數x)
功能	判斷x是否為十六進位字元(0,1,…,9,A,B,…,F,a,b,…,f)。
傳回	1. 若x不是十六進位字元，則傳回0。 2. 若x是十六進位字元，則傳回128或非零數值。
原型宣告所在的標頭檔	cctype

範例 16

寫一程式，輸入一個字元，輸出它是否為十六進位數字。

```
#include <iostream>
#include <cctype>
using namespace std;
int main()
 {
  char ch;
  cout << "輸入字元:" ;
  cin >> ch ;
  if (isxdigit(ch) != 0 )
      cout << ch << "是十六進位數字" ;
  else
      cout << ch << "不是十六進位數字" ;
  return 0;
 }
```

執行結果

輸入字元 :b

b 是十六進位數字

8. islower函式：（判斷字元否為小寫英文字母）

如何判斷一個字元是否為小寫的英文字母？例，b 是否為小寫的英文字母，可以使用 islower 函式來處理。

函式名稱	islower( )
函式原型	int islower(int x); 說明：islower(字元變數或常數x)
功能	判斷x是否為小寫的英文字母。
傳回	1. 若x不是小寫英文字母，則傳回0。 2. 若x是小寫英文字母，則傳回2。
原型宣告所在的標頭檔	cctype

範例 17

寫一程式，輸入一個字元，輸出它是否為小寫的英文字母。

```
#include <iostream>
#include <cctype>
using namespace std;
int main()
 {
  char ch;
  cout << "輸入字元:" ;
  cin >> ch ;
  if (islower(ch) != 0 )
      cout << ch << "是小寫英文字母" ;
  else
      cout << ch << "不是小寫英文字母" ;
  return 0;
 }
```

執行結果

輸入字元 :2

2 不是小寫英文字母

9. isupper函式：（判斷字元否為大寫英文字母）

如何判斷一個字元是否為大寫的英文字母？例：b 是否為大寫的英文字母，可以使用 isupper 函式來處理。

函式名稱	isupper( )
函式原型	int isupper(int x); 說明：isupper(字元變數或常數x)
功能	判斷x是否為大寫的英文字母。
傳回	1. 若x不是大寫英文字母，則傳回0。 2. 若x是大寫英文字母，則傳回1。
原型宣告所在的標頭檔	cctype

範例 18

寫一程式，輸入一個字元，輸出它是否為大寫的英文字母。

```
#include <iostream>
#include <cctype>
using namespace std;
int main()
 {
  char ch;
  cout << "輸入字元:" ;
  cin >> ch ;
  if (isupper(ch) != 0 )
      cout << ch << "是大寫英文字母" ;
  else
      cout << ch << "不是大寫英文字母" ;
  return 0;
 }
```

執行結果

輸入字元 :C

C 是大寫英文字母

10. isascii函式：（判斷字元否為中文字）

如何判斷一個字元是否為中文字？例：'C' 是否為中文字，可以使用 isascii 函式來處理。

函式名稱	isascii( )
函式原型	int isascii(int x); 說明：isascii(字元變數或常數x)
功能	判斷x是否為中文字。
傳回	1. 若x為中文字，則傳回0。 2. 若x不為中文字，則傳回1或非零數值。
原型宣告所在的標頭檔	cctype

■ 範例 19

寫一程式，輸入一個字元，輸出它是否為中文字。

```
#include <iostream>
#include <cctype>
using namespace std;
int main()
 {
  char ch;
  cout << "輸入字元:" ;
  cin >> ch ;
  if (isascii(ch) != 0 )
      cout << ch << "不是中文字" ;
  else
      cout << "輸入的資料為中文字" ;
  return 0;
 }
```

執行結果

輸入字元：好

輸入的資料為中文字

11. isspace函式：（判斷字元否為空白字元）

如何判斷一個字元是否為空白字元？例：Tab 鍵是否為空白字元，可以使用 isspace 函式來處理。

函式名稱	isspace( )
函式原型	int isspace(int x); 說明：isspace(字元變數或常數x)
功能	判斷x是否為空白字元。 【註】空白字元，新列字元「'\n'」、「Tab」鍵及「Enter」鍵，都被稱為空白字元。
傳回	1. 若x不是空白字元，則傳回0。 2. 若x是空白字元，則傳回8或非零數值。
原型宣告所在的標頭檔	cctype

範例 20

寫一程式，輸入一個字元，輸出它是否為空白字元。

```
#include <iostream>
#include <cctype>
using namespace std;
int main()
 {
  char ch;
  cout << "輸入字元:" ;
  cin >> ch ;
  if (isspace(ch) != 0 )
      cout << ch << "是空白字元" ;
  else
      cout << ch << "不是空白字元" ;
  return 0;
 }
```

執行結果

輸入字元 :1

1 不是空白字元

12. ispunct函式：（判斷字元否為標點符號字元）

如何判斷一個字元是否為標點符號字元？例：h 是否為標點符號字元，可以使用 ispunct 函式來處理。

<table>
<tr><td>函式名稱</td><td>ispunct( )</td></tr>
<tr><td>函式原型</td><td>int ispunct(int x);
說明：ispunct(字元變數或常數x)</td></tr>
<tr><td>功能</td><td>判斷x是否為標點符號。
【註】「,」、「.」、「;」、「:」、「"」、「'」、「~」、「!」、「@」、「#」、「$」、「%」、「^」、「&」、「(」、「)」、「{」、「}」、「[」、「]」、「+」、「-」、「*」、「/」、「=」、「_」、「<」、「>」、「\」、「?」及「|」，都被稱為標點符號。</td></tr>
<tr><td>傳回</td><td>1. 若x不是標點符號，則傳回0。
2. 若x是標點符號，則傳回16或非零數值。</td></tr>
<tr><td>原型宣告所在的標頭檔</td><td>cctype</td></tr>
</table>

範例 21

寫一程式，輸入一個字元，輸出它是否為標點符號。

```
#include <iostream>
#include <cctype>
using namespace std;
int main()
 {
  char ch;
  cout << "輸入字元:" ;
  cin >> ch ;
  if (ispunct(ch) != 0 )
      cout << ch << "是標點符號" ;
  else
      cout << ch << "不是標點符號" ;
  return 0;
 }
```

執行結果

輸入字元 :,

, 是標點符號

範例 22

寫一程式，連續輸入字元，直到按下「Enter」鍵，才結束輸入動作。最後印出輸入字元的總長度及分別累計數字字元（0-9）、大寫英文字母字元、小寫英文字母字元、標點符號字元、空白字元和中文字元有多少個。

```
#include <iostream>
#include <cctype>
using namespace std;
int main()
 {
  string str;
  int length=0;          // 字元的長度
  int digit=0;           // 數字字元的個數
  int space=0;           // 空白字元的個數
  int lowercase=0;       // 小寫英文字母的個數
  int uppercase=0;       // 大寫英文字母的個數
  int punctuation=0;     // 標點符號的個數
  int chinese=0;         // 中文字的個數
  int i=0;               // 字元的位置
  cout << "輸入一個字串:" ;
  getline(cin,str) ;
  //參考3-2-1 輸入物件cin

  while(str[i] !='\0' )
   {
        //ascii值>127:中文字（或全形文字）
        if (isascii(str[i])== 0)
         {
            chinese++;
            i++;  //  中文字(或全形文字)為2bytes，要多移一個字元
         }
        else if(isdigit(str[i])!= 0)
           digit++;
        else if(islower(str[i])!= 0)
           lowercase++;
        else if(isupper(str[i])!= 0)
           uppercase++;
        else if(ispunct(str[i])!= 0)
           punctuation++;
        else if(isspace(str[i])!= 0)
           space++;

    i++;
   }
  cout << "輸入字串的總長度為" << str.length() << '\n' ;
  cout << "1.中文字(或全形文字)有" << chinese << "個\n" ;
  cout << "2.阿拉伯數字有" << digit << "個\n" ;
  cout << "3.小寫英文字母有" << lowercase << "個\n" ;
  cout << "4.大寫英文字母有" << uppercase << "個\n" ;
  cout << "5.標點符號有" << punctuation << "個\n" ;
  cout << "6.空白字元有" << space << "個" ;

  return 0;
 }
```

執行結果

輸入字元 :2023, 新年快樂（Enter 鍵）
輸入字串的總長度為 13bytes
1. 中文字（或全形文字）有 4 個
2. 阿拉伯數字有 4 個
3. 小寫英文字母有 0 個
4. 大寫英文字母有 0 個
5. 標點符號有 1 個
6. 空白字元有 0 個

程式解說

程式第 40 列中的「str.length( )」， 是計算字串 str 的長度。參考「7-4-4」章節中的字串長度成員函式「length ()」說明。

6-4 時間與日期函式

程式若要取得與作業系統有關的日期、時間、秒數及滴答數，則可呼叫 _strdate、_strtime、ctime、time 或 clock 等函數。

在程式中，若有呼叫以下的庫存函式，則必須使用「#include <ctime>」程式敘述，將該庫存函式宣告所在的 ctime 標頭檔含括到程式裡，否則可能會出現下面錯誤訊息（切記）：

```
'庫存函式名稱' was not declared in this scope
```

1. strdate函式：（取得系統目前的日期）

函式名稱	_strdate( )
函式原型	char *_strdate(char *buf); 說明：_strdate(字元陣列變數或字元指標變數buf);
功能	取得系統目前的日期（樣式為MM/DD/YY）。存入字元陣列變數或字元指標變數buf。
傳回	系統目前的日期。
原型宣告所在的標頭檔	ctime

■ 函式說明

_strdate 函式被呼叫時，需傳入參數「buf」，當作儲存系統日期的變數。它的資料型態為「char *」，代表「buf」為字元陣列變數且「buf」字元陣列至少要設定 9 個 Bytes 以上。[進階用法]「buf」也可為字元指標變數。

2. _strtime函式：（取得系統目前的時間）

函式名稱	_strtime( )
函式原型	char *_strtime(char *buf); 說明：_strtime(字元陣列變數或字元指標變數buf);
功能	取得系統目前的時間（樣式為HH：MM：SS）存入字元陣列變數或字元指標變數buf。
傳回	系統目前的時間。
原型宣告所在的標頭檔	ctime

■ 函式說明

_strtime 函式被呼叫時，需傳入參數「buf」，當作儲存系統時間的變數。它的資料型態為「char *」，代表「buf」為字元陣列變數且「buf」字元陣列至少要設定 9 個 Bytes 以上。[進階用法]「buf」也可為字元指標變數。

3. clock函式：（取得程式從開始執行所經過的滴答數）

函式名稱	clock( )
函式原型	clock_t clock(void); 說明：clock();
功能	取得程式從開始執行到此函數所經過的滴答數（ticks）。
傳回	程式從開始執行到此函數所經過的滴答數。
原型宣告所在的標頭檔	ctime

■ 函式說明

1. clock 函式被呼叫時，不需傳入任何參數。
2. clock_t 型態定義於 ctime 標頭檔中 (typedef long clock_t;)，為一長整數型別。
3. 滴答數是由電腦系統 CPU 控制的一種時鐘計時單位，若要換算成秒數，則必須除以 CLK_TCK 常數。CLK_TCK 是定義在 ctime 內的常數名稱，其值等於 1000（個滴答數 / 每秒）。

範例 23

寫一程式，輸出計算 1+2+3+....+100000000 所花的時間。

```
#include <iostream>
#include <ctime>
using namespace std;
int main()
 {
  clock_t start_clock,end_clock;
  //資料型態為clock_t

  int i;
  double sum=0.0;
  float spend;

  start_clock=clock();
  //取得程式從開始執行到此函數
  //所經過的滴答數(ticks)

  for (i=1;i<=100000000;i++)
     sum+=i;

  end_clock=clock();
  //取得程式從開始執行到此函數
  //所經過的滴答數(ticks)

  spend =(double) (end_clock-start_clock)/CLK_TCK;
  //計算1+2+3+....+100000000所花的時間
  //CLK_TCK是定義在ctime內的常數名稱，
  //其值等於1000（個滴答數/每秒）
  //除以CLK_TCK常數，即可得到所花的秒數

  cout.precision(20);
  //有效精確位數20位

  cout << "1+2+...+100000000=" << sum << '\n' ;

  cout.precision(3);
  cout.setf(ios::fixed);
  //小數位數3位

  cout << "計算1+2+...+100000000所花的時間:" << spend << "秒" ;
  return 0;
 }
```

執行結果

1+2+...+100000000=5000000050000000

計算 1+2+...+100000000 所花的時間 :0.375

4. time函式：（取得1970/1/1 00:00:00 到目前所經過的秒數）

函式名稱	time( )
函式原型	time_t time(time_t *t); 說明：time (長整數指標變數t);
功能	取得1970/1/1 00:00:00到目前所經過的秒數。
傳回	1970/1/1 00:00:00到目前所經過的秒數。
原型宣告所在的標頭檔	ctime

■ **函式說明**

1. 「time_t」，是定義於 ctime 標頭檔的一種長整數型別。
2. time 函式被呼叫時，需傳入參數「t」，它的作用是儲存 1970/1/1 00:00:00 到目前所經過的秒數。「t」的資料型態為「time_t *」，代表「t」為長整數指標變數。

5. ctime函式：（取得系統目前的日期時間）

函式名稱	ctime( )
函式原型	char * ctime(time_t *t); 說明：ctime (長整數指標變數t);
功能	將取得之時間秒數轉換成26個字元之字串。（樣式：星期 月 日 時間 年 份）
傳回	系統目前的日期時間
原型宣告所在的標頭檔	ctime

■ **函式說明**

1. 「time_t」，是定義於 ctime 標頭檔的一種長整數型別。
2. ctime 函式被呼叫時，需傳入參數「t」，它的作用是儲存 1970/1/1 00:00:00 到目前所經過的秒數。「t」的資料型態為「time_t *」，代表「t」為長整數指標變數。

範例 24

寫一程式，輸出 PC 系統的時間 (格式：星期 月 日 時間 年份)。

```
#include <iostream>
#include <ctime>
using namespace std;
int main()
 {
   time_t *t,tt;
   t=&tt;

   //1970/1/1 00:00:00到目前所經過的秒數
   //也是目前PC系統時間
   tt=time(NULL);

   cout << "目前PC系統時間:" << ctime(t) ;
   //ctime(t)，將PC系統時間轉換成26個字元之字串

   return 0;
 }
```

執行結果

目前 PC 系統時間：Sun Oct 28 12:10:20 2012

6-5 DOS 作業系統指令呼叫函式

在C++整合開發環境中，若要執行DOS作業系統指令，則可呼叫system函式來處理。

在程式中，若有呼叫 system 函式，則必須使用「#include <cstdlib>」程式敘述，將 system 函式宣告所在的 cstdlib 標頭檔含括到程式裡，否則可能會出現下面錯誤訊息（切記）：

```
'system' was not declared in this scope
```

函式名稱	system( )
函式原型	int system(const char *str); 說明：system(字元陣列變數或字串常數str);
功能	執行DOS的指令。
傳回	0。
原型宣告所在的標頭檔	cstdlib

■ 函式說明

1. system 函式被呼叫時，需傳入參數「str」，它的資料型態為「const char*」，表示「str」是指向常數字元陣列或常數字串的指標變數，且常數字元陣列或常數字串的內容必須為 DOS 指令，才能被執行。

2. 例：

```
system("pause");   // 暫停程式執行
system("cls");     // 清除畫面
system("date 13-08-01"); // 設定目前日期為 2013-08-01
system("time 08:00:00"); // 設定現在時刻為 08:00:00

// 執行特定的程式。例如，開啟牡丹水庫 .bmp 圖形檔
system("start 牡丹水庫 .bmp");

// 設定螢幕之背景顏色為黑色 (0)、前景顏色為白色 (F)
system("color 0F");
```

顏色代號說明：

0 : 黑　1 : 藍　2 : 綠　3 : 藍綠　4 : 紅　5 : 紫　6 : 黃　7 : 白
8 : 灰　9 : 淺藍　A : 淺綠　B : 淺藍綠　C : 淺紅　D : 淺紫　E : 淺黃　F : 亮白

6-6 停滯函式

想讓程式暫停一些時間之後再繼續執行，可以使用 _sleep 函式來處理。

在程式中，若有呼叫 _sleep 庫存函式，則必須使用「#include <cstdlib>」程式敘述，將 _sleep 庫存函式宣告所在的 cstdlib 標頭檔含括到程式裡，否則可能會出現下面錯誤訊息（切記）：

```
'_sleep' was not declared in this scope
```

函式名稱	_sleep( )
函式原型	void _sleep (unsigned int x); 說明：_sleep(無號數整數變數或常數x)
功能	讓程式停頓幾個滴答(tick)數。滴答數是計算時間的一種時間單位。例：1000滴答數等於1秒鐘。
傳回	暫停x/1000秒鐘。
原型宣告所在的標頭檔	cstdlib

範例說明，請參考「第七章 陣列」之「範例 33」。

自我練習

一、選擇題

1. 下列哪一個數學函式是用來計算整數的絕對值？
   (A) abs (B) fabs (C) pow (D) ceil
2. 下列那一個數學函式是用來計算倍精度浮點數（double）的平方根？
   (A) pow (B) sqrt (C) floor (D) ceil
3. 處理無條件捨去的問題，應使用下列那一個數學函式？
   (A) pow (B) sqrt (C) floor (D) ceil
4. 處理無條件進位的問題，應使用下列那一個數學函式？
   (A) pow (B) sqrt (C) floor (D) ceil
5. 要判斷一個字元是否為中文字，應使用下列那一個數學函式？
   (A) isspace (B) isalpha (C) isascii (D) ispunct
6. 下列哪一個函式可將字串前面的整數值資料轉換為整數？
   (A) atoi (B) atof (C) itol (D) itoa

二、填充題

1. 使用 abs 函式前，必須引入哪一個標頭檔？____________
2. 下列片段程式碼執行後，輸出結果為何？____________

```
for (int i=1 ; i<=7 ; i++)
 {
    for (int j=1 ; j<=1+2*abs(i-4) ; j++)
      cout << j ;
    cout << endl ;
 }
```

3. 下列片段程式碼執行後，輸出結果為何？____________

```
float a=6.4 , b=-3.2 ;
cout << floor(a) << "," << ceil(a) << endl ;
cout << floor(b) << "," << ceil(b) ;
```

4. 下列片段程式碼執行後，輸出結果為何？____________

```
int c = 98 ;
char ch=toascii(c) ;
cout << ch ;
```

5. 下列片段程式碼執行後，輸出結果為何？____________

```
char ch1=',' ;
cout << isalpha(ch1) ;
```

6. 下列片段程式碼執行後，輸出結果為何？____________

```
char ch2 = '1' ;
cout << isalnum(ch2) ;
```

三、實作題

1. 寫一程式，輸入 3 個數，輸出最大值與最小值。
2. 寫一程式，輸入平面座標上的任意兩點，輸出兩點的距離。
3. 寫一程式，輸入一整數，輸出該整數是否為某一個整數的平方。
4. 分別寫一程式，輸出下列對稱圖形。

(1)
```
*
**
***
**
*
```

(2)
```
********
 ******
  ****
   **
  ****
 ******
********
```

5. 寫一程式，輸入一段英文句子，直到按下「Enter」鍵，才結束輸入動作，最後印出共有多少個英文字（word）。
6. T 百貨公司舉辦周年慶活動，購物每 0.5 萬元送 500 元禮券，不足 0.5 萬元的部分無法獲得的 500 元禮券。
   寫一程式，輸入購物金額（萬），輸出獲得的禮券金額。（參考「範例 5」）
7. 假設乘坐台中市計程車，里程在 1.5 公里以下，車資皆為 85 元。若超過 1.5 公里後，則立刻加收 5 元，且每 0.2 公里後加 5 元，不足 0.2 公里也要以 0.2 公里計算。
   寫一程式，輸入乘坐計程車的里程（公里），輸出車資。（參考「範例 6」）

8. 假設密碼設定原則：密碼為 8 個字元，且必須至少包含一個數字、一個大寫英文字母及小寫英文字母。

   寫一程式，輸入密碼設定，輸出密碼設定正確或錯誤。

9. 寫一程式，輸入一個正整數 n(>1)，求 n 的最大質因數。（提示：正整數 n 的最大質因數介於 n 到 2 之間）

Chapter

07 陣列

生活中，常會記錄很多的資訊。例如：汽車監理所記錄每部汽車的車牌號碼、戶政事務所記錄每個人的身分證字號、學校記錄每個學生的每科月考成績、人事單位記錄公司的員工資料、個人記錄親朋好友的電話號碼等等。在 C++ 語言中，一個變數只能存放一個數值（或文字）資料。當需記錄大量資料時，就必須宣告許多的變數來儲存這些資料。若使用一般變數來宣告，則變數名稱在命名上及使用上都非常不方便。

為了儲存型態相同的大量資料，C++ 語言提供一種稱為「陣列」的延伸資料型態，以方便儲存大量資料。而所謂的「大量資料」到底是多少個呢？是 100 個或 1000 個或⋯？只要 2 個（含）以上型態相同的資料就能把它們當做大量資料來看。陣列是以一個名稱來代表一群資料，並以索引（或註標）值來存取對應的陣列元素，陣列的每個元素相當於一個變數。生活中能以陣列形式來呈現的例子，有同一個班級中的學生座號（請參考「圖 7-1」）、同一條路名上的地址編號、……等。

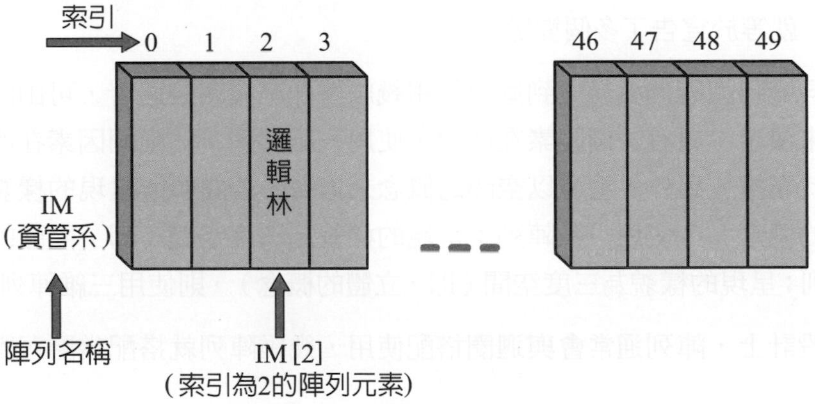

▲圖7-1　陣列示意圖

陣列有以下特徵：

1. 一個陣列可以包含多個陣列元素。
2. 同一個陣列中的陣列元素，它們的資料型態都相同。
3. 同一個陣列的陣列元素，是存放在連續的記憶體空間中。
4. 要存取陣列中的陣列元素，是透過「陣列名稱」及「索引值」來處理，索引值相當於陣列元素在陣列中的位置。

陣列的形式有下列兩種：

1. 一維陣列：一維陣列是 C++ 語言中最基本的陣列結構，只有一個索引。以車籍資料為例，若汽車的車牌號碼是以連續數字來編碼，則可以使用「車牌號碼」當做一維陣列的索引，並利用車牌號碼查出車主。
2. 多維陣列：多維陣列是指有兩個索引（含）以上的陣列。以班級課表為例，可以使用「星期」及「節數」當做二維陣列的索引，並利用「星期」及「節數」查出授課教師。

二維陣列可看成多個一維陣列的組成；三維陣列可看成多個二維陣列的組成；以此類推。

7-1 陣列宣告

陣列變數跟一般變數一樣，使用前都要先經過宣告，通知編譯器配置記憶體空間，以供程式使用，否則出現「'陣列變數' was not declared in this scope」訊息。當我們宣告一個陣列時，就等於宣告了多個變數。

儲存相同資料型態的資料，到底要使用幾維陣列來撰寫最適合，可由問題中有多少因素在改變來決定。只有一個因素在改變，使用一維陣列；有兩個因素在改變，使用二維陣列；以此類推。另外，也可以空間的概念來思考。若問題所呈現的樣貌為一度空間（即，直線的概念），使用一維陣列；呈現的樣貌為二度空間（即，平面的概念），則使用二維陣列；呈現的樣貌為三度空間（即，立體的概念），則使用三維陣列；以此類推。

在程式設計上，陣列通常會與迴圈搭配使用，幾維陣列就搭配幾層迴圈，這樣才能精簡程式碼。

❖ 7-1-1 一維陣列宣告

行（或排）是指直行。行（或排）的概念，在幼稚園或小學階段大家就知道了。例：國語生字作業，都是規定一次要寫多少行。單行式的資料，可使用一維陣列元素來儲存，而一維陣列元素的索引，稱為行索引。

宣告一個擁有 N 個元素的一維陣列之語法如下：

```
資料型態　陣列名稱[N] ;
```

■ **語法說明**

1. 資料型態：一般常用的資料型態，有整數、浮點數、字元、字串及布林。
2. 陣列名稱：陣列名稱的命名，請參照識別字的命名規則。
3. N：代表行數，是指此陣列有 N 個元素。
4. 一維陣列，只有一個索引。
5. 索引值的範圍，是介於 0 與（N-1）之間。

⚠注意

在使用陣列元素時，即使索引值超過 0 與（行數 -1）之間的範圍，在程式編譯時，也不會產生任何錯誤訊息。這是因為 C++ 語言並不會檢查索引值的範圍是否超過範圍。雖然如此，在這裡強烈建議讀者，在索引值使用上，一定要謹慎小心，不可超過陣列在宣告時的範圍，否則程式發生邏輯錯誤，很難找出問題點。（多維陣列在索引值使用上，也一樣要注意不要超過範圍。）

例：

```
// 宣告一個有 7 個元素的一維字元陣列 name
char name[7];    // 可使用 name[0]~ name[6]
// 宣告一個有 6 個元素的一維整數陣列 age
int age[6]；      // 可使用 age[0]~age[5]
// 宣告一個有 5 個元素的一維單精度浮點數陣列 sum
float sum[5]；// 可使用 sum[0]~ sum[4]
// 宣告一個有 4 個元素的一維倍精度浮點數陣列 avg
double avg[4]； // 可使用 avg[0]~avg[3]
```

❖ 7-1-2 一維陣列初始化

宣告陣列同時設定陣列元素初始值的過程，稱為陣列初始化。

宣告一個擁有 N 個元素的一維陣列，同時設定陣列元素初始值之語法如下：

```
資料型態 陣列名稱[N]={a₁,a₂,⋯,aN};
```

【註】a_1，代表陣列第 0 行元素的初始值，即索引值為 0 元素初的始值；a_2，代表陣列第 1 行元素的初始值，即索引值為 1 的元素初始值；……；a_N，代表陣列第 (N-1) 行元素的初始值，即索引值為（N-1）的元素初始值。

⚠注意

針對數值陣列而言，若陣列元素初始值的個數小於陣列元素的個數，則編譯器會將未設定初值的元素之值設定為 0。

例：
```
char word[5]={ 'd' , 'a' , 'v' , 'i' , 'd' };
// 宣告一個一維字元陣列 word 有 5 個元素，且
// word[0]='d'      word[1]='a'    word[2]='v'
// word[3]='i'      word[4]='d'
int money[3] ={18,25,6};
// 宣告一個一維整數陣列 money 有 3 個元素，且
// money[0]=18          money[1]=25            money[2]=6
float total[2]={0};
// 宣告一個一維單精度浮點數陣列 total 有 2 個元素，且
// total[0]=0                total[1]=0
double taxrate[3] ={0.1,0.2};
// 宣告一個一維倍精度浮點數陣列 taxrate 有 3 個元素，且
// taxrate[0]=0.1        taxrate[1]=0.2          taxrate[2]=0
```

範例 1

寫一程式，輸入五天的每日走路步數並記錄，輸出平均一天的走路步數。（使用一般變數的方式）

```
#include <iostream>
using namespace std;
int main()
 {
   int w1, w2, w3, w4, w5, total = 0 ;
   cout <<"輸入第1天的走路步數:" ;
   cin >> w1 ;
   cout <<"輸入第2天的走路步數:" ;
   cin >> w2 ;
   cout <<"輸入第3天的走路步數:" ;
   cin >> w3 ;
   cout <<"輸入第4天的走路步數:" ;
   cin >> w4 ;
   cout <<"輸入第5天的走路步數:" ;
   cin >> w5 ;
   total = w1 + w2 + w3 + w4 + w5 ;
   cout <<"平均一天走" << total / 5 << "步" ;
   return 0;
 }
```

執行結果

輸入第 1 天的走路步數 :8000

輸入第 2 天的走路步數 :7800

輸入第 3 天的走路步數 :8500

輸入第 4 天的走路步數 :7600
輸入第 5 天的走路步數 :8200
平均一天走 8020 步

程式解說

1. 範例只要求輸入 5 天的走路步數，就要設 5 個變數。若要求輸入一年中每天的走路步數，就要設 365 或 366 個變數。（☹）
2. 範例只要求輸入 5 天的走路步數，類似程式第 6 列及第 7 列的敘述就要重複 5 次；若要求輸入一年中每天的走路步數，類似程式第 6 列及第 7 列的敘述，可就要重複 365 或 366 次，且程式第 16 列，就要加到 w365 或 w366。（☹☹☹）
3. 因此，處理大量型態相同的資料時，使用一般變數的作法是不適合的。

範例 2

寫一程式，輸入五天的每日走路步數並記錄，輸出平均一天的走路步數。（使用陣列變數的方式）

```
#include <iostream>
using namespace std;
int main()
 {
   int w[5], total = 0, i ;
   for (i=0 ; i<5 ; i++)   //  累計走路步數
    {
      cout << "輸入第" << i + 1 << "天的走路步數:" ;
      cin >> w[i] ;
      total = total + w[i] ;
    }
   cout <<"平均一天走" << total / 5 << "步" ;
   return 0;
 }
```

執行結果

輸入星期 1 的走路步數 :8000
輸入星期 2 的走路步數 :7800
輸入星期 3 的走路步數 :8500
輸入星期 4 的走路步數 :7600
輸入星期 5 的走路步數 :8200
平均一天走 8020 步數

程式解說

1. 此範例需要儲存 5 個型態都相同的走路步數，且只有「天數」因素在改變，所以使用一維陣列變數配合一層 for 迴圈結構的方式來撰寫是最適合的。
2. 若範例要求改成輸入一年 365 天的每日走路步數並記錄，則程式只要將第 5 列的 w[5] 改成 w[365]，第 6 列的「i < 5」改成「i < 365」，及第 12 列的「total / 5」改成「total / 365」即可。
3. 更彈性的撰寫方式，請參考「範例 27」。

範例 3

寫一支程式，輸入一正整數 n，輸出 n 的十六進位整數表示。

```
#include <iostream>
#include <cstdlib>
using namespace std;
int main( )
 {
   int n;         //  正整數
   int num=0 ;  //  紀錄n轉成十六進位整數後的位數
   cout << "輸入一正整數:" ;
   cin >> n ;

   while ((n >> (4*num)) != 0)
       num++ ;

   char value[num] ;   //  紀錄n轉成十六進位整數後的每一個數字
   cout << n << "轉成十六進位整數為" ;
   for (int i = 0 ; i < num ; i++)
    {
      switch (n % 16)
       {
         case 10 :
            value[i] ='A' ;
            break ;
         case 11 :
            value[i] ='B' ;
            break;
         case 12 :
            value[i] ='C' ;
            break ;
         case 13 :
            value[i] ='D' ;
            break ;
```

```
32              case 14 :
33                 value[i] ='E' ;
34                 break ;
35              case 15 :
36                 value[i] ='F' ;
37                 break ;
38              default:
39                 value[i] = 48 + n % 16 ;
40            }
41          n = n / 16 ;
42        }
43
44      for (int i = num-1 ; i >= 0 ; i--)
45        cout << value[i] ;
46
47      return 0;
48    }
```

執行結果

輸入一正整數 :40

40 轉成十六進位整數為 28

程式說明

1. 程式第 11 列「while ((n >> (4*num)) != 0)」中的「4」，代表每 4 位的二進位整數，換成 1 位的十六進位整數。

   例如：$43 = (101011)_2 = (2B)_{16}$

   而「n >> (4*num)」則是代表「n」分別除以 2^0、2^4、2^8、…（當 num=0、1、2、…時）。

   程式第 11~12 列的目的，是計算「n」轉換成十六進位整數後共有幾位數。

2. 程式第 18 列中的「n % 16」，代表十進位整數換成十六進位整數後的個位數。

3. 程式第 39 列「value[i] = 48 + n % 16 ;」的目的，是將「48 + n % 16」結果所對應的字元指定給「value[i]」。例如：n=40 時，48 + n % 16 = 56 ，56 對應的字元為「'8'」。

4. 程式第 41 列「n = n / 16 ;」的目的，是將前一次「n」轉換成十六進位整數後的個位數去掉，並將剩下的整數指定給「n」，當作下一次再轉換成十六進位整數的十進位整數「n」。

範例 4

寫一支程式，輸入身分證統一編號，判斷是否正確。

【提示】對中華民國人民身分證統一編號說明及驗證原則如下：。

1. 共有 10 碼。
2. 第 1 碼：區域碼（A~Z），代表出生地。其所對應的數值如下：

▼區域碼對應之二碼數字表

區域碼	A	B	C	D	E	F	G	H	I	J	K	L	M
對應值	10	11	12	13	14	15	16	17	34	18	19	20	21
區域碼	N	O	P	Q	R	S	T	U	V	W	X	Y	Z
對應值	22	35	23	24	25	26	27	28	29	32	30	31	33

3. 第 2 碼：性別碼。1 代表男性，2 代表女性。
4. 第 3~9 碼：流水號。
5. 第 10 碼：檢查碼。檢查碼關係著身分證統一編號的正確與否
6. 中華民國人民身分證統一編號驗證程序如下：
   (1) 依據「區域碼對應之二碼數字表」，將身分證統一編號第 1 碼轉換成對應的數值。
   (2) 將 (1) 所得到的數值，分解成「十位數」與「個位數」，並分別與 1 及 9 相乘（相乘後的結果只取個位數），並加總。
   (3) 由左到右取出身分證統一編號第 2~9 碼的每一個數字，分別與 8、7、6、5、4、3、2 及 1 相乘（相乘後的結果只取個位數），並加總。
   (4) 將 (2) 及 (3) 的結果相加。若相加後的個位數為「0」且檢查碼也為「0」，或檢查碼為「10 - 相加後的個位數」，則身分證統一編號正確；否則身分證統一編號不正確。

範例說明

A123456789（9 為正確之檢查碼）

```
  A 1 2 3 4 5 6 7 8
      ↓               （程序 1）
 1 0 1 2 3 4 5 6 7 8
*1 9 8 7 6 5 4 3 2 1
---------------------------
 1 0 8 4 8 0 0 8 4 8  （程序 2，程序 3）
```

1+0+8+4+8+0+0+8+4+8=41（程序 4）

檢查碼 =10-1=9

```
#include <iostream>
#include <cstdlib>
using namespace std ;
int main( )
 {
   char id[11] ;    //  記錄身分證統一編號(10碼)
   int value[10] ;  //  分別記錄身分證統一編號第1~10碼的轉換值
   int value2to9 = 0 ;  //  加總第2~9碼的轉換值

   cout << "輸入身分證統一編號:" ;
   cin >> id ;

   // 轉換第1碼
   switch (id[0])
    {
       case 'A' ... 'H' :
          value[0] = id[0] - 55 ;
          break ;
       case 'I' :
          value[0] = 34 ;
          break ;
       case 'J' ... 'N' :
          value[0] = id[0] - 56 ;
          break ;
       case 'O' :
          value[0] = 35 ;
          break ;
       case 'P' ... 'V' :
          value[0] = id[0] - 57 ;
          break ;
       case 'W' :
          value[0] = 32 ;
          break ;
       case 'X' ... 'Y' :
          value[0] = id[0] - 58 ;
          break ;
       case 'Z' :
          value[0] = 33 ;
          break ;
    }

   // 將第1碼的轉換值之十位數 x 1,個位數 x 9,並加總這兩項結果
   value[0] = (value[0] / 10) * 1 + (value[0] % 10) * 9 ;

   // 第2~9碼的轉換值
   for (int i=1 ; i<=9 ; i++)  //  i=1~9，分別代表第2~10碼
      value[i] = id[i] - 48 ;

   // 將第2~9碼的轉換值,分別乘以8,7,..,2,1,並加總這8項結果
   for (int i=1 ; i<=8 ; i++)  //  i=1~8，分別代表第2~9碼
      value2to9 = value2to9 + value[i] * (9 - i) ;

   if ((value[0] + value2to9) % 10 == 0 && value[9] == 0)
      cout << id << "是正確的身份證統一編號" ;
```

```
55      else if ((10 - (value[0] + value2to9) % 10 ) == value[9])
56         cout << id << "是正確的身份證統一編號" ;
57      else
58         cout << id << "是錯誤的身份證統一編號" ;
59
60      return 0;
61   }
```

執行結果

輸入身分證統一編號：A123456798

A123456798 是正確的身分證統一編號

程式解說

1. 程式第 14~40 列的目的，是將身分證統一編號的第 1 碼轉成對應的數值。
   - 程式第 14 列中的「id[0]」，就是身分證統一編號的第 1 碼。
   - 若「id[0]」的內容是落在為字元「'A'」~「'H'」之間，對應的 ASCII 整數值就介於「65」~「72」之間，則程式第 17 列中的「id[0] - 55」就介於「10」~「17」之間。
   - 若「id[0]」的內容是落在為字元「'J'」~「'N'」之間，對應的 ASCII 整數值就介於「74」~「78」之間，則程式第 23 列中的「id[0] - 56」就介於「18」~「22」之間。
   - 若「id[0]」的內容是落在為字元「'P'」~「'V'」之間，對應的 ASCII 整數值就介於「80」~「86」之間，則程式第 29 列中的「id[0] - 57」就介於「23」~「29」之間。
   - 若「id[0]」的內容是落在為字元「'X'」~「'Y'」之間，對應的 ASCII 整數值就介於「88」~「89」之間，則程式第 35 列中的「id[0] - 58」就介於「30」~「31」之間。
2. 因「value[0]」為兩位數，故程式第 43 列中的「value[0] / 10」代表「value[0]」的十位數，而「value[0] % 10」代表「value[0]」的個位數。
3. 身分證統一編號第 2~10 碼「id[1]」~「id[9]」，都是「'0'」~「'9'」的字元，所對應的 ASCII 數值為「48」~「57」。故「i」為 1~9 時，程式第 47 列中的「id[i] - 48」，就是數字「0」~「9」。
4. 程式第 50~51 列的目的，將身分證統一編號第 2~9 碼的轉換值「value[1]」~「value[8]」，分別乘以 8、7、……、2、1，並將這 8 項結果加總。

5. 程式第 53 列中的「(10 - (value[0] + value2to9) % 10) == value[9]」，是判斷「10 - (身分證統一編號第 1~9 碼轉換值合計後的個位數)」是否等於「身分證統一編號第 10 碼的數值」。
6. 程式第 55 列中的「(value[0] + value2to9) % 10 == 0」，是判斷「身分證統一編號第 1~9 碼轉換值合計後的個位數」是否等於 0，而「value[9] == 0」是判斷「身分證統一編號第 10 碼的數值」是否等於 0。

❖ 7-1-3 字串

字串是由一個字元一個字元組合而成的資料，並以 '\0'（空字元）作為字串末端的結束符號。因此，字串可用一維字元陣列的形式來表示。在宣告一字元陣列作為儲存字串資料使用時，字元陣列的長度必須至少比字串資料實際上的長度多一個位元組（Byte），而多出來的這一個位元組是作為儲存 '\0' 之用。那如何判斷一字元陣列所儲存的資料是字元，還是字串呢？若字元陣列的最後一個元素值為 '\0'，則字元陣列是儲存字串，否則儲存字元。

宣告一個字元陣列來儲存「N」個位元組的字串之語法如下：

```
char  字元陣列名稱[N+1] ;
```

例：宣告名稱為 name 的字元陣列，來儲存長度為 8 個位元組的姓名字串，其語法如下：

```
char name[9]; // name 視問題而定，也可以用其他名稱
 // 9=8+1
```

宣告一個擁有 N 個字元的字串，同時設定字串初始值之語法，有下列兩種：

```
1. char  字元陣列名稱[N+1] = " 字串內容" ;
2. char  字元陣列名稱[N+1] = { '字串的第1個字元',
                               '字串的第2個字元', ……,
                               '字串的最後一個字元', '\0' } ;
```

例：想利用字串儲存一個姓名為 Robinson Cano，其初值設定語法如下：

```
char name[14]= "Robinson Cano"; //14=13+1
或 char name[14]= {'R','o','b','i','n','s','o','n',' ','C','a','n',
                  'o','\0'};
```

字串除了以一維字元陣列的形式來表示外，也可用 C++ 的 string 類別所建立出來的物件來表示，並可利用 string 類別內的成員函式對字串內容進行各種處理。要建立字串物件前，須在前置處理指令區下達「#include <string>」指令；否則可能會出現下面錯誤訊息（切記）：

```
'成員函式名稱' was not declared in this scope
```

使用 string 類別建立字串物件的語法有以下三種：

```
1.string 字串物件1 [ , 字串物件2 , …] ;
2.string 字串物件1=字串常數1 [ , 字串物件2=字串常數2 , …] ;
3.string 字串物件1=先前已建立的字串物件 [ , 字串物件2=先前已建立的字串物件, …] ;
```

■ **語法說明**

1. 語法 1，是建立一個內容為空字串的字串物件變數。
2. 「[]」，表示它內部（包含 []）的資料是選擇性的，需要與否視情況而定。
3. 使用 string 類別所建立的字串物件變數，電腦會提供 4 個位元組的記憶體空間給這個變數存放資料。

例：宣告字串物件變數 name 及 title，且初始值分別設為 "Merkel" 及 "Prime"Minister"，並輸出 name 的第 2 個字元及 title 的第 4 個字元。

解：
```
string name="Merkel" ;
string title= "Prime Minister" ;
cout << name[1] ;   //  輸出 e
cout << title[3] ;    //  輸出 m
```

【註】字串是由字元所組成，字串相當於字元陣列。因此，可利用陣列的索引值來取出字串中的某一個字元。

範例 5

寫一程式，輸入最多 7 位字元的密碼。從鍵盤輸入文字時，螢幕上只會顯示 * 號，直到按 Enter 鍵為止。最後以字串的方式輸出實際輸入的文字密碼。

```
#include <iostream>
#include <conio.h>
using namespace std;
int main()
 {
   int i ;
   char password[8] ;  //  儲存最多7位字元的密碼
   cout <<"輸入字元密碼(最多7位):" ;
   for (i=0 ; i<7 ; i++)
    {
       password[i] = getch() ;  //  從鍵盤輸入字元，但不會顯示
```

```
        if (password[i] == '\r')   //  '\r' 代表Enter鍵
            break ;
        cout << '*' ;
      }
    password[i] = '\0' ;
    //  將'\0'結束字元存入最後位元，使password成為字串

    cout << "\n輸入的字元密碼為" << password ;

    return 0;
  }
```

執行結果

輸入字元密碼 (最多 7 位):******

輸入的文字密碼為 ab34cd

7-2 排序法與搜尋

搜尋資料是生活的一部分。例：上圖書館找書籍、從電子辭典找單字、上網找資料等等。當需要在一大堆未經整理的資料中搜尋特定資訊時，有時就像是在大海中撈針一樣極具挑戰性。因此，為了提高資訊搜尋的效率與準確性，資料排序的重要性就不言而喻了。

將一堆資料依照某個鍵值（Key Value）從小排到大或從大排到小的過程，稱之為排序（Sorting）。排序的目的，是為了方便日後查詢。例如：電子辭典的單字是依照英文字母（鍵值）a~z 的順序排列而成。

❖ 7-2-1 氣泡排序法

讀者可以在資料結構或演算法的課程中，學習到各種不同的排序方法，以了解它們之間的差異。本書只介紹基礎的排序方法──「氣泡排序法（Bubble Sort）」。所謂氣泡排序法，是指將相鄰兩個資料逐一比較，且較大的資料會漸漸往右邊移動的過程。這種過程就像氣泡由水底浮到水面，距離水面越近，氣泡的體積越大，故稱之為氣泡排序法。

n 個資料從小排到大的氣泡排序法之步驟如下：

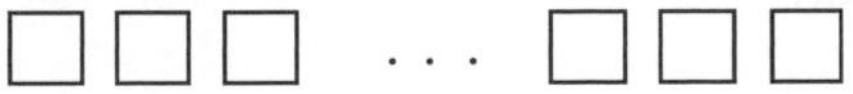

1 2 3 n-2 n-1 n

步驟 1 （目的：將最大的資料排在位置 n）

將位置 1 到位置 n 相鄰兩個資料逐一比較，若左邊位置的資料＞右邊位置的資料，則將它們的資料互換。經過（n-1）次比較後，最大的資料就會排在位置 n 的地方。

步驟 2 （目的：將第 2 大的資料排在位置（n-1））

將位置 1 到位置（n-1）相鄰兩個資料逐一比較，若左邊位置的資料＞右邊位置的資料，則將它們的資料互換。經過（n-2）次比較後，第 2 大的資料就會排在位置（n-1）的地方。

⋮

步驟 (n-1) （目的：將第 2 小的資料排在位置 2）

將位置 1 與位置 2 的兩個資料比較，若左邊位置的資料＞右邊位置的資料，則將它們的資料互換。經過 1 次比較後，第 2 小的資料就會排在位置 2 的地方，同時也完成最小的資料排在位置 1 的地方。

從以上過程發現：使用氣泡排序法將 n 個資料從小排到大，最多需經過（n-1）個步驟，且各步驟的比較次數總和為 n*(n-1)/2（=(n-1)+(n-2)+…+2+1=((n-1)+1)*(n-1)/2）次。

⚠注意

在排序過程中，若發現執行某個步驟時，完全沒有任何位置的資料被互換，則表示資料在上個步驟時，排序就已經完成。因此，可以立刻結束排序的流程，不必再繼續做剩餘的比較工作。

資料排序時，通常有一定的數量，且資料型態都相同，所以將資料存入陣列變數是最好的方式。另外，從氣泡排序法的步驟中可以發現，其特徵符合迴圈結構的撰寫模式。因此，利用陣列變數配合迴圈結構來撰寫氣泡排序法是最適合的。

■ 範例 6

寫一程式，使用氣泡排序法，將資料 12、6、26、1 及 58，從小排到大。

```
#include <iostream>
using namespace std;
int main()
 {
   int data[5]={12,6,26,1,58};
```

```
    int i,j;
    int temp;
    cout << "排序前的資料:" ;
    for (i=0;i<5;i++)
      cout << data[i] << ' ' ;
    cout << '\n' ;

    for (i=1;i<=4;i++) //執行4(=5-1)個步驟
      for (j=0;j<5-i;j++)//第i步驟，執行5-i次比較
        if (data[j]>data[j+1]) //左邊的資料>右邊的資料
          {                      //將data[j]，data[j+1]的內容互換
            temp=data[j];
            data[j]=data[j+1];
            data[j+1]=temp;
          }

    cout << "排序後的資料:" ;
    for (i=0;i<5;i++)
      cout << data[i] << ' ' ;

    return 0;
}
```

執行結果

排序前的資料 :12 6 26 1 58

排序後的資料 :1 6 12 26 58

程式解說

步驟 1 （經過 4 次比較後，最大值排在位置 5）

原始資料 \ 比較程序 No	位置 1 data[0]	位置 2 data[1]	位置 3 data[2]	位置 4 data[3]	位置 5 data[4]
	12	6	26	1	58
1	12	6	26	1	58
2	6	12	26	1	58
3	6	12	26	1	58
4	6	12	1	26	58
步驟1的排序結果	6	12	1	26	**58**

(1) 12 與 6　比較：12 > 6　，所以 12 與 6　的位置互換。
(2) 12 與 26　比較：12 < 26　，所以 12 與 26　的位置不互換。
(3) 26 與 1　比較：26 > 1　，所以 26 與 1　的位置互換。
(4) 26 與 58　比較：26 < 58　，所以 26 與 58　的位置不互換。

最大的資料 58，已排在位置 5。

【註】步驟 2~4 的比較過程說明，與步驟 1 類似。

步驟 2（經過 3 次比較後，第 2 大值排在位置 4）

步驟 1 的排序結果 ＼ 比較程序 No	位置 1 data[0]	位置 2 data[1]	位置 3 data[2]	位置 4 data[3]	位置 5 data[4]
	6	12	1	26	**58**
5	6	12	1	26	**58**
6	6	12	1	26	**58**
7	6	1	12	26	**58**
步驟2的排序結果	6	1	12	**26**	**58**

步驟 3（經過 2 次比較後，第 3 大值排在位置 3）

步驟 2 的排序結果 ＼ 比較程序 No	位置 1 data[0]	位置 2 data[1]	位置 3 data[2]	位置 4 data[3]	位置 5 data[4]
	6	1	12	**26**	**58**
8	6	1	12	**26**	**58**
9	1	6	12	**26**	**58**
步驟3的排序結果	1	6	**12**	**26**	**58**

步驟 4 （經過 1 次比較後，第 4 大值排在位置 2，同時最小值排在位置 1）

步驟 3 的排序結果 ＼ 比較程序 No	位置 1 data[0]	位置 2 data[1]	位置 3 data[2]	位置 4 data[3]	位置 5 data[4]
	1	6	12	26	58
10	1	6	12	26	58
步驟4的排序結果	1	6	12	26	58

- 5 筆資料，使用氣泡排序法從小排到大，需經過 4(=5-1) 個步驟，且各步驟需比較次數的總和為 4+3+2+1 = 10 次。
- 在「步驟 4」（即，程式第 13 列 for (i=1; i<=4; i++) 中的 i=4 時），完全沒有任何位置的資料被互換，則表示資料在「步驟 3」（即，程式第 13 列 for (i=1; i<=4; i++) 中的 i=3 時），就已經完成排序了。

❖ 7-2-2　資料搜尋

依據某項鍵值（Key Value）來尋找特定資料的過程，稱之為資料搜尋。例：依據學號可判斷該位學生是否存在，若存在，則可查出其電話號碼。以下介紹兩種基本的搜尋法，來搜尋 n 個資料中的特定資料。

一、線性搜尋法（Sequential Search）

依序從第 1 個資料往第 n 個資料去搜尋，直到找到或查無特定資料為止的方法，被稱為線性搜尋法。線性搜尋法的步驟如下：

步驟 1 從位置 1 開始搜尋資料。

步驟 2 判斷目前位置的資料是否為搜尋資料？

若是，則表示找到搜尋資料，跳到步驟 5。

步驟 3 判斷目前位置是否為 n？

若是，則表示查無搜尋資料，跳到步驟 5。

步驟 4 移到下一個資料，回到步驟 2。

步驟 5 停止搜尋。

使用線性搜尋法，資料雖然無需排序，但其缺點是效率差，平均需要做 (1+n)/2 次的判斷，才能確定要找的資料是否在給定的 n 個資料中。

二、二分搜尋法（Binary Search）

在已排序資料中，搜尋其中間位置的資料，若等於要搜尋的特定資料，則表示找到了，否則往左右兩邊的其中一邊，繼續搜尋其中間位置的資料，若等於要搜尋的特定資料，則表示找到了，否則重複上述的做法，直到找到或查無此特定資料為止的過程，被稱為二分搜尋法。二分搜尋法的步驟如下：

步驟 1 計算中央資料的位置 =（最左邊資料的位置 + 最右邊資料的位置）/ 2。

步驟 2 判斷中間位置的資料 = 搜尋資料？

若是，則表示特定資料已找到，跳到步驟 5。

步驟 3 判斷中間位置的資料 <= 搜尋資料？

若是，表示特定資料在資料的右半邊，則設定

　　最左邊資料的位置 = 中間資料的位置 + 1

否則設定

　　最右邊資料的位置 = 中間資料的位置 - 1

步驟 4 判斷最左邊資料的位置 <= 最右邊資料的位置？

若是，回到步驟 1；否則表示查無搜尋資料。

步驟 5 停止搜尋。

使用二分搜尋法之前，資料必須先排序過，其優點是效率高，平均做 (1+log2(n))/2 次的判斷，就能確定要找的資料是否在給定的 n 個資料中。

範例 7

寫一程式，使用線性搜尋法，在 7、5、12、16、26、71、58 資料中搜尋資料。

```
#include <iostream>
using namespace std;
int main()
 {
   int data[7]={7,5,12,16,26,71,58};
   int i,num;
   cout << "輸入搜尋的資料:" ;
   cin >> num ;
   for (i=0;i<7;i++)
     if (num==data[i])
      {
         cout << num <<"位於資料中的第"
              << i+1 << "個位置\n" ;
         break;
      }

   //如果搜尋的資料不在資料中,最後for迴圈的i=7
   if (i==7)
     cout << num << "不在資料中" ;
   return 0;
 }
```

執行結果

輸入搜尋的資料 :17
17 不在資料中

範例 8

寫一程式，使用二分搜尋法，在 5、7、12、16、26、58、71 資料中搜尋資料。

```
#include <iostream>
using namespace std;
int main()
 {
   int data[7]={5,7,12,16,26,58,71};
   int num;
   int left,right,middle;
   cout << "輸入搜尋的資料:" ;
   cin >> num ;
   left=0;
   right=6;

   //左邊資料位置<=右邊資料位置，表示有資料才能搜尋
   while (left<=right)
    {
      middle=(left+right)/2; //目前資料中的中間位置
```

```
        if (num==data[middle]) //搜尋資料=中間元素
          break;
        else if (num > data[middle])
          left= middle+1; //左邊資料位置=資料中間位置+1
        else
          right=middle-1; //右邊資料位置=資料中間位置-1
      }

    //左邊資料位置<=右邊資料位置，表示有搜尋到資料
    if (left<=right)
      cout << num << "位於資料中的第" << middle+1 << "個位置" ;
    else
      cout << num << "不在資料中" ;
    return 0;
}
```

執行結果

輸入搜尋的資料 :71

71 位於資料中的第 7 個位置

7-3 C++ 之字串物件運算子

在 C++ 的 string 類別中，定義了許多字串運算子。除了「+」運算子外，在意義及用法上都與之前一樣，使得在字串處理上更加方便。

字串物件運算子的使用方式，請參考「表 7-1」。（假設字串物件 string1="Obmam"、string2="Osmam" 及 string3=""）

▼表 7-1 字串物件運算子的功能說明

運算子	幾元運算子	作用說明	語法	結果
>	二元運算子	左邊的字串是否大於右邊的字串	string1 > string2	0
<	二元運算子	左邊的字串是否小於右邊的字串	string1 < string2	1
>=	二元運算子	左邊的字串是否大於或等於右邊的字串	string1 >= string2	0
<=	二元運算子	左邊的字串是否小於或等於右邊的字串	string1 <= string2	1

▼表 7-1 字串物件運算子的功能說明（續）

運算子	幾元運算子	作用說明	語法	結果
==	二元運算子	左邊的字串是否等於右邊的字串	string1 == string2	0
!=	二元運算子	左邊的字串是否不等於右邊的字串	string1 != string2	1
=	二元運算子	將右邊的字串指定給左邊的字串物件變數	string3 = string1 ;	string3 ="Obmam"
+（串接）	二元運算子	將右邊的字串合併到左邊的字串的尾端	string3 = string1 + string2 ;	string3 ="ObmamOsmam"

範例 9

寫一程式，輸入兩個字串，判斷兩個字串的大小。

```
#include <iostream>
#include <string>
using namespace std;
int main()
 {
   string str1,str2;
   cout << "輸入字串1:" ;
   getline(cin , str1);
   cout << "輸入字串2:" ;
   getline(cin , str2);
   if (str1 > str2)
     cout << str1 << " 大於 " << str2 ;
   else if (str1 == str2)
     cout << str1 << " 等於 " << str2 ;
   else
     cout << str1 << " 小於 " << str2 ;
   return 0;
 }
```

執行結果

輸入字串 1:I Love C++ Language

輸入字串 2:I love C++ language

I Love C++ Language 小於 I love C++ language

程式解說

L 的 ASCII 碼小於 l（L 的小寫）的 ASCII 碼。

7-4 C++ 語言之字串物件成員函式

要對字串資料進行各種處理，可以透過字串物件成員函式來處理。在程式中，若有呼叫以下的成員函式，則必須使用「#include <string>」程式敘述，將宣告該成員函式所在的 string 標頭檔含括到程式裡，否則可能會出現下面錯誤訊息（切記）：

```
'成員函式名稱' was not declared in this scope
```

❖ 7-4-1 字串物件之比較成員函式

要判斷兩字串何者大何者小，除了可以使用字串物件運算子來處理外，也可以使用字串物件之比較成員函式「compare」來處理。

函式名稱	compare( )
函式原型	int compare(const string& str) const;
功能	另一字串物件變數與字串物件變數「str」做比較。
傳回	1. 若另一字串物件變數 > 字串物件變數「str」，則結果為1。 2. 若另一字串物件變數 = 字串物件變數「str」，則結果為0。 3. 若另一字串物件變數 < 字串物件變數「str」，則結果為-1。
原型宣告所在的標頭檔	string

■ 函式說明

1. 「compare」函式被呼叫時，需傳入參數「str」，它代表「比較」的字串物件變數。
2. 「str」的資料型態為「const string&」，代表在呼叫「compare」函式過程中，「str」的內容是一個常數字串，不會被改變。
3. 「int compare(const string& str) const ;」尾部的「const」，代表呼叫「compare」函式過程中，「被比較」的字串物件變數不會被改變。

比較兩個字串大小的語法如下：

```
字串物件變數1.compare(字串物件變數2)
```

■ 語法說明

字串物件變數 1，代表被比較的字串物件；字串物件變數 2 ，代表比較的字串物件。字串物件變數 1 及字串物件變數 2 的資料型態，均為「string」。

範例 10

寫一程式，輸入兩個字串，判斷兩個字串的大小。

```
#include <iostream>
#include <string>
using namespace std;
int main()
 {
   string str1,str2;
   int comapre_result;
   cout << "輸入字串1:" ;
   getline(cin,str1) ;
   cout << "輸入字串2:" ;
   getline(cin,str2) ;
   comapre_result=str1.compare(str2) ;
   if (comapre_result==1)
      cout << str1 << " > " << str2 ;
   else if (comapre_result==0)
      cout << str1 << " = " << str2 ;
   else
      cout << str1 << " < " << str2 ;
   return 0;
 }
```

執行結果

輸入字串 1:I Love C++ Language
輸入字串 2:I love C++ language
I Love C++ Language < I love C++ language

❖ 7-4-2 字串物件之搜尋成員函式

如果想在字串中搜尋特定的文字資料，可以使用字串物件之搜尋成員函式來處理。常用字串物件之搜尋成員函式有下列四種方式：

一、find 成員函式：（由前往後搜尋字串中的子字串資料）

函式名稱	find( )
函式原型	size_t find(const string& str [, size_t pos]) const;
功能	從目標字串物件變數內容的第「pos」個位元組開始，往後搜尋第一次出現「str」字串物件變數內容的位元組位置。
傳回	若目標字串物件變數內容中有出現「str」字串物件變數內容，則回傳第一次出現「str」字串物件變數內容的位元組位置；否則回傳「-1」。
原型宣告所在的標頭檔	string

■ 函式說明

1. 「find」函式被呼叫時，需傳入兩個參數。第一個參數「str」為字串物件變數，作為搜尋字串之用。「str」的資料型態為「const string&」，代表在呼叫「find」函式過程中，「str」的內容是一個常數字串，不會被改變。第二個參數「pos」，代表目標字串物件變數內容的起始位元組，它的資料型態為「size_t」，代表無號數整數變數（或常數）。
2. 「size_t find(const string& str [, size_t pos]) const ;」中的「[ ]」，表示它內部（包含 [ ]）的資料是選擇性的。若省略「pos」，則目標字串物件變數內容的起始位元組，預設為「0」。
3. 「size_t find(const string& str [, size_t pos]) const ;」尾部的「const」，代表呼叫「find」函式過程中，目標字串物件變數不會被改變。

從目標字串物件變數內容的第「pos」個位元組開始，往後搜尋第一次出現「str」搜尋字串物件變數內容的位元組位置之語法如下：

```
目標字串物件變數.find(str [, pos])
```

■ 語法說明

目標字串物件變數及搜尋字串 (str) 的資料型態，均為 string。目標字串物件變數，為被搜尋的字串。

範例 11

（Needle in a haystack：大海撈針）寫一程式，輸入兩個字串，輸出字串 2 由前往後搜尋字串 1 第一次出現之位置。

```
#include <iostream>
#include <string>
using namespace std;
int main()
 {
   string str1,str2 ; //被搜尋的字串,搜尋的字串
   int pos,search_result ;
   cout << "輸入要搜尋的字串:" ;
   getline(cin,str1) ;
   cout << "輸入被搜尋的字串:" ;
   cout << "輸入被搜尋的字串之起始位元組:" ;
   cin >> pos ;
   search_result=str2.find(str1,pos) ;
   cout << "從 "<< str2 << " 的第"<< pos << "個位元組開始往後找,\n" ;
   if (search_result==-1)
     cout << "結果沒發現" << str1 ;
```

```
  else
    cout << str1 << "第一次出現位於第" << search_result << "個位元組" ;

  return 0;
}
```

執行結果

輸入要搜尋的字串 :day

輸入被搜尋的字串 :what day is today?

輸入被搜尋的字串之起始位元組 :0

從 what day is today 的第 0 個位元組開始往後找 ,

day 第一次出現位於第 5 個位元組

二、find 員函式：（由前往後搜尋字串中的字元資料）

函式名稱	find( )
函式原型	size_t find(char c [, size_t pos]) const;
功能	從目標字串物件變數內容的第「pos」個位元組開始，往後搜尋第一次出現「c」字元變數內容的位元組位置。
傳回	若目標字串物件變數內容中有出現「c」字元變數內容， 則回傳第一次出現「c」字元變數內容的位元組位置；否則回傳「-1」。
原型宣告所在的標頭檔	string

■ 函式說明

1. 「find」函式被呼叫時，需傳入兩個參數。第一個參數「c」為字元變數，作為搜尋字元之用。它的資料型態為「char」。第二個參數「pos」，代表目標字串物件變數內容的起始位元組，它的資料型態為「size_t」，代表無號數整數變數（或常數）。
2. 「size_t find(char c [, size_t pos]) const ;」中的「[ ]」，表示它內部（包含 [ ]）的資料是選擇性的。若省略「pos」，則目標字串物件變數內容的起始位元組，預設為「0」。
3. 「size_t find(char c [, size_t pos]) const ;」中的「const」，代表呼叫「find」函式過程中，目標字串物件變數不會被改變。

從目標字串物件變數內容的第「pos」個位元組開始，往後搜尋第一次出現「c」字元變數內容的位元組位置之語法如下：

```
目標字串物件變數.find(c [, pos])
```

■ **語法說明**

目標字串物件變數為被搜尋的字串，它的資料型態為 string。字元變數 (c) 為搜尋字元，它的資料型態為 char。

範例 12

（Needle in a haystack：大海撈針）寫一程式，輸入 1 個字串及 1 個字元，輸出字串由前往後搜尋字元第一次出現之位置。

```
#include <iostream>
#include <string>
#include <conio.h>
using namespace std;
int main()
 {
   char ch ; //要搜尋的字元
   string str ; //被搜尋的字串
   int pos,search_result ;
   cout << "輸入要搜尋的字元:" ;
   ch=getche() ;
   cout << "\n輸入被搜尋的字串:" ;
   getline(cin,str) ;
   cout << "輸入被搜尋的字串之起始位元組:" ;
   cin >> pos ;
   search_result=str.find(ch,pos) ;
   cout << "從 " << str << " 的第"<< pos << "個位元組開始往後找,\n" ;
   if (search_result==-1)
     cout << "結果沒發現" << ch ;
   else
     cout << ch << "第一次出現位於第"<< search_result << "個位元組" ;
   return 0;
 }
```

執行結果

輸入要搜尋的字元 :i

輸入被搜尋的字串 :what day is today?

輸入被搜尋的字串之起始位元組 :14

從 what day is today? 的第 14 個位元組開始往後找 , 結果沒發現 i

三、rfind 成員函式：（由後往前搜尋字串中的子字串資料）

函式名稱	rfind( )
函式原型	size_t rfind(const string& str [, size_t pos]) const;
功能	從目標字串物件變數內容的第「pos」個位元組開始，往前搜尋第一次出現「str」字串物件變數內容的位元組位置。
傳回	若目標字串物件變數內容中有出現「str」字串物件變數內容， 則回傳第一次出現「str」字串物件變數內容的位元組位置；否則回傳「-1」。
原型宣告所在的標頭檔	string

■ 函式說明

1. 「rfind」函式被呼叫時，需傳入兩個參數。第一個參數「str」為字串物件變數，作為搜尋字串之用。「str」的資料型態為「const string&」，代表在呼叫「rfind」函式過程中，「str」的內容是一個常數字串，不會被改變。第二個參數「pos」，代表目標字串物件變數內容的起始位元組，它的資料型態為「size_t」，代表無號數整數變數（或常數）。
2. 「size_t rfind(const string& str [, size_t pos]) const ;」中的「[ ]」，表示它內部（包含 [ ]）的資料是選擇性的。若省略「pos」，則目標字串物件變數內容的起始位元組，預設為最後一個位元組。
3. 「size_t rfind(const string& str [, size_t pos]) const ;」尾部的「const」，代表呼叫「rfind」函式過程中，目標字串物件變數不會被改變。

從目標字串物件變數內容的第「pos」個位元組開始，往前搜尋第一次出現「str」搜尋字串物件變數內容的位元組位置之語法如下：

```
目標字串物件變數.rfind(str [, pos])
```

■ 語法說明

目標字串物件變數及搜尋字串 (str) 的資料型態，均為 string。目標字串物件變數，為被搜尋的字串。

範例 13

（Needle in a haystack：大海撈針）寫一程式，輸入兩個字串，輸出字串 2 由後往前搜尋字串 1 最後一次出現之位置。

```
#include <iostream>
#include <string>
using namespace std;
int main()
 {
   string str1,str2 ; //被搜尋的字串,搜尋的字串
   int pos,search_result ;
   cout << "輸入要搜尋的字串:" ;
   getline(cin,str1) ;
   cout << "輸入被搜尋的字串:" ;
   getline(cin,str2) ;
   cout << "輸入被搜尋的字串之起始位元組:" ;
   cin >> pos ;
   search_result=str2.rfind(str1,pos) ;
   cout << "從 "<< str2 << " 的第" << pos << "個位元組開始往前找,\n" ;
   if (search_result==-1)
     cout << "結果沒發現" << str1 ;
   else
     cout << str1 << "第一次出現位於第" << search_result << "個位元組" ;
   return 0;
 }
```

執行結果

輸入要搜尋的字串 :today

輸入被搜尋的字串 :what day is today?

輸入被搜尋的字串之起始位元組 :8

從 what day is today? 的第 8 個位元組開始往前找 , 結果沒發現 today

四、rfind 成員函式：（由後往前搜尋字串中的字元資料）

函式名稱	rfind( )
函式原型	size_t rfind(char c [, size_t pos]) const;
功能	從目標字串物件變數內容的第「pos」個位元組開始，往前搜尋第一次出現「c」字元變數內容的位元組位置。
傳回	若目標字串物件變數內容中有出現「c」字元變數內容， 則回傳第一次出現「c」字元變數內容的位元組位置；否則回傳「-1」。
原型宣告所在的標頭檔	string

■ 函式說明

1. 「rfind」函式被呼叫時，需傳入兩個參數。第一個參數「c」為字元變數，作為搜尋字元之用。它的資料型態為「char」。第二個參數「pos」，代表目標字串物件變數內容的起始位元組，它的資料型態為「size_t」，代表無號數整數變數（或常數）。
2. 「size_t rfind(char c [, size_t pos]) const ;」中的「[ ]」，表示它內部（包含 [ ]）的資料是選擇性的。若省略「pos」，則目標字串物件變數內容的起始位元組，預設為最後一個位元組。
3. 「size_t rfind(char c [, size_t pos]) const ;」中的「const」，代表呼叫 rfind 函式過程中，目標字串物件變數不會被改變。

從目標字串物件變數內容的第「pos」個位元組開始，往前搜尋第一次出現「c」字元變數內容的位元組位置之語法如下：

```
目標字串物件變數.rfind(c [, pos])
```

■ 語法說明

目標字串物件變數為被搜尋的字串，它的資料型態為 string。字元變數 (c) 為搜尋字元，它的資料型態為 char。

範例 14

（Needle in a haystack：大海撈針）寫一程式，輸入 1 個字串、1 個字元及搜尋的位元組，輸出字串由後往前搜尋字元最後一次出現之位置。

```
#include <iostream>
#include <string>
#include <conio.h>
using namespace std;
int main()
 {
   char ch ; //要搜尋的字元
   string str ; //被搜尋的字串
   int pos,search_result ;
   cout << "輸入要搜尋的字元:" ;
   ch=getche() ;
   cout << "\n輸入被搜尋的字串:" ;
   getline(cin,str) ;
   cout << "輸入被搜尋的字串之起始位元組:" ;
   cin >> pos ;
   search_result=str.rfind(ch,pos) ;
   cout << "從 " << str << " 的第" << pos << "個位元組開始往前找,\n" ;
```

```
    if (search_result==-1)
      cout << "結果沒發現" << ch ;
    else
      cout << ch << "第一次出現位於第" << search_result << "個位元組" ;
    return 0;
  }
```

執行結果

輸入要搜尋的字元 :d

輸入被搜尋的字串 :what day is today?

輸入被搜尋的字串之起始位元組 :16

從 what day is today? 的第 16 個位元組開始往前找 , d 第一次出現位於第 14 個位元組

❖ 7-4-3 字串物件之取出 / 取代 / 附加 / 插入 / 刪除成員函式

要從字串中取出 / 取代 / 附加 / 插入 / 刪除特定的文字資料，可以使用字串物件之取出 / 取代 / 附加 / 插入 / 刪除成員函式來處理。

一、substr 成員函式：（取出字串中的子字串資料）

函式名稱	substr( )
函式原型	string substr(size_t pos [, size_t len]) const;
功能	從來源字串物件變數內容的第「pos」個位元組開始，往後取出長度最多為「len」個位元組的子字串資料。
傳回	長度最多為「len」個位元組的子字串資料。
原型宣告所在的標頭檔	string

■ 函式說明

1. 「substr」函式被呼叫時，需傳入兩個參數。第一個參數「pos」，代表來源字串物件變數內容的起始位元組，第二個參數「len」，兩個參數的資料型態均為「size_t」，表示「pos」為無號數整數變數（或常數）。
2. 「string substr(size_t pos [, size_t len]) const ;」中的「[ ]」，表示它內部（包含[ ]）的資料是選擇性的。若沒填「len」，代表取出的子字串為第「pos」個位元組到最後一個位元組間資料。

3. 「string substr(size_t pos [, size_t len]) const ;」中的「const」，代表呼叫 substr 函式過程中，來源字串物件變數不會被改變。

從來源字串物件變數內容的第「pos」個位元組開始，往後取出長度最多為「len」個位元組的子字串資料之語法如下：

```
來源字串物件變數.substr(pos [, len])
```

■ **語法說明**

來源字串物件變數的資料型態為 string。

■ 範例 15

寫一程式，輸入一個字串、被取出資料的起始位元組及取出長度，然後輸出要所取出的子字串。

```
#include <iostream>
#include <string>
using namespace std;
int main()
 {
   string str1,str2 ;
   int pos,n ;
   cout << "輸入字串1:" ;
   getline(cin,str1) ;
   cout << "輸入字串被取出的資料起始位元組:" ;
   cin >> pos ;
   cout << "輸入字串被取出的資料總長度:" ;
   cin >> n ;
   str2=str1.substr(pos,n) ;
   cout << "取出的子字串為" << str2 ;
   return 0;
 }
```

執行結果

輸入字串 1:what day is today?

輸入字串 1 被取出的資料起始位元組 :5

輸入字串 1 被取出的資料總長度 :3

取出的子字串為 day

二、replace 成員函式：（取代字串中的子字串資料）

函式名稱	replace( )
函式原型	string& replace(size_t pos , size_t len , const string& str) ;
功能	將目標字串物件變數內容中的第「pos」個位元組開始，最多「len」個位元組資料，用「str」來源字串物件變數內容來取代。
傳回	資料被取代後的目標字串物件變數內容。
原型宣告所在的標頭檔	string

■ 函式說明

1. 「replace」函式被呼叫時，需傳入三個參數。第一個參數「pos」，代表目標字串物件變數內容的起始位元組，第二個參數「len」，代表目標字串物件變數被取代的資料長度。第三個參數「str」，代表來源字串物件變數，作為「取代字串」之用。「pos」及「len」的資料型態均為「size_t」，表示「pos」為無號數整數變數（或常數）。「str」的資料型態為「const string&」，代表呼叫「replace」函式過程中，「str」的內容是一個常數字串，不會被改變。
2. 「string& replace(size_t pos , size_t len , const string& str) ;」最前端的「string&」，代表呼叫「replace」函式過程中，目標字串物件變數會被改變。

將目標字串物件變數內容中的第「pos」個位元組開始，最多「len」個位元組資料，用「str」來源字串物件變數內容來取代之語法如下：

```
目標字串物件變數.replace(pos , len, str)
```

■ 語法說明

目標字串物件變數及來源字串物件變數（或常數）的資料型態，均為「string」。

■ 範例 16

寫一程式，輸入目標字串、來源字串、目標字串被取代資料的起始位元組及被取代資料的長度，然後輸出目標字串被來源字串取代後的結果。

```
#include <iostream>
#include <string>
using namespace std;
int main()
 {
   string str1,str2 ;
   int pos,n ;
```

```
    cout << "輸入目標字串:" ;
    getline(cin,str1) ;
    cout << "輸入來源字串:" ;
    getline(cin,str2) ;
    cout << "輸入目標字串被取代資料的起始位元組:" ;
    cin >> pos ;
    cout << "輸入目標字串被取代資料的長度:" ;
    cin >> n ;
    cout << str1 ;
    str1.replace(pos,n,str2) ;
    cout << "被取代後的結果為" << str1 ;
    return 0;
}
```

執行結果

輸入目標字串 :I am 28 years old.

輸入來源字串 :30

輸入目標字串被取代資料的取代起始位元組 :5

輸入目標字串被取代資料的長度 :2

I am 28 years old. 被取代後的結果為 I am 30 years old.

三、append 成員函式：（在字串的尾端附加資料）

函式名稱	append( )
函式原型	string& append(const string& str [, size_t pos , size_t len]) ;
功能	將「str」來源字串物件變數內容中的第「pos」個位元組開始，最多「len」個位元組資料，附加到目標字串物件變數內容的尾端。
傳回	資料被附加後的目標字串物件變數內容。
原型宣告所在的標頭檔	string

■ 函式說明

1. 「append」函式被呼叫時，需傳入三個參數。第一個參數「str」，代表來源字串物件變數。第二個參數「pos」，代表來源字串物件變數內容的起始位元組，第三個參數「len」，代表來源字串被取出的資料長度。「str」的資料型態為「const string&」，代表在呼叫「append」函式過程中，「str」的內容是一個常數字串，不會被改變。「pos」及「len」的資料型態均為「size_t」，表示「pos」為無號數整數變數（或常數）。

2. 「string& append(const string& str [, size_t pos , size_t len]) ;」中的「[ ]」，表示它內部（包含 [ ]）的資料是選擇性的。若沒填「pos」及「len」，則取出的資料為整個來源字串。

3. 「string& append(const string& str [, size_t pos , size_t len]) ;」最前端的「string&」，代表呼叫「append」函式過程中，目標字串物件變數會被改變。

從「str」來源字串的第「pos」個位元組開始，最多取出「len」個位元組資料，並附加到目標字串的尾端之語法如下：

```
目標字串物件變數.append(str, pos , len)
```

■ **語法說明**

目標字串物件變數及來源字串物件變數的資料型態，均為 string。

範例 17

寫一程式，輸入目標字串及來源字串，輸出來源字串附加到目標字串尾部後的結果。

```
#include <iostream>
#include <string>
using namespace std;
int main()
 {
   string str1,str2 ;
   cout << "輸入目標字串:" ;
   getline(cin,str1) ;
   cout << "輸入來源字串:" ;
   getline(cin,str2) ;
   cout << str2 << "附加到" << str1 << "尾端後,變成" ;
   str1.append(str2);
   cout << str1 ;
   return 0;
 }
```

執行結果

輸入目標字串 :Today is

輸入來源字串 :Monday.

Monday. 附加到 Today is 尾端後 , 變成 Today is Monday.

四、insert 成員函式：（將資料插入字串中）

函式名稱	insert( )
函式原型	string& insert(size_t pos1 , const string& str [, size_t pos2 , size_t len]);
功能	將「str」來源字串物件變數內容中的第「pos2」個位元組開始，最多「len」個位元組資料，插入目標字串物件變數內容的第「pos1」個位元組之位置。
傳回	資料被插入後的目標字串物件變數內容。
原型宣告所在的標頭檔	string

■ 函式說明

1. 「insert」函式被呼叫時，需傳入四個參數。第一個參數「pos1」，代表從目標字串物件變數內容的第「pos1」個位元組開始插入的資料。第二個參數「str」，代表來源字串物件變數。第三個參數「pos2」，代表從來源字串的第「pos2」個位元組開始取出資料。第四個參數「len」，代表來源字串被取出的資料長度最多為「len」個位元組。
2. 「pos1」、「pos2」及「len」的資料型態均為「size_t」，代表無號數整數變數（或常數）。「str」的資料型態為「const string&」，代表在呼叫「insert」函式過程中，「str」的內容是一個常數字串，不會被改變。
3. 「string& insert(size_t pos1 , const string& str [, size_t pos2 , size_t len]) ;」中的「[ ]」，表示它內部（包含 [ ]）的資料是選擇性的。若沒填「pos2」及「len」，則取出的資料為整個來源字串。
4. 「string& insert(size_t pos1 , const string& str [, size_t pos2 , size_t len]) ;」最前端的「string&」，代表在呼叫「insert」函式過程中，目標字串物件變數會被改變。

從「str」來源字串的第「pos2」個位元組開始，最多取出「len」個位元組資料，插入到目標字串的第「pos1」個位元組的位置之語法如下：

```
目標字串物件變數.insert(pos1, str, [pos2, len])
```

■ 語法說明

來源字串物件變數及目標字串物件變數的資料型態，均為 string。

範例 18

寫一程式，輸入目標字串、來源字串及目標字串的插入位置，輸出插入後的目標字串。

```
#include <iostream>
#include <string>
using namespace std;
int main()
{
   string str1,str2 ;
   int pos;
   cout << "輸入目標字串:" ;
   getline(cin,str1) ;
   cout << "輸入來源字串:" ;
   getline(cin,str2) ;
   cout << "輸入目標字串要插入的位置(第幾個位元組):" ;
   cin >> pos ;
   cout << str2 << "插入到" << str1
        << "的第" << pos << "個位元組後,\n變成" ;
   str1.insert(pos,str2);
   cout << str1 ;
   return 0;
 }
```

執行結果

輸入目標字串 :You are a nice person.
輸入來源字串 : very
輸入目標字串要插入的位置 (第幾個位元組):9
very 插入到 You are a nice person. 的第 9 個位元組後 ,
變成 You are a very nice person.

五、erase 成員函式：（刪除字串中的資料）

函式名稱	erase( )
函式原型	string& erase(size_t pos [, size_t len]);
功能	將目標字串物件變數內容從第「pos」個位元組開始，最多刪除「len」個位元組資料。
傳回	刪除資料後的目標字串物件變數內容。
原型宣告所在的標頭檔	string

■ **函式說明**

1. 「erase」函式被呼叫時，需傳入兩個參數。第一個參數「pos」，代表目標字串物件變數內容的起始位元組，第二個參數「len」，代表刪除的資料長度最多為「len」個位元組。兩個參數的資料型態均為「size_t」，表示「pos」為無號數整數變數（或常數）。
2. 「string& erase(size_t pos [, size_t len]) ;」中的「[ ]」，表示它內部（包含 [ ]）的資料是選擇性的。若沒填「len」，代表刪除目標字串物件變數內容的資料從第「pos」個位元組開始一直到最後。
3. 「string& erase(size_t pos [, size_t len]) ;」中的「string&」，代表呼叫 erase 函式過程中，目標字串物件變數會被改變。

從目標字串物件變數內容的第「pos」個位元組開始，最多刪除「len」個位元組資料之語法如下：

```
目標字串物件變數.erase(pos [, len]) ;
```

■ **語法說明**

目標字串物件變數的資料型態為 string。

範例 19

寫一程式，輸入字串、要刪除的起始位元組以及要刪除的位元組數，輸出刪除後的字串。

```
#include <iostream>
#include <string>
using namespace std;
int main()
 {
   string str ;
   int pos,n ;
   cout << "輸入要被刪除資料的字串:" ;
   getline(cin,str) ;
   cout << "輸入要被刪除的資料之起始位元組:" ;
   cin >> pos ;
   cout << "輸入要被刪除的資料之位元組數:" ;
   cin >> n ;
   cout << str << "的資料被刪除後,\n變成";
   str.erase(pos,n);
   cout << str ;
   return 0;
 }
```

執行結果

輸入要被刪除資料的字串 :You are a very nice person.
輸入要被刪除的資料之起始位元組 :9
輸入要被刪除的資料之位元組數 :5
You are a very nice person. 的資料被刪除後 ,
變成 You are a nice person.

❖ 7-4-4 字串物件之其他成員函式

以下為其他常用的字串物件之成員函式。

一、swap 成員函式：（交換兩個字串的內容）

函式名稱	swap( )
函式原型	void swap(string& str);
功能	將兩個字串的內容交換。
傳回	無。
原型宣告所在的標頭檔	string

■ **函式說明**

1. 「swap」函式被呼叫時，需傳入參數「str」，代表要交換的字串物件變數。「str」的資料型態為「string&」，其中的「const」，代表呼叫 swap 函式過程中，要交換的字串物件變數會被改變。
2. 「void swap(string& str) ;」中的「void」，表示 swap 函式無回傳值。

交換字串物件變數 1 與字串物件變數 2 的內容之語法如下：

```
字串物件變數1.swap(字串物件變數2);
```

■ **語法說明**

字串物件變數 1 及字串物件變數 2 的資料型態均為 string。

範例 20

寫一程式，輸入兩個字串，然後交換兩個字串的內容。

```
#include <iostream>
#include <string>
using namespace std;
int main()
 {
   string str1,str2 ;
   cout << "輸入字串1:" ;
   getline(cin,str1) ;
   cout << "輸入字串2:" ;
   getline(cin,str2) ;
   str1.swap(str2) ;
   cout << "交換後,字串1=" << str1 << " 字串2=" << str2 ;
   return 0;
 }
```

執行結果

輸入字串 1:is

輸入字串 2:are

交換後 , 字串 1=are 字串 2=is

二、length 成員函式：（計算字串的長度）

函式名稱	length( )
函式原型	size_t length() const;
功能	計算字串的長度。
傳回	字串的長度。
原型宣告所在的標頭檔	string

■ 函式說明

1. 「length」函式被呼叫時，無需傳入參數。
2. 「size_t length() const ;」中的「size_t」，表示 length 函式的回傳值為無號數整數值。
3. 「size_t length() const ;」中的「const」，代表呼叫 length 函式過程中，字串物件變數不會被改變。

計算字串長度的語法如下：

```
字串物件變數.length();
```

■ 語法說明

字串物件變數的資料型態為 string。

範例 21

寫一程式，輸入一個字串，然後將字串反轉顯示在螢幕上。

```
#include <iostream>
#include <string>
using namespace std;
int main()
 {
   string str;
   int i,len;
   cout << "輸入字串:" ;
   cin >> str ;
   len=str.length() ;
   cout << str <<"字串反轉顯示為:" ;
   for (i= len-1 ; i>=0 ; i--)
     cout << str[i] ;
   return 0;
 }
```

執行結果

輸入字串 :Happy

字串反轉顯示為 :yppaH

三、empty 成員函式：（判斷字串的內容是否為空字串）

函式名稱	empty( )
函式原型	bool empty() const;
功能	判斷字串物件變數是否為空字串。
傳回	若為空字串，則結果為1，否則為0。
原型宣告所在的標頭檔	string

■ 函式說明

1. 「empty」函式被呼叫時，無需傳入參數。
2. 「bool empty() const ;」中的「bool」，表示 empty 函式的回傳值為布林值 。
3. 「bool empty() const ;」中的「const」，代表呼叫 empty 函式過程中，字串物件變數（或常數）不會被改變。

判斷字串內容是否為空字串的語法如下：

```
字串物件變數.empty()
```

■ 語法說明

字串物件變數的資料型態為 string。

範例 22

寫一程式，輸入五個字串資料，輸出空字串的個數。

```
#include <iostream>
#include <string>
using namespace std;
int main()
 {
   string id[5] ;
   int num=0 ;  // 空字串個數
   for (int i=0 ; i<5 ; i++)
    {
      cout << "輸入第" << (i+1) << "個字串:" ;
      getline(cin, id[i]);
      if (id[i].empty() == 1)
        num++ ;  //  空字串個數 + 1
    }
   cout << "空字串個數為" << num ;

   return 0 ;
 }
```

執行結果

輸入第 1 個字串 :You
輸入第 2 個字串 :
輸入第 3 個字串 :are
輸入第 4 個字串 :
輸入第 5 個字串 :students
空字串的個數為 2

7-5 二維陣列

列是指橫列，行（或排）是指直行，列與行（或排）的概念，在幼稚園或小學階段就知道了。例：教室有 7 列 8 排的課桌椅。表格式的資料，可使用二維陣列元素來儲存，而二維陣列元素的兩個索引，分別稱為列索引與行索引。

❖ 7-5-1 二維陣列宣告

宣告一個擁有 M 列，N 行共 MxN 個元素的二維陣列之語法如下：

```
資料型態　陣列名稱[M][N] ;
```

■ 語法說明

1. 資料型態：一般常用的資料型態，有整數、浮點數、字元、字串及布林。
2. 陣列名稱：陣列名稱的命名，請參照識別字的命名規則。
3. M：代表列數，是指此陣列的維度 1 有 M 個元素。
4. N：代表行數，是指此陣列的維度 2 有 N 個元素。
5. 二維陣列，有兩個索引。
6. 維度 1 的索引值範圍，是介於 0 與（M-1）之間。
7. 維度 2 的索引值範圍，是介於 0 與（N-1）之間。

例：
```
char sex[15][2];
// 宣告一個二維字元陣列 sex，有 30（=15*2）個元素
// sex[0][0] , sex[0][1]
// sex[1][0] , sex[1][1]
//…
// sex[14][0] , sex[14][1]
```

例：
```
int position[6][10];
// 宣告一個二維整數陣列 position，有 60（=6*10）個元素
// position[0][0]~ position[0][9]
// position[1][0]~ position[1][9]
// …
// position[5][0]~ position[5][9]
```

例：
```
float score[50][3];
// 宣告一個二維單精度浮點數陣列 score，
// 有 150（=50*3）個元素
// score[0][0]~ score[0][2]
// score[1][0]~ score[1][2]
```

```
//…
// score[49][0]~ score[49][2]
```

例：double batrate[3][4];

```
// 宣告一個二維倍精度浮點數陣列 batrate，
// 有 12（=3*4）個元素
//batrate[0][0] , batrate[0][1] , batrate[0][2] , batrate[0][3]
//batrate[1][0] , batrate[1][1] , batrate[1][2] , batrate[0][3]
//batrate[2][0] , batrate[2][1] , batrate[2][2] , batrate[0][3]
```

❖ 7-5-2 二維陣列宣告及初始化

宣告一個擁有 M 列，N 行共 MxN 個元素的二維陣列，同時設定陣列元素初始值之語法如下：

```
資料型態  陣列名稱[M][N] ={
                    {a11,…,a1N},
                    {a21,…,a2N},
                    …
                    {aM1,…,aMN}
                   };
```

【註】a_{11}~a_{1N}，代表陣列第 0 列第 0 行到第 0 列第 (N-1) 行元素的初始值；a_{21}~a_{2N}，代表陣列第 1 列第 0 行到第 1 列第 (N-1) 行元素的初始值；……；a_{M1}~a_{MN}，代表陣列第 (M-1) 列第 0 行到第 (M-1) 列第 (N-1) 行元素的初始值。

例：char sex[3][2]={ {'F' , 'M'} , {'M' , 'M'} , {'F' , 'F'} };

```
// 宣告一個二維字元陣列 sex，有 6 個元素且
// 第 0 列元素 : sex[0][0]='F'   sex[0][1]='M'
// 第 1 列元素 : sex[1][0]='M'   sex[1][1]='M'
// 第 2 列元素 : sex[2][0]='F'   sex[2][1]='F'
```

例：int code[2][2]={ {1 , 2} , {0} };

```
// 宣告一個二維整數陣列 code，有 4 個元素
// 第 0 列元素 : code[0][0]=1    code[0][1]=2
// 第 1 列元素 : code[1][0]=0    code[1][1]=0
```

例：float num[4][3]={0};

```
// 宣告一個二維單精度浮點數陣列 num，有 12 個元素
// 第 0 列元素 : num[0][0]=0     num[0][1]=0   num[0][2]=0
// 第 1 列元素 : num[1][0]=0     num[1][1]=0   num[1][2]=0
// 第 2 列元素 : num[2][0]=0     num[2][1]=0   num[2][2]=0
// 第 3 列元素 : num[3][0]=0     num[3][1]=0   num[3][2]=0
```

例：
```
double bankrate[2][3]={{1.2,2.8},{3.2}};
// 宣告一個二維倍精度浮點數陣列 bankrate，有 6 個元素
// 第 0 列元素：
//bankrate[0][0]=1.2  bankrate[0][1]=2.8  bankrate[0][2]=0.0
// 第 1 列元素：
//bankrate[1][0]=3.2  bankrate[1][1]=0.0  bankrate[1][2]=0.0
```

範例 23

寫一程式，輸入 2 個學生的姓名及期中考的 3 科成績，輸出 3 個學生的總成績。

```
#include <iostream>
#include <string>
using namespace std;
int main()
 {
   string name[2]; //2個學生的姓名
   int score[2][3]; //2個學生的3科成績
   int total[2]={0}; //2個學生的總成績
   int i,j;
   for (i=0;i<2;i++) //2個學生
    {
     cout << "輸入第" << i+1 << "個學生的姓名:" ;
     cin >> name[i] ;
     for (j=0;j<3;j++) //3科
      {
       cout << "第" << j+1 << "科成績:" ;
       cin >> score[i][j] ;
       total[i]+= score[i][j]; //累計
      }
    }
   for (i=0;i<2;i++)  //  2個學生
     cout << name[i] << "的總成績:" << total[i] ;
   return 0;
 }
```

執行結果

輸入第 1 個學生的姓名 : 張三

第 1 科成績 :50

第 2 科成績 :60

第 3 科成績 :70

輸入第 2 個學生的姓名 : 李四

第 1 科成績 :60

第 2 科成績 :60

第 3 科成績 :80

張三的總成績 :180

李四的總成績 :200

程式解說

name[i] 代表第 (i+1) 個學生的姓名。

7-6 三維陣列

層是指層級，列是指橫列，行（或排）是指直行。層、列及行（或排）的概念，在幼稚園或小學階段就知道了。例：一個年級有五個班級。每個班級有 7 列 8 排的課桌椅。多層表格式的資料，可使用三維陣列元素來儲存，而三維陣列元素的三個索引，分別稱為層索引、列索引及行索引。

❖ 7-6-1 三維陣列宣告

宣告一個擁有 L 層，M 列，N 行共 LxMxN 個元素的三維陣列之語法如下：

```
資料型態 陣列名稱[L][M][N] ;
```

■ **語法說明**

1. 資料型態：一般常用的資料型態，有整數、浮點數、字元、字串及布林。
2. 陣列名稱：陣列名稱的命名，請參照識別字的命名規則。
3. L：代表層數，是指此陣列的維度 1 有 L 個元素。
4. M：代表列數，是指此陣列的維度 2 有 M 個元素。
5. N：代表行數，是指此陣列的維度 3 有 N 個元素。
6. 三維陣列，有三個索引。
7. 維度 1 的索引值範圍，是介於 0 與（L-1）之間。
8. 維度 2 的索引值範圍，是介於介於 0 與（M-1）之間。
9. 維度 3 的索引值範圍，是介於 0 與（N-1）之間。

例：
```
char sex[2][3][2] ;
// 宣告一個三維字元陣列 sex，有 12（=2*3*2）個元素
// 第 0 層：
//      第 0 列元素： sex[0][0][0] , sex[0][0][1]
//      第 1 列元素： sex[0][1][0] , sex[0][1][1]
//      第 2 列元素： sex[0][2][0] , sex[0][2][1]
```

```
// 第 1 層：
//        第 0 列元素：sex[1][0][0] , sex[1][0][1]
//        第 1 列元素：sex[1][1][0] , sex[1][1][1]
//        第 2 列元素：sex[1][2][0] , sex[1][2][1]
```

例：int position[6][2][2]；

```
// 宣告一個三維整數陣列 position，有 24（=6*2*2）個元素
// 第 0 層：
//        第 0 列元素：position[0][0][0] , position[0][0][1]
//        第 1 列元素：position[0][1][0] , position[0][1][1]
// 第 1 層：
//        第 0 列元素：position[1][0][0] , position[1][0][1]
//        第 1 列元素：position[1][1][0] , position[1][1][1]
// 以此類推
// 第 5 層：
//        第 0 列元素：position[5][0][0] , position[5][0][1]
//        第 1 列元素：position[5][1][0] , position[5][1][1]
```

❖ 7-6-2 三維陣列宣告及初始化

宣告一個擁有 L 層，M 列，N 行共 LxMxN 個元素的三維陣列，同時設定陣列元素初始值之語法如下：

```
資料型態  陣列名稱[L][M][N]
            ={{{a111,…,a11N},
               {a121,…,a12N},
               …
               {a1M1,…,a1MN}},
              …
              {{aL11,…,aL1N},
               {aL21,…,aL2N},
               …
               {aLM1,…,aLMN}} };
```

【註】a_{111}~a_{11N}，代表陣列第 0 層第 0 列第 0 行到第 0 層第 0 列第 (N-1) 行元素的初始值；a_{121}~a_{12N}，代表陣列第 0 層第 1 列第 0 行到第 0 層第 1 列第 (N-1) 行元素的初始值；……；a_{LM1}~a_{LMN}，代表陣列第 (L-1) 層第 (M-1) 列第 0 行到第 (L-1) 層第 (M-1) 列第 (N-1) 行元素的初始值。

例：char sex[2][3][2]={ {{'F' , 'M'} , {'M' , 'M'} , {'F' , 'F'}},
{{'F' , 'M'} , {'M' , 'M'} , {'F' , 'M'}} }；

```
// 宣告一個三維字元陣列 sex，有 12（=2*3*2）個元素
// 第 0 層：
//        第 0 列元素：sex[0][0][0]='F' , sex[0][0][1]='M'
//        第 1 列元素：sex[0][1][0]='M' , sex[0][1][1]='M'
//        第 2 列元素：sex[0][2][0]='F' , sex[0][2][1] ='F'
```

```
// 第 1 層：
//        第 0 列元素： sex[1][0][0]='F' , sex[1][0][1]='M'
//        第 1 列元素： sex[1][1][0]='M' , sex[1][1][1]='M'
//        第 2 列元素： sex[1][2][0]='F' , sex[1][2][1]='M'
```

範例 24

A 企業有 2 間分公司，且每家分公司各有 3 個部門。

寫一程式，分別輸入 2 間分公司 3 個部門一年四季的營業額，輸出 A 企業一年的總營業額。

```
#include <iostream>
using namespace std ;
int main()
 {
   int money[2][3][4] ;  //  2間分公司，各3個部門，各四季的營業額
   int total=0 ;         //  一年的總營業額
   int i, j, k ;
   for (i=0 ; i<2 ; i++)      //  2間分公司
     for (j=0 ; j<3 ; j++)    //  3個部門
       for (k=0 ; k<4 ; k++)  //  四季
         {
           cout << "第" << i+1 << "間分公司部門" << j+1
                << "的第" << k+1 << "季營業額:" ;
           cin >> money[i][j][k] ;
           total += money[i][j][k] ;  //  總營業額累計
         }
   cout << "A企業一年的總營業額:" << total ;

   return 0;
 }
```

執行結果

第 1 間分公司部門 1 的第 1 季營業額 :10000
第 1 間分公司部門 1 的第 2 季營業額 :10000
第 1 間分公司部門 1 的第 3 季營業額 :10000
第 1 間分公司部門 1 的第 4 季營業額 :10000
第 1 間分公司部門 2 的第 1 季營業額 :20000
第 1 間分公司部門 2 的第 2 季營業額 :20000
第 1 間分公司部門 2 的第 3 季營業額 :20000
第 1 間分公司部門 2 的第 4 季營業額 :20000
第 1 間分公司部門 3 的第 1 季營業額 :30000
第 1 間分公司部門 3 的第 2 季營業額 :30000
第 1 間分公司部門 3 的第 3 季營業額 :30000
第 1 間分公司部門 3 的第 4 季營業額 :30000
第 2 間分公司部門 1 的第 1 季營業額 :30000

第 2 間分公司部門 1 的第 2 季營業額 :30000
第 2 間分公司部門 1 的第 3 季營業額 :30000
第 2 間分公司部門 1 的第 4 季營業額 :30000
第 2 間分公司部門 2 的第 1 季營業額 :40000
第 2 間分公司部門 2 的第 2 季營業額 :40000
第 2 間分公司部門 2 的第 3 季營業額 :40000
第 2 間分公司部門 2 的第 4 季營業額 :40000
第 2 間分公司部門 3 的第 1 季營業額 :20000
第 2 間分公司部門 3 的第 2 季營業額 :20000
第 2 間分公司部門 3 的第 3 季營業額 :20000
第 2 間分公司部門 3 的第 4 季營業額 :20000
A 企業一年的總營業額 :600000

程式解說

共需要儲存 24 個型態相同且性質相同的季營業額，且有三個因素（分公司、部門及季）在改變。故使用三維陣列來儲存 24 個季營業額資料，並配合三層 for 迴圈結構，才能縮短程式碼的長度。

7-7 隨機亂數函式

亂數是根據特定公式計算所得到的數字，每個數字出現的機會均等。C++ 語言所提供的亂數有很多組，每組都有編號。因此，隨機產生亂數之前，先隨機選取一組亂數，讓人無法掌握所產生亂數資料為何，如此才能達到保密效果。若沒有先選定一組亂數，則系統會預設一組固定的亂數給程式使用，導致程式每次執行時所產生的亂數資料，在數字及順序上都會是一模一樣。因此，為了確保所選定亂數種子的隱密性，建議不要使用固定的亂數種子，最好用時間當作亂數種子。使用時間當作亂數種子的語法如下：

```
srand((unsigned)time(NULL));
```

因 srand 函式是宣告在的 cstdlib 標頭檔，time 函式是宣告在的 ctime 標頭檔，故使用前必須使用「#include <cstdlib>」及「#include <ctime>」，將這兩個函式所在標頭檔含括到程式裡，否則可能會出現下面錯誤訊息（切記）：

```
'srand' was not declared in this scope
```

或

```
'time' was not declared in this scope
```

選定亂數種子之後，如何產生一個亂數呢？可以藉由 rand 亂數函式得到。rand 亂數函式產生的數值，介於 0 到 32767 之間的整數。產生亂數的語法如下：

```
變數=rand() ;
```

若要產生介於 m 到 n 之間的亂數資料，則可使用下列程式敘述來處理。

```
變數=m＋rand()%(n-m+1) ;
```

因 rand 函式是宣告在的 cstdlib 標頭檔，故使用前必須使用「#include <cstdlib>，將函式所在標頭檔含括到程式裡，否則可能會出現下面錯誤訊息（切記）：

```
'rand' was not declared in this scope
```

■ 範例 25

寫一程式，模擬數學四則運算（+、-、*、/），產生 2 個介於 1 到 100 之間亂數及一個運算子，然後再讓使用者回答，最後印出對或錯。

```
#include <iostream>
#include <cstdlib>
#include <ctime>
using namespace std;
int main()
 {
   int num1,num2;
   int result,answer;
   char op;

   //將目前時間轉成無號數整數
   srand((unsigned) time(NULL));

   cout << "回答數學四則運算（+，-，*，/）的問題\n" ;
   num1=1+rand()%100;
   num2=1+rand()%100;
   switch (1+rand()%4)
    {
     case 1:
           op = '+';
           result=num1+num2;
           break;
     case 2:
           op = '-';
           result=num1-num2;
           break;
     case 3:
           op = '*';
```

```
          result=num1*num2;
          break;
    case 4:
          op = '/';
          result=num1/num2;
   }
  cout << num1 << op
       << num2 <<'=';
  cin >> answer;
  if (answer == result)
    cout << "答對" ;
  else
    cout << "答錯" ;
  return 0;
}
```

執行結果

回答數學四則運算（+，-，*，/）的問題

63 - 94=-31

答對

程式解說

想要產生介於 1 到 100 之間的亂數資料，敘述為：

1 + rand()%(100-1+1)，即 1 + rand()%100 。

7-8 進階範例

範例 26

寫一程式，使用巢狀迴圈，將

1 2 3 　 9 6 3

4 5 6 轉成 8 5 2 輸出。

7 8 9 　 7 4 1

```
#include <iostream>

// setw() 宣告在iomanip 標頭檔中，要使用setw() 前，
// 必須在前置處理指令區使用 #include <iomanip>
#include <iomanip>

using namespace std ;
```

```
int main( )
 {
   int matrix[3][3]={{1, 2, 3}, {4, 5, 6}, {7, 8, 9}};
   int row, col, temp ;
   for (row=0 ; row < 3 ; row++)
    for (col=0 ; col < 2-row ; col++)
      if (row + col < 2)  //  只要交換反對角線(3 5 7)左上方的數字
       {
         temp = matrix[row][col] ;
         matrix[row][col] = matrix[2-col][2-row] ;
         matrix[2-col][2-row] = temp ;
       }

   for (row=0 ; row < 3 ; row++)
    {
      for (col=0 ; col < 3 ; col++)
         cout << setw(2) << matrix[row][col];
      cout << '\n' ;
    }

   return 0;
 }
```

執行結果

```
963
852
741
```

程式解說

1 2 3　　9 6 3
4 5 6 與 8 5 2，這兩個 3X3 矩陣是對稱於反對角線 (3 5 7)，即列位置 (row) +
7 8 9　　7 4 1

行位置(col)=2 的那條線，0<=row<=2，0<=col<=2。故將位置(row, col)與位置(2-col, 2-row)的資料交換，就可得到結果。

範例 27

寫一程式，輸入任意天數的每日走路步數並記錄，輸出平均一天的走路步數。

```
#include <iostream>
using namespace std;
int main( )
 {
   int days ;
   cout << "輸入走路的天數:" ;
```

```
    cin >> days ;
    int w[days], total = 0, i ;
    for (i=0 ; i < days ; i++)   // 累計走路步數
     {
       cout << "輸入第" << i + 1 << "天的走路步數:" ;
       cin >> w[i] ;
       total = total + w[i] ;
     }
    cout <<"平均一天走" << total / days << "步" ;

    return 0;
}
```

執行結果

輸入走路的天數 :3
輸入第 1 天的走路步數 :8000
輸入第 2 天的走路步數 :7000
輸入第 3 天的走路步數 :6000
平均一天走 7000 步

程式解說

範例 1 及範例 2 的做法，只能計算固定天數的平均走路步數，若要改變天數，則必須修改程式碼。本範例的做法可計算變動天數的平均走路步數，而無須修改任何程式碼。

範例 28

寫一程式，使用巢狀迴圈，輸出下列資料。

7 6 5
8 1 4
9 2 3

```
#include <iostream>

// setw() 宣告在iomanip 標頭檔中，要使用setw() 前，
// 必須在前置處理指令區使用 #include <iomanip>
#include <iomanip>

using namespace std ;
int main( )
 {
   //  matrix陣列的每一個元素初始值都是0
   int matrix[3][3]={0};

```

```
    int row = 1, col = 1, k = 1;

    //  數字依逆時針方向排列
    //  0:表示往下 1:表示往右 2:表示往上 3:表示往左
    int direction = 0 ;

    while (k <= 3 * 3)
     {
       matrix[row][col] = k ;
       switch (direction)
       {
          // 往下繼續設定數字
         case 0:
             // 判斷是否可往下繼續設定數字
             if (row + 1 <= 3 - 1 && matrix[row + 1][col] == 0)
                row++ ;
             else
              {
                direction = 1 ;
                col++ ;
              }
             break;

              // 往右繼續設定數字
         case 1:
             // 判斷是否可往右繼續設定數字
             if (col + 1 <= 3 - 1 && matrix[row][col + 1] == 0)
                col++ ;
             else
              {
                direction = 2;
                row-- ;
              }
             break;

         // 往上繼續設定數字
         case 2:
             // 判斷是否可往上繼續設定數字
             if (row - 1 >= 0 && matrix[row - 1][col] == 0)
                row-- ;
             else
              {
                direction = 3;
                col-- ;
              }
             break;

         // 往左繼續設定數字
         case 3:
             // 判斷是否可往左繼續設定數字
             if (col - 1 >= 0 && matrix[row][col - 1] == 0)
                col-- ;
             else
              {
```

```
                    direction = 0;
                    row++ ;
                  }
             }
            k++ ;
        }

        for (row = 0 ;  row < 3 ;  row++)
        {
          for (col = 0 ; col < 3 ; col++)
               cout << setw(2) << matrix[row][col];
          cout << endl ;
         }

        return 0;
    }
```

執行結果

```
7 6 5
8 1 4
9 2 3
```

範例 29

（猜數字遊戲）寫一程式，輸入一個四位數整數（數字不可重複），然後讓使用者去猜，接著回應使用者所猜的狀況。回應規則如下：

(1) 若所猜四位數中的數字及位置與正確的四位數中之數字及位置完全相同，則為 A。

(2) 若所猜四位數中的數字及位置與正確的四位數中之數字相同，但位置不對，則為 B。

例：設計者輸入的四位數為 1234，若猜 1243，則回應 2A2B；若猜 6512，則回應 0A2B。

演算法：

步驟 1：由設計者輸入一個四位數（數字不可重複）。

步驟 2：使用者去猜，接著回應使用者所猜的狀況。

步驟 3：判斷是否為 4A0B，如果是則結束；否則回到步驟 2。

```
#include <iostream>
#include <ctime>
using namespace std;
int main()
 {
   int answer,r[4]; //被猜的四位數,及分開的數字
   int guess ,g[4]; // 猜的四位數,及分開的數字
   int div_num=1; //除數
   int a,b; //紀錄 ? A ? B
   int i,j,k;

```

```
    cout << "輸入被猜的四位數(1234~9876),數字不可重複:" ;
    cin >> answer ;
    system("cls");

    for(i=0;i<4;i++)
     {
       r[i]=answer / div_num % 10;
       //r[0]為answer的個位數,r[1]為answer的十位數
       //r[2]為answer的百位數,r[3]為answer的千位數
       div_num=div_num*10;
     }
    for(k=1;k<=12;k++)
     {
       cout << "輸入要猜的四位數,數字不可重複:" ;
       cin >> guess ;
       div_num=1;
       for(i=0;i<4;i++)
       {
         g[i]=guess / div_num % 10;
         //g[0]為guess的個位數,g[1]為guess的十位數
         //g[2]為guess的百位數,g[3]為guess的千位數
         div_num=div_num*10;
       }
       a=0;
       b=0;

       for(i=0;i<4;i++)
         for(j=0;j<4;j++)
           if (r[i]==g[j])//數字相同
             if (i==j) //位置相同,也數字相同
               a++;
             else //位置不相同,但數字相同
               b++;

       cout << guess << "為" << a <<'A' << b << "B\n" ;
       if (a==4)
         break;
     }
    if (a==4)
      cout << "恭喜您BINGO了 ";
    else
      cout << "正確答案為" << answer  ;
    return 0;
}
```

執行結果

輸入被猜的四位數 (1234~9876), 數字不可重複 :1234

輸入要猜的四位數 , 數字不可重複 :5678

5678 為 0A0B

輸入要猜的四位數 , 數字不可重複 :4215

4215 為 1A2B

輸入要猜的四位數，數字不可重複 :1234
1234 為 4A0B
恭喜您 BINGO 了

■ 範例 30

請寫一個程式，輸入出生月日，輸出對應中文星座名稱。

01.21~02.18 水瓶	02.19~03.20 雙魚	03.21~04.20 牡羊
04.21~05.20 金牛	05.21~06.21 雙子	06.22~07.22 巨蟹
07.23~08.22 獅子	08.23~09.22 處女	09.23~10.23 天秤
10.24~11.22 天蠍	11.23~12.21 射手	12.22~01.20 魔羯

```
#include <iostream>
#include <string>
using namespace std;
int main()
 {
   string birthdate;
   string asterism_data[36]={"01.21","02.18","水瓶座",
         "02.19","03.20","雙魚座","03.21","04.20","牡羊座",
         "04.21","05.20","金牛座","05.21","06.21","雙子座",
         "06.22","07.22","巨蟹座","07.23","08.22","獅子座",
         "08.23","09.22","處女座","09.23","10.23","天秤座",
         "10.24","11.22","天蠍座","11.23","12.21","射手座",
         "12.22","01.20","魔羯座"};
   int i;
   cout << "輸入出生日期(格式:99.99):" ;
   cin >> birthdate ;
   for (i=0;i<36;i=i+3)
    {
      if (birthdate>=asterism_data[i])
        if (birthdate<=asterism_data[i+1])
        {
          cout <<  "星座為:" << asterism_data[i+2] ;
          break;
        }
    }
   if (i==36)
     cout << "星座為:魔羯座" ;
   return 0;
 }
```

執行結果

輸入出生日期 (格式 :99.99):01.22
星座為 : 水瓶座

■ 範例 31

寫一支程式，在九宮格中填入 1~9，使得每一行、每一列及兩條主對角線的數字和都相等。

8	1	6
3	5	7
4	9	2

【提示】一個奇數方陣，若符合每一行、每一列及兩條主對角線的數字和都相等，則稱為奇數階魔幻方陣。要建構一個奇數階魔幻方陣，可利用法國數學家 Simon de la Loubère 所提出來的 Siamese 演算法。Siamese 演算法的程序如下：

1. 設定起始位置在第一列的中間空格，填入 1。
2. 若還有未填入數字的位置，則往右上方移動到下一位置。
   (1) 下一位置仍在方陣內：若尚未填入數字，則填入下一個數字，否則在原位置的下方填入下一個數字。回到步驟 2。
   (2) 下一位置在方陣右上角的右上方：則在原位置的下方填入下一個數字。回到步驟 2。
   (3) 下一位置在方陣的第一列之上方：若在原位置的下一行的最後一列位置尚未填入數字，則填入下一個數字，否則在原位置的下方填入下一個數字。回到步驟 2。
   (4) 下一位置在方陣的最後一行之右邊：若在原位置的上一列的第一行位置尚未填入數字，則填入下一個數字，否則在原位置的下方填入下一個數字。回到步驟 2。

```
#include <iostream>

// setw() 宣告在iomanip標頭檔中，要使用setw() 前，
// 必須在前置處理指令區使用 #include <iomanip>
#include <iomanip>

using namespace std;
int main()
 {
    int num[3][3] = {0} ;  //  3x3九宮格陣列
    int row = 0, col = 1 ;
    num[row][col] = 1 ;  //  位置(0, 1)設定為數字1
    int digit=1, i ;
    for (i = 2 ; i <= 9 ; i++)
     {
       if (row - 1 >= 0 && col + 1 <= 2)
         { //  若位置(row-1,col+1)落在(0,0)~(2,2)之間
           if (num[row - 1][col + 1] == 0)
             { //  若位置(row - 1,col + 1)未設定數字
               num[row - 1][col + 1] = digit + 1 ;
               row-- ;
               col++ ;
             }
```

```
            else  //  若位置(row-1,col+1)已設定數字，則在
              { //  在目前位置(row,col)的下方位置(row+1,col)設定數字
                num[row + 1][col] = digit + 1 ;
                row++ ;
              }
            digit++ ;
          }
        else if (row - 1 == -1 && col + 1 == 3)
          { //  若位置(row-1,col+1)在右上角(0,2)的右上方，則在
            //  目前位置(row,col)的下方位置(row+1,col)設定數字
            num[1][2] = digit + 1 ;
            row = 1 ;
            col = 2 ;
            digit++ ;
          }
        else if (row - 1 == -1)
          { // 若位置(row-1,col+1)在第0列的上方(即,第(-1)列)
            if (num[2][col + 1] == 0)
              { //  若位置(row - 1,col + 1)未設定數字，則在目前
                //  位置(row,col)的下一行之最後位置(2,col+1)設定數字
                num[2][col + 1] = digit + 1 ;
                row = 2 ;
                col++ ;
              }
            else
              { //  若位置(row-1,col+1)已設定數字，則在
                // 目前位置(row,col)的下方位置(row+1,col)設定數字
                num[row + 1][col] = digit + 1 ;
                row++ ;
              }
            digit++ ;
          }
        else //  row-1 >= 0 && col+1 == 3
          { //  若位置(row-1,col+1)在第2行的右邊(即,第3行)
            if (num[row - 1][0] == 0)
              { //  若位置(row - 1,col + 1)未設定數字，則在目前位置
                //  (row,col)的上一列之第0行位置(row - 1,0)設定數字
                num[row - 1][0] = digit + 1 ;
                row-- ;
                col = 0 ;
              }
            else
              { //  若位置(row-1,col+1)已設定數字，則在
                //  目前位置(row,col)的下方位置(row+1,col)設定數字
                num[row + 1][col] = digit + 1 ;
                row++ ;
              }
            digit++ ;
          }
      }
```

```
    for (row = 0 ; row <= 2 ; row++)
     {
       for (col = 0 ; col <= 2 ; col++)
          cout << setw(2) << num[row][col] ;
       cout << '\n' ;
     }
    return 0 ;
  }
```

程式解說

3X3 魔幻方陣填入數字的過程如下：

1. 根據程序 1，在 (0, 1) 位置填入 1，即，設定 num[0][1]=1。
2. 根據程序 2，移動到 (0, 1) 的右上方位置 (-1, 2)。位置 (-1, 2) 符合程序 2 的第 (3) 項，且 (2, 2) 位置尚未填入數字，故填入下一個數字 2，即，設定 num[2][2]=2。
3. 根據程序 2，移動到 (2, 2) 的右上方位置 (1, 3)。位置 (1, 3) 符合程序 2 的第 (4) 項，且 (1, 0) 位置尚未填入數字，故填入下一個數字 3，即，設定 num[1][0]=3。
4. 根據程序 2，移動到 (1,0) 的右上方位置 (0, 1)。位置 (0, 1) 符合程序 2 的第 (1) 項，且 (0, 1) 位置已填入數字，故在 (2, 0) 位置填入下一個數字 4，即，設定 num[2][0]=4。
5. 根據程序 2，移動到 (2, 0) 的右上方位置 (1, 1)。位置 (1, 1) 符合程序 2 的第 (1) 項，且 (1, 1) 位置尚未填入數字，故填入下一個數字 5，即，設定 num[1][1]=5。
6. 根據程序 2，移動到 (1, 1) 的右上方位置 (0, 2)。位置 (0,2) 符合程序 2 的第 (1) 項，且 (0, 2) 位置尚未填入數字，故填入下一個數字 6，即，設定 num[0][2]=6。
7. 根據程序 2，移動到 (0, 2) 的右上方位置 (-1, 3)。位置 (-1, 3) 符合程序 2 的第 (2) 項，故在位置 (1, 2) 填入下一個數字 7，即，設定 num[1][2]=7。
8. 根據程序 2，移動到 (1, 2) 的右上方位置 (0, 3)。位置 (0, 3) 符合程序 2 的第 (4) 項，且 (0, 0) 位置尚未填入數字，故填入下一個數字 8，即，設定 num[0][0]=8。
9. 根據程序 2，移動到 (0, 0) 的右上方位置 (-1, 1)。位置 (-1, 1) 符合程序 2 的第 (3) 項，且 (2, 1) 位置尚未填入數字，故填入下一個數字 9，即，設定 num[2][1]=9。

■範例 32

雙人互動的井字（OX）遊戲：兩位玩家輪流在九宮格上輸入 O 及 X，若有出現 O（或 X）連成一直線，則 O（或 X）者獲勝，否則平手，遊戲結束。

寫一程式，模擬井字（OX）遊戲，讓兩位玩家輪流輸入 O 及 X 的位置，最後輸出哪一位玩家獲勝或平手。（請參考範例檔案「chapter 7」的「範例 32.cpp」）

程式解說

1. 每次所選擇的位置 (row,col)，若符合下列 4 種狀況之一，則 OX 遊戲結束。

   (1) 位置 (row,col) 所在的列，O 或 X 連成一線。

   (2) 位置 (row,col) 所在的行，O 或 X 連成一線。

   (3) 若位置 (row,col) 在的左對角線上，且 O 或 X 連成一線。

   (4) 若位置 (row,col) 在的右對角線上，且 O 或 X 連成一線。

2. 程式第 35 列 : cin >> row >> col ;

   可以用 C 的寫法代替：

```
if (scanf("%d,%d", &row, &col) != 2)   // 2:表示輸入兩個符合格式的資料
{
    printf("位置格式輸入錯誤,重新輸入!\n");
    fflush(stdin); //清除殘留在鍵盤緩衝區內之資料
    continue;
}
```

■範例 33

寫一程式，模擬紅綠燈小綠人，從慢走（第 0~30 秒），快走（第 30~45 秒），到跑走（第 45~60 秒）的過程。（請參考範例檔案「chapter 7」的「範例 33.cpp」）

程式解說

程式僅以 10 張圖不停地播放。每 0.65 秒播放一張圖呈現慢走狀態，每 0.325 秒播放一張圖呈現快走狀態，每 0.125 秒播放一張圖呈現跑走狀態。圖連續被播放，使眼睛形成視覺暫留的現象，彷彿圖真的在移動。若要播放效果更逼真，則必須多畫幾張圖。

自我練習

一、選擇題

1. 哪一個表示陣列 student[50] 中的第一個元素？
   (A) student[0] (B) student[1] (C) student[2] (D) student[50]
2. 哪一個表示陣列 student[50] 中的最後一個元素？
   (A) student[0] (B) student[1] (C) student[49] (D) student[50]
3. 若宣告 int a[2][3];，則下列哪一個用法是正確的？
   (A) a[0][0] (B) a[2][2] (C) a[1][3] (D) a[2][3]
4. 下列宣告二維陣列變數並初始化的程式敘述中，何者正確？？
   (A) int {{1,2,3},{4,5,6}}; (B) int b[3][]= {1,2,3,4,5,6};
   (C) int c[][]={1,,2,3,4,5,6}; (D) int d[][3]= {1,2,3,4,5,6};
5. int score[4][50]; 敘述共宣告了多少個元素 ？
   (A) 25 (B) 50 (C) 100 (D) 200
6. int x[3][2]={{1,2},{3,4},{5,6}}; 敘述中，x[2][0] 的值為何？
   (A) 2 (B) 3 (C) 4 (D) 5
7. int data[50]; 敘述中的 data 陣列變數，共占用多少之記憶體空間？
   (A) 25 (B) 50 (C) 100 (D) 200
8. 下列哪一個字串函式是用來比較字串內容是否相同？
   (A) strcat (B) strcmp (C) compare (D) strupr
9. 教室座位資料表適合使用何種資料型態的變數來儲存？
   (A) 整數 (B) 字元 (C) 浮點數 (D) 整數陣列
10. 下列與陣列有關的敘述，何者是錯的？ (A) 陣列適合用來記錄型態相同的大量資料 (B) 陣列的命名規則與一般變數命名規則相同 (C) 陣列的索引值由 1 開始 (D) 陣列是透過索引值來存取它的元素
11. 宣告一維整數陣列變數 a 並初始化的程式敘述，下列哪一個是對的？
    (A) int a[3]={3, 2, 7}; (B) int a[3]={ (3, 2, 7) };
    (C) int a[3]={(3; 2; 7}; (D) int a[3]=({3, 2, 7});
12. 執行「char word[11] ="I love C++" ;」後，word [11]= ？
    (A) '\0' (B) "+' (C) 空白 (D) 以上皆非

13. 下面各組資料依順序存入個別陣列中，哪一組可以直接使用二分搜尋法來搜尋資料？
(A) 'a', 'b', 'd', 'e', 'z' (B) -1, 2, 0, 7, 8 (C) 3000, 0, 10000 (D) 1, -1, 3, 51, 45

14. 下列片段程式碼執行後，輸出結果為何？

```
int sum = 0, data[8], i ;
for ( i = 0 ; i <= 3 ; i=i+1)
 {
   data[i] = i ;
   data[7-i] = i ;
 }
for ( i = 0 ; i <= 8 ; i=i+1)
   sum = sum + data[i] ;
cout << sum ;
```

(A) 6 (B) 8 (C) 12 (D) 20

二、填充題

1. 要儲存大量同類型的資料，則可以使用哪一種資料結構變數來達成？________
2. 陣列的索引值是從________開始。
3. 宣告 int data[6]={5, 6, 7, 8, 9, 10}; 後，則 data[0]=________，data[5]=________。
4. 宣告 int a[3][2]={{2, 4}, {6, 8}, {10, 12}}; 後，則陣列元素 a[1][1]=________。
5. 一維陣列有________個索引值，二維陣列有________個索引值。
6. C 語言的二維陣列是一維陣列的擴充，宣告 int a[2][3]; 後，可當作________個一維陣列。
7. 若要宣告二維整數陣列變數 score，用來儲存三個班級各 50 位學生的成績資料，則宣告的程式敘述為何？________
8. 使用循序搜尋法，平均需要幾次判斷，才能知道 1024 位學生中是否有「陳曉明」這個人？________
9. 使用二分搜尋法，平均需要幾次判斷，才能知道 1024 位學生中是否有「陳曉明」這個人？________
10. 使用 rand 函式前，必須引入哪一個標頭檔？________
11. 想要產生介於 2 到 12 之間的亂數資料，程式敘述為________

三、實作題

1. 寫一程式，輸入一正整數，輸出它的二進位整數表示。
2. 寫一程式，使用氣泡排序法，將資料 12、6、26、1 及 58，依小到大排序。輸出排序後的結果，並輸出在第幾個步驟時就已完成排序。

【提示】在排序過程中，若執行某個步驟時，完全沒有任何位置的資料被互換，則表示資料在上個步驟時，就已經完成排序了。因此，可結束排序的流程。

3. 寫一程式，輸入兩個 2 × 2 矩陣，輸出兩個矩陣相乘之結果。
4. 寫一程式，輸入一列文字（不含中文字或不顯示的字元，即 ASCII 值為 >= 32 且 ASCII 值為 <= 127 的字元），輸出各字元出現的次數。
5. 寫一程式，輸入 5 個朋友的姓名及電話，然後輸入要查詢的朋友之姓名，輸出朋友的電話。
6. 寫一程式，輸入一句英文，然後將每個字（word）的第一個字母改成大寫輸出。
7. 寫一程式，輸入一大寫英文單字，輸出此單字所得到的分數。（字母 A ～ Z，分別代表 1 ～ 26 分）

   【提示】KNOWLEDGE（知識）：96 分、HARDWORK（努力）：98 分、ATTITUDE（態度）：100 分。
8. 寫一程式，模擬撲克牌發牌，依順時鐘方向（左、前、右及本家）發牌，輸出左、前、右及本家四家各自拿到的 13 張牌子。（提示：以 1 代表黑桃 A,2~10,J,Q,K；2 代表紅桃 A,2~10,J,Q,K；3 代表紅鑽 A,2~10,J,Q,K；4 代表梅花 A,2~10,J,Q,K）
9. 寫一程式，使用雙重迴圈，輸出下列資料。

   1 2 3

   8 9 4

   7 6 5
10. 寫一程式，輸入身份證字號，輸出是男性，還是女性。
11. 寫一程式，可以產生 -4、-1、2、…、94 中之任一亂數。
12. 寫一程式，使用亂數來模擬擲三個骰子的動作，輸出擲 50 次後，點數和為 3、4、...、18 的次數。
13. 寫一程式，輸入今日日期（格式：三位 / 兩位 / 兩位），輸出該年已過了幾天。

Chapter

08 指標

生活中經常使用一些關於家庭或帳號的資料。例：學生基本資料、員工基本資料、各種會員基本資料、銀行存款、銀行保管箱等等。在這些資料中，都會提到住址或帳號。住址或帳號就相當於一個位置，可以利用它找到相對應的內容。例：利用住址，可以知道住址中住了多少人；利用銀行帳號或保管箱號碼，可以知道存款簿中有多少存款，或保管箱內存放些什麼貴重的物品。

C++ 語言所提到的指標（Pointer）就相當於生活中的位置，差異在於指標是電腦記憶體中的一個虛擬位置，而生活中的位置是一個實體位置。指標是用來存放記憶體位址的識別名稱，而此記憶體位址是某變數宣告時所分配到的位址。在 32 位元的作業系統中，每個記憶體位址通常是由 32 個位元（Bit）組成，故指標通常會配置 4 個位元組（Byte）的記憶體空間。而在 64 位元的作業系統中，每個記憶體位址由 64 個位元組成，故指標通常會配置 8 個位元組的記憶體空間。

指標可以存取它所指向的記憶體位址之內容，但若使用不當，則可能使系統出現不正常的狀況。例如：若指標指向系統資料儲存的記憶體位址上，且對該位址進行寫入動作，則可能會導致系統當機或發生錯誤。因此，在指標的使用上要特別小心謹慎。

對於初學者而言，指標學習是程式語言中較困難的部分，但只要反覆閱讀及練習，必能領悟其中的奧妙。

8-1 一重指標變數

指向一般變數的識別名稱，稱之為一重指標變數，簡稱指標。指標變數與一般變數一樣，在使用前必須先經過宣告。

常用的一重指標變數有下列 4 種宣告語法：

1. 指標變數的宣告語法如下

```
資料型態 *指標名稱;
```

■ **語法說明**

(1) 資料型態：一般常用的資料型態有整數、浮點數、字元、布林和字串。

(2) 指標名稱：指標名稱的命名規則與識別字命名相同。

例：char *ptr1;

宣告 ptr1 為一重指標變數，用來存放字元變數所在的記憶體位址，使 ptr1 指向字元變數。

例：int *ptr2;

宣告 ptr2 為一重指標變數，用來存放整數變數所在的記憶體位址，使 ptr2 指向整數變數。

例：float *ptr3;

宣告 ptr3 為一重指標變數，用來存放單精度浮點數變數所在的記憶體位址，使 ptr3 指向單精度浮點數變數。

例：double *ptr4;

宣告 ptr4 為一重指標變數，用來存放倍精度浮點數變數所在的記憶體位址，使 ptr4 指向倍精度浮點數變數。

指標變數與一般變數兩者間最大的差異，在於所儲存的資料不同。一般變數儲存的是文字或數值，而指標變數是儲存記憶體位址（是變數所在的記憶體位址）。要取得一個變數所在的記憶體位址，必須使用「&」（取址運算子）來處理。

取得變數名稱所在的記憶體位址的語法如下：

```
&變數名稱
```

【註】「&」只能作用在變數名稱前。

2. 一維指標陣列變數的宣告語法如下

```
資料型態 *指標陣列名稱[n];
```

例：char *ptr5[2];

宣告 2 個一維指標陣列變數 ptr5[0] 及 ptr5[1]，用來存放字元變數所在的記憶體位址，使 ptr5[0] 及 ptr5[1] 都指向字元變數。

3. 二維指標陣列變數的宣告語法如下：

```
資料型態 *指標陣列名稱[m][n];
```

例：int *ptr6[2][2];

宣告 4 個二維指標陣列變數 ptr6[0][0]、ptr6[0][1]、ptr6[1][0] 及 ptr6[1][1]，用來存放整數變數所在的記憶體位址，使 ptr6[0][0]、ptr6[0][1]、ptr6[1][0] 及 ptr6[1][1] 都指向整數變數。

4. 三維指標陣列變數的宣告語法如下：

```
資料型態 *指標陣列名稱[l][m][n];
```

例：float *ptr7[2][3][2];

宣告 12 個三維指標陣列變數 ptr7[0][0][0]、ptr7[0][0][1]、ptr7[0][1][0]、ptr7[0][1][1]、ptr7[0][2][0]、ptr7[0][2][1]、ptr7[1][0][0]、ptr7[1][0][1]、ptr7[1][1][0]、ptr7[1][1][1]、ptr7[1][2][0]、ptr7[1][2][1]，用來存放單精度浮點數變數所在的記憶體位址，使 ptr7[0][0][0]、ptr7[0][0][1]、ptr7[0][1][0]、ptr7[0][1][1]、ptr7[0][2][0]、ptr7[0][2][1]、ptr7[1][0][0]、ptr7[1][0][1]、ptr7[1][1][0]、ptr7[1][1][1]、ptr7[1][2][0]、ptr7[1][2][1] 都指向單精度浮點數變數。

一個一重指標變數要能正常使用，必須經過下列程序設定：

步驟 1 宣告兩個資料型態相同的變數：一般變數及一重指標變數各一個。

步驟 2 一重指標變數的初始值設定：將一般變數的位址指定給一重指標變數。

例：以下片段程式碼，是設定一重指標變數 ptr 的內容等於變數 var 的記憶體位址，使 ptr 指向 var。

```
int var,*ptr;
ptr=&var;  //設定指標變數ptr的初始值為變數var所在的記憶體位址
```

片段程式執行後，變數名稱、記憶體位址與記憶體位址中的內容三者的相關資訊，請參考「表 8-1」。

▼表 8-1　一重指標變數的記憶體位址配置及內容說明（一）

變數名稱	記憶體位址	記憶體位址中的內容
…	…	…
ptr	0022ff70~0022ff73	0022ff74
var	0022ff74~0022ff77	尚未設定
…	…	…

注意

記憶體位址的數據，是當時執行程式所分配的結果。

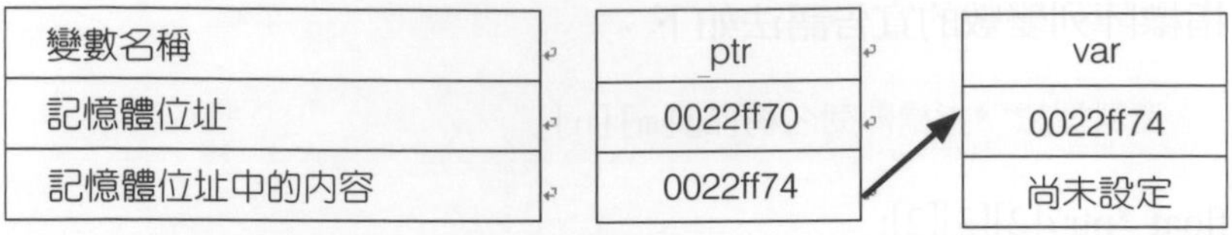

▲圖8-1 一重指標變數指向一般變數示意圖

要取得指標變數所指向的記憶體空間之內容，必須使用「*」（間接運算子）來處理。「*」的使用語法如下：

```
*指標變數名稱
```

【註】「*」只能作用在指標變數名稱前。

例：承上例，再加入以下程式碼，

```
var=1;
*ptr=*ptr+2;
```

「var=1;」執行後，變數名稱、記憶體位址與記憶體位址中的內容三者的相關資訊，請參考「表 8-2」。

▼表 8-2 一重指標變數的記憶體位址配置及內容說明（二）

變數名稱	記憶體位址	記憶體位址中的內容
…	…	…
ptr	0022ff70~0022ff73	0022ff74
var	0022ff74~0022ff77	1
…	…	…

經過上例「ptr=&var;」的設定後，ptr 會指向 var，且「*ptr」相當於 var。

「*ptr=*ptr+2;」執行後，變數名稱、記憶體位址與記憶體位址中的內容三者的相關資訊，請參考「表 8-3」。

▼表 8-3　一重指標變數的記憶體位址配置及內容說明（三）

變數名稱	記憶體位址	記憶體位址中的內容
…	…	…
ptr	0022ff70~0022ff73	0022ff74
var	0022ff74~0022ff77	3
…	…	…

⚠注意

*ptr 相當於 *(0022ff74)，*(0022ff74) 相當於 1。

從「表 8-3」可以發現，程式並沒有直接改變 var 的內容（即沒有出現設定 var 的指令），但 var 的內容還是變了。原因是「*ptr」 間接改變了 var 的內容，「*ptr」相當於 var。

範例 1

一重指標變數練習。

```
#include <iostream>
using namespace std;
int main()
 {
   int var,*ptr;
   ptr=&var; //設定指標變數ptr的初始值
   var=1;
   *ptr=*ptr+2;
   cout << "var=" << var << '\n' ;
   cout << "*ptr=" << *ptr;

   return 0;
 }
```

執行結果

```
var=3
*ptr=3
```

程式解說

因 ptr 指向 var，故 ptr 所指向的資料被改變，var 的資料亦隨之改變。

❖ 8-1-1 一重指標和一維陣列

不同維度的陣列，它們第一個元素的記憶體位址（即，陣列的起始位址），是以不同的方式來表示。

例：int num[5]={1,3,-1,6,4};

一維陣列 num 的第一個元素 num[0] 之記憶體位址，是以 num 或 &num[0] 表示。

例：int num[2][3]={1,3,-1,6,4,7};

二維陣列 num 的第一個元素 num[0][0] 之記憶體位址，是以 num[0] 或 &num[0][0] 表示。

例：int num[2][3][2]={1,3,-1,6,4,7,0,1,2,-5,9,11};

三維陣列名稱 num 的第一個元素 num[0][0][0] 之記憶體位址，是以 num[0][0] 或 &num[0][0][0] 表示。

... 以此類推。

「+」（加法運算子）或「-」（減法運算子），對一般變數的運算與指標變數的運算有很大差異。對一般變數，是將變數內容做增減改變；但對指標變數，其產生的結果則與指標變數的資料型態有密切的關係，其運算規則並不是一般的加減法。因此，讀者在處理與指標變數有關的運算時，必須謹慎小心。

指標變數做加減運算的意義，是為了移動記憶體位址。指標做加減法時，只能與一般的整數值或整數變數做運算。指標變數 +1，表示將該指標往後 n 個 bytes。而指標變數 -1，表示將該指標往前 n 個 bytes。至於 n 為何，是與指標變數的資料型態有關。例：若指標變數的資料型態為 char，則 n=1；若指標變數的資料型態為 int，則 n=4；若指標變數的資料型態為 float，則 n=4；若指標變數的資料型態為 double，則 n=8。

■ 範例 2

寫一程式，使用一重指標變數，將有 5 個元素的一維整數陣列印出。

```
#include <iostream>
using namespace std;
int main()
 {
  int i,num[5]={1,3,-1,6,4};
  int *ptr;

  ptr= num; //或 ptr=&num[0];
  //ptr指向num陣列的第一個元素的位址

  for (i=0;i<5;i++)
   {
     cout << *ptr << '\t';
```

```
        ptr++;
        //表示將ptr指向num陣列的下一個元素的位址
      }

    return 0;
  }
```

執行結果

1　3　-1　6　4

❖ 8-1-2　一重指標和二維陣列

範例 3

寫一程式，使用一重指標變數，將有 6 個元素的二維整數陣列印出。

```
1   #include <iostream>
2   using namespace std;
3   int main()
4    {
5     int i,j,num[2][3]={1,3,-1,6,4,7};
6     int *ptr;
7     ptr=num[0]; //或ptr=&num[0][0];
8     //ptr指向num陣列的第一個元素的位址
9
10    for (i=0;i<6;i++)
11     {
12       cout << *ptr << '\t' ;
13       ptr++;
14       //表示將ptr指向num陣列的下一個元素的位址
15     }
16
17    return 0;
18   }
```

執行結果

1　3　-1　6　4　7

程式解說

程式第 10~15 列

```
for (i=0;i<6;i++)
  {
    cout << *ptr << '\t' ;
    ptr++;
    // 表示將 ptr 指向 num 陣列的下一個元素的位址
  }
```

可以改成

```
for (i=0;i<2;i++)
  for (j=0;j<3;j++)
   {
     cout << *ptr << '\t' ;
     ptr++;
   }
```

或改成

```
for (i=0;i<2;i++)
  for (j=0;j<3;j++)
     cout << *(ptr+i*3+j) << '\t' ;
     // 表示將 ptr 指向 num 陣列的第 [i][j] 個元素的位址
```

或改成

```
for (i=0;i<2;i++)
  for (j=0;j<3;j++)
     cout << *(*(num+i)+j) << '\t' ;
     // *(*(num+i)+j) 表示 num 陣列的第 [i][j] 個元素
```

❖ 8-1-3　一重指標和三維陣列

範例 4

寫一程式，使用一重指標變數，將有 12 個元素的三維整數陣印出。

```
#include <iostream>
#include <iomanip>
using namespace std;
int main()
 {
  int i,j,num[2][3][2]={1,3,-1,6,4,7,0,1,2,-5,9,11};
  int *ptr;
  ptr=num[0][0]; //或ptr=&num[0][0][0];
  //ptr指向num陣列的第一個元素的位址

  for (i=0;i<12;i++)
   {
     cout << setw(5) << *ptr ;
     ptr++;
     //表示將ptr指向num陣列的下一個元素的位址
   }

```

```
18      return 0;
19    }
```

執行結果

1 3 -1 6 4 7 0 1 2 -5 9 11

程式解說

程式第 11~16 列

```
for (i=0;i<12;i++)
  {
    cout << setw(5) << *ptr ;
    ptr++;
    // 表示將 ptr 指向 num 陣列的下一個元素的位址
  }
```

可以改成

```
for (i=0;i<2;i++)
  for (j=0;j<3;j++)
    for (k=0;j<2;k++)
      {
        cout << setw(5) << *ptr ;
        ptr++;
      }
```

或改成

```
for (i=0;i<2;i++)
  for (j=0;j<3;j++)
    for (k=0;k<2;k++)
      cout << setw(5) << *(ptr+i*6+j*2+k) ;
      // 表示將 ptr 指向 num 陣列的第 [i][j][k] 個元素的位址
```

或改成

```
for (i=0;i<2;i++)
  for (j=0;j<3;j++)
    for (k=0;k<2;k++)
      cout << setw(5) << *(*(*(num+i)+j)+k) ;
      // *(*(*(num+i)+j)+k 表示 num 陣列的第 [i][j][k] 個元素
```

8-2 多重指標變數

指向一重指標變數的識別名稱，稱之為二重指標變數。指向二重指標變數的識別名稱，稱之為三重指標變數。以此類推。二（含）重以上的指標變數，稱為多重指標變數。

❖ 8-2-1 二重指標變數

二重指標變數有下列 4 種宣告語法：

1. 一般二重指標變數的宣告語法如下

```
資料型態 **指標名稱;
```

■ **語法說明**

(1) 資料型態：一般常用的資料型態有整數、浮點數、字元、布林和字串。

(2) 指標名稱：指標名稱的命名規則與識別字命名相同。

例：char **ptr1;

宣告 ptr1 為二重指標變數，用來存放一重字元指標變數所在的記憶體位址，使 ptr1 指向一重字元指標變數。

例：int **ptr2;

宣告 ptr2 為二重指標變數，用來存放一重整數指標變數所在的記憶體位址，使 ptr2 指向一重整數指標變數。

例：float **ptr3;

宣告 ptr3 為二重指標變數，用來存放一重單精度浮點數指標變數所在的記憶體位址，使 ptr3 指向一重單精度浮點數指標變數。

例：double **ptr4;

宣告 ptr4 為二重指標變數，用來存放一重倍精度浮點數指標變數所在的記憶體位址，使 ptr4 指向一重倍精度浮點數指標變數。

2. 一維二重指標陣列變數的宣告語法如下

```
資料型態 **指標陣列名稱[n];
```

例：char **ptr5[2];

宣告 2 個一維二重指標陣列變數 ptr5[0] 及 ptr5[1]，用來存放一重字元指標變數所在的記憶體位址，使 ptr5[0] 及 ptr5[1] 都指向一重字元指標變數。

3. 二維二重指標陣列變數的宣告語法如下

```
資料型態 **指標陣列名稱[m][n];
```

例：int **ptr6[2][2];

宣告 4 個二維二重指標陣列變數 ptr6[0][0]、ptr6[0][1]、ptr6[1][0] 及 ptr6[1][1]，用來存放一重整數指標變數所在的記憶體位址，使 ptr6[0][0]、ptr6[0][1]、ptr6[1][0] 及 ptr6[1][1]，都指向一重整數指標變數。

4. 三維二重指標陣列變數的宣告語法如下

```
資料型態 **指標陣列名稱[l][m][n];
```

例：float **ptr7[2][3][2];

宣告 12 個三維二重指標陣列變數 ptr7[0][0][0]、ptr7[0][0][1]、ptr7[0][1][0]、ptr7[0][1][1]、ptr7[0][2][0]、ptr7[0][2][1]、ptr7[1][0][0]、ptr7[1][0][1]、ptr7[1][1][0]、ptr7[1][1][1]、ptr7[1][2][0]、及 ptr7[1][2][1]，用來存放一重單精度浮點數指標變數所在的記憶體位址，使 ptr7[0][0][0]、ptr7[0][0][1]、ptr7[0][1][0]、ptr7[0][1][1]、ptr7[0][2][0]、ptr7[0][2][1]、ptr7[1][0][0]、ptr7[1][0][1]、ptr7[1][1][0]、ptr7[1][1][1]、ptr7[1][2][0]、及 ptr7[1][2][1]，，都指向一重單精度浮點數指標變數。

一個二重指標變數要能正常使用，必須經過下列程序設定：

步驟 1 宣告三個資料型態相同的變數：一般變數，一重指標變數及二重指標變數。

步驟 2 一重指標變數的初始值設定：將一般變數的位址指定給一重指標變數。

步驟 3 二重指標變數的初始值設定：將一重指標變數的位址指定給雙重指標變數。

例：以下片段程式碼，是設定一重指標變數 ptr1 的內容等於變數 var 的記憶體位址，使 ptr1 指向 var，及設定二重指標變數 ptr2 的內容等於變數 ptr1 的記憶體位址，使 ptr2 指向 ptr1。

```
int var,*ptr1,**ptr2;
ptr1=&var;       // 設定一重指標變數 ptr1 的初始值
ptr2=&ptr1;      // 設定二重指標變數 ptr2 的初始值
```

經過上述的設定後，ptr1 與 ptr2 最後都會指向 var。片段程式碼執行後，變數名稱、記憶體位址與記憶體位址中的內容三者的相關資訊，請參考「表 8-4」。

▼表 8-4　二重指標變數的記憶體位址配置及內容說明（一）

變數名稱	記憶體位址	記憶體位址中的內容
…	…	…
ptr2	0022ff6c~0022ff6f	0022ff70
ptr1	0022ff70~0022ff73	0022ff74
var	0022ff74~0022ff77	尚未設定
…	…	…

⚠注意

記憶體位址的數據，是當時執行程式所分配的結果。

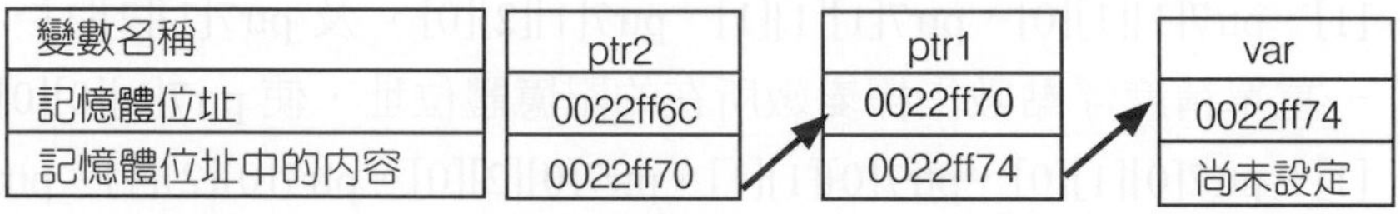

▲圖8-2　二重指標變數指向一般變數示意圖

經過上述的設定後，ptr1 及 ptr2 最後都會指向 var，且「*ptr2」相當於 ptr1，「*ptr1」相當於 var，「**ptr2」及「*ptr1」都相當於 var。

例：承上例，再加入以下程式碼，

```
var=1;
*ptr1=*ptr1+2;
**ptr2=**ptr2+3;
```

「var=1;」執行後，變數名稱、記憶體位址與記憶體位址中的內容三者的相關資訊，請參考「表 8-5」。

▼表 8-5　二重指標變數的記憶體位址配置及內容說明（二）

變數名稱	記憶體位址	記憶體位址中的內容
…	…	…
ptr2	0022ff6c~0022ff6f	0022ff70
ptr1	0022ff70~0022ff73	0022ff74
var	0022ff74~0022ff77	1
…	…	…

「*ptr1=*ptr1+2;」執行後，變數名稱、記憶體位址與記憶體位址中的內容三者的相關資訊，請參考「表 8-6」。

▼表 8-6　二重指標變數的記憶體位址配置及內容說明（三）

變數名稱	記憶體位址	記憶體位址中的內容
…	…	…
ptr2	0022ff6c~0022ff6f	0022ff70
ptr1	0022ff70~0022ff73	0022ff74
var	0022ff74~0022ff77	3
…	…	…

注意

*ptr1 相當於 *(0022ff74)，*(0022ff74) 相當於 1。

「**ptr2=**ptr2+3;」執行後，變數名稱、記憶體位址與記憶體位址中的內容三者的相關資訊，請參考「表 8-7」。

▼表 8-7　二重指標變數的記憶體位址配置及內容說明（四）

變數名稱	記憶體位址	記憶體位址中的內容
…	…	…
ptr2	0022ff6c~0022ff6f	0022ff70
ptr1	0022ff70~0022ff73	0022ff74
var	0022ff74~0022ff77	6
…	…	…

注意

**ptr2 相當於 *(*(ptr2))，相當於 *(*(0022ff70))，相當於 *(0022ff74)，相當於 3。

從「表 8-7」可以發現，程式並沒有直接改變 var 的內容（即沒有出現設定 var 的指令），但 var 的內容還是變了。原因是「*ptr1」及「**ptr2」間接改變了 var 的內容，「*ptr」及「**ptr2」都相當於 var。

■ 範例 5

二重指標變數練習。

```
#include <iostream>
using namespace std;
int main()
 {
  int var,*ptr1,**ptr2;
  ptr1=&var; //設定一重指標變數ptr1的初始值
  ptr2=&ptr1; //設定二重指標變數ptr2的初始值
  var=1;
  *ptr1=*ptr1+2;
  **ptr2=**ptr2+3;

  cout << "var=" << var << '\n' ;
  cout << "*ptr1=" << *ptr1 << '\n' ;
  cout << "**ptr2=" << **ptr2;

  return 0;
 }
```

執行結果

```
var=6
*ptr1=6
**ptr2=6
```

程式解說

因 ptr2 指向 ptr1，ptr1 指向 var，故 ptr1 及 ptr2 最後所指向 var。當 ptr1 及 ptr2 所指向的資料被改變，var 的資料亦隨之改變。

❖ 8-2-2 三重指標變數

三重指標變數有下列 4 種宣告語法：

1. 一般三重指標變數的宣告語法如下

```
資料型態 ***指標名稱;
```

■ 語法說明

(1) 資料型態：一般常用的資料型態有整數、浮點數、字元、布林和字串。

(2) 指標名稱：指標名稱的命名與識別字命名相同。

例：char ***ptr1;

宣告 ptr1 為三重指標變數，用來存放字元變數所在的記憶體位址，使 ptr1 指向字元變數。

例：int ***ptr2;

宣告 ptr2 為三重指標變數，用來存放整數變數所在的記憶體位址，使 ptr2 指向整數變數。

例：float ***ptr3;

宣告 ptr3 為三重指標變數，用來存放單精度浮點數變數所在的記憶體位址，使 ptr3 指向單精度浮點數變數。

例：double ***ptr4;

宣告 ptr4 為三重指標變數，用來存放倍精度浮點數變數所在的記憶體位址，使 ptr4 指向倍精度浮點數變數。

2. 一維三重指標陣列變數的宣告語法如下

```
資料型態 ***指標陣列名稱[m];
```

例：char ***ptr5[2];

宣告 2 個一維三重指標陣列變數 ptr5[0] 及 ptr5[1]，用來存放二重字元指標變數所在的記憶體位址，使 ptr5[0] 及 ptr5[1] 都指向二重字元指標變數。

3. 二維三重指標陣列變數的宣告語法如下

```
資料型態 ***指標陣列名稱[m][n];
```

例：int ***ptr6[2][2];

宣告 4 個二維三重指標陣列變數 ptr6[0][0]、ptr6[0][1]、ptr6[1][0] 及 ptr6[1][1]，用來存放二重整數指標變數所在的記憶體位址，使 ptr6[0][0]、ptr6[0][1]、ptr6[1][0] 及 ptr6[1][1]，都指向二重整數指標變數。

4. 三維三重指標陣列變數的宣告語法如下

```
資料型態 ***指標陣列名稱[l][m][n];
```

例：float ***ptr7[2][3][2];

宣告 12 個三維三重指標陣列變數 ptr7[0][0][0]、ptr7[0][0][1]、ptr7[0][1][0]、ptr7[0][1][1]、ptr7[0][2][0]、ptr7[0][2][1]、ptr7[1][0][0]、ptr7[1][0][1]、ptr7[1][1][0]、ptr7[1][1][1]、ptr7[1][2][0]、ptr7[1][2][1]，用來存放二重單

精度浮點數指標變數所在的記憶體位址，使 ptr7[0][0][0]、ptr7[0][0][1]、ptr7[0][1][0]、ptr7[0][1][1]、ptr7[0][2][0]、ptr7[0][2][1]、ptr7[1][0][0]、ptr7[1][0][1]、ptr7[1][1][0]、ptr7[1][1][1]、ptr7[1][2][0]、ptr7[1][2][1]，都指向二重單精度浮點數指標變數。

一個三重指標變數要能正常使用，必須經過下列程序設定：

步驟 1 宣告四個資料型態相同的變數：一般變數，一重指標變數，二重指標變數及三重指標變數。

步驟 2 一重指標變數的初始值設定：將一般變數的位址指定給一重指標變數。

步驟 3 二重指標變數的初始值設定：將一重指標變數的位址指定給二重指標變數。

步驟 4 三重指標變數的初始值設定：將二重指標變數的位址指定給三重指標變數。

例：以下片段程式碼，是設定一重指標變數 ptr1 的內容等於變數 var 的記憶體位址，使 ptr1 指向 var，設定二重指標變數 ptr2 的內容等於變數 ptr1 的記憶體位址，使 ptr2 指向 ptr1，及設定二重指標變數 ptr3 的內容等於變數 ptr2 的記憶體位址，使 ptr3 指向 ptr2。

```
int var,*ptr1,**ptr2,***ptr3;
ptr1=&var;        //設定一重指標變數ptr1的初始值
ptr2=&ptr1;       //設定二重指標變數ptr2的初始值
ptr3=&ptr2;       //設定三重指標變數ptr3的初始值
```

片段程式碼執行後，變數名稱、記憶體位址與記憶體位址中的內容三者的相關資訊，請參考「表 8-8」。

▼表 8-8　三重指標變數的記憶體位址配置及內容說明（一）

變數名稱	記憶體位址	記憶體位址中的內容
…	…	…
ptr3	0022ff68~0022ff6b	0022ff6c
ptr2	0022ff6c~0022ff6f	0022ff70
ptr1	0022ff70~0022ff73	0022ff74
var	0022ff74~0022ff77	尚未設定
…	…	…

⚠注意

記憶體位址的數據，是當時執行程式所分配的結果。

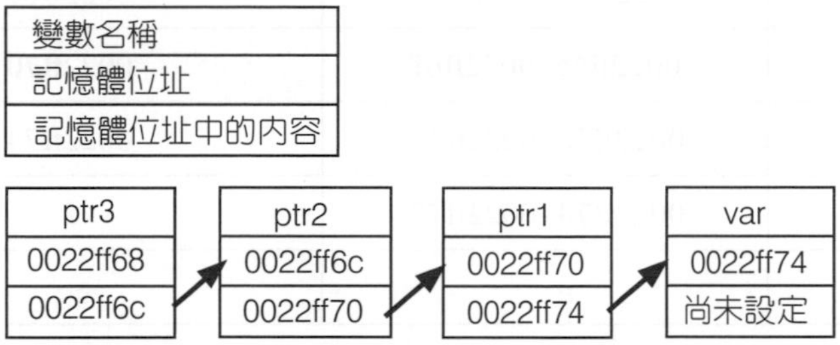

▲圖8-3　三重指標變數指向一般變數示意圖

經過上述的設定後，ptr1，ptr2 及 ptr3 最後都會指向 var，且「*ptr3」相當於 ptr2，「*ptr2」相當於 ptr1，「*ptr1」相當於 var，「***ptr3」，「**ptr2」及「*ptr1」都相當於 var。

例：承上例，再加入以下程式碼，

```
var=1;
*ptr1=*ptr1+2;
**ptr2=**ptr2+3;
***ptr3=***ptr3+4;
```

「var=1;」執行後，變數名稱、記憶體位址與記憶體位址中的內容三者的相關資訊，請參考「表 8-9」。

▼表 8-9　三重指標變數的記憶體位址配置及內容說明（二）

變數名稱	記憶體位址	記憶體位址中的內容
…	…	…
ptr3	0022ff68~0022ff6b	0022ff6c
ptr2	0022ff6c~0022ff6f	0022ff70
ptr1	0022ff70~0022ff73	0022ff74
var	0022ff74~0022ff77	1
…	…	…

「*ptr1=*ptr1+2;」執行後，變數名稱、記憶體位址與記憶體位址中的內容三者的相關資訊，請參考「表 8-10」。

▼表 8-10　三重指標變數的記憶體位址配置及內容說明（三）

變數名稱	記憶體位址	記憶體位址中的內容
…	…	…
ptr3	0022ff68~0022ff6b	0022ff6c
ptr2	0022ff6c~0022ff6f	0022ff70
ptr1	0022ff70~0022ff73	0022ff74
var	0022ff74~0022ff77	3
…	…	…

⚠注意

*ptr1 相當於 *(0022ff74) 相當於 1。

「**ptr2=**ptr2+3;」執行後，變數名稱、記憶體位址與記憶體位址中的內容三者的相關資訊，請參考「表 8-11」。

▼表 8-11　三重指標變數的記憶體位址配置及內容說明（四）

變數名稱	記憶體位址	記憶體位址中的內容
…	…	…
ptr3	0022ff68~0022ff6b	0022ff6c
ptr2	0022ff6c~0022ff6f	0022ff70
ptr1	0022ff70~0022ff73	0022ff74
var	0022ff74~0022ff77	6
…	…	…

⚠注意

**ptr2 相當於 (*(*(ptr2)))，相當於 (*(*(0022ff70))，相當於 *(0022ff74)，相當於 3。

「***ptr3=***ptr3+4;」執行後，變數名稱、記憶體位址與記憶體位址中的內容三者的相關資訊，請參考「表 8-12」。

▼表 8-12 三重指標變數的記憶體位址配置及內容說明（五）

變數名稱	記憶體位址	記憶體位址中的內容
…	…	…
ptr3	0022ff68~0022ff6b	0022ff6c
ptr2	0022ff6c~0022ff6f	0022ff70
ptr1	0022ff70~0022ff73	0022ff74
var	0022ff74~0022ff77	10
…	…	…

⚠注意

***ptr3 相當於 *(*(*(ptr3)))，相當於 *(*(*(0022ff6c)))，相當於 *(*(0022ff70))，相當於 *(0022ff74)，相當於 6。

從「表 8-12」可以發現，程式並沒有直接改變 var 的內容（即沒有出現設定 var 的指令），但 var 的內容還是變了。原因是「*ptr1」、「**ptr2」及「***ptr3」間接改變了 var 的內容，「*ptr」、「**ptr2」及「***ptr3」都相當於 var。

範例 6

三重指標變數練習。

```
#include <iostream>
using namespace std;
int main()
 {
  int var,*ptr1,**ptr2,***ptr3;
  ptr1=&var; //設定一重指標變數ptr1的初始值
  ptr2=&ptr1; //設定二重指標變數ptr2的初始值
  ptr3=&ptr2; //設定三重指標變數ptr3的初始值

  var=1;
  *ptr1=*ptr1+2;
  **ptr2=**ptr2+3;
  ***ptr3=***ptr3+4;

  cout << "var=" << var << '\n' ;
  cout << "*ptr1=" << *ptr1 << '\n' ;
  cout << "**ptr2=" << **ptr2 << '\n' ;
  cout << "***ptr3=" << ***ptr3;
```

```

  return 0;
}
```

執行結果

```
var=10
*ptr1=10
**ptr2=10
***ptr3=10
```

程式解說

因 ptr3 指向 ptr2，ptr2 指向 ptr1，ptr1 指向 var，故 ptr1、ptr2 及 ptr3 最後所指向 var。當 ptr1、ptr2 及 ptr3 所指向的資料被改變，var 的資料亦隨之改變。

8-3 進階範例

範例 7

寫一程式，模擬人與電腦玩剪刀石頭布遊戲。(利用一重指標變數)

```
#include <iostream>
#include <ctime>
#include <string>
#include <conio.h>
using namespace std;
int main()
 {
  char *name[3]={"剪刀" , "石頭" , "布"};
  //name[0]指向"剪刀" , name[1]指向"石頭"
  //name[2]指向"布"
  char input; //人出什麼
  int people; //將input轉成整數，存入people
  int computer; //電腦出什麼

  srand((unsigned)time(NULL));
  cout << "這是人與電腦一起玩的剪刀石頭布遊戲.\n" ;
  while (1)
   {
    cout << "您出什麼?(0:剪刀1:石頭2:布Enter:結束)" ;
    input=getche();
    if (input=='\r') //或if (input==13)
     {
      cout << "\n遊戲結束.\n" ;
      break;
```

```
       }
      if (input<'0' || input>'2')
       {
        cout << "\n您選的資料不是0,1,2,重新選一次.\n" ;
        continue;
       }
      people=input-48; //'0'-48=0 ; '1'-48=1 ;...;'9'-48=9
      computer=rand()%3;
      cout << "\n您出:" << name[people]<< '\n' ;
      cout << "電腦出:" << name[computer]<< '\n' ;
      if (people == computer)
        cout << "平手" ;
      else if (people-computer == 1 || people-computer == -2)
        cout << "您贏了" ;
      else
        cout << "您輸了" ;
     }

    return 0;
   }
```

執行結果

這是人與電腦一起玩的剪刀石頭布遊戲 .

您出什麼 ?(0: 剪刀 1: 石頭 2: 布 Enter: 結束)0

您出 : 剪刀

電腦出 : 剪刀

平手

您出什麼 ?(0: 剪刀 1: 石頭 2: 布 Enter: 結束)1

您出 : 石頭

電腦出 : 布

您輸了

您出什麼 ?(0: 剪刀 1: 石頭 2: 布 Enter: 結束)(按 Enter)

遊戲結束

範例 8

寫一程式，模擬撲克牌翻牌配對遊戲。(利用一重指標變數)

```
#include <iostream>
#include <string>
#include <iomanip>
#include <ctime>
using namespace std;
int main()
 {
  char *poker_context[13]={"Ａ","２","３","４","５","６","７",
```

```
                  "8","9","10","J","Q","K"};

    int poker[4][13];
    //poker[row][col],表示位置(row,col)被設定的撲克牌代碼

    int all_four[13]={0};
    //all_four[i]=0,表示撲克牌號碼i的張數為0

    int match[4][13]={0};
    //match[row][col]=0,表示位置(row,col)還沒被配對成功

    int row[2],col[2]; //輸入兩個位座標位置(row,col)

    int number; //記錄亂數產生的撲克牌號碼0~12
    //撲克牌號碼0~12,分別?代表12345678910JQKA

    char *temp; //顯示位置(row,col)的內容
    int num=1; //輸入次數
    int bingo=0;
    //撲克牌翻牌配對成功1次,bingo值+1;bingo=26,則遊戲結束

    int i,j,k;
    srand((unsigned) time(NULL));
    for (i=0;i<4;i++)
     for (j=0;j<13;j++)
       {
        number=rand()%13;
        //all_four[number]<4，表示撲克牌號碼number的張數最多4
        if (all_four[number]<4)
          {
           all_four[number]++;
           poker[i][j]=number;
          }
        else
           j--;
       }
    cout << "\t撲克牌翻牌配對遊戲\n" ;

    //畫出4*13的撲克牌翻牌配對圖形
    cout << ' ';
    for (i=0;i<13;i++)
       cout << setw(2) << i;
    cout << '\n';

    k=0;
    for (i=0;i<4;i++)
     {
       cout << setw(2) << k++ ;
       for (j=0;j<13;j++)
         cout << "■" ;
       cout << '\n' ;
     }
    //畫出4*13的撲克牌翻牌配對圖形

```

```
    cout << "撲克牌翻牌配對需要選擇兩個位置:\n" ;
    while(1)
     {
      //每次選取兩個位置前,
      //先將兩個位置設成位選取狀態歸零(以-1表示)
      row[0]=-1;
      col[0]=-1;
      row[1]=-1;
      col[1]=-1;
      //每次選取兩個位置前,
      //先將兩個位置設成位選取狀態歸零(以-1表示)

      for (num=0;num<2;num++)
       {
        cout << "輸入第" << num+1
             << "次選擇的位置(以空白格開)" ;
        cout << "row,col(row=0-3 , col=0-12):" ;

        //輸入列及行的位置,以空白格開
        cin >> row[num] >> col[num] ;

        if ( ! (row[num]>=0 && row[num]<=3
             && col[num]>=0 && col[num]<=12) )
         {
          cout << "無(" << row[num] << ','
               << col[num] << ")位置,重新輸入!\a\n";
          num--;
          continue;
         }

        if ( match[row[num]][col[num]]!=0 ||
            (row[0]==row[1] && col[0]==col[1]) )
         {
          cout << "位置(" << row[num] << ',' << col[num]
               << ")已經輸入了或配對完成,重新輸入!\a\n" ;
          num--;
          continue;
         }

        system("cls") ;  //  清除螢幕面
        //畫出4*13的撲克牌翻牌配對圖形
        cout << "\t模擬撲克牌翻牌配對遊戲\n" ;
        cout << ' ' ;
        for (i=0;i<13;i++)
           cout << setw(2) << i ;
        cout << '\n' ;

        k=0;
        for (i=0;i<4;i++)
         {
          cout << setw(2) << k++;
          for (j=0;j<13;j++)
            if (match[i][j]==0)
              if ( i==row[num] && j==col[num]
```

```
                  || i==row[0] && j==col[0] )
                {
                 temp=poker_context[poker[i][j]];
                 cout << temp;
                }
               else
                 cout << "■" ;
             else
              {
               temp=poker_context[poker[i][j]];
               cout << temp;
              }
             cout << '\n' ;
          }
        }
       _sleep(1000); //暫停1秒

       //位置(row[0],col[0])與位置(row[1],col[1])內容相同時
       if (poker[row[0]][col[0]]==poker[row[1]][col[1]])
        {
         match[row[0]][col[0]]=1;
         //設定位置(row[0],col[0])已配對成功
         match[row[1]][col[1]]=1;
         //設定位置(row[1],col[1])已配對成功
         bingo++;
        }

       system("cls");
       //畫出4*13的撲克牌翻牌配對圖形
       cout << "\t撲克牌翻牌配對遊戲\n" ;
       cout << ' ';
       for (i=0;i<13;i++)
         cout << setw(2) << i ;
       cout << '\n';

       k=0;
       for (i=0;i<4;i++)
        {
         cout << setw(2) << k++ ;
         for (j=0;j<13;j++)
           if (match[i][j]==0)
              cout << "■" ;
           else
            {
             temp=poker_context[poker[i][j]];
             cout << temp;
            }
           cout << '\n' ;
        }

       cout << "撲克牌翻牌配對需要選擇兩個位置:\n" ;
       //畫出4*13的撲克牌翻牌配對圖形
       if (bingo==26)
          break;
```

```
    }
   cout << "撲克牌翻牌配對遊戲結束.\n" ;

   return 0;
  }
```

執行結果

請自行娛樂一下

自我練習

一、選擇題

1. 下列哪一個是正確的整數指標宣告方式？

   (A) int p; (B) int *q; (C) ptr &r; (D) int s*;

2. 下列與指標有關的敘述，何者是錯的？

   (A) 指標與它所指向的變數，兩者的資料型態要相同 (B) 指標可以儲存數值或文字 (C) 要使指標 ptr 指向變數 data，則程式敘述為 ptr=&data; (D) 指標可以指向陣列中任何一個元素的位址

3. 若要將整數變數 num 的記憶體位址，指定給整數指標變數 ptr，則程式敘述為何？

   (A) int ptr=num; (B) int *ptr=num; (C) int *ptr=# (D) int *ptr=*num;

4. （承上題）下列哪一個表示法，代表 num 的記憶體位址？

   (A) *num (B) &num (C) *ptr (D) 以上皆非

5. （承上題）下列哪一個表示法，相當於 num ？

   (A) ptr& (B) &num (C) *ptr (D) 以上皆非

6. 若字元指標變數 ptr 指向變數 ch，則 ch 的資料型態為何？

   (A) int (B) float (C) double (D) char

7. 以下片段程式的輸出結果？ (A) 2 (B) 3 (C) 6 (D) 以上皆非

```
int x, *y ;
x = 2 ;
y = &x ;
*y = *y * 3 ;
cout << x ;
```

8. 以下片段程式的輸出結果？ (A) 2 (B) 4 (C) 7 (D) 12

```
int x, *y, **z ;
y = &x ;
z = &y ;
x = 2 ;
*y = *y + 2 ;
**z = **z * 3 ;
cout << x ;
```

二、填充題

1. 一般變數可以儲存＿＿＿＿＿及＿＿＿＿＿兩種資料，指標變數只能儲存＿＿＿＿＿資料。

2. ＿＿＿＿＿是 C++ 語言的取址運算子，＿＿＿＿＿是間接取值運算子。

3. 若指標變數 ptr1 指向整數變數 a，指標變數 ptr2 指向整數變數 b，則「*ptr1 + *ptr2」相當於＿＿＿＿＿＿＿＿＿＿＿＿＿＿＿＿＿＿＿＿。

4. 若在程式中宣告以下程式敘述：

   int a[5] = {1, 2, 3, 4, 5} ;

   (1)（假設 a[0] 的記憶體位址為 0x6ffe00）

   則 (1) a 的值為何？＿＿＿＿＿＿＿＿＿＿

   (2) a+1 的值為何？＿＿＿＿＿＿＿＿＿＿

   (3) *(a+2) 的值為何？＿＿＿＿＿＿＿＿＿＿

5. 若在程式中宣告以下程式敘述：

   ```
   int a[3][2] = {{1, 2}, {3, 4}, {5, 6}} ;
   ```

   (2)（假設 a[0][0] 的記憶體位址為 0x6ffe00）

   則 (1) a 的值為何？＿＿＿＿＿＿＿＿＿＿

   (2) a[0] 的值為何？＿＿＿＿＿＿＿＿＿＿

   (3) a[1] 的值為何？＿＿＿＿＿＿＿＿＿＿

   (4) a[2] 的值為何？＿＿＿＿＿＿＿＿＿＿

   (5) *(a+1) 的值為何？＿＿＿＿＿＿＿＿＿＿

   (6) *(a+3) 的值為何？＿＿＿＿＿＿＿＿＿＿

   (7) *(a+5) 的值為何？＿＿＿＿＿＿＿＿＿＿

   (8) *(*(a+2)+0) 及 *(*(a+2)+1) 的值，各為何？＿＿＿＿＿＿＿＿＿＿

6. 以下片段程式碼中，(1)、(2)、(3)、(4) 及 (5) 應填入什麼程式敘述，才能得到表格中的數據？

```
int var=____(1)____;
________(2)________;
________(3)________;
ptr1=________(4)________;
ptr2= ________(5)________;
```

變數名稱	記憶體位址	記憶體位址中的內容
……	……	……
ptr2	0022ff6c~0022ff73	0022ff7c
ptr1	0022ff74~0022ff7b	0022ff6c
var	0022ff7c~0022ff83	2
……	……	……

【註】記憶體位址的數據，是假設性的。

三、實作題

1. 寫一程式，宣告一個二維陣列 int data[3][2]={1,2,3,4,5,6}；利用指標的方式，輸出 data 的每一個元素之內容及所在之位址。
2. 寫一程式，輸入 100 個整數後，再輸入要搜尋的整數，使用指標及二分搜尋法的方式，判斷搜尋的整數是否在 100 個整數中。
3. 寫一程式，輸入 10 個姓名後，再輸入要搜尋的搜尋姓名，使用指標及線性搜尋法的方式，判斷搜尋的姓名是否在這 10 個姓名中。。
4. 假設程式中宣告：char *ptr="Welcome to C language.";

   寫一程式，

   (1) 輸出 ptr 所指向的字串中有多少個 Bytes（不含 '\0'）。

   (2) 輸出 ptr 所指向的字串中多少個大寫字母。

Chapter

09 前置處理程式

C++ 語言的原始程式碼開始處，以「#」開頭的指令敘述，被稱為前置處理指令。例如：以「#include」開頭的前置處理指令可以將指定的檔案（如標頭檔）中的程式碼引入程式中；以「#define」開頭的前置處理指令可以定義程式中的常數或巨集。在進行編譯之前，這些前置處理指令都會被置換成對應的程式碼，並在原始程式碼中出現。

9-1 #include 前置處理指令

C++ 標準函式庫提供許多變數、函式（function）、類別（class）及物件（object），程式設計者可以直接使用，以縮短程式的撰寫時間。無論是變數、函式、類別或物件，在使用前必須經過宣告（declare），讓編譯器知道這些識別名稱的存在，並為它們分配儲存的記憶體空間，這樣才可以在後續的程式碼中使用。

C++ 標準函式庫所提供的變數、函式、類別及物件，其宣告都放在已定義好的標頭檔（或含括檔）中，只要使用「#include <…>」程式敘述將需要的標頭檔引入（或含括）到程式中，就能使用標頭檔中所宣告的任何變數、函式、類別及物件。C 語言所提供的一些標頭檔，都移植到 C++ 語言中，且標頭檔名稱前多了一個 c。例，C 語言的 stdio.h 標頭檔，移植到 C++ 語言變成 cstdio。

引入標頭檔到原始程式碼的語法有下列兩種：

一、引入 C++ 語言所提供的標頭檔

使用 C++ 語言標準函式庫所提供的變數、函式、類別及物件時，必須先引入 C++ 語言所提供的標頭檔。例：原始程式碼中經常出現的 cout（輸出物件）及 cin（輸入物件），是宣告在 C++ 語言所提供的 iostream 標頭檔中，使用它們之前，必須先將 iostream 標頭檔引入到原始程式碼中。

引入標頭檔的語法如下：

```
#include <標頭檔名稱>
```

■ 語法說明

1. 指示前置處理器到系統預設的「include」資料夾，將「< >」（角括弧）中的標頭檔引入原始程式中。若前置處理器找不到指定的標頭檔，編譯器會產生錯誤，並顯示類似以下的錯誤訊息：

   標頭檔名稱 : No such file or directory.
2. 在前置處理指令的尾部，不能加「；」。
3. 標頭檔名稱須放在「< >」中。
4. 例：#include <iostream> //引入 iostream 標頭檔

   #include <conio.h> //引入 conio.h 標頭檔

二、引入自訂標頭檔

自訂標頭檔是程式設計者自行撰寫的標頭檔，內容可包含常數名稱、巨集名稱、函式名稱、……等定義。

引入自訂標頭檔的語法如下：

```
#include "路徑\\自行撰寫的標頭檔名稱"
```

■ 語法說明

1. 指示前置處理器先到指定的路徑或目前的資料夾，將「" "」（雙引號）中的標頭檔引入原始程式中。若找不到指定的標頭檔，則會再到系統預設的「include」資料夾，將指定的標頭檔引入原始程式中。若仍然找不到指定的標頭檔，則編譯器會產生錯誤，並顯示類似以下的錯誤訊息：

   標頭檔名稱 : No such file or directory.
2. 在前置處理指令的尾部，不能加「；」。
3. 路徑可以省略，否則必須為絕對路徑。
4. 標頭檔名稱須放在「" "」中。

例：假設「c:\mis」資料夾中有一個「myhead.h」檔案，則引入自訂標頭檔「myhead.h」的語法為：

```
#include "c:\\mis\\myhead.h"
```

（請參考「範例 3」）

9-2 #define 前置處理指令

當程式中使用很多相同的常數值時，會因常數值變更而導致程式修改困擾。若程式中需使用大量的常數值，則使用巨集指令來定義常數值，是最適合的做法。巨集指令是使用一個識別名稱來代表特定的常數值，以便在編譯前將識別名稱替換成對應的常數值，這種替換指令的方式可以大大簡化程式碼的撰寫。因此，巨集指令又被稱為替換指令。另外，巨集指令也可使用一個識別名稱來代表特定的函式。

❖ 9-2-1 巨集指令

巨集指令的定義語法有下列三種：

1. 巨集名稱代替數字常數、字元常數或字串常數之定義語法：

```
#define 巨集名稱 常數
```

■ **語法說明**

(1) 巨集名稱的命名規則與識別字命名相同，且習慣以英文大寫表示。

(2) 巨集名稱，不可寫在「＝」（指定運算子）的左邊。

例：#define HOUR 24

表示以 HOUR 巨集名稱來代替 24（可想成 HOUR 代表一天有 24 小時）。在程式編譯之前，程式中所有的 HOUR 會被換成 24。

例：#define CHINESE " 中文 "

表示以 CHINESE 巨集名稱來代替 " 中文 "。在程式編譯之前，程式中所有的 CHINESE 會被換成 " 中文 "。

2. 巨集名稱代替簡易指令之定義語法（一）：

```
#define 巨集名稱 簡易指令
```

例：#define MYWAIT cout << " 請稍後…\n"

表示以 MYWAIT 來代替「cout << " 請稍後…\n"」指令。在程式編譯之前，程式中所有的 MYWAIT，編譯時會被換成「cout << " 請稍後…\n"」。

例：
```
#define PRINTSTAR for(i=1;i<=3;i++)\
        {\
          for (j=1;j<=i;j++)\
            cout << '*' ; \
          cout << '\n' ; \
        }
```
表示以 PRINTSTAR 來代替
```
for (i=1;i<=3;i++)
 {
   for (j=1;j<=i;j++)
     cout << '*' ;
   cout << '\n' ;
 }
```
編譯前，程式中所有的 PRINTSTAR 會被換成
```
for (i=1;i<=3;i++)
 {
   for (j=1;j<=i;j++)
     cout << '*' ;
   cout << '\n' ;
 }
```

⚠注意

當代替指令超過一列以上，則除了最後一列外，必須在每列後加上「\」。

3. 巨集名稱代替簡易指令之定義語法（二）：

```
#define 巨集名稱(虛擬參數串列)與虛擬參數串列有關的簡易指令
```

■ 語法說明

與虛擬參數串列有關的簡易指令，是指帶有虛擬參數串列的函式。

例：#define MYNAME(name) cout << "my name is " << name << '\n'

表示以 MYNAME(name) 來代替「cout << "my name is " << name << '\n'」指令。若程式中有包含「MYNAME("Mike")」，則在程式編譯之前，會將它轉換成 cout << "my name is " << "Mike" << '\n'

例：
```
#define LEAP(y)  if ((y) % 400 == 0 || ((y) % 100 != 0 && (y) % 4==0))\
                   cout << " 西元 " << y << " 年是閏年 .\n"; \
                 else\
                   cout << " 西元 " << y << " 年不是閏年 .\n";
```
表示以 LEAP(y) 來代替
```
if ((y) % 400 == 0 || ((y) % 100 != 0 && (y) % 4==0))
  cout << " 西元 " << y << " 年是閏年 .\n";
else
  cout << " 西元 " << y << " 年不是閏年 .\n";
```
若程式中有包含「LEAP(2012)」，則在程式編譯之前，會將它轉換成
```
if ((2012) % 400 == 0 || ((2012) % 100 != 0 && (2012)% 4==0))
  cout << " 西元 " << 2012 << " 年是閏年 .\n";
else
  cout << " 西元 " << 2012 << " 年不是閏年 .\n";
```

⚠注意

雖然巨集名稱可以代替超過一列以上的指令，但不建議這樣用法，請改用自訂函式（請參考「10-1 自訂函式」）的方式來撰寫。

4. 巨集名稱的呼叫語法有下列四種方式：

(1) 巨集名稱 ;

(2) 巨集名稱與其他指令放在一起

(3) 巨集名稱 (實際參數串列) ;

(4) 巨集名稱 (實際參數串列) 與其他指令放在一起

範例 1

巨集的應用範例。

```
#include <iostream>
using namespace std;
#define HOUR 24
#define CHINESE "中文"
#define MYWAIT cout << "請稍後...\n"
#define PRINTSTAR for(i=1;i<=3;i++)\
                   {\
                    for (j=1;j<=i;j++)\
                      cout << '*' ;\
                    cout << '\n' ;\
                   }

```

```
#define LEAP(y) if ((y) % 400 == 0 || ((y) % 100 != 0 && (y) % 4==0))\
                  cout << "西元" << y << "年是閏年.\n" ;\
               else\
                  cout << "西元" << y << "年不是閏年.\n" ;

#define F(X) 2*X
#define MYNAME(name) cout << "my name is " << name << '\n'
int main()
 {
  int i,j;
  cout << "一天有" << HOUR << "小時.\n" ;
  cout << "使用的語言為" << CHINESE << ".\n" ;
  MYNAME("Mike");
  PRINTSTAR;
  LEAP (2012) ;
  MYWAIT;
  cout << "F(2)=" << F(2);

  return 0;
 }
```

執行結果

```
一天有 24 小時 .
使用的語言為中文 .
my name is Mike
*
**
***
西元 2012 年是閏年 .
請稍後…
F(2)=4
```

❖ 9-2-2 巨集指令與函式的差別

雖然巨集指令可以當做簡易型的自訂函式使用，但巨集指令與自訂函式仍有以下四點差異：

1. 巨集指令在程式編譯階段前被處理，而自訂函式則是在編譯階段被處理。
2. 呼叫自訂函式有程式控制權轉移的現象，而使用巨集指令則沒有。
3. 呼叫自訂函式時，需將資料壓入（push）記憶體堆疊區，結束自訂函式返回呼叫的地方時，會從記憶體堆疊區取出（pop）資料，這些過程會多花一些時間，而使用巨集指令則沒有這些過程。因此，巨集指令的執行速度比呼叫自訂函式快。

4. 自訂函式在編譯時，會被配置一塊記憶體空間，除了呼叫自訂函式時所需要的堆疊記憶體外，不管自訂函式被呼叫幾次，所使用的記憶體空間並不會再增加。使用巨集指令時，程式中巨集名稱使用越多次，產生的執行檔空間就越大，且執行時所需的記憶體也越多。

❖ 9-2-3　參數型巨集指令

呼叫參數型巨集指令時，虛擬參數不會將實際參數傳給它的資料先做處理，而是直接代入巨集名稱所定義的內容中。因此，在巨集名稱所定義的內容中，務必在虛擬參數的前後加上「( )」，否則呼叫參數型巨集指令所得到結果，可能不完全與您預期的相同。

範例 2

參數型巨集的應用範例。

```
#include <iostream>
#define MULTIPLY(x,y) x*y

int main()
 {
    cout << "MULTIPLY(1+2,3+4)=" << MULTIPLY(1+2,3+4);
    return 0;
 }
```

執行結果

MULTIPLY(1+2,3+4)=11

程式解說

1. MULTIPLY(1+2,3+4)=1+2*3+4=11，而不是 (1+2)*(3+4)=21，因為虛擬參數是直接將實際參數傳給它的資料，代入巨集名稱所定義的內容中。
2. 若將 #define MULTIPLY(x,y) x*y 改成

   `#define MULTIPLY(x,y) (x)*(y)`

   則 MULTIPLY(1+2, 3+4) 結果為 21。

9-3　自訂標頭檔

程式設計者可以將常用的常數名稱、巨集名稱、函式名稱、……等定義分門別類，並儲存在以 .h 為副檔名的標頭檔中。之後只要在原始程式碼中引入相對應的標頭檔，就能隨時呼叫使用它們。

範例 3

（自訂標頭檔的應用範例）假設程式設計者將常用的常數名稱、巨集名稱、函式名稱，撰寫在 myhead.h 標頭檔中。myhead.h 檔案的內容如下：

```
#define HOUR 24
#define CHINESE " 中文 "
#define MYNAME(name) cout << "my name is " << name << '\n'
#define PRINTSTAR for(i=1;i<=3;i++)\
                 {\
                  for (j=1;j<=i;j++)\
                    cout << '*' ;\
                  cout << '\n' ;\
                 }
#define LEAP(y) if ((y) % 400 == 0 || ((y) % 100 != 0 && (y) % 4==0))\
                cout << " 西元 " << y << " 年是閏年 .\n" ;\
              else\
                cout << " 西元 " << y << " 年不是閏年 .\n" ;
void printwhat(int digit)
 {
  int m,n;
  for (m=1;m<= 3;m++)
   {
     for (n=1;n<=m;n++)
       cout << digit ;
     cout << '\n' ;
   }
 }
#define MYWAIT cout << " 請稍後 ...\n"
```

```
#include <iostream>
using namespace std;
#include "myhead.h"
int main()
 {
  int i,j;
  cout << HOUR << "小時制.\n" ;
  cout << "我愛" << CHINESE << '\n' ;
  MYNAME("David");
  PRINTSTAR;
  LEAP(100) ;
```

```
12        printwhat(1);
13        MYWAIT;
14
15        return 0;
16    }
```

執行結果

24 小時制 .

我愛中文 .

my name is David

*

**

*** 西元 100 年不是閏年 .

1

11

111

請稍後…

程式解說

在主程式第 3 列「#include "myhead.h"」中，在 myhead.h 前面並沒有加上路徑，表示「myhead.h」與「範例 3.cpp」放在同一個資料夾。

9-4 命名空間

命名空間（namespace）是一群識別字定義的地方。若相同的識別字名稱定義在不同的命名空間，它們代表的意義不一定要相同且是相互獨立的。例如，就讀清華大學的邏輯林同學與就讀交通大學的邏輯林同學，雖然姓名都是邏輯林，但並不會造成無法辨識的情況發生。例子中的大學名稱，就好比是一個獨立的命名空間。

❖ 9-4-1 使用命名空間

設立命名空間的目的，是為了避免識別名稱命名衝突。當多個程式使用相同的識別名稱來定義變數、函式、類別或物件時，可能導致無法預測的問題發生。將這些相同的識別名稱放入不同的命名空間中，就可以避免衝突發生。使用變數、函式、類別及物件等識別字名稱前，必須知道這些識別字名稱是放在哪一個命名空間中，然後在前置處理指令區使用「using namespace 命名空間名稱 ;」程式敘述，方便後續的程式碼撰寫。例如，使用 C++ 標準函數庫內的變數、函式、類別及物件等識別字名稱前，必須先在前置處理指令區使用「using namespace std ;」程式敘述，讓 C++ 編譯器知道這些識別字名稱是定義在 std 命名空間裡；若在前置處理指令區，沒有使用「using namespace std ;」程式敘述，且在程式中想使用 std 命名空間內的變數、函式、類別及物件識別字名稱時，則是必須在變數、函式、類別及物件識別字名稱前冠上「std::」（「::」為範圍解析運算子），否則會出現類似下面錯誤訊息（切記）：

```
變數名稱' undeclared was not declared in this scope或
```

或

```
'函式名稱' undeclared was not declared in this scope
```

或

```
'類別變數名稱' undeclared was not declared in this scope
```

或

```
'物件變數名稱' undeclared was not declared in this scope
```

範例 4

不使用「using namespace std ;」程式敘述情況下，使用 std 命名空間中的 cout 輸出物件之範例練習。

```
1    #include <iostream>
2    int main()
3    {
4      std::cout << "歡迎您來到C++的世界!";
5      return 0;
6    }
```

執行結果

歡迎您來到 C++ 的世界！

程式解說

1. 第 1 列的作用，是將 C++ 標準函式庫中的 iostream 標頭檔引入程式中。iostream 檔案內容中包含 C++ 所提供的標準輸出及輸入功能，若用到這些功能，都必須在前置處理指令區，撰寫「#include <iostream>」程式敘述。

2. 第 4 列中的 cout 的作用，是將「<<」（插入運算子）後的資料顯示在螢幕上。cout 是定義在 ostream 類別中，且被分類在 std 命名空間裡。因此，使用 cout 時，必須在前面加上「std::」。「::」運算子的作用，是將命名空間和命名空間內的識別字名稱串連起來。透過「::」運算子來使用識別名稱，在用法上比較麻煩。

範例 5

使用「using namespace std ;」程式敘述情況下，使用 std 命名空間中的 cout 輸出物件之範例練習。

```
1     #include <iostream>
2     using namespace std;
3     int main()
4     {
5      cout << "歡迎您來到C++的世界!";
6      return 0;
7     }
```

執行結果

歡迎您來到 C++ 的世界！

程式解說

第 2 列中的「using namespace std ;」程式敘述，是告訴 C++ 編譯器，在程式中使用的 C++ 識別字名稱，若未特別聲明，則代表它們都是定義在 std 命名空間中。因此，使用 cout 時，無需在前面加上「std::」，在用法上比較方便。

❖ 9-4-2　自訂命名空間

自訂的常數名稱、巨集名稱、函式名稱，若要與 C++ 內建的識別字名稱相同，則必須自行建立一命名空間，來存放這些自訂的識別字名稱。

建立一個命名空間及它擁有的函式，其程序如下：

1. 先為自訂命名空間取名。
2. 宣告「自訂命名空間」中的常數名稱、巨集名稱或函式名稱。

```
namespace 自訂命名空間名稱
{
  #define  常數名稱  常數值 ;
  #define  巨集名稱  ....
  資料型態  函式名稱([參數型態, ..., 參數型態]) ;
  ...
}
```

3. 定義「自訂命名空間」中的自訂函式：定義時，必須在自訂函式名稱前冠上「自訂命名空間名稱 ::」。

```
資料型態 命名空間名稱::函式名稱([參數型態 參數1,...,參數型態 參數n])
{
  …
}
```

4. 使用「自訂命名空間」中的常數名稱、巨集名稱或函式名稱：使用時，必須在自訂函式名稱前冠上「自訂命名空間名稱 ::」。

```
自訂命名空間名稱::常數名稱
```

或

```
自訂命名空間名稱::巨集名稱
```

或

```
自訂命名空間名稱::函式名稱([參數1,…,參數n])
```

【註】• 步驟 2 中的 namespace 關鍵字，是用來定義一個新的命名空間名稱。
• 若命名空間內還想要宣告其他變數，則在步驟 2 的「{ }」內再加入該變數的宣告即可。使用該變數時，也是需在該變數前冠上「所屬的命名空間名稱 ::」。

範例 6

呼叫自訂命名空間 mynamespace 中的 abs 函式之範例練習。

```
#include <iostream>
#include <cmath>
using namespace std;
namespace mynamespace
{
 double abs(double);
}

int main()
```

```
10   {
11    cout << cout << "-1.23使用std的abs的結果:" << abs(-1.23) << endl;
12    cout << "-1.23使用mynamespace的abs的結果:";
13    cout << mynamespace::abs(-1.23) ;
14    return 0 ;
15   }
16
17   double mynamespace::abs(double num)
18   {
19     if (num<0)
20       return -1*num;
21     else
22       return num;
23   }
```

執行結果

-1.23 使用 std 的 abs 的結果 :1.23

-1.23 使用 mynamespace 的 abs 的結果 :1.23

程式解說

1. 第 2 列的作用，是將 C++ 標準函式庫中的 cmath 標頭檔引入程式中。因 abs 函式定義在 cmath 中，故使用前必須在前置處理指令區撰寫「#include <cmath>」程式敘述。
2. 第 1 列的作用，是將 C++ 標準函式庫中的 iostream 標頭檔引入程式中。因 cout 及 endl 定義在 iostream 中，故使用前必須在前置處理指令區撰寫「#include <iostream>」程式敘述。
3. 第 4~7 列是設定命名空間的名稱為 mynamespace，並在 mynamespace 內宣告 abs 函式。
4. 第 11 列是呼叫 std 命名空間內的 abs 函式，而第 13 列是呼叫 mynamespace 命名空間內的 abs。
5. 第 11 列中的 endl，是將游標換列。
6. 第 17~23 列是定義 mynamespace 命名空間內的 abs 函式。

■範例 7

寫一程式，自訂一個 myfuncspace 命名空間，並在 myfuncspace 命名空間內定義一個 isTriangle 函式，作為 " 判斷三個線段是否能構成一個三角形 " 之用，及宣告一個 bool 型態的 yesorno 變數，來記錄 isTriangle 函式的回傳值。輸入三條線段的長度，輸出此三條線段是否能構成一個三角形。

```
1   #include <iostream>
2   #include <cmath>
3   using namespace std ;
4   namespace myfuncspace
5    {
6      bool isTriangle(int a, int b, int c) ;
7      bool yesorno ;
8    }
9
10  int main()
11   {
12     int a, b, c ;
13     cout << "輸入三條線段的長度(以空白隔開):" ;
14     cin >> a >> b >> c ;
15     cout <<"長度為" << a << "，" << b << "及" << c ;
16     myfuncspace::yesorno = myfuncspace::isTriangle(a, b, c) ;
17     if (myfuncspace::yesorno )
18        cout << "的三條線段，可以構成一個三角形" ;
19     else
20        cout << "的三條線段，無法構成一個三角形" ;
21
22     return 0 ;
23   }
24
25  bool myfuncspace::isTriangle(int a, int b, int c)
26   {
27     if (a+b>c && a+c>b && b+c>a)
28        return true ;
29     else
30        return false ;
31   }
```

執行結果

輸入三條線段的長度 (以空白隔開):3 4 5
長度為 3，4 及 5 的三條線段，可以構成一個三角形

程式解說

1. 程式第 4~8 列，是定義名為 myfuncspace 的命名空間，並在其中定義一個 isTriangle 函式及宣告一個 yesorno 變數。
2. 在程式第 16 列中，使用「myfuncspace::isTriangle(a, b, c)」去呼叫 myfuncspace 命名空間內的 isTriangle 函式，並傳入三個整數給參數 a、b 及 c。最後將 isTriangle 的回傳值存入 myfuncspace 命名空間內的「myfuncspace::yesorno」變數中。

自我練習

一、選擇題

1. 以下片段程式的輸出結果為何？

   (A) 5 (B) 6 (C) 9 (D) 10

```
#define square(r) r*r
int main()
{
  cout << square (1+2) ;
  return 0 ;
}
```

2. 以下片段程式的輸出結果為何？

   (A) 5 (B) 6 (C) 9 (D) 10

```
#define square(r) (r)*(r)
int main()
{
  cout << square (1+2) ;
  return 0 ;
}
```

3. 以下片段程式的輸出結果為何？

   (A) 4.3589 (B) 4 (C) 5 (D) 7

```
#define square_root(r)  sqrt( r * r )
int main()
{
  cout << square_root(3+4) ;
  return 0 ;
}
```

4. 以下片段程式的輸出結果為何？

   (A) 4 (B) 5 (C) 6 (D) 7

```
#define square_root(r)  sqrt( (r) * (r) )
int main()
{
  cout << square_root(3+4) ;
  return 0 ;
}
```

二、填充題

1. 以__________為開頭的程式敘述，稱為前置處理指令。
2. 巨集指令是以甚麼為開頭？____________________
3. 若以下片段程式的輸出結果為 11，則 (1) 及 (2) 的位置，可填入甚麼？

```
#define area(r)   ____(1)____  *  ____(2)____
int main()
{
  cout << area(2+3) ;
  return 0 ;
}
```

4. 若以下片段程式的輸出結果為 13，則 (1) 及 (2) 的位置，可填入甚麼？

```
#define area(r)   ____(1)____  *  ____(2)____
int main()
{
  cout << area(2+3) ;
  return 0 ;
}
```

5. 要自訂一個命名空間，需使用哪個關鍵字來定義？____________________
6. 在一個名為 test 的命名空間中，宣告一個 sum 整數變數。若要使用 sum，則使用語法如何表示？____________________

三、實作題

1. 寫一程式，使用 #define 定義巨集函式 f(x)=5x-1，輸出 f(1)、f(2)、……、f(10) 的值。
2. 寫一程式，使用 #define 定義巨集函式 max(x, y)，輸入 x 與 y，輸出 x 與 y 的最大值。
3. 寫一程式，使用 #define 定義巨集函式 avg(x, y, z)，輸入 x、y 及 z，輸出 x、y 及 z 的平均值。
4. 寫一程式，自訂一命名空間 myspace，並在其中宣告 mul 函式，作為計算兩個整數的乘積之用。輸入兩個整數，輸出兩個整數的乘積。

Chapter 10 自訂函式

在程式設計上，經常使用的功能，可以將它定義成函式，方便日後重複呼叫使用。在「第六章 庫存函式」已提過一些常用的C++語言的庫存函式，本章將著重介紹如何撰寫自訂函式。

10-1 自訂函式

C++語言所提供的庫存函式，並無法完全滿足所有使用者的需求。因此，建立個人或問題專屬的函式，就成為程式設計者的一項基本技能。使用者自行建立的函式，稱為自訂函式，簡稱為函式。何時需要自行撰寫函式呢？具有以下特徵時，則可以函式的方式來撰寫，既可精簡程式碼，同時可縮短偵錯時間。

1. 在程式中，某一段指令（完全一樣或指令一樣但資料不同）重複出現。
2. 某種功能經常被使用。
3. 大型程式模組化。

❖ 10-1-1 函式定義

具有特定功能的方法，稱為函式。陳述函式的作法，稱為函式定義。函式的定義語法如下：

```
函式型態 函式名稱([參數型態 虛擬參數1, 參數型態 虛擬參數2,…])
{
        // 程式敘述;
        [return 敘述]  // [ ]代表它內部（包含[ ]）的敘述是選擇性的，視需要而定
}
```

■ **語法說明**

1. 函式型態，是指呼叫函式後所回傳的資料之型態，可以是 C++ 語言中任一種資料型態。若呼叫函式後，無回傳任何資料，則函式型態需設成「void」。
2. 當函式型態不是「void」時，在函式定義的程式中，一定要包有「return」敘述。而函式型態為「void」時，則在函式定義的程式中，不能有「return」敘述。「return」敘述有兩個作用：一個是結束函式呼叫；另一個是將資料回傳到原先呼叫函式的位置。

3. return 語法如下：

```
return 運算式 ;
```

【註】運算式，可以是常數、變數、函式，或常數、變數及函式的組合。

4. 函式名稱及虛擬參數的命名規則，與變數一樣。
5. 參數型態是指呼叫函式時，所傳入的資料之型態，可以是 C++ 語言中的任一種資料型態。若呼叫函式時，不傳入任何資料，則函式定義的函式名稱「( )」中，無需填入任何文字。

函式的內部結構，由上往下包括以下三個部份：

1. 區域變數或區域函式宣告區：函式內使用的區域變數或區域函式，通常在此區宣告，方便日後追蹤，但也可寫在函式功能處理區中。
2. 函式功能處理區：是函式功能程式碼的撰寫區。
3. 結束區：以 「return」 敘述，來結束自訂函式呼叫，並將資料傳回原先呼叫函式的位置的地方。若不用回傳資料，則無需「return」 敘述。

❖ 10-1-2 函式宣告

在程式撰寫時，通常習慣從main主程式（函式）開始，然後再撰寫自訂函式。無論是變數或函式，都必須經過宣告後才可使用，否則編譯時會產生錯誤。因此，宣告函式的位置可以放在main主程式之前，或main主程式的「{ } 」內。函式若宣告在main主程式之前，則在整個程式的任何位置都可以被呼叫使用；若宣告在main主程式「{ } 」內，則只有在main主程式「{ } 」內被呼叫使用。

函式的宣告語法如下：

```
函式型態 函式名稱(參數型態,參數型態,…);
```

❖ 10-1-3 呼叫函式

函式要能正常運作，必須具備以下三個部分：

1. 函式定義。
2. 函式宣告。
3. 呼叫函式。

所謂呼叫函式，即寫出函式的名稱及所需的參數資料。

在C++語言中，依據函式是否有回傳值，函式的呼叫語法分成下列兩種方式：

一、呼叫無回傳值的函式之語法如下

```
函式名稱(實際參數串列);
```

或

```
函式名稱();
```

■ 語法說明

1. 定義函式時，若有定義虛擬參數，則呼叫時所傳入之實際參數的順序、個數及資料型態，都必須與虛擬參數相互配合，否則編譯時會出現錯誤。
2. 實際參數與虛擬參數兩者的名稱可以不同。

二、呼叫有回傳值的函式之語法如下

```
變數 = 函式名稱(實際參數串列);
```

或

```
變數 = 函式名稱();
```

或將

```
函式名稱(實際參數串列)或函式名稱()與其他敘述放在一起。
```

■ 語法說明

1. 定義函式時，若有定義虛擬參數，則呼叫時所傳入之實際參數的順序、個數及資料型態，都必須與虛擬參數相互配合；否則編譯時會出現錯誤。
2. 實際參數與虛擬參數兩者的名稱可以不同。
3. 變數的資料型態，必須與函式所傳回的值之資料型態相同。

在程式中，呼叫函式的過程是如何進行的呢？當函式被呼叫時，系統會將程式的控制權轉移到被呼叫的函式，待被呼叫的函式執行完畢，系統再將程式的控制權轉移到原先呼叫函式的位置，繼續進行下一個指令。呼叫函式的過程中，程式流程的轉移，請參考「圖10-1」。

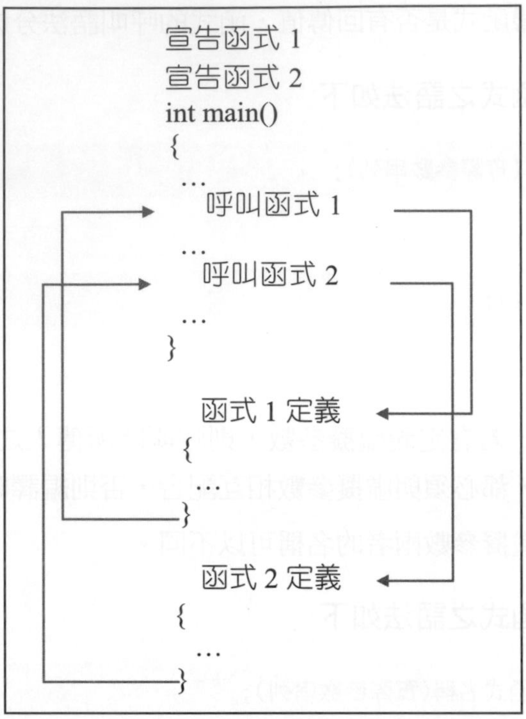

▲圖10-1　呼叫函式過程的程式控制權轉移示意圖

■範例 1

寫一程式，輸出以下結果：

(1) 1 + 2 + ... + 9 + 10=55

(2) 1 + 3 + ... + 97 + 99=2500

(3) 4 + 7 + ... + 94 + 97=1616

```
#include <iostream>
using namespace std;
int main()
 {
  int i,sum;
  sum=0;
  for(i=1;i<=10;i=i+1)
    sum=sum+i;
  cout << "1+2+...+9+10=" << sum << '\n' ;

  sum=0;
  for(i=1;i<=99;i=i+2)
    sum=sum+i;
  cout << "1+3+...+97+99=" << sum << '\n' ;

  sum=0;
  for(i=4;i<=97;i=i+3)
```

```
18        sum=sum+i;
19      cout << "4+7+...+97+99=" << sum ;
20
21        return 0;
22     }
```

執行結果

1+2+…+9+10=55

1+3+…+97+99=2500

4+7+…+94+97=1616

程式解說

第6~9列、第11~14列及第16~19列的指令完全一樣，只是資料不同，所以這三段程式碼是重複使用的。因此，可將重複的程式碼寫成函式，請參考「範例2」及「範例3」。

■ 範例 2

寫一程式，定義一無回傳值的函式，輸出以下結果：

(1) 1 + 2 + ... + 9 + 10=55

(2) 1 + 3 + ... + 97 + 99=2500

(3) 4 + 7 + ... + 94 + 97=1616

```
#include <iostream>
using namespace std;
void sum(int,int,int); //宣告函式
int main()
 {
  sum(1,10,1); //呼叫函式
  sum(1,99,2); //呼叫函式
  sum(4,97,3); //呼叫函式

  return 0;
 }

void sum(int m,int n,int add) //定義函式
 {
  int i,total=0;
  for(i=m;i<=n;i=i+add)
    total = total +i;

  cout << m << '+' << m+add << "+...+"
       << n-add << '+' << n << '='
       << total << '\n' ;
 }
```

執行結果

1+2+…+9+10=55

1+3+…+97+99=2500

4+7+…+94+97=1616

程式解說

1. sum函式的函式型態為void，所以sum函式是一個無回傳資料的函式。因此，在sum函式定義中，不能出現return敘述。
2. 在sum函式定義中，有3個整數型態的虛擬參數m、n 及add。因此，呼叫sum函式時，需傳入3個整數型態的實際參數1、10 及1（或1、99 及2，或4、97 及3）。

範例 3

寫一程式，定義一有回傳值的函式，輸出以下結果：

(1) 1 + 2 + ... + 9 + 10=55

(2) 1 + 3 + ... + 97 + 99=2500

(3) 4 + 7 + ... + 94 + 97=1616

```
#include <iostream>
using namespace std;
int sum(int,int,int); //宣告函式
int main()
 {
  cout << "1+2+...+9+10=" << sum(1,10,1) << '\n' ;
  cout << "1+3+...+97+99=" << sum(1,99,2) << '\n' ;
  cout << "4+7+...+97+99=" << sum(4,97,3);
  return 0;
 }

int sum(int m,int n,int add) //定義函式
 {
  int i,total=0;
  for(i=m;i<=n;i=i+add)
    total = total +i;

  return total;
 }
```

執行結果

1+2+…+9+10=55

1+3+…+97+99=2500

4+7+…+94+97=1616

程式解說

1. sum函式的函式型態為int，所以sum函式是一個會回傳整數資料的函式。因此，在sum函式定義中，必須出現return敘述。return執行時，會結束sum函式呼叫，並將整數total的值傳回原先呼叫函式的位置。
2. 在sum函式定義中，有3個整數型態的虛擬參數m、n 及add。因此，呼叫sum函式時，需傳入3個整數型態的實際參數1、10 及1（或1、99 及2，或4、97 及3）。

從「範例2」及「範例3」中可以發現，無論是無回傳值的或有回傳值的函式，都可以用來替代重複性的程式敘述。至於選擇何種方式處理，則由問題要求或設計者決定。

範例 4

寫一程式，定義一個有回傳值的傳值呼叫函式，輸入攝氏溫度，輸出華氏溫度。

```
#include <iostream>
using namespace std;
float transform(float); //宣告函式
int main()
 {
  float c;
  cout << "輸入攝氏溫度:" ;
  cin >> c ;

  //小數１位
  cout.precision(1);
  cout.setf(ios::fixed);
  //小數１位

  cout << "攝氏" << c << "度=華氏"
       << transform(c) << "度" ;

   return 0;
 }

float transform(float c) //定義函式
 {
  c=c*9/5+32;
  return c;
 }
```

執行結果

輸入攝氏溫度:10
攝氏10.0度=華氏50.0度

程式解說

程式執行時，輸入的攝氏溫度變數c值為10，並在transform函式中被設定為「c=c*9/5+32；」，使c值變成50.0。但因呼叫transform函式時，實際參數是以傳值呼叫的方式將c值複製一份傳遞給虛擬參數的c，雖然虛擬參數c變成50.0，但實際參數c值還是10。

10-2 函式的參數傳遞方式

依據傳遞的資料在函式中是否被改變，可將函式分成下列兩種類型：

1. 傳值呼叫（Call by value）：將實際參數值傳遞給虛擬參數，不管虛擬參數在函式中是否被改變，都不影響實際參數的值，這種運作模式被稱為傳值呼叫。主要的原因是：實際參數與虛擬參數被分配到不同的記憶體位址，彼此間不會相互影響。可以將傳值呼叫的模式想成在文件的副本上做修改，並不會影響文件原稿資料的概念。傳值呼叫模式，適用於呼叫函式後不想改變實際參數的值之問題。傳值呼叫的函式定義、宣告及呼叫，請分別參考「範例2」、「範例3」及「範例4」。
2. 傳址呼叫（Call by address）：將實際參數值傳遞給虛擬參數，若虛擬參數在函式中被改變，使得實際參數值也因此改變，這種運作模式被稱為傳址呼叫。主要的原因是實際參數與虛擬參數被分配到相同的記憶體位址，彼此間會相互影響。您可以將傳址呼叫的模式想成在ATM 機器上做提款的動作，就相當於親自到銀行提款的概念。傳址呼叫模式，適用於呼叫函式後想改變實際參數值的問題。

❖ 10-2-1 傳址呼叫的函式定義

什麼樣的問題，需使用傳址呼叫函式來撰寫呢？呼叫函式時，若需將大量的實際參數資料傳遞給虛擬參數，或呼叫函式後需回傳一個以上的資料，則此時利用傳址呼叫的方式來撰寫函式是最適當的。

傳址呼叫函式的定義語法如下：

```
函式型態 函式名稱(參數型態 *虛擬參數1,參數型態 *虛擬參數2,…)
{
    // 程式敘述；
    [return 敘述] // [ ]，表示它內部（包含[ ]）的敘述是選擇性的，視需要而定
}
```

■ **語法說明**

1. 函式型態，是指呼叫函式後，所回傳的資料之的型態，可以是 C++ 語言中任一種資料型態。若呼叫函式後，無回傳任何資料，則函式型態需設為「void」。
2. 當一個函式的函式型態不是「void」時，則在函式定義式中，一定要有「return」敘述。而函式型態為「void」時，則在函式定義式中，不能有「return」敘述。「return」敘述有兩個作用，一個是結束函式呼叫，另一個是將資料傳回原先呼叫函式的位置。
3. return 語法如下：

```
return 常數(或變數，或函式，或運算式) ;
```

4. 函式名稱及虛擬參數的命名規則，與變數一樣。
5. 參數型態，是指虛擬參數的資料型態，可以是 C++ 語言中任一種資料型態。
6. 「* 虛擬參數」，表示虛擬參數的是指標參數。呼叫函式時，會將實際參數所在的記憶體位址傳遞給虛擬參數，使得虛擬參數與實際參數共用同一個記憶體位址，彼此間會相互影響。
7. 並不是每個虛擬參數前都需要有「*」，只要有一個虛擬參數前有「*」，則這樣的函式就是傳址呼叫的函式。

❖ 10-2-2 傳址呼叫的函式宣告

傳址呼叫函式的宣告語法如下：

```
函式型態 函式名稱(參數型態 *,參數型態 *,…);
```

⚠注意

並不是每個參數型態後都要有「*」，要看傳址呼叫函式是如何定義的。

❖ 10-2-3 傳址呼叫函式的呼叫方式

在C++語言中，依據傳址呼叫函式是否有回傳值，傳址呼叫函式的呼叫語法分成下列兩種方式：

1. 無回傳值的傳址呼叫函式之呼叫語法如下：

```
函式名稱(&實際參數1,&實際參數2,…);
```

⚠注意

定義函式時，若有定義虛擬參數，則呼叫時所傳入之實際參數的順序、個數及資料型態，都必須與虛擬參數相互配合；否則編譯時會出現錯誤。實際參數與虛擬參數兩者的名稱可以不同。並不是所有實際參數前都要加「&」（取址運算子），要看傳址呼叫函式是如何定義的。

2. 有回傳值的傳址呼叫函式之呼叫語法如下：

```
變數=函式名稱(&實際參數1,&實際參數2,…);
```

或將

```
函式名稱(&實際參數1,&實際參數2,…)與其他敘述放在一起。
```

⚠注意

1. 定義函式時，若有定義虛擬參數，則呼叫時所傳入之實際參數的順序、個數及資料型態，都必須與虛擬參數相互配合；否則編譯時會出現錯誤。實際參數與虛擬參數兩者的名稱可以不同。並不是所有實際參數前都要加「&」，要看傳址呼叫函式是如何定義的。
2. 變數的資料型態必須與函式回傳值的資料型態相同。

範例 5

寫一程式，定義一個無回傳值的傳址呼叫函式，將攝氏溫度轉換成華氏溫度並輸出。

```
#include <iostream>
using namespace std;
void transform(float *); //宣告函式
int main()
 {
   float c;
   cout << "輸入攝氏溫度:" ;
   cin >> c ;

   //小數 1 位
   cout.precision(1);
   cout.setf(ios::fixed);
   //小數 1 位

   cout << "攝氏" << c << "度=華氏" ;
   transform(&c) ;
   cout << c << "度" ;
```

```
18
19      return 0;
20   }
21
22   void transform(float *f) //定義函式
23    {
24      *f=*f * 9 / 5 + 32;
25    }
```

執行結果

輸入攝氏溫度:10
攝氏10.0度=華氏50.0度

程式解說

1. 程式執行時，輸入的攝氏溫度變數c值為10，當呼叫transform函式時，是將c的記憶體位址傳遞給虛擬參數f（指標），使得「*f」與c共用相同得記憶體位址，「*f」就相當於c。故「*f=*f * 9 / 5 + 32 ;」執行後，「*f」為50.0。因此，c值也變成50.0。
2. 程式第11~12列

   ```
   cout.precision(1);
   cout.setf(ios::fixed);
   ```

   是設定輸出浮點數資料時，只到小數點後第1位。

❖ 10-2-4 陣列傳遞

若呼叫函式需傳入大量型態相同的資料（即陣列），則使用傳址呼叫的方式來撰寫函式最適合。因為如果知道陣列名稱及陣列大小，就等於知道陣列儲存的記憶體起始位址（即陣列名稱）及終止位址。當實際參數將陣列名稱及陣列大小傳遞給虛擬參數時，其實是將整個陣列的資料傳遞給虛擬參數，既方便又快速。注意：實際參數為陣列名稱時，虛擬參數必須為陣列或指標。

若實際參數傳遞的資料為一維陣列，則傳址呼叫函式的定義與宣告語法有下列兩種方式：

1. 實際參數為一維陣列的傳址呼叫函式之定義語法（一）：

```
函式型態 函式名稱(參數型態 陣列名稱[] , int N)
 {
     // 程式敘述；
     [return 敘述]  //[ ]，表示它內部（包含[ ]）的敘述是選擇性的，視需要而定
 }
```

■ 語法說明

「陣列名稱」是用來接收實際一維陣列資料的起始位址。「N」代表實際一維陣列的元素個數。有了「N」這項資訊，「陣列名稱」才能正確接收實際的一維陣列資料。

實際參數為一維陣列的傳址呼叫函式之宣告語法如下：

```
函式型態 函式名稱(參數型態 [] , int);
```

範例 6

寫一程式，定義一個有回傳值的傳址呼叫函式，找出5 個整數中的最大者並輸出。

```
#include <iostream>
using namespace std;
int biggest(int [],int); //宣告函式
int main()
 {
  int num[5],i;
  for (i=0;i<5;i++)
   {
    cout <<"輸入第" << i+1 << "個整數:" ;
    cin  >> num[i] ;
   }
  cout << "最大者=" << biggest(num,5);

  return 0;
 }

int biggest(int d[],int n) //定義函式
 {
  int i,big;
  big= d[0];
  for (i=1;i<n;i++)
    if (big<d[i])
      big= d[i];

  return big;
 }
```

執行結果

輸入第1個整數:-1
輸入第2個整數:2
輸入第3個整數:5
輸入第4個整數:-20
輸入第5個整數:6
最大者=6

---

2. 實際參數為一維陣列的傳址呼叫函式之定義語法（二）：

```
函式型態 函式名稱(參數型態 *指標名稱 , int N)
 {
     // 程式敘述；
     [return 敘述] //[ ]，表示它內部（包含[ ]）的敘述是選擇性的，視需要而定
 }
```

■ 語法說明

「指標名稱」是用來接收實際一維陣列資料的起始位址。「N」代表實際一維陣列的元素個數。有了「N」這項資訊，「指標名稱」才能正確接收實際的一維陣列資料。

實際參數為一維陣列的傳址呼叫函式之宣告語法如下：

```
函式型態 函式名稱(參數型態 *, int);
```

範例 7

寫一程式，定義一個有回傳值的傳址呼叫函式，找出5 個整數中的最大者並輸出。

```
#include <iostream>
using namespace std;
int biggest(int *,int); //宣告函式
int main()
 {
  int num[5],i;
  for (i=0;i<5;i++)
   {
    cout <<"輸入第" << i+1 << "個整數:" ;
    cin  >> num[i] ;
   }
  cout << "最大者=" << biggest(&num[0],5) ;
  return 0;
 }
```

```
15   int biggest(int *d,int n) //定義函式
16    {
17     int i,big;
18     big=*d;
19     for (i=1;i<n;i++)
20       if (big<*(d+i))
21         big=*(d+i);     //*(d+i) 代表 num[i]
22
23     return big;
24    }
```

執行結果

輸入第1個整數:-1

輸入第2個整數:2

輸入第3個整數:5

輸入第4個整數:-20

輸入第5個整數:6

最大者=6

程式解說

第18~21列

```
big=*d;
for (i=1;i<n;i++)
    if (big<*(d+i))
        big=*(d+i);
```

可以改成

```
big=d[i];
for (i=1;i<n;i++)
    if (big<d[i])
        big=d[i];
```

若實際參數傳遞的資料為二維陣列，則傳址呼叫函式的定義與宣告語法有下列兩種方式：

1. 實際參數為二維陣列的傳址呼叫函式之定義語法（一）

```
函式型態 函式名稱(參數型態 陣列名稱 [ ][N], int M)
 {
     // 程式敘述；
     [return 敘述]  //[ ]，表示它內部（包含[ ]）的敘述是選擇性的，視需要而定
 }
```

■ **語法說明**

「陣列名稱」是用來接收實際二維陣列資料的起始位址，「M」代表實際二維陣列的第一維元素個數，表示陣列有多少列；而「N」代表實際二維陣列的第二維元素個數，表示陣列的每一列有多少行。有了「M」及「N」這兩項資訊，「陣列名稱」才能正確接收實際的二維陣列資料。

實際參數為二維陣列的傳址呼叫函式之宣告語法如下：

```
函式型態 函式名稱(參數型態 [][N] , int);
```

範例 8

寫一程式，定義一個無回傳值的傳址呼叫函式，將一個2×3矩陣資料，轉置成3×2矩陣資料並輸出。

```
#include <iostream>
using namespace std;
void transpose(int [][3],int); //宣告函式
int main()
 {
  int num[2][3],i,j;
  cout << "輸入2x3矩陣:\n";
  for (i=0;i<2;i++)
    for (j=0;j<3;j++)
    {
     cout << "第" << i << "列,第" << j << "行的值:" ;
     cin >> num[i][j] ;
    }
  cout << "原始的2x3矩陣:\n" ;
  for (i=0;i<2;i++)
   {
    for (j=0;j<3;j++)
      cout << num[i][j] ;
    cout << '\n' ;
   }

  transpose(num,2);

  return 0;
 }

void transpose(int d[][3],int m) //定義函式
 {
  int i,j;
  cout << "轉置後變成3x2矩陣:\n" ;
  for (j=0;j<3;j++)
   {
    for (i=0;i<m;i++)
      cout << d[i][j] ;
    cout << "\n" ;
   }
 }
```

執行結果

輸入2x3矩陣:
第0列,第0行的值:1
第0列,第1行的值:2
第0列,第2行的值:3
第1列,第0行的值:4
第1列,第1行的值:5
第1列,第2行的值:6
原始的2x3矩陣:
123
456
轉置後變成3x2矩陣:
14
25
36

程式解說

將 mxn 矩陣轉置後，原始 mxn 矩陣的第 i 列就變成轉置後矩陣 (nxm) 的第 i 行，$1 \leqq i \leqq n$。

2. 實際參數為二維陣列的傳址呼叫函式之定義語法（二）

```
函式型態 函式名稱(參數型態 *指標名稱 , int M , int N)
 {
     // 程式敘述；
     [return 敘述]  //[ ]，表示它內部（包含[ ]）的敘述是選擇性的，視需要而定
 }
```

■ 語法說明

「指標名稱」是用來接收實際二維陣列資料的起始位址，「M」是代表實際二維陣列的第一維元素個數，而「N」是代表實際二維陣列的第二維元素個數。有了「M」及「N」這兩項資訊，「指標名稱」才能正確接收實際的二維陣列資料。

實際參數為二維陣列的傳址呼叫函式之宣告語法如下：

```
函式型態 函式名稱(參數型態 * , int , int);
```

範例 9

寫一程式，定義一個無回傳值的傳址呼叫函式，將一個2×3矩陣資料，轉置成3×2矩陣資料並輸出。

```
#include <iostream>
using namespace std;
void transpose(int *,int,int); //宣告函式
int main()
 {
  int num[2][3],i,j;
  cout << "輸入2x3矩陣:\n";
  for (i=0;i<2;i++)
   for (j=0;j<3;j++)
    {
     cout << "第" << i << "列,第" << j << "行的值:" ;
     cin >> num[i][j] ;
    }
  cout << "原始的2x3矩陣:\n" ;
  for (i=0;i<2;i++)
   {
    for (j=0;j<3;j++)
      cout << num[i][j] ;
    cout << '\n' ;
   }

  transpose(&num[0][0],2,3);

  return 0;
 }

void transpose(int *d,int m,int n) //定義函式
 {
  int i,j;
  cout << "轉置後變成3x2矩陣:\n" ;
  for (j=0;j<3;j++)
   {
    for (i=0;i<m;i++)
      cout << *(d+i*n+j);  //*(d+i*n+j) 代表 num[i][j]
    cout << "\n" ;
   }
 }
```

執行結果

輸入2x3矩陣:
第0列,第0行的值:1
第0列,第1行的值:2
第0列,第2行的值:3
第1列,第0行的值:4
第1列,第1行的值:5

第1列,第2行的值:6
原始的2x3矩陣:
123
456
轉置後變成3x2矩陣:
14
25
36

若實際參數傳遞的資料為三維陣列，則傳址呼叫函式的定義與宣告語法有下列兩種方式：

1. 實際參數為三維陣列的傳址呼叫函式之定義語法（一）

```
函式型態 函式名稱(參數型態 陣列名稱[ ][M][N], int L)
 {
     // 程式敘述；
     [return 敘述]  //[ ]，表示它內部（包含[ ]）的敘述是選擇性的，視需要而定
 }
```

■ **語法說明**

「陣列名稱」是用來接收實際三維陣列資料的起始位址，「L」代表實際三維陣列的第一維元素個數，表示陣列中有多少層；「M」代表實際三維陣列的第二維元素個數，表示陣列的每一列有多少列；而「N」代表實際三維陣列的第三維元素個數，表示陣列的每一列有多少行。有了「L」、「M」及「N」這三項資訊，「陣列名稱」才能正確接收實際的三維陣列資料。

實際參數為三維陣列的傳址呼叫函式之宣告語法如下：

```
函式型態 函式名稱(參數型態 [ ][M][N], int);
```

範例 10

寫一程式，定義一個無回傳值的傳址呼叫函式，計算一家企業有2家分公司最近3年共12期的半年營業額之總和，並輸出。

```
#include <iostream>
#include <string>
using namespace std;
void totalmoney(int [][3][2],int); //宣告函式
int main()
```

```
  {
   int money[2][3][2],i,j,k;
   string interval[2]={"上","下"};

   for (i=0;i<2;i++)
     for (j=0;j<3;j++)
       for (k=0;k<2;k++)
        {
         cout << "輸入第" << i+1<<"家分公司第" << j+1 << "年"
              << interval[k] << "半年的營業額(單位:億):" ;
         cin >> money[i][j][k] ;
        }
   totalmoney(money,2);

   return 0;
  }

 void totalmoney(int d[][3][2],int l) //定義函式
  {
   int i,j,k,sum=0;
   for (i=0;i<l;i++)
     for (j=0;j<3;j++)
       for (k=0;k<2;k++)
         sum=sum+d[i][j][k];

   cout << "總營業額(單位:億):" << sum;
  }
```

執行結果

輸入第1家分公司第1年上半年的營業額(單位:億):1
輸入第1家分公司第1年下半年的營業額(單位:億):2
輸入第1家分公司第2年上半年的營業額(單位:億):3
輸入第1家分公司第2年下半年的營業額(單位:億):4
輸入第1家分公司第3年上半年的營業額(單位:億):5
輸入第1家分公司第3年下半年的營業額(單位:億):6
輸入第2家分公司第1年上半年的營業額(單位:億):7
輸入第2家分公司第1年下半年的營業額(單位:億):8
輸入第2家分公司第2年上半年的營業額(單位:億):9
輸入第2家分公司第2年下半年的營業額(單位:億):10
輸入第2家分公司第3年上半年的營業額(單位:億):11
輸入第2家分公司第3年下半年的營業額(單位:億):12
總營業額(單位:億):78

2. 實際參數為三維陣列的傳址呼叫函式之定義語法（二）

```
函式型態 函式名稱(參數型態 *指標名稱, int L, int M, int N)
 {
     // 程式敘述；
     [return 敘述]  //[ ]，表示它內部（包含[ ]）的敘述是選擇性的，視需要而定
 }
```

■ 語法說明

「指標名稱」是用來接收實際三維陣列資料的起始位址，「L」代表實際三維陣列的第一維元素個數，表示陣列中有多少層；「M」代表實際三維陣列的第二維元素個數，表示陣列的每一列有多少列；而「N」代表實際三維陣列的第三維元素個數，表示陣列的每一列有多少行。有了「L」、「M」及「N」這三項資訊，「指標名稱」才能正確接收實際的三維陣列資料。

實際參數為三維陣列的傳址呼叫函式之宣告語法如下：

```
函式型態 函式名稱(參數型態 * , int , int , int);
```

範例 11

寫一程式，定義一個無回傳值的傳址呼叫函式，計算一家企業有2家分公司最近3年共12期的半年營業額之總和，並輸出。

```
#include <iostream>
#include <string>
using namespace std;
void totalmoney(int *,int,int,int); //宣告函式
int main()
 {
  int money[2][3][2],i,j,k;
  string interval[2]={"上","下"};

  for (i=0;i<2;i++)
    for (j=0;j<3;j++)
      for (k=0;k<2;k++)
       {
        cout << "輸入第" << i+1<<"家分公司第"
             << j+1 << "年" << interval[k]
             << "半年的營業額(單位:億):" ;
        cin >> money[i][j][k] ;
       }
  totalmoney(&money[0][0][0],2,3,2);

  return 0;
 }

```

```
void totalmoney(int *d , int l , int m , int n) //定義函式
 {
  int i,j,k,sum=0;
  for (i=0;i<l;i++)
    for (j=0;j<m;j++)
      for (k=0;k<n;k++)
        sum=sum+*(d+i*m*n+j*n+k);
        // *(d+i*m*n+j*n+k) 代表 money[i][j][k]

  cout << "總營業額(單位:億):" << sum;
 }
```

執行結果

輸入第1家分公司第1年上半年的營業額(單位:億):1
輸入第1家分公司第1年下半年的營業額(單位:億):2
輸入第1家分公司第2年上半年的營業額(單位:億):3
輸入第1家分公司第2年下半年的營業額(單位:億):4
輸入第1家分公司第3年上半年的營業額(單位:億):5
輸入第1家分公司第3年下半年的營業額(單位:億):6
輸入第2家分公司第1年上半年的營業額(單位:億):7
輸入第2家分公司第1年下半年的營業額(單位:億):8
輸入第2家分公司第2年上半年的營業額(單位:億):9
輸入第2家分公司第2年下半年的營業額(單位:億):10
輸入第2家分公司第3年上半年的營業額(單位:億):11
輸入第2家分公司第3年下半年的營業額(單位:億):12
總營業額(單位:億):78

10-3 遞迴

在繪畫的範疇中，抽象藝術的意涵，不是想像中那麼容易被人了解。同樣地，在程式設計的範疇中，想用有限的程式敘述來描述處理過程相似且不斷演進的問題，對程式設計的初學者來說，也是猶如抽象藝術不易被人意會。這類型的程式設計問題，有走迷宮遊戲、踩地雷遊戲、數獨遊戲等。走迷宮遊戲，是從迷宮入口進入，並在每一個位置上往前、後、左或右的方向尋找出口，尋找出口的決策過程相似且所處的位置不斷移動演進，直到走出迷宮。

處理抽象類型問題的程式，若直接使用迴圈結構做法，則可能導致程式碼冗長且占用較多的儲存空間；反之，應用間接式的遞迴概念做法，程式碼則簡化許多且占用較

少的儲存空間。那甚麼是遞迴概念呢？遞迴概念，是將原始問題簡化成模式相同的子問題，直到每一個子問題不用再分解就能得到結果時，才停止繼續簡化作業，進而得到原始問題的答案：最後一個子問題的結果或這些子問題組合後的結果。

若函式名稱出現在函式本身的定義中，則會產生函式自己呼叫自己的現象。這種現象，稱之為遞迴（Recursive），而這樣的函式，稱之為遞迴函式（Recursive Function）。每次呼叫遞迴函式，都會讓問題的複雜度降低一些或範圍縮小一些。由於遞迴函式會不斷地呼叫函式本身，故必須設定一個條件來終止遞迴現象，否則程式會無窮盡的遞迴執行下去，耗盡系統資源，最終導致系統失效。

可以應用遞迴概念來處理的問題，通常包括以下兩種情境：

1. 前後數據資料具有因果關係。即，後面的數據資料是基於前面的數據資料所計算而得。這類較簡易的遞迴問題，直接使用一般的迴圈結構來處理即可。

   例如，計算費氏數列。每個費氏數列的元素值，都是基於前面兩個元素值所計算而得。

2. 能夠簡化成規模較小或數據較小，且處理模式相同的子問題。這類的問題，直到每一個子問題不用再簡化就能得到結果時，才停止繼續簡化作業。最後一個子問題的結果或這些子問題的組合結果，就是原始問題的答案。

   例如，計算兩個整數的最大公因數問題。將最大公因數問題中的兩個整數，簡化成兩個較小整數的最大公因數問題，最後得到的結果就是原始最大公因數問題的答案。

當函式進行遞迴呼叫時，該函式中使用的變數會被儲存在記憶體堆疊區中。這些變數會一直存在於堆疊中，直到被呼叫的函式執行完畢後才會被取回。堆疊的取回方式是後進先出，因此最後被放入堆疊中的變數，會最先被取出來使用，接著程式會繼續執行呼叫函式中尚未完成的敘述。這個過程就好比將盤子放進櫃子裡，最後放進去的盤子，會最先被取出來使用。

遞迴函式的定義語法（一）如下：

```
函式型態 函式名稱([參數型態1 虛擬參數1, 參數型態2 虛擬參數2, ... ])
 {
    ......
    if (呼叫函式的條件)
     {
        [......] //  視需要才撰寫的程式敘述區，是選擇性的
        return 包含函式名稱([參數串列])的運算式 ;
        [......] //  視需要才撰寫的程式敘述區，是選擇性的
     }
    else
     {
        [......]  視需要才撰寫的程式敘述區，是選擇性的
        return 問題在最簡化時的結果 ;
        [......]  視需要才撰寫的程式敘述區，是選擇性的
     }
 }
```

遞迴函式的定義語法（二）如下：

```
void 函式名稱([參數型態1 虛擬參數1, 參數型態2 虛擬參數2, ... ])
 {
    ......
    if (呼叫函式的條件)
     {
        [......]  視需要才撰寫的程式敘述區，是選擇性的
        函式名稱([參數串列]) ;
        [......]  視需要才撰寫的程式敘述區，是選擇性的
     }
    else
     {
        [......]  視需要才撰寫的程式敘述區，是選擇性的
        cout << 問題在最簡化時的結果 ;
        [......]  視需要才撰寫的程式敘述區，是選擇性的
     }
 }
```

【註】遞迴函式的定義語法（一）及（二）的相關說明，可參照「10-1-1 函式定義」的「語法說明」。

■範例 12

寫一程式，運用遞迴觀念，定義一個有回傳值的遞迴函式。輸入一正整數n，輸出1 + 2 + 3 + ... + n。

```
#include <iostream>
using namespace std;
int sum(int);
int main()
 {
  int n;
  cout << "輸入正整數:" ;
  cin >> n ;
  cout << "1+2+...+" << n << '=' << sum(n);

  return 0;
 }

int sum(int n)
 {
  if (n == 1)
    return 1;
  else
    return n + sum(n - 1);
 }
```

執行結果

輸入正整數:4

1+2+…+4=10

程式解說

1. 計算1 + 2 + 3 + ... + n，可以利用1 + 2 + 3 + ... + (n-1)的結果，再加上n。由於問題隱含前後關係的現象（即：後者的結果是利用之前的結果所得來的），故可使用遞迴方式來撰寫。
2. 以1 + 2 + 3 + 4 為例。呼叫sum(4)時，為了得出結果，須計算sum(3)的值。而為了得出sum(3)的結果，須計算sum(2)的值。以此類推，不斷地遞迴下去，直到n = 1時才停止。接著將最後的結果傳回所呼叫的遞迴函式中，直到返回第一層的遞迴函式中為止。

實際運作過程如「圖10-2」所示（往下的箭頭代表呼叫遞迴方法，往上的箭頭代表將所得到的結果回傳到上一層的遞迴方法）：

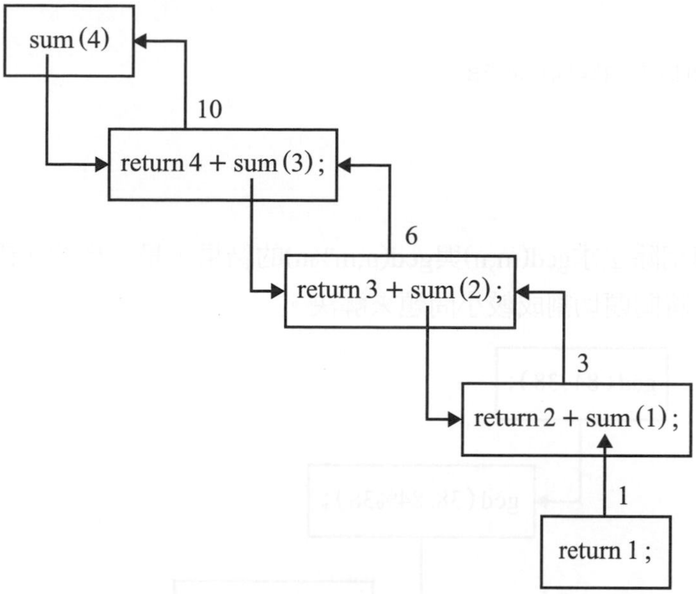

▲圖10-2　遞迴求解1+2+3+4之示意圖

範例 13

寫一程式，運用遞迴觀念，定義一個無回傳值的遞迴函式，輸入兩個正整數，輸出它們的最大公因數。

```
#include <iostream>
using namespace std;
void gcd(int,int);
int main()
 {
   int m,n;
   cout << "輸入兩個正整數（以空白隔開）:" ;
   cin >> m >> n ;
   cout << '(' << m << ',' << n << ")=" ;
   gcd(m,n) ;

   return 0;
 }

void gcd(int m,int n)
{
   if (m % n != 0)
       gcd(n, m % n) ;
   else
       cout << n ;
}
```

執行結果

輸入兩個正整數(以空白隔開):84 38
(84,38)=2

程式解說

1. 利用輾轉相除法求gcd(m,n)與gcd(n,m%n)的結果，是一樣的。因此可用遞迴函式來撰寫，將問題切割成較小問題來解決。

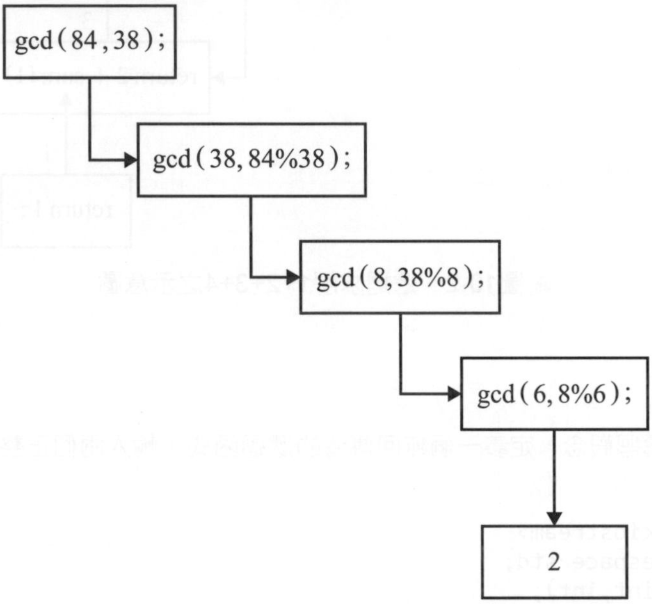

▲圖10-3　遞迴求解84與38的最大公因數之示意圖

以gcd(84,38)為例。呼叫gcd(84,38)時，為了得出結果，須計算gcd(38, 84%38)的值。而為了得出gcd(38,8)的結果，須計算gcd(8, 38%8)的值。以此類推，直到6 % 2 == 0時，輸出2，並結束遞迴呼叫gcd方法。

實際運作過程如「圖10-3」所示（往下的箭頭代表呼叫遞迴方法，而最後的數字代表結果）

範例 14

河內塔遊戲（Tower of Hanoi）
設有3 根木釘，編號分別為1、2、3。木釘1有n個不同半徑的中空圓盤，由大而小疊放在一起，如「圖10-4」所示。

寫一程式，運用遞迴觀念，定義一個無回傳值的遞迴函式。輸入一整數n，將木釘1 的n 個圓盤搬到木釘3 的過程輸出。搬運的規則如下：

1. 一次只能搬動一個圓盤。
2. 任何一根木釘都可放圓盤。
3. 半徑小的圓盤要放在半徑大的圓盤上面。

```
#include <iostream>
#include <iomanip>
using namespace std;
void hanoi(int,int,int,int);
int main()
 {
  int n;
  cout << "輸入河內塔遊戲(Tower of Hanoi)的圓盤個數:" ;
  cin >> n ;

  //將n個圓盤從木釘1經由木釘2搬到木釘3
  hanoi(n,1,3,2);

  return 0;
 }

//將numOfCiricle個圓盤，從來源木釘經由過渡木釘搬到目的木釘上
void hanoi(int numOfCircle, int source, int target, int temp)
 {
   static int numOfMoving = 0; // 記錄第幾次搬運
   if (numOfCircle <=1)
      {
         cout << "第" << setw(3) << ++numOfMoving << "次:圓盤"
              << numOfCircle<< " 從 木釘" << source
              << "搬到 木釘" << target << '\n' ;
     }
  else
     {
        //將(numOfCircle  -1)個圓盤，從來源木釘經由目的木釘搬到過渡木釘
        hanoi(numOfCircle - 1, source, temp, target);

        cout << "第" << setw(3) << ++numOfMoving << "次:圓盤"
             << numOfCircle << " 從 木釘" << source
             << "搬到 木釘" << target << '\n' ;

        //將(numOfCircle-1)個圓盤，從過渡木釘經由來源木釘搬到目的木釘
        hanoi(numOfCircle-1,temp,target,source);
     }
 }
```

執行結果

輸入河內塔遊戲(Tower of Hanoi)的圓盤個數:3

第 1次:圓盤1 從 木釘1 搬到 木釘3

第 2次:圓盤2 從 木釘1 搬到 木釘2

第 3次:圓盤1 從 木釘3 搬到 木釘2
第 4次:圓盤3 從 木釘1 搬到 木釘3
第 5次:圓盤1 從 木釘2 搬到 木釘1
第 6次:圓盤2 從 木釘2 搬到 木釘3
第 7次:圓盤1 從 木釘1 搬到 木釘3

程式解說

1. 河內塔遊戲（Tower of Hanoi）源自古印度。據說有一座位於宇宙中心的神廟中放置了一塊木板，上面釘了三根木釘，其中的一根木釘放置了64片圓盤形金屬片，由下往上依大至小排列。天神指示僧侶們將64片的金屬片移至三根木釘中的其中一根上，一次只能搬運一片金屬片，搬運過程中必須遵守較大金屬片總是在較小金屬片下面的規則，當全部金屬片移動至另一根木釘上時，萬物都將至極樂世界。
2. 將木釘1的n個圓盤搬到木釘3的過程，與將木釘1的(n-1)個圓盤搬到木釘3的過程是一樣的。因此可用遞迴函式來撰寫，將問題切割成較小問題來解決。
3. 將numOfCircle個圓盤從來源木釘搬到目的木釘的程序如下：

(1) 先將「numOfCircle-1」個圓盤，從來源木釘經由目的木釘搬到過渡木釘上。

```
hanoi(numOfCircle-1,source,temp,target);
```

(2) 將第「numOfCircle」個圓盤從來源木釘搬到目的木釘。

```
cout << "第" << setw(3) << ++numOfMoving << "次:圓盤"
<< numOfCircle << " 從 木釘" << source
<< "搬到 木釘" << target << '\n' ;
```

(3) 再將「numOfCircle-1」個圓盤，從過渡木釘經由來源木釘搬到目的木釘上。

```
hanoi(numOfCircle-1,temp,target,source);
```

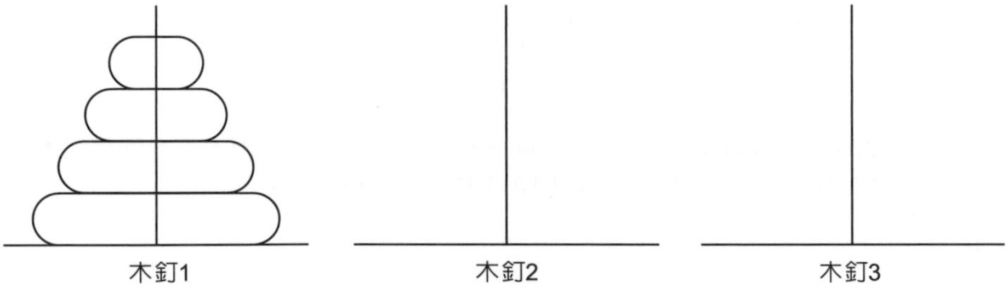

▲圖10-4 河內塔遊戲(Tower of Hanoi)示意圖

10-4 函式的多載

功能不同的函式，一般會以不同的函式名稱來定義。當問題類型不同卻要處理相同的功能時，若仍定義不同的函式名稱來解決不同類型的問題，一旦問題的類型變多，就會造成方法命名的困擾。例：計算三角形的面積、長方形的面積、正方形的面積等問題。這三個問題是不同的類型，但問題的目的都是計算面積，若使用一般的設計觀念，則必須分別定義計算三角形面積、計算長方形面積及計算正方形面積三個不同的函式名稱。

如何建立性質相同但功能不同的同名函式呢？在C++語言中，可以用名稱相同但樣貌不同的函式，來定義性質相同但功能不同的函式。這種機制被稱為「多載」（Overloading）。何謂「樣貌不同」呢？定義兩個（含）以上名稱相同的函式時，若所宣告的參數滿足下列兩項條件之一，則稱這兩個（含）以上名稱相同的函式為樣貌不同。

1. 在這些名稱相同的函式中，所宣告的參數個數都不相同。
2. 在這些名稱相同的函式中，至少有一個對應位置的參數之資料型態不相同。

函式多載的概念，是將性質相同但功能不同的函數以相同的名稱來命名，方便管理函式名稱。呼叫同名的函式時，編譯器是根據傳入函式的參數型態及參數個數，去執行相對應的函式，不用擔心會出現呼叫錯亂的現象。

範例 15

寫一個程式，利用函式多載的概念，定義兩個名稱相同的函式，呼叫其中一個函式，能輸出 (1) 的結果；呼叫另一個函式，則輸出 (2) 的結果。

(1) 1	(2) aaa
12	aa
123	a

```
#include <iostream>
using namespace std;
void printdata(int);
void printdata(int , char);
int main()
 {
  cout << "只有一個參數的printdata函式的結果:\n" ;
  printstar(3);
  cout << "有兩個參數的printdata函式的結果:\n" ;
  printstar(3,'a');

```

```
12      return 0;
13    }
14
15   void printdata(int num)
16    {
17      int i,j;
18      for (i=0;i<num;i++)
19      {
20        for (j=1;j<=i+1;j++)
21           cout << j;
22
23        cout << '\n';
24      }
25    }
26
27   void printdata(int num, char ch)
28    {
29      int i,j;
30      for (i=0;i<num;i++)
31      {
32        for (j=3-i;j>0;j--)
33            cout << ch;
34
35        cout << '\n';
36      }
37    }
```

執行結果

只有一個參數的printdata函式的結果:

1

12

123

有兩個參數的printdata函式的結果:

aaa

aa

a

程式解說

當程式執行到第8列，會呼叫第15列printdata函式，而執行到第10列，會呼叫第27列printdata函式。

10-5 進階範例

範例 16

寫一程式，設計一個迷宮圖（如下圖）存入15*30的二維陣列，入口處在位置(13, 0)且出口處在位置(1, 29)，並定義一個遞迴函式，輸出走出迷宮的路線。

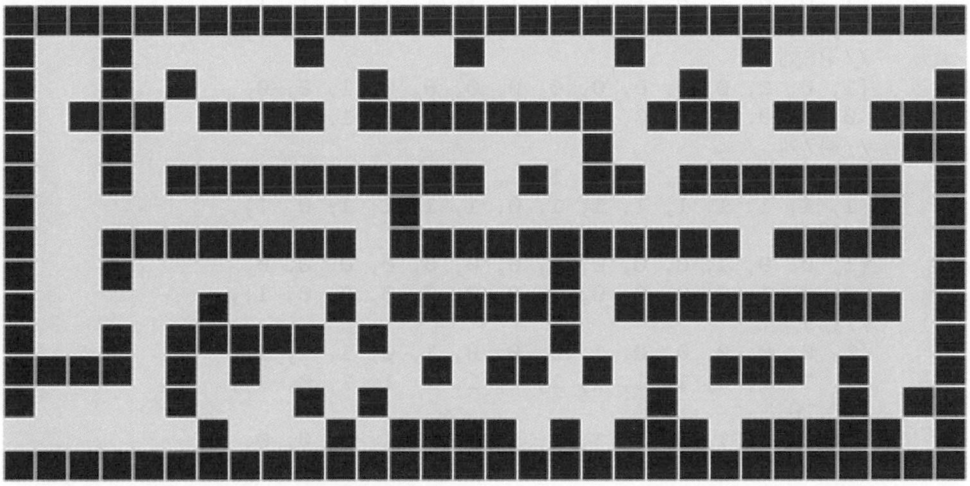

【註】黑色為牆壁，白色為通路。

```
#include <iostream>
using namespace std ;

// mazemap函式:輸出迷宮布置圖
void mazemap(int maze[][30], int row, int col) ;

// 遞迴函式walkpath：搜尋迷宮的路徑
bool walkpath(int maze[][30], int row, int col) ;

int main()
 {
  // 將迷宮布置圖資料存入15x30的二維陣列maze中
  int maze[15][30] = {
     //第0列
     {1, 1, 1, 1, 1, 1, 1, 1, 1, 1, 1, 1, 1, 1, 1,
      1, 1, 1, 1, 1, 1, 1, 1, 1, 1, 1, 1, 1, 1},
     //第1列
     {1, 0, 0, 1, 0, 0, 0, 0, 0, 1, 0, 0, 0, 0, 1,
      0, 0, 0, 0, 1, 0, 0, 0, 1, 0, 0, 0, 0, 0 },
```

```
        //第2列
        {1, 0, 0, 1, 0, 1, 0, 0, 0, 0, 0, 1, 0, 0, 0,
         0, 0, 0, 0, 0, 0, 1, 0, 0, 0, 0, 0, 0, 0, 1},
        //第3列
        {1, 0, 1, 1, 1, 0, 1, 1, 1, 1, 0, 1, 1, 1, 1,
         1, 1, 1, 1, 0, 1, 1, 1, 0, 1, 1, 0 , 1, 1, 1},
        //第4列
        {1, 0, 0, 1, 0, 0, 0, 0, 0, 0, 0, 0, 0, 0, 0,
         0, 0, 0, 1, 0, 0, 0, 0, 0, 0, 0, 0, 0, 1, 1},
        //第5列
        {1, 0, 0, 1, 0, 1, 1, 1, 1, 1, 1, 1, 1, 1, 1,
         0, 1, 0, 1, 1, 0, 1, 1, 1, 1, 1, 1, 1, 0, 1},
        //第6列
        {1, 0, 0, 0, 0, 0, 0, 0, 0, 0, 0, 0, 1, 0, 0,
         0, 0, 0, 0, 0, 0, 0, 0, 0, 0, 0, 0, 1, 0, 1},
        //第7列
        {1, 0, 0, 1, 1, 1, 1, 1, 1, 1, 1, 0, 1, 1, 1,
         1, 1, 1, 1, 1, 1, 1, 1, 0, 1, 1, 1, 1, 0, 1},
        //第8列
        {1, 0, 0, 1, 0, 0, 0, 0, 0, 0, 0, 0, 0, 0, 0,
         0, 0, 1, 0, 0, 0, 0, 0, 0, 0, 0, 0, 0, 0, 1},
        //第9列
        {1, 0, 0, 0, 0, 0, 1, 0, 0, 0, 1, 0, 1, 1, 1,
         1, 1, 1, 0, 1, 1, 1, 1, 1, 1, 1, 1, 1, 0, 1},
        //第10列
        {1, 0, 0, 1, 0, 1, 1, 1, 1, 1, 0, 1, 0, 0, 0,
         0, 0, 1, 0, 0, 0, 0, 0, 0, 0, 0, 0, 0, 0, 1},
        //第11列
        {1, 1, 1, 1, 0, 1, 0, 1, 0, 0, 0, 0, 0, 1, 0,
         1, 1, 0, 1, 0, 1, 0, 1, 1, 1, 0, 1, 0, 0, 1},
        //第12列
        {1, 0, 0, 0, 0, 1, 0, 0, 0, 1, 0, 1, 0, 0, 0,
         0, 0, 0, 0, 0, 1, 0, 0, 0, 0, 0, 1, 0, 1, 1},
        //第13列
        {0, 0, 0, 0, 0, 0, 1, 0, 0, 0, 1, 0, 1, 1, 1,
         1, 0, 1, 0, 1, 1, 1, 0, 1, 1, 1, 1, 1, 0, 1},
        //第14列
        {1, 1, 1, 1, 1, 1, 1, 1, 1, 1, 1, 1, 1, 1, 1,
         1, 1, 1, 1, 1, 1, 1, 1, 1, 1, 1, 1, 1, 1, 1}
      } ;

    walkpath(maze, 13, 0) ;    // 搜尋迷宮的路徑
    mazemap(maze, 15, 30) ;  // 輸出迷宮布置圖及走出迷宮的路徑
    return 0 ;
   }

void mazemap(int maze[][30], int row, int col)
```

```
  {
   int i, j ;
   system("color F0");
   for (i = 0 ; i < row ; ++i)
    {
     for (j = 0 ; j < col ; ++j)
      {
       if (maze[i][j] == 0)          // 0:代表位置(i,j)為通路
         cout << "  " ;
       else  if (maze[i][j] == 1)  // 1:代表位置(i,j)為牆壁
         cout << "■"; //   ■為全形字
       else  if (maze[i][j] == 2)  // 2:代表位置(i,j)已走過
         cout << "＊" ;  //   ＊為全形字
      }
     cout << endl ;
    }
   cout << endl ;
  }

 bool walkpath(int maze[][30], int row, int col)
  {
   //  目前位置(row, col)是牆壁或已走過
   if (maze[row][col] == 1 || maze[row][col] == 2)
     return false ;
   else // 目前位置(row, col)為通路，將其設定為2，表示已走過
    {
     maze[row][col] = 2 ;
     if (row == 1 && col == 29)  //  到達終點
        return true ;

     // 目前位置(row, col)往東方向搜尋迷宮的路徑
     else if (maze[row][col+1] != 2 && walkpath(maze, row, col+1))
        return true ;

     // 目前位置(row, col)往北方向搜尋迷宮的路徑
     else if (maze[row-1][col] != 2 && walkpath(maze, row-1, col))
        return true ;

     // 目前位置(row, col)往西方向搜尋迷宮的路徑
     else if (maze[row][col-1] != 2 && walkpath(maze, row, col-1))
        return true ;

     // 目前位置(row, col)往南方向搜尋迷宮的路徑
     else if (maze[row+1][col] != 2 && walkpath(maze, row+1, col))
        return true ;

     else  //  目前位置(row, col)已無通路前進,必須回到上一次的位置
        return false ;
    }
  }
```

執行結果

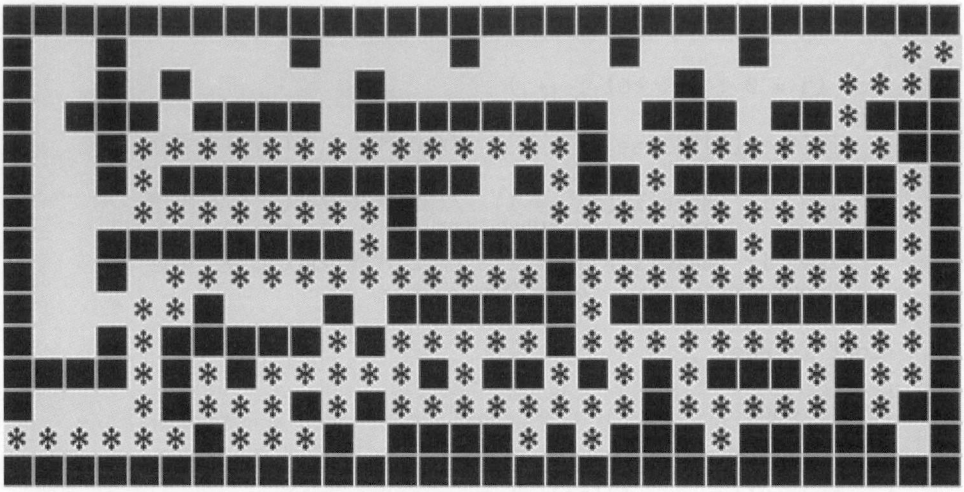

程式說明

1. 為了凸顯所輸出資料之間的差異性，以提高閱讀性，可在輸出資料前呼叫system()函式，設定控制台的背景顏色及前景顏色。

   設定控制台的背景顏色及前景顏色之語法如下：

   ```
   system(color 背景顏色代號前景顏色代號") ;
   ```

   【註】常用的背景顏色及前景顏色代號如下：

   0：黑色 ；1：藍色；2：綠色；4：紅色

   5：紫色； 6：黃色；7：白色；8：灰色

   F：亮白色

例：

1. 程式第69列「system("color F0");」中的「color F0」，是設定執行結果的背景為白色，前景(文字部分)為黑色。
2. 程式第97~111列，代表在位置(row, col)時的搜尋方向順序，依序為東、北、西、南。即，走到位置(row, col)時，下一步先往東走，若不行，則往北走。若往北走也不行，則往西走。若往西走還是不行，則往南走。

   (1) 程式第98列中的「maze[row][col+1] != 2」，代表位置(row, col)上一次不是從位置(row, col+1)來時，才需考慮是否要往位置(row, col+1)走。

(2) 程式第102列中的「maze[row-1][col] != 2」，代表位置(row, col)上一次不是從位置(row-1, col)來時，才需考慮是否要往位置(row-1, col)走。

(3) 程式第106列中的「maze[row][col-1] != 2」，代表位置(row, col)上一次不是從位置(row, col-1)來時，才需考慮是否要往位置(row, col-1)走。

(4) 程式第110列中的「maze[row+1][col] != 2」，代表位置(row, col)上一次不是從位置(row+1, col)來時，才需考慮是否要往位置(row+1, col)走。

3. 全形字「＊」，為走出迷宮的路線。

4. 本題的解法，只適用於至少有一條路徑由左下走到右上出口的迷宮。

範例 17

數獨謎題遊戲，是將數字1至9填入9個3×3的九宮格（如下圖）中，且須滿足每一直行、每一橫行及9個3×3九宮格內，都有數字1至9且剛好出現一次。在數獨謎題的81個格子中，若提供至少17個數字，則謎題只有一個答案。（請參考https://zh.m.wikipedia.org/zh-tw/%E6%95%B8%E7%8D%A8）

寫一程式，將數獨謎題的資料（如下圖）存入一個9×9的二維陣列，並定義一個遞迴函式，輸出數獨謎題的解答。

6		2					5	
			1			8		
7				2				9
4					3	1		
	1			6				
			2				7	
		7			6			4
1						5		
		4		8				

```
#include <iostream>
using namespace std ;

// 遞迴函式Sudoku：搜尋數獨謎題的解答
bool Sudoku(int matrix[][9], int row) ;

// 將數獨資料存入9x9的二維陣列matrix中
// 非0的數字不能變動的,數字0的地方代表要需填入1~9的位置
```

```
int matrix[9][9]={
    {6,0,2,0,0,0,0,5,0},
    {0,0,0,1,0,0,8,0,0},
    {7,0,0,0,2,0,0,0,9},
    {4,0,0,0,0,3,1,0,0},
    {0,1,0,0,6,0,0,0,0},
    {0,0,0,2,0,0,0,7,0},
    {0,0,7,0,0,6,0,0,4},
    {1,0,0,0,0,0,5,0,0},
    {0,0,4,0,8,0,0,0,0}
 } ;

int main()
 {
   if (Sudoku(matrix,9))
     for (int i=0 ; i<9 ; i++)
      {
        for (int j=0 ; j<9 ; j++)
           cout << matrix[i][j] << " ";
        cout << '\n';
      }
   else
     cout << "數獨謎題無解" ;

   return 0 ;
 }

bool Sudoku(int matrix[][9], int row)
{
  int i, j, k, datarow, datacol ;

  // 記錄與位置(datarow, datacol)同列,同行及同一九宮格中的數字(1~9)
  int existeddigit[9]={0} ;

  int index=0 ;

  for (i=0 ; i<9 ; i++)
   {
     for (j=0 ; j<9 ; j++)
       if (matrix[i][j] == 0)
          break ;
     if (j<9)
        break ;
   }

  if (i<9)
   {
     datarow = i ;
     datacol = j ;
   }
  else
   {
     datarow = -1 ;
     datacol = -1 ;
     return true;
   }
```

```

    // 紀錄第(datarow)列中出現的數字(1~9)
    for (j=0;j<9;j++)
      if (matrix[datarow][j] != 0)
       {
         for (k=0 ; k<index ; k++)
            if (matrix[datarow][j] == existeddigit[k])
               break ;
         if (k==index)
          {
            existeddigit[index] = matrix[datarow][j] ;
            index ++ ;
          }
       }

    // 紀錄第(datacol)行中出現的數字(1~9)
    for (i=0;i<row;i++)
      if (matrix[i][datacol] != 0)
       {
         for (k=0 ; k<index ; k++)
            if (matrix[i][datacol]  == existeddigit[k])
               break ;
         if (k==index)
          {
            existeddigit[index] = matrix[i][datacol] ;
            index++ ;
          }
       }

    // 紀錄與位置(datarow,datacol)同一九宮格中出現的數字(1~9)
    for (i=(datarow/3)*3 ; i<(datarow/3)*3+3 ; i++)
      for (j=(datacol/3)*3 ; j<(datacol/3)*3+3 ; j++)
        if (matrix[i][j] != 0 && (i != datarow && j != datacol))
         {
           for (k=0;k<index;k++)
              if (matrix[i][j]  == existeddigit[k])
                 break ;
           if (k==index)
            {
              existeddigit[index] = matrix[i][j] ;
              index++ ;
             }
         }

    // 從數字1~9中,找出哪些可以填入位置(datarow,datacol)
    // 並符合數獨的規定
    for (i=0 ; i<9 ; i++)
     {
       for (j=0 ; j<index ; j++)  // 判斷數字(i+1)是否出現在existeddigit中
         if ((i+1) == existeddigit[j])
            break ;

       if (j == index)  // 數字(i+1)沒有出現在existeddigit陣列中
        {
          matrix[datarow][datacol]=i+1 ;

```

```
121           // 數字(i+1)填入位置(datarow,datacol)後,判斷是否符合數獨的規定
122           // 若不符合數獨的規定,則將位置(datarow,datacol)恢復為原值0
123           if ( !Sudoku(matrix,9) )
124              matrix[datarow][datacol]=0 ;
125           else
126              return true ;
127         }
128      }
129
130      // 位置(datarow,datacol)可填入的數字,都無法滿足數獨的規定
131      // 需回到位置(datarow,datacol)的前一個位置,檢驗下一個可填入的數字
132      return false ;
133   }
```

執行結果

```
6 3 2 4 9 8 7 5 1

5 4 9 1 3 7 8 2 6

7 8 1 6 2 5 3 4 9

4 7 6 8 5 3 1 9 2

2 1 5 7 6 9 4 3 8

8 9 3 2 4 1 6 7 5

9 5 7 3 1 6 2 8 4

1 2 8 9 7 4 5 6 3

3 6 4 5 8 2 9 1 7
```

程式說明

在位置 (datarow, datacol) 中，填入數字 (1~9) 之前，需先將第「datarow」列、第「datacol」行及位置 (datarow, datacol) 所在9宮格中出現過的全部數字，記錄在一維陣列exitseddigit中（參考程式66~107列）。然後依序檢驗一維陣列exitseddigit中沒有的數字是否符合數獨的規定？若符合，則將該數字填入位置 (datarow, datacol) 中，否則換下一個數字。若位置 (datarow, datacol) 無法填入適當的數字，則代表之前的某個或某些位置填入的數字是錯的，接著會回到位置 (datarow, datacol) 的前一個位置，並檢驗下一個可填入的數字是否符合數獨的規定？若符合，則將該數字填入到位置 (datarow, datacol) 的前一個位置中，否則換下一個可填入的數字。重複此程序，直到所有的格子都有數字為止（參考程式109~128列）。

範例 18

寫一程式，模擬五子棋遊戲。

```
#include <iostream>
#include <iomanip>
#include <conio.h>
using namespace std;

int gobang[25][25]={0}; //
//五子棋. 記錄每個位置是否下過棋子.
//0:尚未下過棋子 1:表示甲下的棋子 2:表示乙下的棋子

//宣告檢查是否三子連線，四子連線或五子連線之函式
void check_bingo(int,int);

int who=1; //單數:表示輪到甲下棋 偶數:表示輪到乙下棋
int main()
 {
  int i,j,k;
  int row,col;//列,行:表示棋子要下的位置
  // 若未完成五子連線之前，遊戲持續進行
  while (1)
   {
    system("cls"); //清除螢幕畫面
    cout << "\t\t\t兩人五子棋 遊戲:\n" ;

    //每下過一棋子,重新畫出25*25的棋盤內的資訊  cout << "--|-" ;
    cout << " | " ;
    for (i=0;i<=24;i++)
      cout << setw(2) << i;
    cout << '\n' ;
    cout << "--|-" ;
    for (i=0;i<=24;i++)
      cout << "--" ;
    cout << '\n' ;
    k=0;
    for (i=0;i<=24;i++)
    {
      cout << setw(2) << k++ <<"| " ;
      for (j=0;j<=24;j++)
         if (gobang[i][j]==0)
            cout << "■" ;
         else if (gobang[i][j]==1)
            cout << "●" ;
         else
            cout << "○" ;
      cout << '\n';
    }
    if (who%2==1)
      cout << "甲:" ;
    else
      cout << "乙:" ;

```

```
    cout << "輸入棋子的位置row,col(以空白隔開) "
         << " (0<=row<=24,0<=col<=24):" ;
    cin >> row >> col ;
    if (!(row>=0 && row<=24 && col>=0 && col<=24))
     {
      cout << "位置錯誤,重新輸入!\a\n" ;
      continue;
     }
    if (gobang[row][col]!=0)
     {
      cout << "位置(" << row<< ',' <<col
           << "已經有棋子了,重新輸入!\a\n" ;
      continue;
     }

    check_bingo(row,col);
    who++;
   }
  return 0;
 }

//定義檢查是否三子連線，四子連線或五子連線之函式
void check_bingo(int row,int col)
 {
  int i,j,k;
  int score=0; //累計最多5個位置是否為同一人所下的棋子
  //score=10 乙:五子連線 , score=5 甲:五子連線
  //score=8 乙:四子連線 , score=4 甲:四子連線
  //score=6 乙:三子連線 , score=3 甲:三子連線

  int count=0; //記錄:已累計多少個相同的棋子(最多5個)
  int case_message=-1; //訊息提示,-1表示沒有達到預警

  //當第一次點到(row,col)位置時,
  //才判斷是否三子連線，四子連線或五子連線
  if (gobang[row][col]==0)
   {
    if (who%2==1) //單數:表示甲下棋 偶數:表示乙下棋
      gobang[row][col]=1; //1:甲的棋
    else
      gobang[row][col]=2; //2:乙的棋

    //累計左方及右方連續相同的棋子共有多少個
    count=0;
    score=0;
    //score:往位置(row,col)的左方累計最多5個位置
    for (i=0;i<=4 && col-i>=0;i++)
      if (gobang[row][col-i]!=0 &&
          gobang[row][col-i]==gobang[row][col])
        score=score+gobang[row][col-i];
      else
        break;

```

```
    //score:往位置(row,col)的右方累計最多4個位置
    if (count<5)
      for (i=1;i<=4 && col+i<=24 && count<5;i++)
        if (gobang[row][col+i]!=0 &&
            gobang[row][col+i]==gobang[row][col])
         {
          score=score+gobang[row][col+i];
          count++;
         }
        else
          break;
    //累計左方及右方連續相同的棋子共有多少個

    if (score%10==0)
      case_message=1; //乙:五子連線
    else if (score%5==0)
      case_message=2; //甲:五子連線
    else if (score%8==0)
      case_message=3; //乙:四子連線
    else if (score%4==0 && who%2==1)
      case_message=4; //甲:四子連線
    else if (score%6==0)
      case_message=5; //乙:三子連線
    else if (score%3==0 && who%2==1)
      case_message=6; //甲:三子連線

    if (!(case_message==1 || case_message==2))
     {
      //累計上方及下方連續相同的棋子共有多少個
      count=0;
      score=0;
      //score:往位置(row,col)的上方累計最多5個位置
      for (i=0;i<=4 && row-i>=0;i++)
        if (gobang[row-i][col]!=0 &&
            gobang[row-i][col]==gobang[row][col])
         {
          score=score+gobang[row-i][col];
          count++;
         }
        else
          break;

      //score:往位置(row,col)的下方累計最多4個位置
      if (count<5)
        for (i=1;i<=4 && row+i<=24 && count<5;i++)
          if (gobang[row+i][col]!=0 &&
              gobang[row+i][col]==gobang[row][col])
           {
            score=score+gobang[row+i][col];
            count++;
           }
          else
            break;
      //累計上方及下方連續相同的棋子共有多少個

```

```
      if (score%10==0)
        case_message=1; //乙:五子連線
      else if (score%5==0)
        case_message=2; //甲:五子連線
      else if (score%8==0)
        case_message=3; //乙:四子連線
      else if (score%4==0 && who%2==1)
        case_message=4; //甲:四子連線
      else if (score%6==0)
        case_message=5; //乙:三子連線
      else if (score%3==0 && who%2==1)
        case_message=6; //甲:三子連線

      if (!(case_message==1 || case_message==2))
       {
        //累計左上方與右下方連續相同的棋子共有多少個
        count=0;
        score=0;
        //score:往位置(row,col)的左上方累計最多5個位置
        for (i=0;i<=4 && row-i>=0 && col-i>=0;i++)
          if (gobang[row-i][col-i]!=0 &&
              gobang[row-i][col-i]==gobang[row][col])
            score=score+gobang[row-i][col-i];
          else
            break;

        //score:往位置(row,col)的右下方累計最多4個位置
        if (count<5)
          for (i=1;i<=4 && row+i<=24
            && col+i<=24 && count<5;i++)
            if (gobang[row+i][col+i]!=0 &&
                gobang[row+i][col+i]==gobang[row][col])
              {
               score=score+gobang[row+i][col+i];
               count++;
              }
            else
               break;
        //累計左上方與右下方連續相同的棋子共有多少個

        if (score%10==0)
           case_message=1; //乙:五子連線
        else if (score%5==0)
           case_message=2; //甲:五子連線
        else if (score%8==0)
           case_message=3; //乙:四子連線
        else if (score%4==0 && who%2==1)
           case_message=4; //甲:四子連線
        else if (score%6==0)
           case_message=5; //乙:三子連線
        else if (score%3==0 && who%2==1)
           case_message=6; //甲:三子連線

        if (!(case_message==1 || case_message==2))
```

```
           {
            //累計右上方與左下方連續相同的棋子共有多少個
            count=0;
            score=0;
            //score:往位置(row,col)的右上方累計最多5個位置
            for (i=0;i<=4 && row-i>=0 && col+i<=24;i++)
               if (gobang[row-i][col+i]!=0 &&
                   gobang[row-i][col+i]==gobang[row][col])
                 score=score+gobang[row-i][col+i];
               else
                 break;

            //score:往位置(row,col)的左下方累計最多4個位置
            if (count<5)
              for (i=1;i<=4 && row+i<=24
              && col-i>=0 && count<5;i++)
                if (gobang[row+i][col-i]!=0 &&
                    gobang[row+i][col-i]==gobang[row][col])
                  {
                   score=score+gobang[row+i][col-i];
                   count++;
                  }
                 else
                   break;
            //累計右上方與左下方連續相同的棋子共有多少個

            if (score%10==0)
               case_message=1; //乙:五子連線
            else if (score%5==0)
               case_message=2; //甲:五子連線
            else if (score%8==0)
               case_message=3; //乙:四子連線
            else if (score%4==0 && who%2==1)
               case_message=4; //甲:四子連線
            else if (score%6==0)
               case_message=5; //乙:三子連線
            else if (score%3==0 && who%2==1)
               case_message=6; //甲:三子連線
           }
         }
       }
     }

    switch(case_message)
     {
      case 1:
        cout << "乙:五子連線,遊戲結束.\a\n" ; //嗶一聲提醒
        getch();
        exit(0);
        break;
      case 2:
        cout << "甲:五子連線,遊戲結束.\a\n" ; //嗶一聲提醒
        system("pasue");
        exit(0);
```

```
          break;
        case 3:
          cout << "乙:四子連線\a\n" ; //嗶一聲提醒
          break;
        case 4:
          cout << "甲:四子連線\a\n" ; //嗶一聲提醒
          break;
        case 5:
          cout << "乙:三子連線\a\n" ; //嗶一聲提醒
          break;
        case 6:
          cout << "甲:三子連線\a\n" ; //嗶一聲提醒
      }
    }
```

執行結果

請自行娛樂一下。

程式解說

每次所下棋子的位置(row,col) 是否連成五子，四子連線或三子連線 ，需要考慮下列4種狀況：

(1) 考慮(row,col)之上方及下方，連續相同的棋子共有多少個。

(2) 考慮(row,col)之左方及右方，連續相同的棋子共有多少個。

(3) 考慮(row,col)之左上方及右下方，連續相同的棋子共有多少個。

(4) 考慮(row,col)之右上方及左下方，連續相同的棋子共有多少個。

範例 19

寫一程式，模擬吃角子老虎（或拉霸）遊戲。（圖案自行決定）

```
#include <iostream>
#include <cstdlib>
#include <iomanip>
#include <ctime>
#include <conio.h>
using namespace std;
void display(string *, int , int );
int main()
 {
  int i,j;

  //拉霸圖案
  string picture[9]={"７",":)","■","●","＄ ","@","★","◆","◎"};

```

```
    //存放電腦亂數產生的9個圖案
    string position[3][3];

    //拉霸轉動的起始時間點(滴答數)及停止時間點(滴答數)
    clock_t start_clock,end_clock;

    float spend=0; //拉霸轉動的時間(秒)
    srand((unsigned)time(NULL));

    //電腦亂數產生的9個圖案存入position
    for (i=0;i<3;i++)
      for (j=0;j<3;j++)
        position[i][j]=picture[rand()%9];

    display(&position[0][0],3,3);

    while (1)
     {
      cout << "\n模擬拉霸遊戲(按Y開始,按N結束):" ;
      if (toupper(getche())=='N')
        break;

      start_clock=clock();
      //取得程式從目前執行到此函數
      //所經過的滴答數(ticks)

      spend =(double) (end_clock-start_clock)/CLK_TCK;

      while (1)
       {
        system("cls");

        //下面指令,讓人感覺第1行轉動最慢
        //將第1行第2列的資料變成第1行第3列的資料
        //將第1行第1列的資料變成第1行第2列的資料
        for (i=2;i>=1;i--)
          position[i][0]=position[i-1][0];

        //產生第1行第1列的資料
        position[0][0]=picture[rand()%9];

        //下面指令,讓人感覺第2行轉動比第1行快一點
        //將第2行第2列的資料變成第2行第3列的資料
        position[2][1]=position[1][1];

        //產生第2行第2,1列的資料
        for (i=1;i>=0;i--)
          position[i][1]=picture[rand()%9];

        //下面指令,讓人感覺第3行轉動最快
        //重新產生第3行第1,2,3列的資料
        for (i=0;i<3;i++)
          position[i][2]=picture[rand()%9];

```

```
          display(&position[0][0],3,3); //寫法1

          _sleep(100);
          //停頓一下,可以看到好像圖案在轉動

          end_clock=clock();
          //取得程式從開始執行到此函數
          //所經過的滴答數(ticks)

          spend =(double) (end_clock-start_clock)/CLK_TCK;

          if (spend>=5) //轉動時間>=5秒,停止轉動
            break;
         }

        //判斷第2列是否都一樣,若一樣,則 Bingo
        for (j=0;j<2;j++)
          if (position[1][j]!=position[1][j+1])
            break;
        if (j==2)
          cout << "恭喜您BINGO了" ;
      }

    return 0;
   }

  void display(string *position , int m , int n)
   {
    int i,j;
    system("cls");
    for (i=0;i<m;i++)
     {
      for (j=0;j<n;j++)
        cout << *(position+i*n+j) << ' ' ;
        //position+i*n+j是記憶體位址
        //*(position+i*n+j)相當於position[i][j]

      cout << "\n\n";
     }
    cout << "\n第1行轉動最慢,第2行轉動較快,"
         << "第3行轉動最快\n" ;
   }
```

執行結果

請自行娛樂一下。

程式解說

1. 拉霸玩法：

   (1) 若拉霸前只放1枚硬幣，且第2列之三個圖案相同，則中獎。

   (2) 若拉霸前只放2枚硬幣，且第1列或第2列之三個圖案相同則中獎。

(3) 若拉霸前只放3枚硬幣，且第1列或第2列或第3列之三個圖案相同，則中獎。

(4) 若拉霸前只放4枚硬幣，且第1列或第2列或第3列或左斜線之三個圖案相同，則中獎。

(5) 若拉霸前只放5枚硬幣，且第1列或第2列或第3列或左斜線或右斜線之三個圖案相同，則中獎。

2. 本程式只考慮玩法(1)，讀者可以自行修改，以符合玩法(2)、(3)、(4) 及(5)。

範例 20

寫一個程式，運用遞迴觀念，定義一個無回傳值的遞迴函式，模擬windows小遊戲：8x8 踩地雷（landmine）。

```
#include <iostream>
#include <iomanip>
using namespace std;
int landmine[8][8]={0,1,1,1,0,0,0,0,
                    0,1,-1,3,2,2,1,1,
                    1,2,3,-1,-1,2,-1,1,
                   -1,1,2,-1,3,2,1,1,
                    1,1,1,1,1,0,0,0,
                    0,0,0,0,1,1,1,0,
                    0,0,0,0,1,-1,2,1,
                    0,0,0,0,1,1,2,-1} ;
int guess[8][8]={0};
//記錄每個位置是否踩過,0:未踩過 1:踩過

int check[8][8]={0};
//記錄每個位置是否為第1次檢查. 0:第1次1:第2次

void display(int,int); //宣告顯示地雷遊戲圖形位置資料之函式
int main()
 {
  int i,j,k;
  int row,col;//要踩的位置:列,行

  //畫出8*8的地雷遊戲圖形
  cout << "\t踩地雷遊戲:\n" ;
  cout << "  | 0 1 2 3 4 5 6 7\n" ;
  cout << "--|----------------\n" ;
  k=0;
  for (i=0;i<8;i++)
   {
    cout <<setw(2) << k++ << "|" ;
    for (j=0;j<8;j++)
      cout << "■" ;
    cout << '\n' ;
   }
```

```
  //畫出8*8的地雷遊戲圖形

  while (1)
   {
    cout << "輸入要踩的位置x,y(以空白隔開)
         << (0<=x<=7 , 0<=y<=7):" ;
    cin >> row >> col ;
    if (!(row>=0 && row<=7 && col>=0 && col<=7))
     {
      cout << "位置錯誤,重新輸入!\a\n" ;
      continue;
     }

    if (check[row][col]!=0)
     {
      cout << "位置(" << row<< ',' <<col
           << "已經踩過了,重新輸入!\a\n" ;
      continue;
     }

    display(row,col); //遞迴函式
   }
  return 0;
 }

//定義顯示地雷遊戲圖形位置資料之函式(遞迴函式)
void display(int row,int col)
 {
  int i,j,k;
  guess[row][col]=1;
  check[row][col]++;
  //當點到的位置(row,col)的值是0時,且此位置是第1次檢查時
  //顯示其周圍的資料
  if (landmine[row][col]==0 && check[row][col]==1)
   {
    //顯示位置(row,col)右邊的位置(row,col+1)的值
    if (col+1<=7)
      display(row,col+1);

    //顯示位置(row,col)左邊的位置(row,col-1)的值
    if (col-1>=0)
      display(row,col-1);

    //顯示位置(row,col)上面的位置(row-1,col)的值
    if (row-1>=0)
      display(row-1,col);

    //顯示位置(row,col)下面的位置(row+1,col)的值
    if (row+1<=7)
      display(row+1,col);

    //顯示位置(row,col)右上角的位置(row-1,col+1)的值
    if (row-1>=0 && col+1<=7)
      display(row-1,col+1);

```

```
      //顯示位置(row,col)右下角的位置(row+1,col+1)的值
      if (row+1<=7 && col+1<=7)
        display(row+1,col+1);

      //顯示位置(row,col)左上角的位置(row-1,col-1)的值
      if (row-1>=0 && col-1>=0)
        display(row-1,col-1);

      //顯示位置(row,col)左下角的位置(row+1,col-1)的值
      if (row+1<=7 && col-1>=0)
        display(row+1,col-1);
     }

    system("cls");
    //重畫8*8的地雷遊戲資料圖形
    cout << "\t踩地雷遊戲:\n" ;
    cout << "  | 0 1 2 3 4 5 6 7\n" ;
    cout << "--|----------------\n" ;
    k=0;
    for (i=0;i<8;i++)
     {
      cout << setw(2) << k++ << "|" ;
      for (j=0;j<8;j++)
        if (guess[i][j]==1)
          if (landmine[i][j]==-1)
            cout << "* ";
          else
            cout << setw(2) << landmine[i][j] ;
        else
          if (landmine[i][j]==-1 && landmine[row][col]==-1)
            cout << "* " ;
          else
            cout << "■" ;
      cout << '\n' ;
     }
    //重畫8*8的地雷遊戲資料圖形

    //檢查位置(row,col)是否是地雷
    if (landmine[row][col]==-1)
     {
      cout << "你踩到(" << row << ',' << col << ")的地雷了";
      exit(0);
     }
    else
     {
      //檢查每一個不是地雷的位置,若都已踩過,則表示過關
      for (i=0;i<8;i++)
       {
        for (j=0;j<8;j++)
          if (landmine[i][j]!=-1 && guess[i][j]!=1)
            break;
        if (j<8)
          break;
       }
```

```
145
146         //i=8,表示每一個不是地雷的位置,都已踩過
147         if (i==8)
148          {
149           cout << "恭喜你過關了!" ;
150           exit(0);
151          }
152       }
153     }
```

執行結果

請自行娛樂一下。

程式解說

程式第71~102列，若位置(row,col)的值若為0，且未被踩過，則會自動顯示其周圍的8個位置的值。即顯示(row,col) 之上方、下方、左方、右方、左上方、右下方、右上方及左下方的值。

■範例 21

寫一程式，模擬貪食蛇遊戲。（請參考範例檔案「chapter 10」的「範例21.cpp」，並自行娛樂一下）

程式解說

1. 使用getch函式輸入資料時，若輸入↑、↓、→及←時，會產生2個Byte的ASCII碼。其中第1個Byte的值固定為224，而第2個Byte的值則分別為72、80、77及75。

   要判斷使用者所按下的鍵是否為↑、↓、→及←四者其中之一，可以使用下列片段程式碼求得：

```
int move_direction;
move_direction=getch();
if (move_direction == 224 )  // 第1個Byte的值為224，表示輸入的是方向鍵
  {
    move_direction=getch();  // 再從鍵盤讀取一個字元，作為方向鍵的第2個Byte
    switch (move_direction)
      {
        case 72:
          cout << "您按了↑鍵.\n" ;
```

```
            break;
        case 80:
            cout << "您按了↓鍵.\n" ;
            break;
        case 77:
            cout << "您按了→鍵.\n" ;
            break;
        case 75:
            cout << "您按了←鍵.\n" ;
    }
}
```

當執行到第1個move_direction=getch(); 指令時，按下↑鍵，則move_direction只讀取↑鍵的第1個Byte且內容為224，↑鍵的第2個Byte會留在鍵盤緩衝區內且內容為72。執行到第2 個move_direction=getch();指令時，由於鍵盤緩衝區內有資料，因此並不會等待使用者輸入資料，而是直接讀取鍵盤緩衝區的資料72。

最後輸出您按了↑鍵。其他↓、→及←情形類似。

以下為一些常用的複合鍵，以整數型態表示所對應的2 個Byte 之ASCII碼：

複合鍵名稱	F1	F2	F3	F4	F5	F6	F7	F8	F9	F10
第1個Byte	0	0	0	0	0	0	0	0	0	0
第2個Byte	59	60	61	62	63	64	65	66	67	68

複合鍵名稱	Shift + F1	Shift + F2	Shift + F3	Shift + F4	Shift + F5	Shift + F6	Shift + F7	Shift + F8	Shift + F9	Shift + F10
第1個Byte	0	0	0	0	0	0	0	0	0	0
第2個Byte	84	85	86	87	88	89	90	91	92	93

複合鍵名稱	Ctrl + F1	Ctrl + F2	Ctrl + F3	Ctrl + F4	Ctrl + F5	Ctrl + F6	Ctrl + F7	Ctrl + F8	Ctrl + F9	Ctrl + F10
第1個Byte	0	0	0	0	0	0	0	0	0	0
第2個Byte	94	95	96	97	98	99	100	101	102	103

複合鍵名稱	Alt + F1	Alt + F2	Alt + F3	Alt + F4	Alt + F5	Alt + F6	Alt + F7	Alt + F8	Alt + F9	Alt + F10
第1個Byte	0	0	0	0	0	0	0	0	0	0
第2個Byte	104	105	106	107	108	109	110	111	112	113

複合鍵名稱	Alt + Home	Alt + End	Alt + PageUp	Alt + PageDown	Alt + ↑	Alt + ↓	Alt + ←	Alt + →
第1個Byte	0	0	0	0	0	0	0	0
第2個Byte	151	159	153	161	152	160	155	157

複合鍵名稱	F11	F12	Shift + F11	Shift + F12	Ctrl + F11	Ctrl + F12	Alt + F11	Alt + F12
第1個Byte	224	224	224	224	224	224	224	224
第2個Byte	133	134	135	136	137	138	139	140

複合鍵名稱	Home	End	Page Up	Page Down
第1個Byte	224	224	224	224
第2個Byte	71	79	73	81

複合鍵名稱	Shift + Home	Shift + End	Shift + Page Up	Shift + Page Down	Ctrl + Home	Ctrl + End	Ctrl + Page Up	Ctrl + Page Down
第1個Byte	224	224	224	224	224	224	224	224
第2個Byte	71	79	73	81	119	117	134	118

複合鍵名稱	↑	↓	←	→
第1個Byte	224	224	224	224
第2個Byte	72	80	75	77

複合鍵名稱	Shift + ↑	Shift + ↓	Shift + ←	Shift + →	Ctrl + ↑	Ctrl + ↓	Ctrl + ←	Ctrl + →
第1個Byte	224	224	224	224	224	224	224	224
第2個Byte	72	80	75	77	141	145	115	116

2. 將蛇尾位置值為 -1，表示去掉蛇尾，即蛇的最後一節，且設定新的蛇頭位置，這樣的方式猶如蛇在移動。程式如下：

```
// 表示去掉蛇尾位置(snake_body[*len-1][0] , snake_body[*len-1][1])
position[snake_body[*len-1][0]][snake_body[*len-1][1]]=0;
snake_body[*len-1][0]=-1;
snake_body[*len-1][1]=-1;

// 以往上移動為例：
// 重設蛇頭的位置(snake_body[0][0] , snake_body[0][1])
(*snake_head_row)--;
snake_body[0][0]=*snake_head_row;
snake_body[0][1]=*snake_head_col;
position[*snake_head_row][*snake_head_col]=1;
```

3. 只要蛇頭撞到蛇身，即蛇頭與蛇的某一節身體有相同的位置，代表走錯方向，遊戲結束。程式如下：

```
 for (i=1;i<len;i++)
   if (snake_body[i][0]==snake_body[0][0] &&
       snake_body[i][1]==snake_body[0][1])
     {
      cout << " 走錯方向，遊戲結束.\n" ;
      break;
     }
```

自我練習

一、選擇題

1. 下列何者不是C++ 語言的函式參數傳遞方式？
   (A)自我呼叫 (B)傳值呼叫 (C)傳址呼叫 (D)以上皆非
2. 若一函式transform的定義如下，則此函式的回傳值為何種型態？
   (A)無回傳值 (B) int (C) float (D)以上皆非

```
void transform(int x)
 {
   cout << 1.0 * x ;
 }
```

3. 若一函式transform的定義如下，則此函式的回傳值為何種型態？

   (A) char (B) double (C) int (D) float

```
int transform(float a)
 {
    int x;
    x=(int) a ;
    return x ;
 }
```

4. 以下片段程式碼中的add函式是屬於哪一種類型的函式？

   (A)傳值呼叫函式 (B)傳址呼叫函式 (C)遞迴函式 (D)以上皆非

```
void add(int a, int b)
 {
    a = a + b ;
    cout << a ;
 }
int main( )
 {
    int c=1，d=2 ;
    add(c, d) ;
    return 0 ;
 }
```

5. 承上例，執行後，c值為何？

   (A) 3 (B) 2 (C) 1 (D)以上皆非

6. 以下片段程式碼中的subtract函式是屬於哪一種類型的函式？

   (A)傳值呼叫函式 (B)傳址呼叫函式 (C)遞迴函式 (D)以上皆非

```
int subtract(int *a, int b)
 {
    a = a - b ;
    cout << a ;
 }
int main( )
 {
    int c=1，d=2 ;
    subtract(&c, d) ;
    return 0 ;
 }
```

7. 承上例，執行後，c值為何？

   (A)-3 (B)-2 (C)-1 (D)以上皆非

8. 以下片段程式碼中的兩個mysum函式，符合函式多載的規範嗎？
   (A)符合 (B)不符合 (C)不確定 (D)以上皆非

```
void mysum(int a, int b)
 {
    cout << a + b ;
 }
void mysum(int c, int d)
 {
    cout << c + d ;
 }
```

二、填充題

1. 程式中若定義兩個名稱相同的函式，則編譯器是根據________________及________________去執行對應的函式？

2.
```
#include <iostream>
#include <cstdlib>
using namespace std;
void printstar(int);
void printstar(int , char);
int main()
 {
    printstar(1, 2.0) ;
    printstar(1, 3) ;
    return 0;
 }
void myprt(int a, int b)
 {
    cout << a + b << endl ;
 }
void myprt(int a, float b)
 {
    cout << a + b << endl ;
 }
```

   執行後，輸出結果為何？________________________

3. 以下程式碼中的__?__（問號）處應填入甚麼，編譯才能正確。

```
#include <iostream>
#include <cstdlib>
using namespace std;
int sum(int ____?____, int);  // 宣告函式
int main()
 {
    int num[5]={1,3,8,11,2};
    cout << "num陣列元素的總和=" << sum(num,5) ;
    return 0;
 }
```

```
int sum(int data[ ] ,____?____)  // 定義函式
 {
    int i,total=0;
    for (i=0;i<n;i++)
      total += data[i];
    return total;
 }
```

4. 以下程式碼中的＿？＿（問號）處應填入甚麼，編譯才能正確。

```
#include <iostream>
#include <cstdlib>
using namespace std;
int sum(int____?____, int); //宣告函式
int main()
 {
    int num[5]={1,3,8,11,2};
    cout << "num陣列元素的總和=" << sum(num,5) ;
    return 0;
 }

int sum(int____?____,____?____) //定義函式
 {
   int i,total=0;
    for (i=0;i<n;i++)
      total += *(data + i);
    return total;
 }
```

5. 以下片段程式碼中的兩個mul函式，若要符合函式多載的規範，則在＿？＿（問號）處可填入甚麼。

```
void mul(int x, int y)
 {
    cout << x * y ;
 }
void mul(int c,____?____d)
 {
    cout << c * d ;
  }
```

6. 以下片段程式碼中的兩個mul函式，若要符合函式多載的規範，則在＿？＿（問號）處可填入甚麼。

```
void mul(int x, int y)
 {
    cout << x * y ;
 }
void mul(int c,____?____)
 {
    cout << c * d * e ;
 }
```

7. 以下片段程式碼中的兩個mul函式，若要符合函式多載的規範，則在___?___（問號）處可填入甚麼。

```
int sum(int ___?___, int n)
 {
    int total = 0 ;
    for (int i=0 ; i<n ; i++)
     {
        total = total + *p ;
        p++ ;
     }
     cout << total;
 }
int main( )
 {
    int c[5]={1, 2, 3, 4,, 5} ;
    sum(c, 5) ;
    return 0 ;
 }
```

三、實作題

1. 寫一程式，使用自訂函式的傳值呼叫方式，輸出以下結果：

   (1) 1 + 2 + ... + 9 + 10 = 55

   (2) 2 - 5 + 8 –11 + ... - 47 + 50 = 26

2. 寫一個程式，輸入兩個正整數，使用自訂函式的傳值呼叫方式，輸出兩個正整數的最小公倍數。

3. 寫一個程式，輸入5個整數，使用自訂函式的傳址呼叫方式，將5個整數從小到大輸出。

4. 寫一個程式，輸入一個正整數（<=1024），使用自訂函式的傳址呼叫方式，輸出其2進位的表示結果。

5. 寫一程式，輸入一個正整數，使用自訂函式的傳值呼叫方式，輸出該正整數的質因數連乘表示。（例：12 = 2 × 2 × 3）。

6. 寫一個程式，輸入5個正整數，使用自訂函式的傳值呼叫方式，輸出這5個正整數的最大公因數（gcd）及最小公倍數（lcm）。

7. 寫一個程式，輸入一字串，使用自訂函式的傳值呼叫方式，輸出a、e、i、o、u出現的次數。

8. 寫一程式，輸入一元二次方程式$ax^2+bx+c=0$ 的係數a、b及c，$b^2-4ab >= 0$。使用無回傳值自訂函式的呼叫方式，輸出方程式的兩根。

9. 寫一個程式，利用函式多載的概念，定義兩個名稱相同的函式，呼叫其中一個函式，能輸出1+2+3+4+5+6+7+8+9+10=55；呼叫另一個函式，則能輸出1+3+5+7+9+11+13+15+17+19=100

10 費氏數列，f(0)=0, f(1)=1, f(n)=f(n-1)+f(n-2)。寫一個程式，運用遞迴觀念，定義一個有回傳值的遞迴函式，求f(40)。

11. 寫一個程式，運用遞迴觀念，定義一個有回傳值的遞迴函式，求10!（10階乘）。

12. 寫一個程式，輸入一字串，運用遞迴觀念，定義一個無回傳值的遞迴函式，將該字串顛倒輸出。

13. 寫一個程式，輸入兩個整數m(>=0) 及n(>=0)，運用遞迴觀念，定義一個有回傳值的遞迴函式，輸出組合 C(m, n) 之值。計算C(m, n)的公式如下：

    若 m < n ，則 C(m, n)=0

    若 n = 0 ，則 C(m, n)=1

    若 m = n ，則 C(m, n)=1

    若 n = 1 ，則 C(m, n)=m

    若 m > n ，則 C(m, n)=C(m-1, n) + C(m-1, n-1)

Chapter

11 變數類型

對每一個人來說，代表其身分的證件（在中華民國是身分證；在美國是社會安全號碼；在韓國是大韓民國住民登錄證；在中華人民共和國是中華人民共和國居民身分證等等）是非常重要的。這些證件都只能在自己的國家或地區使用，若希望在不同的國家或地區也能使用，則必須申請世界通行的護照。在個別國家或地區所使用的證件是屬於區域性的，而護照則是全域性的。

從「第二章 C++ 語言的基本資料型態」中可以了解，無論是輸入的資料或產生的資料，都可透過變數去存取。宣告變數時，除了確定變數所佔記憶體空間大小外，也限制了變數在程式中的使用範圍。變數與證件一樣，在使用範圍上也有區域性與全域性之分。

11-1 內部變數與外部變數

變數依其所宣告的位置來分類，可分為下列兩種：

1. 自動變數（**Automatic Variables**）

   宣告在「{ }」區塊內的變數，被稱為自動變數（或稱區域變數、內部變數）。其有以下特徵：

   (1) 自動變數只能在其所宣告的「{ }」區塊內使用。

   (2) 當「{ }」區塊結束時，自動變數所佔記憶體空間會被釋放，同時自動變數就不存在了。在「{ }」區塊開始時，編譯器會在堆疊（Stack）上為自動變數分配記憶體空間，當該「{ }」區塊執行完畢後，編譯器就會釋放該區塊上的所有自動變數的記憶體空間。

   自動變數的宣告語法：

   ```
   資料型態 變數名稱;
   ```

   ■ **語法說明**

   宣告在「{ }」區塊內。

範例 1

寫一程式，定義一個有回傳值的傳值呼叫函式，輸入攝氏溫度，輸出華氏溫度。（參考「第十章 自訂函式」之「範例 4」，並使用自動變數）

```
#include <iostream>
using namespace std;
float transform(float); //宣告使用者自訂函式
int main()
 {
  //宣告自動變數或區域變數
  float c;
  cout << "輸入攝氏溫度:" ;
  cin >> c ;

  //小數 1 位
  cout.precision(1);
  cout.setf(ios::fixed);
  //小數 1 位

  cout << "攝氏" << c << "度=華氏"
       << transform(c) << "度" ;

  return 0;
 }

float transform(float c) //定義使用者自訂函式
 {
  c=c*9/5+32;
  return c;
 }
```

執行結果

輸入攝氏溫度 :10

攝氏 10.0 度 = 華氏 50.0 度

程式解說

1. 在 main 主程式中的變數 c 與 transform 函式中的變數 c 都屬於區域變數，兩者分別只能在 main 主程式的「{ }」內及 transform 函式的「{ }」內使用，且兩者並不會互相影響。
2. 在堆疊中的存取區域變數 c 的過程示意圖，請參考「圖 11-1」。

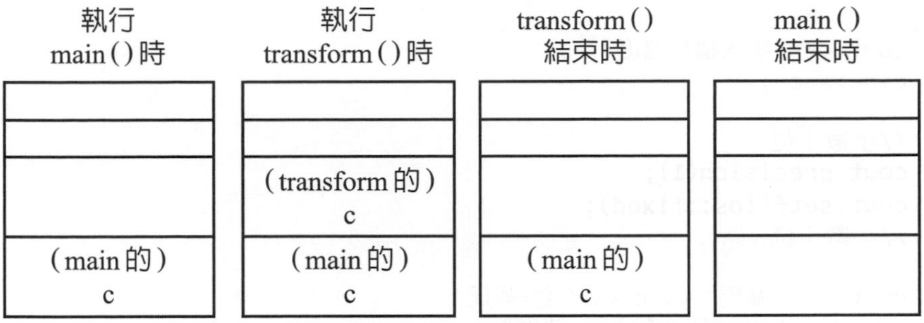

▲圖11-1　區域變數c在堆疊中的存取過程示意圖

2. 外部變數（External Variables）

宣告在所有「{ }」區塊外的變數，被稱為外部變數（或稱全域變數、整體變數）。若希望一個變數能在同一個程式中的不同函式間一起共用，或在不同的程式檔間一起共用，則必須將該變數宣告為外部變數。外部變數，通常是宣告在 main 主程式的上方。外部變數有以下特徵：

(1) 外部變數，可以在程式中的任何位置使用。

(2) 程式編譯時，會配置固定的記憶體位址來存放外部變數。

(3) 若外部變數沒有設定初始值，則外部數值變數的初始值預設為 0，外部字元變數的初始值預設為「'\0'」，外部字串變數的初始值預設為「""」。

(4) 當程式結束時，外部變數所佔用的記憶體空間，才會被系統回收。

(5) 若在外部變數前冠上「extern」，則表示要使用另一個檔案中的外部變數。

外部變數的宣告語法與一般變數一樣，差別在於宣告的位置必須在所有「{ }」區塊之外。

```
資料型態 變數名稱;    //宣告在所有{ }區塊外
```

例：float rate;　// 宣告在所有 { } 區塊外

範例 2

寫一程式，定義一個有回傳值的傳值呼叫函式，輸入攝氏溫度，輸出華氏溫度。
（參考「第十章 自訂函式」之「範例 4」，並使用外部變數）

```
#include <iostream>
using namespace std;
float transform(float); //宣告使用者自訂函式
float c; //宣告外部變數
int main()
```

```
6     {
7       cout << "輸入攝氏溫度:" ;
8       cin >> c ;
9
10      //小數 1 位
11      cout.precision(1);
12      cout.setf(ios::fixed);
13      //小數 1 位
14
15      cout << "攝氏" << c << "度=華氏"
16           << transform(c) << "度" ;
17
18      return 0;
19    }
20
21   float transform(float c) //定義使用者自訂函式
22    {
23      c=c*9/5+32;
24      return c;
25    }
```

執行結果

輸入攝氏溫度 :10
攝氏 10.0 度 = 華氏 50.0 度

程式解說

主程式第 4 列的變數 c 為外部變數，而 transform 函式中的變數 c 為區域變數。雖然兩者的名稱相同，但兩者並不會互相影響。為了避免混淆，初學者最好使用不同的變數名稱。

將一支程式的程式碼分散撰寫在多個程式檔中，到編譯及執行的過程，請依照下列步驟進行：

1. 先建立一個專案檔。
2. 在專案檔底下，分別建立所有的程式檔。
3. 編譯程式並執行程式。

■ 範例 3

寫一程式，定義一個有回傳值的傳值呼叫函式，輸入攝氏溫度，輸出華氏溫度。（參考「第十章 自訂函式」之「範例 4」，並跨檔案使用外部變數）

```
1   // 先建立temperature.dev專案檔，然後在temperature.dev底下，
2   // 分別建立temperature.cpp、transform.cpp及function.h程式檔
3   // 其內容分別為以下三段程式：
4
5   //以下程式寫在temperature.cpp
6   #include <iostream>
7   #include "function.h"
8   using namespace std;
9   float c;  //宣告外部變數
10  int main()
11  {
12   cout << "輸入攝氏溫度:" ;
13   cin >> c ;
14
15   //小數 1 位
16   cout.precision(1);
17   cout.setf(ios::fixed);
18   //小數 1 位
19
20   cout << "攝氏" << c << "度=華氏"
21        << transform() << "度" ;
22
23   return 0;
24  }
```

```
1   //以下程式寫在transform.cpp
2   extern float c;  // 宣告變數c是定義在另一個程式檔中的外部變數c
3   float transform(void)  // 定義自定函式
4   {
5      return c*9.0/5+32;
6   }
```

```
1   //以下程式寫在function.h
2   float transform(void); // 宣告自訂函式transform
```

執行結果

輸入攝氏溫度 :10

攝氏 10.0 度 = 華氏 50.0 度

程式解說

1. 程式第 9 列的變數 c，為外部變數。
2. transform.cpp 程式中的第 2 列「extern float c ;」的作用，是讓編譯器知道外部變數 c 定義在 temperature.cpp 檔案中，同時可以在 transform.cpp 中使用外部變數 c。
3. 注意：temperature.dev、temperature.cpp、transform.cpp 及 function.h，這四個檔案必須放在同一資料夾，才能正確執行。

11-2 動態變數、靜態變數及暫存器變數

變數依其所配置記憶體的模式來分類，可分為下列三種：

1. **動態變數（Dynamic Variables）**

   程式執行時才配置記憶體的變數，被稱為動態變數。（參考「第十三章 動態記憶體」）

2. **靜態變數（Static Variables）**

   使用關鍵字「static」所宣告的變數，被稱為靜態變數。若希望一個變數能在同一個函式被呼叫時，保留上一次呼叫時的值，而不會重新宣告並初始化，則必須將該變數宣告為靜態變數。靜態變數依其可使用的範圍來分類，可分為下列兩種：

   (1) 內部靜態變數：宣告在「{ }」區塊內，且宣告時在資料型態前有冠上「static」的變數，被稱為內部靜態變數。其有以下特徵：

   a. 內部靜態變數，屬於區域變數的一種。

   b. 程式編譯時，會配置固定的記憶體位址來存放內部靜態變數。

   c. 內部靜態變數，只能在其所宣告的「{ }」區塊內使用。當「{ }」區塊結束時，其所佔記憶體空間及內容並不會被釋放，會保留給下一次進入同一「{ }」區塊時使用。

   d. 若內部靜態變數沒有設定初始值，則內部靜態數值變數的初始值預設為0，內部靜態字元變數的初始值預設為「'\0'」，內部靜態字串變數的初始值預設為「""」。

   e. 內部靜態變數只在第一次進入「{ }」區塊時被宣告，第二次以後進入「{ }」區塊，宣告指令就跳過不執行。

   (2) 外部靜態變數：宣告在「{ }」區塊外，且宣告時在資料型態前有冠上「static」的變數，被稱為外部靜態變數。其有以下特徵：

   a. 外部靜態變數，屬於全域變數的一種。

   b. 程式編譯時，會配置固定的記憶體位址來存放外部靜態變數。

   c. 外部靜態變數，只能在同一程式檔內使用。除非是該程式結束，否則外部靜態變數所佔用的記憶體空間及內容並不會被釋放，會保留給下一次進入同一程式檔時繼續使用。

d. 若外部靜態變數沒有設定初始值，則外部靜態數值變數的初始值預設為 0，外部靜態字元變數的初始值預設為「'\0'」，外部靜態字串變數的初始值預設為「""」。

e. 外部靜態變數只在第一次進入它所在的程式檔時被宣告，第二次以後進入同一程式檔，宣告的指令就跳過不執行。

內部（或外部）靜態變數的宣告語法：

```
static 資料型態 變數名稱;
```

例：static int number;

【說明】若「static int number ;」宣告在「{ }」區塊內，則 number 為內部整數靜態變數，否則 number 為外部整數靜態變數。

範例 4

寫一程式，模擬銀行存提款。（使用內部靜態變數）

```
#include <iostream>
using namespace std;
void deposit(int);
int main()
 {
  int money;
  while (1)
   {
    cout << "輸入存提款金額(存款>0,提款<0,結束:0):" ;
    cin >> money ;
    deposit(money);
    if (money==0)
      break;
   }

  return 0;
 }

void deposit(int money) //定義使用者自訂函式
 {
  //宣告內部靜態變數
  static int saving=0; //剛開戶，存款餘額=0

  saving = saving + money;
  cout << "存款餘額:" << saving << '\n' ;
 }
```

執行結果

輸入存提款金額 (存款 >0, 提款 <0, 結束 :0):100
存款餘額 :100
輸入存提款金額 (存款 >0, 提款 <0, 結束 :0):-50
存款餘額 :50

程式解說

程式第 22 列「static int saving=0 ;」，只在第一次呼叫「deposit」函式時被宣告，第二次以後呼叫「deposit」函式就會跳過不執行，而是使用上次的「saving」值。

範例 5

寫一程式，模擬不同銀行存提款。(使用外部靜態變數)

```
//先建立bank.dev專案檔，然後在bank.dev底下，
//分別建立bank.cpp、bank_a.cpp、bank_b.cpp及bank.h程式檔，
//其內容分別為以下四段程式：

//以下程式寫在bank.cpp
#include <iostream>
using namespace std;
#include "bank.h"
int main()
 {
  int bank_code,money;
  while (1)
   {
    cout << "選擇銀行(1:A銀行 2:B銀行 3:結束):" ;
    cin >> bank_code ;
    if (bank_code==3)
      break;
    cout << "輸入存提款金額(存款>0,提款<0):" ;
    cin >> money ;

    if (bank_code==1)
      deposit_a(money);
    else
      deposit_b(money);
   }

  return 0;
 }
```

```
//以下程式寫在bank.h
void deposit_a(int);  // 宣告自訂函式deposit_a
void deposit_b(int);  // 宣告自訂函式deposit_b
```

```
//以下程式寫在bank_a.cpp
#include <iostream>
#include <cstdlib>
using namespace std;
//宣告外部靜態變數
static int saving1=0; //剛開戶，存款餘額=0
void deposit_a(int money) //定義使用者自訂函式
 {
  saving1 = saving1 + money;

  cout << "A銀行存款餘額:" << saving1 << '\n' ;
 }
```

```
//以下程式寫在bank_b.cpp
#include <iostream>
#include <cstdlib>
using namespace std;
static int saving2=0; //剛開戶，存款餘額=0
void deposit_b(int money) //定義使用者自訂函式
//宣告外部靜態變數
static int saving2=0; //剛開戶，存款餘額=0
void deposit_b(int money) //定義使用者自訂函式
 {
  cout << "B銀行存款餘額:" << saving2 << '\n' ;
 }
```

執行結果

選擇銀行 (1:A 銀行 2:B 銀行 3: 結束):1

輸入存提款金額 (存款 >0, 提款 <0):100

A 銀行存款餘額 :100

選擇銀行 (1:A 銀行 2:B 銀行 3: 結束):2

輸入存提款金額 (存款 >0, 提款 <0):200

B 銀行存款餘額 :200

選擇銀行 (1:A 銀行 2:B 銀行 3: 結束):2

輸入存提款金額 (存款 >0, 提款 <0):300

B 銀行存款餘額 :500

選擇銀行 (1:A 銀行 2:B 銀行 3: 結束):3

程式解說

1. 「static int saving1=0 ;」及「static int saving2=0 ;」，只在第一次執行「bank_a.cpp」及「bank_b.cpp」時會被宣告。第二次以後，宣告指令就會被跳過，直接使用上次的 saving1 值及 saving2 值。
2. 注意：bank.dev、bank.cpp、bank_a.cpp、bank_b.cpp 及 bank.h，這五個檔案必須放在同一資料夾，才能正確執行。

---

3. 暫存器變數（Register Variables）

若一個變數在程式執行期間被頻繁變更內容，則可宣告它為暫存器變數，以便利用 CPU 暫存器的優勢，提高程式執行速度。由於 CPU 內部的記憶體容量，比動態存取記憶體（DRAM）少很多，故無法提供很多的暫存器變數使用。若宣告多個變數為暫存器變數，則可能會對程式的效能造成負面影響。暫存器變數的特徵如下：

(1) 暫存器變數可宣告在「{ }」區塊內或函式的虛擬參數，屬於區域變數的一種。
(2) 暫存器變數只能在「{ }」區塊內使用。當「{ }」區塊結束時，暫存器變數所佔用的記憶體空間會被釋放，同時暫存器變數就不存在了。

暫存器變數的宣告語法：

```
register 資料型態 變數名稱;
```

例：像 for(i=1;i<=100000000;i++) 迴圈結構中的迴圈變數 i，從 1 變化到 100000000，共變動 100000000 次，因此可宣告 i 為暫存器整數變數，加快程式執行的速度。

自我練習

一、選擇題

1. 在 C++ 語言中，函式內的哪一種變數，在該函式結束時會消失？
   (A) 靜態變數　(B) 動態變數　(C) 外部變數　(D) 自動變數
2. 在 C++ 語言中，函式內的哪一種變數，在該函式結束時並不會消失？
   (A) 靜態變數　(B) 動態變數　(C) 外部變數　(D) 自動變數
3. 在 C++ 語言中，哪一種變數，在程式結束後才會消失？
   (A) 靜態變數　(B) 動態變數　(C) 外部變數　(D) 自動變數
4. 在 C++ 語言中，哪一種變數是程式執行時，才配置記憶體的變數？
   (A) 靜態變數　(B) 動態變數　(C) 外部變數　(D) 自動變數
5. 若外部靜態字串變數沒有設定初始值，則其預設值為何？
   (A) 0　(B) 1　(C) true　(D) false　(E)""
6. 若內部靜態字元變數沒有設定初始值，則其預設值為何？
   (A) 0　(B) 1　(C) true　(D) false　(E) '\0'

二、問答題

1. 將一個變數宣告為外部變數的目的為何？
2. 將一個變數宣告為靜態變數的目的為何？
3. 若在 a.cpp 中宣告 n 為全域整數變數，且在 b.cpp 中包含「exten int n;」程式敘述，則「exten int n;」的作用為何？
4. 以下程式的執行出結果為何？

```
#include <iostream>
#include <cstdlib>
using namespace std ;
void sum(int) ;
int main( )
 {
    for (int i - 1 ; i <- 5 ; i - i + 2)
      sum(i) ;
    return 0 ;
 }
```

```
void sum(int n)
 {
    static int total=0 ;
    for (int i = 1 ; i <= n ; i++)
      total=total + i;
    cout << total ;
 }
```

5. 以下程式的執行出結果為何？

```
#include <iostream>
#include <cstdlib>
using namespace std ;
void sum(int) ;
int main( )
 {
    for (int i = 1 ; i <= 5 ; i = i + 2)
      sum(i) ;
    return 0 ;
 }

void sum(int n)
 {
    int total=0 ;
    for (int i = 1 ; i <= n ; i++)
      total=total + i;
    cout << total ;
 }
```

三、實作題

1. 寫一程式，模擬銀行存提款作業。以跨檔案方式，定義存提款作業函式，並使用外部變數與主程式連結。
2. 寫一程式，記錄學生大學 4 年所修的學分數。以跨檔案方式，定義修習學分累計函式，並使用外部變數連結主程式。

Chapter

12 結構與列舉

之前所介紹的資料型態，都是屬於單一的基本資料型態，但生活中所使用的文件資料，通常是多欄位，且欄位的資料型態不一定完全相同。因此，想儲存這類型的文件資料，使用單一基本資料型態是無法辦到的，必須使用新資料型態才能處理。例：學校新生入學所填的學生基本資料、公司新進人員所填的人事基本資料等等。

12-1 結構型態

C++ 語言的一般變數及指標變數只能宣告成單一種基本資料型態；而陣列變數雖然一次可以宣告很多個，但也只能宣告成單一種基本資料型態。因此，必須定義新的資料型態，才能存取類似上列問題中的文件資料內容。由多個成員的資料型態組合而成的一種延伸資料型態，稱為結構（Structure）。結構型態中的成員資料之型態，可以相同也可以不同。

每一個結構，都包含下列兩種成員：

1. 成員變數：其作用為記錄結構變數的特徵（或屬性）值。
2. 成員函式：其作用為操作結構變數的成員。

一個結構型態從建立到運作的程序如下：

1. 首先定義一個結構名稱。
2. 宣告結構變數。
3. 使用結構變數，來存取結構變數中的成員變數或操作結構變數中的成員函式。

❖ 12-1-1 結構定義

結構的定義框架，包含以下三個部分：

1. 結構名稱：以關鍵字「struct」為前導，後面跟著「結構名稱」。結構名稱定義後，該結構名稱就成為一種新的資料型態。
2. 結構內容：在「{ }」中，定義該結構名稱所需要的成員，包括成員變數（member variable）及成員函式（member function），用來描述該結構的屬性和行為。成員變數是用來記錄該結構變數的屬性值，而成員函式是用來存取結構變數中的成員變數或操作結構變數中的其他成員函式。
3. 結束符號：以「;」做為結構定義的結束符號，用來表示該結構定義的結束。

結構的定義語法如下：

```
struct 結構名稱
 {
     資料型態 成員變數1;
     資料型態 成員變數2;
      …
     函式型態 成員函式1(參數型態 虛擬參數1,…)
      {
         …
      }
     函式型態 成員函式2(參數型態 虛擬參數1,…)
      {
         …
      }
      …
 } ;
```

■ **語法說明**

- 關鍵字「struct」是做為定義結構名稱之用。
- 結構名稱的命名規則，與識別字的命名相同。當結構被定義後，結構名稱就是一種新的資料型態。
- 結構名稱中所宣告的成員變數，就是此結構所具備的屬性（或欄位）。成員變數名稱的命名規則，與識別字的命名相同。成員變數的資料型態，可以是 char、int、float、double、bool 或 string 等型態。
- 結構名稱中所宣告的成員函式，就是該結構所擁有的方法（或功能）。成員函式名稱的命名規則，與識別字的命名相同。
- 成員函式的函式型態，代表成員函式所回傳的資料之型態，可以是 char、int、float、double、bool 或 string 等型態。若函式型態為「void」，則表示成員函式是一無回傳值的函式。
- 成員函式中的參數名稱之命名規則，與識別字的命名相同。若「( )」內無須任何參數，則在「( )」內填入「void」。
- 成員函式中的參數型態，可以是 char、int、float、double、bool 或 string 等型態。
- 結構名稱被定義後，它所佔的記憶體空間為：sizeof (結構名稱)。

例：定義一個儲存學生資料的結構，其內部有 5 個成員變數及 2 個成員函式。其中成員變數名稱分別為 code、name、age、tel 及 address，代表學號、姓名、年齡、電話及住址。而成員函式名稱分別是 inputdata 及 printdata，作為結構成員變數的輸入及輸出功能。

解：

```
struct student
{
  string code;         // 學號
  string name;         // 姓名
  int age;             // 年齡
  string tel;          // 電話
  string address;      // 住址
  void inputdata(void)
  {
    cout << "輸入學號:" ;
    getline(cin,code) ;
    cout << "輸入姓名:" ;
    getline(cin,name) ;
    cout << "輸入年齡:"
    cin >> age ;

    // 清除留在鍵盤緩衝區的資料(參考3-2資料輸入)
    cin.sync() ;

    cout << "輸入電話:" ;
    getline(cin,tel) ;
    cout << "輸入住址:" ;
    getline(cin,address) ;
  }
  void printdata(void)
  {
    cout << "學號:" << code << endl
         << "姓名:" << name << endl
         << "年齡:" << age << endl
         << "電話:" << tel << endl
         << "住址:" << address << endl;
  }
} ;
```

❖ 12-1-2　結構變數宣告

結構變數的宣告語法如下：

```
結構名稱　結構變數名稱 ;
```

■ 語法說明

結構變數名稱使用前，必須要宣告過。結構變數可以是一般結構變數、結構陣列變數或結構指標變數。

例：（承上例）若要宣告 3 個型態均為「student」的結構變數，其中第 1 個是一般結構變數「first」，第 2 個是有 2 個元素的結構陣列變數「second」，第 3 個是結構指標變數「three」，並指向結構變數「first」，則程式敘述為何？

解：`student first, second[2], *three=&first ;`

❖ 12-1-3 結構成員存取

成員變數及成員函式的存取語法如下：

```
1. 結構變數.成員變數
2. 結構變數.函數成員()
3. 結構指標變數->成員變數
4. 結構指標變數->函數成員()
```

■ **語法說明**

- 若結構變數為一般結構變數或結構陣列變數，則是使用成員運算子「.」來存取結構中的成員變數或成員函式。
- 若結構變數為結構指標變數或結構指標陣列變數，則是使用成員運算子「->」來存取結構中的成員變數或成員函式。

例：（承上例）若要設定結構變數「first」的成員變數「age」內容為「24」，結構陣列變數「second[1]」的成員變數「tel」內容為 "095168xxxx"，結構指標變數「three」的成員變數「address 」的內容為「" 加拿大 "」，則程式敘述為何？

解：

```
first.age=24;
second[1].tel="095168xxxx";
three->address="加拿大";
```

【註】在上例有設定「three = &first;」，因此，本例執行「three->address=" 加拿大 ";」後，「first.address」的內容也變成 " 加拿大 "。

❖ 12-1-4 宣告結構變數同時設定成員變數初始值

若一結構有 k 個成員變數，則宣告結構變數同時設定成員變數初始值的語法有下列三種：

1. 一般結構變數的成員變數之初始值設定語法：

```
結構名稱 結構變數名稱={d₁, d₂, …, dₖ} ;
```

■ 語法說明

d_1，代表結構變數的第 1 個成員變數的值；d_2，代表結構變數的第 2 個成員變數的值；……；d_k，代表結構變數的第 k 個成員變數的值。

2. 有「n」個元素的結構陣列變數之成員變數初始值設定語法：

```
結構名稱  結構陣列變數[n] = { {d11, d12, …, d1k},
                              {d21, d22, …, d2k},
                              …
                              {dn1, dn2, …, dnk} } ;
```

■ 語法說明

$\{d_{11}, d_{12}, \cdots, d_{1k}\}$，分別代表索引為 0 的結構陣列變數元素之第 1 個成員變數的值 ~ 第 k 個成員變數的值；$\{d_{21}, d_{22}, \cdots, d_{2k}\}$，分別代表索引為 1 的結構陣列變數元素之第 1 個成員變數的值 ~ 第 k 個成員變數的值；以此類推；……；$\{d_{n1}, d_{n2}, \cdots, d_{nk}\}$，分別代表索引為 (n-1) 的結構陣列變數元素之第 1 個成員變數的值 ~ 第 k 個成員變數的值。

3. 結構指標變數的成員變數之初始值設定語法：

```
結構名稱  *結構指標變數名稱={d1, d2, …, dK} ;
```

■ 語法說明

d_1，代表結構指標變數名稱的第 1 個成員變數的值；d_2，代表結構指標變數的第 2 個成員變數的值；……；d_k，代表結構指標變數的第 k 個成員變數的值。

例：（承上上例）若要宣告結構變數「first」，並設定其成員變數的初始值分別為 "123201"、" 林書豪 "、25、"095888xxxx" 及 " 美國 "；宣告有兩個元素的結構陣列變數「second」，並設定其成員變數的初始值分別為 {"123202", " 曾雅妮 ", 24, "095888xxxx", " 臺灣 "} 及 {"993201", " 盧彥勳 ", 27, "095168xxxx", " 臺灣 "}；宣告結構指標變數「three」，並指向結構變數「first」，則程式敘述為何？

解：
```
student first={"123201", " 林書豪 ", 25, "095888xxxx", " 美國 "};
student second[2]={{"123202", " 曾雅妮 ", 24, "095888xxxx", " 臺灣 "},
{"993201", " 盧彥勳 ", 27, "095168xxxx", " 臺灣 "} };
student *three = &first ;
```

【註】結構指標變數，只能指向型態相同的結構變數。

例：（承上例）若要輸出 first、second[0]、second[1] 及 three 等結構變數的成員變數內容，則程式敘述為何？

解：

```
// 輸出結構變數 first 的成員變數內容
first.printdata();

// 輸出結構陣列變數 second[0] 及 second[1] 的成員變數內容
for (i=0 ; i<=1 ; i++)
    second[i].printdata();

// 輸出結構指標變數 three 的成員變數內容，結果會與 first 一樣
three->printdata();
```

範例 1

結構、結構變數、結構陣列變數及結構指標變數的用法練習。

```
#include <iostream>
#include <string>
using namespace std;
int main( )
{
  struct student
   {
      string code;         // 學號
      string name;         // 姓名
      int age;             // 年齡
      string tel;          // 電話
      string address;      // 住址
      void inputdata(void)
      {
        cout << "輸入學號:" ;
        cin >> code ;
        cout << "輸入姓名:" ;
        cin >> name ;
        cout << "輸入年齡:" ;
        cin >> age ;
        cout << "輸入電話:" ;
        cin >> tel ;
        cout << "輸入住址:" ;
        cin >> address ;
      }

      void printdata(void)
      {
        cout << code << '\t'
             << name << '\t'
             << age << '\t'
             << tel << '\t'
             << address << endl;
      }
   } ;

```

```
37     student first={"123201", "林書豪", 25, "095888xxxx", "美國"};
38     student second[2]={{"123202", "曾雅妮", 24, "095888xxxx", "臺灣"},
                         {"993201", "盧彥勳", 27, "095168xxxx", "臺灣"}};
39
40     // 結構指標變數three指向結構變數first
41     student *three=&first;
42
43     int i;
44     // 輸入second[0], second[1]結構陣列變數的成員變數內容
45     for (i=0 ; i<=1 ; i++)
46        second[i].inputdata();
47
48     cout << "學號\t姓名\t年齡\t電話\t\t住址" << endl ;
49
50     first.printdata();  // 輸出first結構變數的成員變數內容
51
52     // 輸出second[0], second[1]結構陣列變數的成員變數內容
53     for (i=0 ; i<=1 ; i++)
54        second[i].printdata();
55
56     // 輸出three結構指標變數的成員變數內容
57     three->printdata();
58
59     return 0;
60  }
```

執行結果

學號	姓名	年齡	電話	住址
123201	林書豪	25	095888xxxx	美國
123202	曾雅妮	24	095888xxxx	臺灣
993201	盧彥勳	27	095168xxxx	臺灣
123201	林書豪	25	095888xxxx	美國

程式解說

程式第 57 列「three->printdata() ;」，可改成「(*three).printdata() ;」。

結構變數的指定運算語法：

```
結構變數名稱2 = 結構變數名稱1 ;
```

■ **語法說明**

- 結構變數名稱 1 及結構變數名稱 2 必須都屬於相同的結構，才可使用指定運算子。
- 將結構變數名稱 2 設定為結構變數名稱 1，則結構變數 2 的成員變數內容等於結構變數 1 相對應成員變數的內容。

❖ 12-1-5 巢狀結構

在結構定義中，若有一個成員變數的資料型態為其他結構型態，則稱這種架構為巢狀結構。對一個包含多項成員變數且有關連性的問題，使用巢狀結構來呈現成員變數間的關連性是最合適的。應用巢狀結構能將成員變數分散在不同的結構中，使成員變數間形成主從關係，可減少同一成員變數重複出現在不同的結構中。

在以下例子中，employee 結構代表員工資料，其中的 myparent 成員變數代表員工的父母資料，由此可以看出員工與父母的資料分別儲存在不同的結構中。

例：

```
struct parent
 {
    string name;
    int age;
 } ;
struct employee
 {
    int id;
    string name;
    parent myparent;
 } ;
```

因為 employee 結構的成員變數 myparent 之型態為「parent」，所以 employee 結構符合巢狀結構的樣式。

⚠注意

定義巢狀結構時，單層結構定義要寫在雙層結構定義上面，雙層結構定義要寫在三層結構定義上面，以此類推；否則會出現類似「field '結構名稱' has incomplete type」的錯誤訊息。意思是說兩個結構定義的順序錯誤。

範例 2

巢狀結構、結構變數及結構指標變數的用法練習。

```
#include <iostream>
#include <string>
using namespace std;
int main()
{
```

```
    struct parent
    {
       string name;
       int age;
       void printparent(void)
       {
          cout << name << '\t'
               << age << endl;
       }
    } ;

    struct employee
    {
       int id;
       string name;
       struct parent myparent;
       void printemployee(void)
       {
          cout << id << '\t'
               << name << '\t' ;
          myparent.printparent();
       }
    } ;

    employee a,*c;

    // 結構指標變數c指向結構變數a
    c=&a;

    // 設定a結構變數的成員變數內容
    a.id=21;
    a.name="John";
    a.myparent.name="Mike";
    a.myparent.age=50;

    cout << "id\tname\tparent\tage" << endl ;

    // 輸出a結構變數的成員變數內容
    a.printemployee();

    // 設定c結構指標變數的成員變數內容
    c->id=22;
    c->name="David";
    c->myparent.name="Steven";
    c->myparent.age=45;

    // 重新輸出a結構變數的成員變數內容
    a.printemployee();

    // 輸出c結構指標變數的成員變數內容
    c->printemployee();

    return 0;
}
```

執行結果

id	name	parent	age
21	John	Mike	50
22	David	Steven	45
22	David	Steven	45

程式解說

存取巢狀結構變數的成員變數時，只需多加幾個成員運算子「.」或「->」。例：若巢狀結構為兩層，則存取最後一層巢狀結構的成員變數必須使用兩個「.」（參考第 38 及 39 列），或一個「->」及一個「.」（參考第 49 及 50 列）；以此類推。

12-2 結構資料排序

將有關係但型態不同的資料，分別儲存在不同型態的陣列變數時，若根據其中一個陣列變數的資料進行排序，則排序後原本的對應關係可能會被打亂。主要原因是只針對其中一個陣列變數的資料進行排序，其他陣列變數的資料並未按照對應關係一同排序（參考以下範例）。為了解決這個問題，可以使用結構（struct）來儲存這些型態不同且存在關係的資料。

例：將下列左邊表格的資料，分別儲存在姓名、年齡及電話陣列變數中，依據年齡陣列變數排序後，為什麼會產生右邊表格的情形？

姓名	年齡	電話	姓名	年齡	電話
張三	18	04-2321	張三	18	04-2321
王五	19	06-2512	王五	18	06-2512
李四	18	02-2226	李四	19	02-2226

解：因姓名及電話陣列變數並不會隨年齡陣列變數自動調整順序，所以導致右邊表格的相關資料與左邊表格不一致。

範例 3

假設資一甲的前 3 位同學的通訊資料如下：

姓名	年齡	電話
張三	18	04-2321
王五	19	06-2512
李四	18	02-2226

寫一程式，使用結構來儲存通訊錄資料，依據通訊錄的年齡來排列（從小到大）並輸出。

```
#include <iostream>
#include <string>
using namespace std;
int main()
{
  int i,j;
  struct tel_book
  {
     string name;
     int age;
     string tel;

     void printdata(void)
     {
         cout << name << '\t'
              << age << '\t'
              << tel << '\t' << endl;
     }
  } ;

  tel_book telephone[3]={
                        {"張三", 18, "04-2321"},
                        {"王五", 19, "06-2512"},
                        {"李四", 18, "02-2226"}};

  tel_book temp;  // 暫存temp結構

  cout << "排序前的資料:" << endl ;
  for (i=0 ; i<3 ; i++)
       telephone[i].printdata();

  for (i=1;i<=2;i++)  // 執行2(=3-1)個步驟
     for (j=0;j<3-i;j++)  // 第i步驟,執行3-i次比較
        if (telephone[j].age > telephone[j+1].age)
         {
            temp=telephone[j];
            telephone[j]=telephone[j+1];
            telephone[j+1]=temp;
         }
        // 若左邊的資料>右邊的資料，則
        // 將telephone[j]與telephone[j+1]的
        // 所有成員變數之內容互換。
  cout << "排序後的資料:" << endl ;

  for (i=0 ; i<3 ; i++)
     telephone[i].printdata();

  return 0;
}
```

執行結果

排序前的資料：
張三 18 04-2321
王五 19 06-2512
李四 18 02-2226
排序後的資料：
張三 18 04-2321
李四 18 02-2226
王五 19 06-2512

程式解說

程式第 32~39 列

```
for (i=1;i<=2;i++)  // 執行2(=3-1)個步驟
   for (j=0;j<3-i;j++)  // 第i步驟，執行(3-i)次比較
       if (student[j].age>student[j+1].age)
        {
            temp=student[j];
            student[j]=student[j+1];
            student[j+1]=temp;
        }
```

在 student[j].age(左邊同學的年齡) > student[j+1].age(右邊同學的年齡) 時，會利用

```
temp=student[j];
student[j]=student[j+1];
student[j+1]=temp;
```

這三行程式碼將結構 student[j] 與結構 student[j+1] 的內容互換，即將結構 student[j] 與結構 student[j+1] 的所有成員變數之內容互換，如此才能使每筆資料的內容維持原來的關係。

12-3 結構與函數

除了 C++ 語言提供的基本資料型態外，函數定義時所宣告的參數型態也可以是結構型態。此外，結構型態還可以被用做函數回傳值的型態。

■ 範例 4

某公司員工的身高及體重資料如下：

姓名	身高 (cm)	體重 (kg)
張三	168	55
王五	179	53
李四	160	62

寫一程式，定義一個包含姓名、身高及體重等成員變數的結構型態，來儲存 {" 張三 ", 168, 55}，{" 王五 ", 179, 53} 及 {" 李四 ", 160, 62} 三個人的資料。並定義一個參數型態為結構的函數，作為計算三個人的 BMI 及輸出之用。

```
#include <iostream>
#include <string>
#include <cmath>
using namespace std;
struct employee
{
   string name;
   int height;
   int weight;
} ;

void bmicompute(struct employee [ ], int);

int main( )
{
   struct employee member[3]={ {"張三", 168, 55}, {"王五", 179, 53},
                               {"李四", 160, 62} };

   float bmi; // bmi：身體質量指數
   bmicompute(member, 3);

   return 0;
}

void bmicompute(struct employee data[ ], int size)
{
   int i;
   for (i=0;i<size;i++)
   {
       bmi = data[i].weight / pow(data[i].height/100.0, 2);
       cout << data[i].name << "的體重=" << data[i].weight
            << "\tBMI=" << bmi << '\t';

       if (bmi<18.5)
           cout << "體重過輕\n" ;
       else if (bmi<24)
           cout << "體重在正常範圍\n" ;
       else if (bmi<27)
           cout << "體重過重\n" ;
```

```
            else if (bmi<30)
                cout << "體重輕度肥胖\n" ;
            else if (bmi<35)
                cout << "體重中度肥胖\n" ;
            else
                cout << "體重重度肥胖\n";
        }
    }
```

執行結果

張三的體重 =55 BMI=19.487 體重在正常範圍
王五的體重 =53 BMI=16.5413 體重過輕
李四的體重 =62 BMI=24.2188 體重過重

程式解說

身體質量指數 (Body Mass Index，縮寫為 BMI)，其計算公式如下：

BMI = 體重 (kg) / (身高 (m))^2

成人的體重分級與標準	
分級	身體質量指數
體重過輕	BMI < 18.5
正常範圍	18.5 ≤ BMI < 24.0
過重	24.0 ≤ BMI < 27.0
輕度肥胖	27.0 ≤ BMI < 30.0
中度肥胖	30.0 ≤ BMI < 35.0
重度肥胖	BMI ≥ 35.0
資料來源：衛生署食品資訊網 http://consumer.fda.gov.tw/Food/MyBmi.aspx?nodeID=177	

範例 5

假設資一乙的前 5 位同學 18 歲以前的捐血資料如下：

姓名	捐血次數	姓名	捐血次數	姓名	捐血次數
張三	5	王五	3	李四	7
林二	2	小陳	4		

寫一程式，定義一個結構型態來儲存姓名及捐血次數資料；並定義一個函數型態為結構的函數，且在函數的參數型態中至少有一個為結構。

```
#include <iostream>
#include <string>
using namespace std;
struct blood
{
   string name;
   int number;
} ;

blood blood_num(struct blood [], int);

int main()
{
   int i;
   blood student[5]={ {"張三", 5}, {"王五", 3}, {"李四", 7},
                      {"林二", 2}, {"小陳", 4} };

   blood big_number;

   cout << "姓名\t捐血次數\n" ;

   for (i=0;i<5;i++)
       cout << student[i].name << '\t'
            << student[i].number << endl ;

   big_number=blood_num(student,3);
   cout << "捐血次數最多者為" << big_number.name
        << ",捐血次數" << big_number.number << "次" ;

   return 0;
}

blood blood_num(struct blood data[],int size)
{
    int i,j;
    blood temp;  // 暫存temp結構
    temp=data[0];  // 設定data[0]為捐血次數最多者的結構
    for (i=1;i<=size-1;i++)  // 執行size-1次比較
    if (temp.number < data[i].number)
        temp=data[i];  // 設定data[i]為捐血次數最多者的結構
```

```
        return temp;  // 傳回捐血次數最多者的姓名及捐血次數
    }
```

執行結果

姓名 捐血次數
張三 5
王五 3
李四 7
林二 2
小陳 4
捐血次數最多者為李四 , 捐血次數 7 次

12-4 列舉型態

生活中常會使用特定名稱或符號來代表特定事物。例如：使用不同綽號代表不同人名、使用不同顏色代表不同溫度等等。在程式中，當需要使用一組固定的整數時，可以使用一組名稱或符號來代表該組整數，這種資料型態被稱為列舉型態。

一個列舉型態從建立到運作的程序如下：

1. 首先定義一個列舉名稱。
2. 直接使用列舉常數。

或

1. 首先定義一個列舉名稱。
2. 宣告列舉變數。
3. 設定列舉變數等於某個列舉常數。

❖ 12-4-1 列舉定義

列舉的定義框架，包含以下三個部分：

1. 列舉名稱：以關鍵字「enum」為前導，後面跟著「列舉名稱」。列舉名稱，代表一種新的資料型態。
2. 列舉內容：在「{ }」中，定義列舉所包含的列舉常數。每個列舉常數都是由一個名稱和一個整數常數所組成，名稱和數值之間以「=」來分隔，並用「,」來分隔各列舉常數。

3. 結束符號：以「;」做為列舉定義的結束符號，用來表示該列舉定義的結束。

列舉的定義語法如下：

```
enum 列舉名稱
{
   列舉常數名稱1[= 整數常數1] ,
   列舉常數名稱2[= 整數常數2] ,
   …
} ;
```

■ 語法說明

- 列舉名稱的命名規則，與識別字的命名相同。當列舉型態被定義後，列舉名稱就是一種新的資料型態。
- 列舉常數名稱的命名規則，與識別字的命名相同。列舉常數名稱是一個整數常數，是不能被改變的。
- 「[ ]」，表示它內部（包含 [ ]）的資料是選擇性的，需要與否視情況而定。若在「列舉常數名稱 1」的後面省略「[ ]」的部分，則「列舉常數名稱 1」的初始值 =0。若在其他列舉常數名稱的後面省略「[ ]」的部分，則該列舉常數名稱的初始值 = 前一個列舉常數名稱的初始值 + 1。
- 列舉名稱被定義後，它所佔的記憶體空間為：sizeof (列舉名稱)。

例：定義一個名稱為 week 的列舉型態，它包含七個列舉常數名稱，分別為 sunday、monday、tuesday、wednesday、thursday、friday 及 saturday，且列舉常數名稱的初始值分別設為 0、1、2、3、4、5、6。

解：
```
enum week
{
   sunday ,        // sunday=0
   monday ,        // monday=1
   tuesday ,       // tuesday=2
   wednesday ,     // Wednesday=3
   thursday ,      // thursday=4
   friday ,        // friday=5
   saturday        // saturday=6
};
```

■ 說明

- 因為 sunday 沒設定初始值，所以 sunday=0。
- 因為 monday、tuesday、wednesday、thursday、friday 及 saturday，也都沒設定初始值，所以

```
monday = sunday + 1 = 1
tuesday = monday + 1 = 2
wednesday = tuesday + 1 = 3
thursday = wednesday + 1 = 4
friday = thursday + 1 = 5
saturday = friday + 1 = 6
```

例：定義一個名稱為 color 的列舉型態，並設定六個名稱分別為 white、black、blue、red、green、yellow 的列舉常數名稱，且列舉常數名稱的初始值分別設為 1、2、5、6、7、9。。

解：
```
enum color
{
    white = 1, black, blue = 5, red, green, yellow=9
};
```

■ **說明**

- 因為 black 沒設定初始值，所以 black = white + 1 = 2。
- 因為 red 沒設定初始值，所以 red = blue + 1 = 6。
- 因為 green 沒設定初始值，所以 green = red + 1 = 7。

❖ 12-4-2 列舉變數宣告

列舉變數名稱的宣告語法：

```
列舉名稱 列舉變數名稱 ;
```

■ **語法說明**

列舉變數名稱使用前，必須要宣告過。

例：承上例，宣告一個資料型態為 color 列舉的列舉變數 mycolor。

解：
```
color mycolor;
```

❖ 12-4-3 列舉變數存取

列舉變數的存取語法：

```
列舉變數 = 列舉成員 ;
```

或

```
列舉變數 = 整數常數 ;
```

例：（承上例）若要設定列舉變數 mycolor 的值為 2，則語法為何？

解：mycolor=black; // black 代表 2

■ 說明

- mycolor 為列舉變數，其值只能設為 white、black、blue、red、green 或 yellow，不能直接設定成「mycolor=2;」。
- 列舉常數名稱是代表其所對應的整數常數，而整數常數是無法直接替代列舉常數名稱，但可使用強制型態轉換，將整數常數轉換成對應的列舉常數名稱。

將整數變數或常數轉換成列舉型態的語法：

```
static_cast <列舉名稱> (整數變數或常數)
```

【註】轉換後，整數變數或常數會轉換為對應的列舉常數名稱。

例：(承上上例)將 5 轉換成 color 列舉型態中的 blue。

解：static_cast <color> (5)

■ 範例 6

寫一程式，定義一個名稱為 week 的列舉型態，並設定七個名稱分別為 sunday、monday、tuesday、wednesday、thursday、friday 及 saturday 的列舉常數名稱，且列舉常數名稱的初始值分別設為 0、1、2、3、4、5、6。輸入一個正整數，輸出今天是星期幾（英文字）。

```
#include <iostream>
using namespace std;
int main()
{
   enum week
    {
       sunday,         // sunday=0
       monday,         // monday=1
       tuesday,        // tuesday=2
       wednesday,      // Wednesday=3
       thursday,       // thursday=4
       friday,         // friday=5
       saturday        // saturday=6
    } ;

   int today;
   cout << "輸入一整數(0~6):" ;
   cin >> today;

   switch(today)
```

```
21      {
22          case sunday:     // 0
23               cout << "今天是Sunday" ;
24               break;
25          case monday:     // 1
26               cout  << "今天是Monday" ;
27               break;
28         case tuesday:     // 2
29               cout << "今天是Tuesday" ;
30               break;
31         case wednesday:   // 3
32               cout <<"今天是Wednesday" ;
33               break;
34         case thursday:    // 4
35               cout << "今天是Thursday" ;
36               break;
37         case friday:      // 5
38               cout << "今天是Friday" ;
39               break;
40         case saturday:    // 6
41               cout << "今天是Saturday" ;
42               break;
43         default:
44               cout << "輸入錯誤" ;
45      }
46
47     return 0;
48   }
```

執行結果

輸入一整數 :3

輸出今天是 Wednesday

程式解說

程式第 16~18 列，可改成

```
int day;
cout << "輸入一整數(0~6):" ;
cin >> day;
week today=static_cast <week> (day);
```

範例 7

寫一程式，定義一個名稱為 mousebutton 的列舉型態，來模擬滑鼠的三個按鈕操作。mousebutton 列舉包含 left、middle、right 及 leftandright 四個列舉常數名稱，若輸入 0，則輸出 " 按了滑鼠左鍵 "；若輸入 1，則輸出 " 今按了滑鼠中鍵 "；若輸入 2，則輸出 " 按了滑鼠右鍵 "；若輸入 3，則輸出 " 同時按了滑鼠左右鍵 "。若輸入其他，則輸出 " 按的不是滑鼠鍵 "。

```
#include <iostream>
using namespace std;
int main()
 {
   enum mousebutton
    {
      Left,
      Middle,
      Right,
      LeftandRight
    };

   int presskey;
   cout << "輸入滑鼠按鍵代號(0:左鍵 1:中鍵 2:右鍵 3:左右鍵):" ;
   cin >> presskey;
   mousebutton button=static_cast <mousebutton> (presskey);

   switch(button)
    {
     case Left:
        cout << "按了滑鼠左鍵" ;
        break;
     case Middle:
        cout << "今按了滑鼠中鍵" ;
        break;
     case Right:
        cout << "按了滑鼠右鍵" ;
        break;
     case LeftandRight:
        cout << "同時按了滑鼠左右鍵" ;
        break;
     default:
        cout << "按的不是滑鼠鍵" ;
    }

   return 0;
 }
```

執行結果

輸入滑鼠按鍵代號 (0: 左鍵 1: 中鍵 2: 右鍵 3: 左右鍵):3
同時按了滑鼠左右鍵

12-5 進階範例

■ 範例 8

假設資一乙的前 3 位同學的通訊資料如下：

姓名	年齡	電話
王五	19	06-2512
張三	18	04-2321
李四	18	02-2226

寫一程式，使用結構來儲存通訊錄資料，依據通訊錄的年齡及電話來排列（從小到大）並輸出。

```
#include <iostream>
using namespace std;
int main()
{
  int i,j;
  struct tel_book
  {
     string name;
     int age;
     string tel;
  } ;

  struct tel_book student[3]={ {"王五", 19, "06-2512"},
                               {"張三", 18, "04-2321"},
                               {"李四", 18, "02-2226"} };

  tel_book temp;  // 暫存temp結構

  cout << "排序前的資料:\n" ;
  for (i=0;i<3;i++)
   {
     cout << student[i].name << ' ' << student[i].age
          << ' ' << student[i].tel << "\n" ;
   }

  for (i=1;i<=2;i++)      // 執行2(=3-1)個步驟
     for (j=0;j<3-i;j++)  // 第i步驟,執行3-i次比較
       // 年齡較大者排在後面
       if (student[j].age>student[j+1].age)
          {
            temp=student[j];
            student[j]=student[j+1];
            student[j+1]=temp;
          }
```

```
            // 若年齡相同
            else if (student[j].age==student[j+1].age)
               // 再依據電話排列
               if(student[j].tel > student[j+1].tel)
                  {
                    temp=student[j];
                    student[j]=student[j+1];
                    student[j+1]=temp;
                  }
                 // 若左邊的資料>右邊的資料，則
                 // 將student[j]與student[j+1]的
                 // 所有成員變數之內容互換。

                 cout << "排序後的資料:\n" ;
                 for (i=0;i<3;i++)
                  {
                    cout << student[i].name << ' ' << student[i].age
                         << ' ' << student[i].tel << "\n" ;
                  }

    return 0;
}
```

執行結果

排序前的資料：

王五 19 06-2512

張三 18 04-2321

李四 18 02-2226

排序後的資料：

李四 18 02-2226

張三 18 04-2321

王五 19 06-2512

範例 9

假設資一甲莊智淵同學本學期修課記錄如下：

姓名	科目代號及名稱	成績	教師代號及姓名
莊智淵	11 理則學	90	7 邏輯林
莊智淵	21 微積分	92	9 代數陳

寫一程式，使用三層巢狀結構來儲存莊智淵同學本學期修課記錄，並輸出平均成績。

```
#include <iostream>
#include <string>
#include <iomanip>
using namespace std;
```

```
int main()
 {
   int i,total=0;

   struct teacher
    {
      int code;
      string name;
    };

   struct subject
    {
      int code;
      string name;
      teacher courseteacher;
    };

   struct major_rec
    {
      string name;
      subject course;
      int score;
    };

   major_rec data[2];

   data[0].name="莊智淵";
   data[0].course.code=11;
   data[0].score=90;
   data[0].course.name="理則學";
   data[0].course.courseteacher.code=7;
   data[0].course.courseteacher.name="邏輯林";

   data[1].name="莊智淵";  // 可有可無
   data[1].course.code=21;
   data[1].score=92;
   data[1].course.name="微積分";
   data[1].course.courseteacher.code=9;
   data[1].course.courseteacher.name="代數陳";

   cout << data[0].name << "同學本學期修課記錄如下:\n" ;
   cout << "科目代號\t科目名稱\t成績     \t教師代號\t教師姓名\n" ;
   for (i=0 ; i<2 ; i++)
    {
       cout << data[i].course.code << "\t\t"
            << data[i].course.name<< "\t\t"
            << data[i].score << "\t\t"
            << data[i].course.courseteacher.code << "\t\t"
            << data[i].course.courseteacher.name << "\n" ;
       total=total+data[i].score;
    }

   // 設定顯示小數1位
   cout.precision(1);
```

```
    cout.setf(ios::fixed);

    cout << "平均成績為" << (float) total/2 ;

    return 0;
}
```

執行結果

莊智淵同學本學期修課記錄如下：

科目代號	科目名稱	成績	教師代號	教師姓名
11	理則學	90	7	邏輯林
21	微積分	92	9	代數陳

平均成績為 91.0

自我練習

一、選擇題

1. 在 C++ 語言中，哪一種資料型態的內部可以擁有多個不同的資料型態的成員變數？
   (A) int (B) char (C) struct (D) enum
2. 是以甚麼關鍵字來定義一個結構名稱？ (A) int (B) string (C) struct (D) enum
3. 在結構定義中，是以甚麼作為結構定義的結束？ (A) . (B) / (C) ; (D) ,
4. 下列有關 C++ 語言中結構 (structure) 的敘述，何者正確？
   (A) 結構是一種複合資料型態，可以包含許多不同資料型態的成員變數
   (B) 結構中可以包含其它結構，而形成一個巢狀結構
   (C) 結構變數是使用成員運算子「.」或「->」來存取成員變數
   (D) 以上皆是
5. 是以甚麼關鍵字來定義一個列舉名稱？ (A)int (B) typeof (C) struct (D) enum
6. 在列舉定義中，列舉常數名稱的值只能是哪一種資料？
   (A) 整數常數 (B) 單精度浮點數常數 (C) 單精度浮點數常數 (D) 字串元常數
7. 在列舉定義中，列舉常數名稱間是以甚麼作為區隔？ (A) . (B) / (C) ; (D) ,
8. 以下片段程式中，red 的初始值為何？ (A) 1 (B) 2 (C) 4 (D) 6

```
enum color
{
    white = 1, black, blue, red, green = 7, yellow = 9
};
```

9. 以下片段程式中，red 的初始值為何？ (A) 1 (B) 2 (C) 4 (D) 6

```
enum color
{
    white , black, blue = 3, red, green = 7, yellow = 9
};
```

二、問答題

1. 何謂結構？
2. 如何連結結構變數與成員變數？
3.
```
#include <iostream>
#include <string>
using namespace std ;
int main( )
 {
   struct parent
    {
       string name;
       int  age;
    };

   struct employee
    {
       int id;
       string name;
       struct parent myparent;
    };

   employee people1, *people2 = &people1 ;
   (1)
   (2)
   (3)
   (4)

   return 0 ;
 }
```

   若在 (1) 中設定 people1 的 name 為 " 王結構 "，在 (2) 中設定 people1 的 myparent 的 name 為 " 王監督 "，在 (3) 中輸出 people2 的 name，及在 (4) 中輸出 people2 的 myparent 的 name，則 (1)、(2)、(3) 及 (4) 這四個位置，應填入甚麼程式敘述？
4. 在列舉名稱中，若列舉常數名稱 1 未設定整數常數值，則其值為何？
5. 在列舉名稱中，若列舉常數名稱 n(>1) 未設定整數常數值，則其值為何？

三、實作題

1. 寫一程式，建立一課表結構 classtable，其成員包括 week（星期）、section（時段）及 classname（課程名稱）。輸入學生一星期的課表，並輸出一星期的課表。
2. 寫一程式，建立一成績結構 score，其成員包括 classname（課程名稱）及 score（成績）。輸入學生所修的 5 門課程名稱及成績，並輸出通過的課程名稱之數目。
3. 假設資一甲的前 3 位同學的通訊資料如下：

姓名	年齡	電話
張三	18	04-2321
王五	19	06-2512
李四	18	02-2226

寫一程式，使用結構來儲存通訊錄資料，依據通訊錄的電話來排列（從小到大）並輸出。

Chapter

13 動態記憶體

要準確預估未來的事件，其難度相當高。例如：大到預估國家稅收，小到預估個人投資獲利，都很難精準到位。同樣地，當問題要處理的資料量不確定時，程式設計者究竟要配置多大的記憶體空間來儲存這些資料，也是一件難以預估的工作。例如：宣告有100 個元素的一維陣列來儲存 n 個資料，會發生什麼現象呢？若 n<100，則會有一些記憶體空間被閒置，若 n>100，則預留的記憶體空間又不夠。

在程式設計上，對於無法預估資料量的問題，最佳的做法就是配置動態記憶體來儲存這些資料。配置動態記憶體的做法，是在程式執行時，使用「new」運算子向作業系統請求配置所需的記憶體空間以供資料儲存。動態記憶體空間並不會主動歸還給系統，而是當它不再需要或程式結束時，使用「delete」運算子將它釋放，從而充分利用記憶體空間，否則浪費閒置多餘的記憶體，進而導致系統效能降低。

13-1 非陣列形式資料的動態記憶體配置與釋放

宣告一重指標變數，並配置動態記憶體來儲存非陣列形式的資料，同時將指標變數指向動態記憶體起始位址的語法如下：

```
資料型態  *指標變數 = new  資料型態 ;
```

■ 語法說明

- 資料型態：可以是整數、浮點數、布林、字元、字串或結構。
- 資料型態若為 int，則會配置 4 個 Byte 的記憶體空間，並將該空間的起始位址設定給指標變數，使指標變數將指向該空間的起始位址，然後就可利用指標變數來存取該空間內的資料。
- 資料型態若為 short int、long long int、float、double、bool、char 或 struct，則會分別配置 2、8、4、8、1、1 或 sizeof (struct 結構名稱) 個 Byte 的記憶體空間。其他相關說明，請參考語法說明第 2 項。
- 資料型態若為 string，則配置動態記憶體空間的大小取決於該字串的長度，並將該空間的起始位址設定給指標變數，使指標變數將指向該空間的起始位址，然後就可利用指標變數來存取該空間內的資料。
- 在 64 位元系統中，指標變數是一個 64 位元的記憶體位址。

非陣列形式資料的動態記憶體釋放語法如下：

```
delete  指標變數 ;
指標變數 = NULL ;
```

■ 語法說明

- 「delete」是釋放系統配置的動態記憶體空間，並將該記憶體空間標記為未使用，以便後續的記憶體分配可以使用這個區塊。
- 將指標變數設為「NULL」（空位址 0），是為了防止不慎使用到指標變數而發生不可預期的錯誤。
- 動態記憶體空間被釋放後，若想再配置動態記憶空間，則再次使用「new」程式敘述即可。

■ 範例 1

寫一程式，配置動態記憶體來儲存結構資料，且結構定義如下：

```
struct student
 {
     char name[9];
     int age;
     char tel[11];
 } ;
```

輸入結構指標變數的成員變數資料，並顯示。

```
#include <iostream>
using namespace std;
int main()
 {
    int i;
    struct student
     {
        string name;
        int age;
        string tel;
     };

    // 宣告指標變數ptr，並配置動態記憶體來儲存結構資料
    // 同時ptr指向動態記憶體的起始位址
    struct student *ptr = new struct student ;

    cout << "輸入學生的名字:" ;
    cin >> (*ptr).name ;
    cout << "年齡:" ;
    cin >> (*ptr).age ;
    cout << "電話:" ;
```

```
22          cin >> (*ptr).tel ;
23
24          cout << "學生的名字:"  << (*ptr).name ;
25          cout << "\t年齡:" << (*ptr).age ;
26          cout << "\t電話:" << (*ptr).tel << endl ;
27
28          // 釋放ptr所指向的動態記憶體
29          delete [ ] ptr ;
30          ptr=NULL ;  // 將ptr設為空位址0
31
32          return 0 ;
33      }
```

執行結果

輸入學生的名字 :Mike

年齡 :28

電話 :02-516888

學生的名字 :Mike 年齡 :28 電話 :02-561888

程式解說

可用指標變數的方式，將程式第 18、20、22、24、25 及 26 列中的「(*ptr).」改寫成「ptr->」，執行結果也是一樣。

13-2 一維陣列資料的動態記憶體配置與釋放

宣告一重指標變數，並配置動態記憶體來儲存一維陣列資料，同時將指標變數指向動態記憶體起始位址的語法如下：

```
資料型態  *指標變數 = new 資料型態[N] ;
```

■ **語法說明**

- 資料型態：可以是整數、浮點數、布林、字元、字串或結構。
- N：表示一維陣列有 N 個（或行）元素。
- 資料型態若為 int，則會配置 4N 個 Byte 的動態記憶體空間，並將該空間的起始位址設定給指標變數，使指標變數將指向該空間的起始位址，然後就可利用指標變數來存取該空間內的資料。

- 資料型態若為 short int 、 long long int、float、double、bool、char 或 struct，則會分別配置 2N、8N、4N、8N、N、N 或 N*sizeof (struct 結構名稱) 個 Byte 的動態記憶體空間。其他相關說明，請參考語法說明第 2 項。
- 資料型態若為 string，則配置動態記憶體空間的大小取決於該字串的長度，並將該空間的起始位址設定給指標變數，使指標變數將指向該空間的起始位址，然後就可利用一維陣列（或指標）變數來存取該空間內的資料。
- 在 64 位元系統中，指標變數是一個 64 位元的記憶體位址。

一維陣列資料的動態記憶體釋放語法如下：

```
delete  [ ]  指標變數 ;
指標變數 = NULL ;
```

■ 語法說明

- 「delete」是釋放系統配置的動態記憶體空間，並將該記憶體空間標記為未使用，以便後續的記憶體分配可以使用這個區塊。
- 將指標變數設為「NULL」（空位址 0），是為了防止不慎使用到指標變數而發生不可預期的錯誤。
- 動態記憶體空間被釋放後，若想再配置動態記憶空間，則再次使用「new」程式敘述即可。

範例 2

寫一程式，配置動態記憶體來儲存有 5 個元素的一維整數陣列資料，並將其元素的值分別設成 1、2、3、4、5。

```
#include <iostream>
using namespace std;
int main( )
{
   int i;

   // 宣告指標變數ptr，並配置動態記憶體來儲存一維陣列的5個元素
   // 同時ptr指向動態記憶體的起始位址
   int *ptr = new int[5];

   for (i=0 ; i<5 ; i++)
    {
      ptr[i]=i+1;
      cout << "ptr[" << i << "]=" << ptr[i] << endl ;
    }
   delete [] ptr;  // 釋放ptr所指向的動態記憶體
```

```
17        ptr = NULL ;
18
19        return 0 ;
20    }
```

執行結果

ptr[0]=1

ptr[1]=2

ptr[2]=3

ptr[3]=4

ptr[4]=5

程式解說

可用指標變數的方式，將程式第 13 及 14 列中的「ptr[i]」改寫成「*(ptr+i)」，執行結果也是一樣。

13-3 二維陣列資料的動態記憶體配置與釋放

宣告二重指標變數，並配置動態記憶體來儲存二維陣列資料，同時將指標變數指向動態記憶體起始位址的語法如下：

```
資料型態  **指標變數 = new 資料型態  *[M] ;
for (int i=0 ; i<M ; i++)
     資料型態  指標變數[i] = new 資料型態[N] ;
```

■ 語法說明

- 資料型態：可以是整數、浮點數、布林、字元、字串或結構。
- M：表示二維陣列有 M 列元素；N：表示二維陣列每列有 N 行元素。
- 資料型態若為 int，則會配置 4MN 個 Byte 的動態記憶體空間，並將該空間的起始位址設定給指標變數，使指標變數將指向該空間的起始位址，然後就可利用指標變數來存取該空間內的資料。
- 資料型態若為 short int 、 long long int、float、double、bool、char 或 struct ，則會分別配置 2MN、8MN、4MN、8MN、MN、MN 或 MN*sizeof (struct 結構名稱) 個 Byte 的動態記憶體空間。其他相關說明，請參考語法說明第 2 項。

- 資料型態若為 string，則配置動態記憶體空間的大小取決於該字串的長度，並將該空間的起始位址設定給指標變數，使指標變數將指向該空間的起始位址，然後就可利用二維陣列（或指標）變數來存取該空間內的資料。
- 動態配置二維陣列數變數記憶體空間的順序，是先配置第一維陣列空間，再配置第二維陣列空間。
- 在 64 位元系統中，指標變數是一個 64 位元的記憶體位址。

二維陣列資料的動態記憶體釋放語法如下：

```
for (int i=0 ; i<M ; i++)
       delete  [ ]  指標變數[i] ;
delete  [ ]  指標變數 ;
指標變數 = NULL ;
```

語法說明

- 釋放動態配置的二維陣列記憶體空間之程序，與動態配置的程序剛好相反。即，先釋放第二維陣列空間，再釋放第一維陣列空間。
- M：代表二維陣列有 M 列元素。
- 「delete」是釋放系統配置的動態記憶體空間，並將該記憶體空間標記為未使用，以便後續的記憶體分配可以使用這個區塊。
- 將指標變數設為「NULL」（空位址 0），是為了防止不慎使用到指標變數而發生不可預期的錯誤。
- 動態記憶體空間被釋放後，若想再配置動態記憶空間，則再次使用「new」程式敘述即可。

範例 3

寫一程式，配置動態記憶體來儲存有 6 (= 3 x 2) 個元素的二維單精度浮點數陣列資料，並將其元素的值分別設成 1、2、3、4、5、6。

```
#include <iostream>
using namespace std;
int main( )
{
   int i, j, k=1 ;

   // 宣告指標變數ptr，並配置動態記憶體來儲存二維陣列的3x2個元素
   // 同時ptr指向動態記憶體的起始位址
```

```
9         float **ptr = new float *[3] ;
10        for (i=0 ; i<3 ; i++)
11            ptr[i] = new float[2] ;
12
13        for (i=0 ; i<3 ; i++)
14          for (j=0 ; j<2 ; j++)
15           {
16             ptr[i][j]=k;
17             k++;
18             cout << "ptr[" << i << "][" << j << "]="
19                  << ptr[i][j] << endl ;
20           }
21
22        // 釋放ptr所指向的動態記憶體
23        for (i=0 ; i<3 ; i++)
24            delete [ ] ptr[i] ;  // 釋放第二維陣列空間
25        delete [ ] ptr ;  // 釋放第一維陣列空間
26        ptr = NULL ;
27
28        return 0;
29    }
```

執行結果

ptr[0][0]=1
ptr[0][1]=2
ptr[1][0]=3
ptr[1][1]=4
ptr[2][0]=5
ptr[2][1]=6

程式解說

可用指標變數的方式，將程式第 16 及 19 列中的「ptr[i][j]」改寫成「*(*(ptr+i)+j)」，執行結果也是一樣。

13-4 三維陣列資料的動態記憶體配置與釋放

宣告三重指標變數，並配置動態記憶體來儲存三維陣列資料，同時將指標變數指向動態記憶體起始位址的語法如下：

```
資料型態  ***指標變數 = new 資料型態  **[L] ;
for (int i=0 ; i<L ; i++)
 {
     指標變數[i] = new 資料型態  *[M] ;
     for (int j=0 ; j<M ; j++)
         指標變數[i][j] = new 資料型態[N] ;
 }
```

■ 語法說明

- 資料型態：可以是整數、浮點數、布林、字元、字串或結構。
- L：表示三維陣列有 L 層元素；M：表示三維陣列每層有 M 列元素；N：表示三維陣列每列有 N 行元素。
- 資料型態若為 int，則會配置 4LMN 個 Byte 的動態記憶體空間，並將該空間的起始位址設定給指標變數，使指標變數將指向該空間的起始位址，然後就可利用指標變數來存取該空間內的資料。
- 資料型態若為 short int、long long int、float、double、bool、char 或 struct，則會分別配置 2LMN、8LMN、4LMN、8LMN、LMN、LMN 或 LMN*sizeof(struct 結構名稱)個 Byte 的動態記憶體空間。其他相關說明，請參考語法說明第 2 項。
- 資料型態若為 string，則配置動態記憶體空間的大小取決於該字串的長度，並將該空間的起始位址設定給指標變數，使指標變數將指向該空間的起始位址，然後就可利用三維陣列（或指標）變數來存取該空間內的資料。
- 動態配置三維陣列數變數記憶體空間的順序，是先配置第一維陣列空間，然後配置第二維陣列空間，最後再配置第三維陣列空間。
- 在 64 位元系統中，指標變數是一個 64 位元的記憶體位址。

三維陣列資料的動態記憶體釋放語法如下：

```
for (int i=0 ; i<L ; i++)
 {
     for (int j=0 ; j<M ; j++)
          delete  [ ]  指標變數[i][j] ;
     delete  [ ]  指標變數[i] ;
 }
delete  [ ]  指標變數 ;
指標變數 = NULL ;
```

■ 語法說明

- 釋放動態配置的三維陣列記憶體空間之程序，與動態配置的程序剛好相反。即，先釋放第三維陣列空間，然後釋放第二維陣列空間，最後再釋放第一維陣列空間。
- L：代表三維陣列有 L 層元素。
- M：代表三維陣列每層有 M 列元素。
- 「delete」是釋放系統配置的動態記憶體空間，並將該記憶體空間標記為未使用，以便後續的記憶體分配可以使用這個區塊。
- 將指標變數設為「NULL」（空位址 0），是為了防止不慎使用到指標變數而發生不可預期的錯誤。
- 動態記憶體空間被釋放後，若想再配置動態記憶空間，則再次使用「new」程式敘述即可。

■ 範例 4

寫一程式，配置動態記憶體來儲存有 24 (= 3 x 2 x 4) 個元素的三維字元陣列資料，並將其元素的值分別設成 'A'、'B'、…、'X'，最後輸出三維字元陣列所有元素的內容。

```
#include <iostream>
using namespace std;
int main( )
{
   int i, j, k ;
   char x = 'A' ;

   // 宣告指標變數ptr，並配置動態記憶體來儲存三維陣列的3x2x4個元素
   // 同時ptr指向動態記憶體的起始位址
   char ***ptr = new char **[3];
   for (i=0 ; i<3 ; i++)
   {
      ptr[i] = new char *[2];
      for (j=0 ; j<2 ; j++)
         ptr[i][j] = new char [4];
   }

   for (i=0 ; i<3 ; i++)
      for (j=0 ; j<2 ; j++)
      {
         for (k=0 ; k<4 ; k++)
         {
            ptr[i][j][k]=x;
            x++;
            cout << "ptr[" << i << "][" << j << "]["
                 << k << "]=" << ptr[i][j][k] << "\t" ;
         }
         cout << endl ;
```

```
29          }
30
31      // 釋放ptr所指向的動態記憶體
32      for (i=0 ; i<3 ; i++)
33      {
34          for (j=0 ; j<2 ; j++)
35              delete [ ] ptr[i][j] ;  // 釋放第三維陣列空間
36          delete [ ] ptr[i] ;          // 釋放第二維陣列空間
37      }
38      delete [ ] ptr;  // 釋放第一維陣列空間
39      ptr = NULL ;
40
41      return 0;
42  }
```

執行結果

ptr[0][0][0]=A	ptr[0][0][1]=B	ptr[0][0][2]=C	ptr[0][0][3]=D
ptr[0][1][0]=E	ptr[0][1][1]=F	ptr[0][1][2]=G	ptr[0][1][3]=H
ptr[1][0][0]=I	ptr[1][0][1]=J	ptr[1][0][2]=K	ptr[1][0][3]=L
ptr[1][1][0]=M	ptr[1][1][1]=N	ptr[1][1][2]=O	ptr[1][1][3]=P
ptr[2][0][0]=Q	ptr[2][0][1]=R	ptr[2][0][2]=S	ptr[2][0][3]=T
ptr[2][1][0]=U	ptr[2][1][1]=V	ptr[2][1][2]=W	ptr[2][1][3]=X

程式解說

可用指標變數的方式，將程式第23及26列中的「ptr[i][j][k]」改寫成「*(*(*(ptr+i)+j)+k)」，執行結果也是一樣。

自我練習

一、選擇題

1. 配置動態記憶體，是使用哪一個關鍵字？
   (A) add (B) delete (C) addition (D) new
2. 釋放動態記憶體，是使用哪一個關鍵字？
   (A) add (B) delete (C) addition (D) new
3. 配置動態記憶體給單精度浮點數變數，系統會配置多少個 Byte 的記憶體空間？
   (A) 1 (B) 2 (C) 4 (D) 8
4. 配置動態記憶體給有 7 個元素的一維倍精度浮點數陣列變數，系統會配置多少個 Byte 的記憶體空間？
   (A) 7 (B) 14 (C) 25 (D) 56
5. 欲配置動態記憶體來儲存二維陣列資料時，需宣告哪一種變數？
   (A) 一般變數 (B) 二維陣列變數 (C) 二維指標變數 (D) 以上皆非

二、填充題

1. 配置動態記憶體給有 3 x 4 個元素的二維布林陣列變數，系統會配置________個 Byte 的記憶體空間？
2. 配置動態記憶體給有 2 x 3 x 4 個元素的三維短整數陣列變數，系統會配置________個 Byte 的記憶體空間？
3. 釋放二維陣列動態記憶體空間之程序，是先釋放第________維陣列空間，然後再釋放第________維陣列空間。
4. 釋放三維陣列動態記憶體空間之程序，是先釋放第________維陣列空間，然後釋放第________維陣列空間，最後再釋放第________陣列空間。
5. 「指標變數 = NULL ;」程式敘述的作用為何？

三、實作題

1. 寫一程式，配置動態記憶體給有 10 個元素的一維整數陣列，且將此陣列的元素值分別設為 1、2、…、9、10，並輸出此陣列的元素值總和。
2. 寫一程式，配置動態記憶體給有 12 (= 3 x 4) 個元素的二維整數陣列，且輸入 A 公司最近 3 年每季的營業額到此陣列中，並輸 A 公司最近 3 年每季的平均營業額。
3. 寫一程式，配置動態記憶體給有 30 (= 2 x 3 x 5) 個元素的三維整數陣列，且輸入 2 個系，各 3 個班，每班 5 個學生的成績；並輸出 2 個系，各 3 個班，每班 5 個學生的全部成績之平均。
4. 寫一程式，配置動態記憶體給有 9 (= 3 x 3) 個元素的二維整數陣列，且將此陣列的元素值分別設為 1、2、…、9，並輸出下列行列式的值。

$$\begin{vmatrix} 1 & 2 & 3 \\ 4 & 5 & 6 \\ 7 & 8 & 9 \end{vmatrix}$$

Chapter

14 類別

物件導向程式設計（Object-Oriented Programming, OOP），是以物件（Object）為主軸的一種程式設計方式。它不是只單純地設計特定功能的方法，而是以設計具有特徵及行為的物件為核心，使程式運作更符合真實事物的行為模式。物件是具有特徵及行為的實例，其中特徵是以屬性（Properties）來表示，而行為則是以方法（Methods）來描述。物件可以藉由它所擁有的方法，改變它所擁有的屬性值，與不同的物件做溝通。

在之前的章節，經常提到一些 C++ 內建的類別（class）名稱及它的物件（object），例如，iostream、cin、cout、…等等。本章將介紹如何自行定義一個類別型態及建立它的實例：物件，讓讀者了解類別的基本架構，進而對物件導向程式設計有更深一層的認識。

14-1 類別型態

在生活中，當有形（或無形）實例的數量多而雜時，為了方便日後尋找，我們都會將它們加以分類。例如，電腦中的檔案有文字檔、圖形檔、聲音檔、動畫檔、影像檔、…等不同形式，若將這些數量多而雜的不同形式檔案都放在同一個資料夾時，要尋找某一個檔案是有點麻煩的；反之，若依不同形式將它們分別儲存在相對應的資料夾，就很方便尋找。

類別是具有相同特徵及行為的所有實例之集合，即將相同特徵及行為的實例歸在同一類別。換句話說，類別是將同類型實例的特徵及行為封裝（encapsulate）在一起的一種使用者自訂資料型態。類別是物件導向程式設計最基本的元件，它是產生同一類實例的一種模型（或藍圖，或樣板）。由類別產生的實例被稱為物件，同類別產生的物件都具有相同的特徵及行為，但它們的特徵值未必都一樣。以車子物件為例，每部車子都有大小、顏色、輪胎、…等特徵及加速、減速、轉彎、…等行為，但每部車子的大小、顏色及輪胎都不盡相同。

在物件導向程式設計中，自訂類別是使用者自行訂定的一種資料型態。為了方便起見，將類別型態簡稱為類別。每一個類別，都包含下列兩種成員：

1. 成員變數：其作用為記錄類別實例（即物件）的特徵（或屬性）值。
2. 成員函式：其作用為操作類別實例（即物件）的成員。

14-2 類別的封裝等級

物件導向設計具有以下三大特徵：

1. **封裝性（Encapsulation）**：

   將實例的特徵（即成員變數）及行為（即成員函式）包裝隱藏起來，使得私有成員及保護成員不能被外界直接存取，必須透過對外的介面（即公有的成員函式）與外界溝通，這種概念被稱為封裝。在生活中，大部份的物件都有外殼，物件都是透過外殼上的按鈕來操控物件。故外殼就是使用者與包裝隱藏在物件中之元件溝通的介面。根據封裝性的概念，設計者可以定義一個特定的介面供程式隨時呼叫，使撰寫程式更方便。

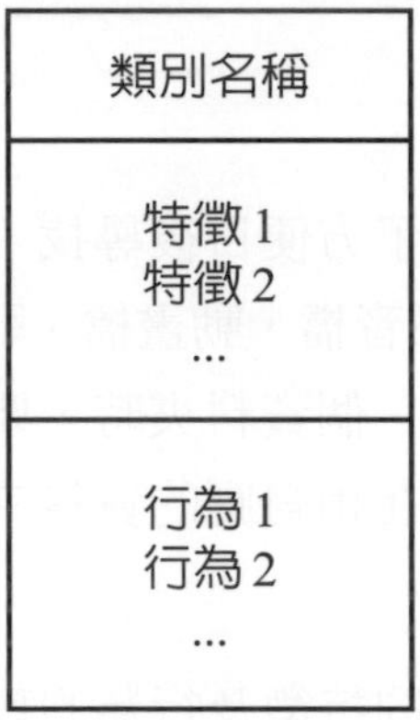

▲圖14-1 類別是由特徵及行為封裝而成

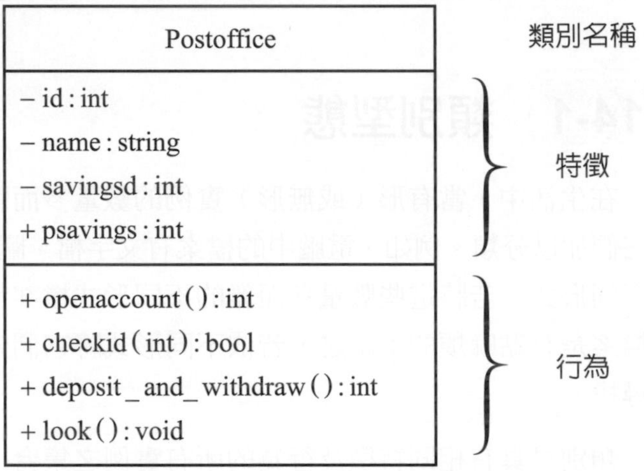

▲圖14-2 Postoffice類別所封裝的特徵及行為

2. **多型性（Polymophism）**

   若同一個識別名稱，以不同樣貌來定義性質相同但功能不同的函式，或以同樣貌來定義功能不同的函式，則稱這種概念為「多型」。多型概念，使程式撰寫更有彈性。

   以同一個識別名稱但樣貌不同來定義性質相同而功能不同的函式，稱為「多載」（Overloading），參考「10-4 函式的多載」。何謂「樣貌不同」呢？在同一個類別中，定義兩個（含）以上名稱相同的函式時，若所宣告的參數滿足下列兩項條件之一，則稱這些函式為「樣貌不同」。

(1) 在這些名稱相同的函式中，所宣告的參數個數都不相同。

(2) 在這些名稱相同的函式中，至少有一個對應位置的參數之資料型態不相同。

以汽車為例，若汽車的排檔方式為自動，則它為自排汽車；若汽車的排檔方式為手動，則它為手排汽車；若汽車包含水面行駛的裝置，則它就成為水陸兩用汽車。

以同一個識別名稱同樣貌來定義功能不同的函式，稱為「改寫」（Overriding）。何謂「同樣貌」呢？在不同類別中，各定義一個名稱相同的函式時，若所宣告的參數之個數相同，且對應位置的參數之資料型態也相同，則稱這些函式為「同樣貌」，參考「16-2-2 在子類別中定義與父類別相同的成員函式」。

以飛機為例，若飛機用來載人，則稱它為客機；若一模一樣的飛機用來載貨，則稱它為貨機。

3. 繼承性（Inheritance）

一種避免重複定義相同屬性及方法的概念。當後者是由前者繼承而來時，後者不但有前者所具備的一切，而且還可以定義屬於自己獨特的屬性及方法。例，一般螢幕可以呈現各種資訊，觸控螢幕是由一般螢幕結合觸控裝置而來。觸控螢幕具備一般螢幕可以呈現各種資訊的特性，而且擁有自己獨特的觸控操作行為。因此，觸控螢幕繼承一般螢幕的一切，即一般螢幕遺傳所有的一切給觸控螢幕。根據繼承性的概念，設計者可以定義一個特定的介面，接著再以此特定的介面為基礎去定義另一個介面，使後來定義出的介面不必重新定義就擁有原先介面的特徵，使撰寫程式更有效率。（參考「第十六章 繼承」）

類別的封裝等級有下列三種：

1. **私有（private）等級**：若在宣告的成員變數及定義成員函式之前加上「private:」，則表示在此區的成員變數及成員函式是隱藏在該類別中，外界無法直接存取，以免資料輕易（或無意間）被修改。若想修改此區的資料，則必須透過呼叫公有的（public）成員函式，才能間接去存取它們。因此在「public:」區所宣告的的成員函式，是外界與類別的成員溝通的唯一媒介，一般將它們稱為物件的介面（Interface）。

2. **保護（protected）等級**：若在宣告的成員變數及定義成員函式之前加上「protected:」，則表示在此區的成員變數及成員函式是隱藏在該類別中，外界一樣無法直接以「物件 . 成員」的方式來存取，只有繼承的子類別才可以存取父類別在保護區的成員變數及成員函式。

3. 公有（**public**）等級：若在宣告的成員變數及定義成員函式之前加上「public:」，則表示在此區所宣告的成員變數及定義的成員函式，在該類別或其繼承的子類別所宣告的物件，皆可直接以「物件 . 成員」的方式來存取。

14-3 類別定義

一個類別型態從建立到運作的程序如下：

1. 首先定義一個類別名稱。
2. 宣告類別物件變數，並將它初始化為類別實例。
3. 使用類別物件變數，來存取物件中的成員變數或操作物件中的成員函式。

類別的定義框架，包含以下三個部分：

1. 類別名稱

以關鍵字「class」為前導，後面跟著「類別名稱」。類別名稱通常使用大寫英文字母開頭的駝峰式命名法（PascalCase），例如「Student」、「HeadPostoffice」等。類別名稱定義後，該類別名稱就成為一種新的資料型態。

2. 類別內容

在「{ }」中，定義該類別名稱所需要的成員，包括成員變數（member variable）及成員函式（member function），用來描述該類別的屬性和行為。成員變數是用來記錄該類別實例（即物件）的屬性值，而成員函式是用來存取物件中的成員變數或操作物件中的成員函式。類別的成員可以被設定為三種不同的存取層級：私有的（private）、公有的（public）或受保護的（protected），這可以用來限制類別成員被存取的範圍。私有的成員，僅限於該類別內部的程式碼存取，在類別外部是看不見這些私有的成員；公有的成員，可以被類別外部的任何程式碼存取；受保護的成員只能被該類別及其子類別中的程式碼存取。

3. 結束符號

以「;」做為類別定義的結束符號，用來表示該類別定義的結束。

類別的定義語法有下列兩種：

類別的定義語法（一）：

```
class 類別名稱 {    // 使用class關鍵字來定義類別名稱
    [private:]      // 存取修飾子，表示以下的類別成員為私有的
                    // 只能被類別內部的函數存取
                    // 宣告私有的成員變數（private member variable)
          …
                    // 定義私有的成員函數（private member function)
          …
    public:         // 存取修飾子，表示以下的類別成員為公有的
                    // 且可以在程式的任何地方被存取
                    // 宣告公有的成員變數（public member variable)
          …
                    // 定義公有的成員函數（public member function)
          …
    protected:      // 存取修飾子，表示以下的類別成員是受保護的
                    // 且可以被類別內部的函數及衍生類別的函數存取
                    // 宣告受保護的成員變數（protected member variable)
          …
                    // 定義受保護的成員函數（protected member function)
          …
} ;                 // 以分號結束類別定義
```

■ **定義說明**

- 關鍵字「class」是做為類別名稱定義之用。
- 類別名稱被定義後，它所佔的記憶體空間為：sizeof(類別名稱)。
- [private:]，表示「private:」可寫可不寫。無論是否省略「private:」，其下方的成員都代表類別的私有成員。
- 若類別欲擁有公有的成員，則在成員上方必須標示「public:」。若類別欲擁有受保護的成員，則在成員上方必須標示「protected:」
- 成員變數的宣告語法，請參考「2-2 常數與變數宣告」。
- 成員函數的定義語法，請參考「第十章 使用者自訂函式」。

類別的定義語法（二）：

```
class 類別名稱 {        // 使用class關鍵字來定義類別名稱
    [private:]          // 存取修飾子，表示以下的類別成員為私有的
                        // 只能被類別內部的函數存取
                        // 宣告私有的成員變數(private member variable)
                        …
                        // 宣告私有的成員函數 (private member function)
                        …
    public:             // 存取修飾子，表示以下的類別成員為公有的
                        // 且可以在程式的任何地方被存取
                        // 宣告公有的成員變數 (public member variable)
                        …
                        // 宣告公有的成員函數 (public member function)
                        …
    protected:          // 存取修飾子，表示以下的類別成員是受保護的
                        // 且可以被類別內部的函數及衍生類別的函數存取
                        // 宣告受保護的成員變數 (protected member variable)
                        …
                        // 宣告受保護的成員函數 (protected member function)
                        …
    } ;                 // 以分號結束類別定義

    // 定義私有的成員函數
    函式型態 類別名稱::私有的成員函式名稱( [參數型態  參數1 , …] )
     {
                        // 程式敘述;
     }
     …

    // 定義公有的成員函數
    函式型態 類別名稱::公有的成員函式名稱( [參數型態  參數1 , …] )
     {
                        // 程式敘述;
     }
     …

    // 定義受保護的成員函數
    函式型態 類別名稱::受保護成員函式名稱( [參數型態  參數1 , …] )
     {
                        // 程式敘述;
     }
     …
```

■ 定義說明

- 關鍵字 class 是做為類別名稱定義之用。
- [private:]，表示「private:」可寫可不寫。無論省略「private:」，其下方的成員都代表類別的私有成員。

- 若類別欲擁有公有的成員，則在成員上方必須標示「public:」。若類別欲擁有受保護的成員，則在成員上方必須標示「protected:」。
- 成員變數的宣告語法，請參考「2-2 常數與變數宣告」。
- 成員函數的宣告語法與定義語法，請參考「第十章 自訂函式」。
- 若成員函式定義是寫在類別定義的結構外，則必須在成員函式名稱前加上「類別名稱::」，以告知編譯器這個成員函式是屬於哪一個類別的。「::」被稱為「範圍解析運算子（scope resolution operator）」。

例：定義一個 Postoffice 類別，包含 3 個私有成員變數 id、name 及 savings，分別記錄帳戶編號、存戶姓名及存戶存款餘額。1 個公有成員變數 psavings，記錄郵局總存款。4 個公有成員函式 openaccount、deposit_and_withdraw、operate 及 look，分別用來處理開戶作業、存戶存提款作業、郵局總存款計算作業及存戶存款餘額查詢作業。

解：
```
class Postoffice
 {
   private:
      int id ;                // 帳戶編號
      string name ;           // 客戶姓名
      int savings ;           // 存款餘額

   public:
      static int psavings ; // 郵局總存款

      // 開戶作業
      int openaccount()
       {
          cout << "帳戶編號:" ;
          cin >> id ;
          cout << "客戶姓名:" ;
          cin >> name ;
          cout << "開戶金額:" ;
          cin >> savings ;
          psavings += savings ;
       }

      // 帳戶編號驗證
      bool checkid(int code)
       {
          if (id == code)
             return true ;
          else
             return false ;
       }
```

```
        // 存提款作業
        int deposit_and_withdraw()
         {
            cout << name <<" 先生 / 小姐您好 ,\n" ;
            cout << " 請輸入存提款金額 ( 負數表示提款 ):" ;
            int money ;
            cin >> money ;
            savings += money ;
            psavings += money ;
            cout << " 存提款後，存款餘額為 " << savings << endl ;
            return money;
         }

        // 客戶存款餘額查詢作業
        void look()
         {
            cout << name << " 先生 / 小姐，您的存款餘額為 "
                 << savings << endl ;
         }
  } ;
```

❖ 14-3-1 成員變數

類別的成員變數，其作用是記錄由該類別產生的物件之屬性。在成員變數之資料型態前，還可加上「const」或「static」修飾子。若加上「const」，則表示該成員變數不能被變更，是固定常數值。若加上「static」，則該成員變數被稱為靜態成員變數，在程式被載入時，會配置一塊固定的記憶體空間給它使用，以供日後該類別產生的所有物件共用該成員變數，且直到程式結束它才會消失。因靜態成員變數專屬於類別，故又被稱為「類別變數」，用來記錄同類別不同物件間共用的資訊，而一般的成員變數被稱為「物件變數」或「實例變數」，用來記錄同類別不同物件各自的屬性。

靜態成員變數的初始值設定，必須撰寫在該類別定義的外部之下，且在「main」函式之上。靜態成員變數的初始值設定語法如下：

```
資料型態　類別名稱::靜態成員變數=初始值 ;
```

❖ 14-3-2 成員函式

類別的成員函式，是用來存取該類別產生的物件之成員變數。在程式被載入時，會配置一塊固定的記憶體空間給成員函式使用，以供日後該類別產生的物件共用這個成員函式。因此，物件被建立時並不包含成員函式，且物件所佔的空間大小只有其成員變數所佔的空間的大小。成員函式的定義語法及多載語法，與使用者自訂函式的定義語法及多載語法之概念相同，請參考「10-1-1 函式定義」及「10-4 函式的多載」。

在成員函式的函式型態前，若加上「static」修飾子，則該成員函式被稱為「靜態成員函式」，否則被稱為「非靜態成員函式」。在類別的靜態成員變數及靜態成員函式，只能在靜態成員函式定義內被存取，而非靜態成員函式是不能存取靜態成員變數及靜態成員函式。

在類別定義的外部，存取類別的靜態成員變數及靜態成員函式之語法分別如下：

```
類別名稱::靜態成員變數
```

及

```
類別名稱::靜態成員函式
```

程式進行編譯時，編譯器對類別中的非靜態成員函式會產生型態為類別的隱性指標「this」，並將呼叫該成員函式的物件之記憶體位址傳給「this」。故在非靜態成員函中，可直接以「成員變數」來存取「物件的成員變數」，或透過「this-> 成員變數」來存取「物件的成員變數」。而靜態成員函式專屬於類別，編譯器並不會產生型態為類別的隱性指標「this」，故無法透過「this-> 成員變數」來存取「物件的成員變數」。

14-4 建構元

在物件導向程式設計中，用來初始化物件成員變數的類別成員函式，被稱為「建構元」（constructor）。建構元的名稱，必須與所屬類別的名稱相同。若在類別定義內沒有包含任何建構元，則程式編譯時會自動產生一個無參數的預設建構元，但其內部無任何程式敘述，即沒有做任何的事情。

在宣告物件時，預設建構元會被自動呼叫，以確保物件被正確初始化。在 C++ 中，若不想使用編譯器提供的預設建構元來建立類別物件，則可自訂一個預設建構元，並在其內部撰寫初始化物件成員變數的程式碼。若在類別定義中有包含自訂的預設建構元函式，且物件被建立時沒有傳入任何參數資料，則會自動呼叫自訂的預設建構元。

編譯時所產生的預設建構元之結構如下：

```
建構元名稱( )
{
    // 無任何程式敘述
}
```

除了無參數的建構元外，也可以定義包含參數的建構元，形成建構元的多載形式。建立物件同時，會根據所傳入的參數型態及參數個數，自動呼叫對應的建構元。

自訂建構元的定義語法如下：

```
建構元名稱( [參數型態  參數1 , …] )
{
    // 程式敘述
}
```

■ **語法說明**

- 建構元的名稱，必須與所屬類別的名稱相同。
- 建構元必須宣告在「public:」底下，是公有等級的類別成員函式。
- 建構元沒有回傳值，因此建構元名稱前不用加上資料型態，而且也不能有「void」，這一點與一般函式的定義語法不同，請特別留意。
- 建構元中的參數名稱之命名規則與變數相同。若建構元沒有宣告任何參數，則建構元被稱為自訂的預設建構元。
- 建構元宣告的參數之型態，可以是 int、float、double、char、bool、string 或 class 等型態。
- 「[ ]」，表示它內部（包含 [ ]）的資料是選擇性的，需要與否視情況而定。若建構元沒有宣告任何的參數，則「[參數型態 參數 1 , …]」可省略。

例：(承上例) 定義 Postoffice 類別的無參數預設建構元 Postoffice( ) ，作為成員變數 id，name 與 savings 的輸入 ，及計算郵局總存款之用。

解：
```
Postoffice( )
{
    cout << " 帳戶編號 :" ;
    cin >> id ;
    cout << " 客戶姓名 :" ;
    cin >> name ;
    cout << " 開戶金額 :" ;
    cin >> savings ;
    psavings += savings ;
}
```

14-5 物件宣告

真實生活中，只要是大量製造出來的產品，通常都是根據特定的模型（或模具）產生的。物件導向程式設計中的類別型態，類似生活中的模型。若要使特定類別型態有作用，則必須建立一個該類別型態的實例，而這個實例被稱為該類別型態的物件。因此，物件就是一種類別型態的變數。使用物件前必須宣告，宣告後便會建立一個類別物件。

物件的宣告語法如下：

```
類別名稱 物件名稱1 [ , 物件名稱2 , … ] ;
```

或

```
類別名稱 物件名稱1(參數1, 參數2, …) [ , 物件名稱2 (參數1, 參數2, … ) ,  … ] ;
```

■ **語法說明**

- 「類別名稱 物件名稱 1 (參數 1, 參數 2, …) [, 物件名稱 2 (參數 1, 參數 2, …) , …] ;」宣告語法，只能用在該類別內有定義包含參數的建構元時。
- 「[ ]」，表示它內部 (包含 [ ]) 的資料是選擇性的，需要與否視情況而定。若只宣告一個物件，則可省略。
- 宣告及建立物件後，就可使用物件去存取物件中的成員變數及成員函式。

例：(承上上例) 宣告一個名稱為 customer 的 Postoffice 類別物件。

解：Postoffice customer ;

【註】宣告 customer 物件之後，就可用公有成員函式去存取私有的成員變數「id」、「name」及「savings」，或直接去存取公有的靜態成員變數「psavings」。

物件宣告後，就能存取它的成員變數及成員函式。存取物件中的成員變數及成員函式，有下列三種語法：

一、在類別定義的外部，存取類別中公有的成員變數及成員函式的語法：

```
物件變數.成員變數名稱
```

或

```
物件變數.成員函式名稱( )
```

或

```
物件變數.成員函式名稱(實際參數串列)
```

或

```
物件指標變數->成員變數名稱
```

或

```
物件指標變數->成員函式名稱( )
```

或

```
物件指標變數->成員函式名稱(實際參數串列)
```

二、在類別定義的內部，存取類別中的成員變數及成員函式的語法：

```
成員變數名稱
```

或

```
成員函式名稱( )
```

或

```
成員函式名稱(實際參數串列)
```

或

```
this->成員變數名稱
```

或

```
this->成員函式名稱(實際參數串列)
```

或

```
this->成員函式名稱( )
```

三、在類別定義的外面，存取類別中私有的成員變數及成員函式的語法：

```
物件變數.公有的成員函式名稱( )
```

或

```
物件變數.公有的成員函式名稱(實際參數串列)
```

或

```
物件指標變數->公有的成員函式名稱( )
```

或

```
物件指標變數->公有的成員函式名稱(實際參數串列)
```

■ 範例 1

寫一程式，模擬一家郵局的存提款及查詢作業。建立一個物件代表一位客戶，並同時初始化他的基本資料。然後根據提示，進行存提款及查詢作業。在存提款作業結束後，輸出這家郵局的總存款。

```
#include <iostream>
#include <string>
using namespace std;
class Postoffice
 {
   private:
      int id ;                  // 帳戶編號
      string name ;             // 客戶姓名
      int savings ;             // 存款餘額

   public:
      static int psavings ;  // 郵局總存款

      // 開戶作業
      int openaccount()
       {
          cout << "帳戶編號:" ;
          cin >> id ;
          cout << "客戶姓名:" ;
          cin >> name ;
          cout << "開戶金額:" ;
          cin >> savings ;
          psavings += savings ;
       }

      // 帳戶編號驗證
      bool checkid(int code)
       {
          if (code == id)
            return true ;
          else
            return false ;
       }

       // 存提款作業
       int deposit_and_withdraw()
       {
          cout << name <<"先生/小姐您好,\n" ;
          cout << "請輸入存提款金額(負數表示提款):" ;
          int money ;
          cin >> money ;
          savings += money ;
          psavings += money ;
          cout << "存提款後，存款餘額為" << savings << endl ;
          return money;
       }

```

```
        // 客戶存款餘額查詢作業
        void look()
        {
           cout << name << "先生/小姐，您的存款餘額為"
                << savings << endl ;
        }
 } ;

// 設定郵局的初始總存款
int Postoffice::psavings = 0 ;

int main()
 {
   cout << "建立客戶基本資料\n" ;
   Postoffice customer;  // 建立customer物件
   customer.openaccount();  // 呼叫開戶作業函式

   int code ;       // 客戶帳號
   int deposit ;  // 存提款金額
   int choose ;   // 作業選項
   while (1)
    {
        cout << "1.存提款作業 2.查詢客戶存款餘額 0.結束:" ;
        cin >> choose ;
        if (choose == 0)
           break;
        switch(choose)
        {
           case 1:
             cout << "存提款作業\n" ;
             cout << "輸入帳戶編號:" ;
             cin >> code ;
             if (customer.checkid(code))  // 帳號驗證成功時
                deposit=customer.deposit_and_withdraw() ; //呼叫存提款函式
             else
                cout << "帳戶編號錯誤\n" ;
             break;
           case 2:
             cout << "客戶存款餘額查詢作業\n" ;
             cout << "輸入帳戶編號:" ;
             cin >> code ;
             if (customer.checkid(code))  // 帳號驗證成功時
                 customer.look() ;  // 呼叫客戶存款餘額查詢函式
             else
                 cout << "帳戶編號錯誤\n" ;
             break;
           default:
             cout << "輸入錯誤\n" ;
        }
    }
   cout << "郵局總存款為"
        << Postoffice::psavings << endl ;
```

```
100
101      return 0;
102    }
```

執行結果

建立客戶基本資料
帳戶編號 :516888
客戶姓名 : 邏輯林
開戶金額 :1000000
1. 存提款作業 2. 查詢客戶存款餘額 0. 結束 :1
存提款作業
輸入帳戶編號 :516888
邏輯林先生 / 小姐您好 ,
請輸入存提款金額 (負數表示提款):-20000
存提款後，存款餘額為 980000
1. 存提款作業 2. 查詢客戶存款餘額 0. 結束 :0
郵局總存款為 980000

程式解說

1. 程式第 7~9 列的成員變數「id」、「name」及「savings」為私有的，要存取它們只能呼叫公有的非靜態成員函式，例如：「openaccount」、「checkid」、「deposit_and_withdraw」及「look」。
2. 程式第 12 列的「psavings」是靜態成員變數，且出現在類別定義的外部時，要存取它則必須在其前面加上其所屬的類別名稱「Postoffice」及「::」（範圍運算子）。例如：程式第 57 及 99 列中的「postoffice::psavings」。
3. 程式第 57 列「int postoffice::psavings = 0 ;」是設定郵局的的初始總存款金額。「int postoffice::psavings =0 ;」撰寫的位置，必須在該「Postoffice」類別定義的外部之下且在「main」函式之上。

範例 2

寫一程式，模擬一家郵局的存提款及查詢作業。以呼叫自訂建構元的方式來建立一個物件代表一位客戶，並同時初始化他的基本資料。然後根據提示，進行存提款及查詢作業。在存提款作業結束後，輸出這家郵局的總存款。

```
#include <iostream>
#include <string>
using namespace std;
class Postoffice
 {
   private:
     int id ;                    // 帳戶編號
     string name ;               // 客戶姓名
     int savings ;               // 存款餘額

   public:
     static int psavings ; // 郵局總存款

     // 建構元Postoffice
     Postoffice()
      {
        cout << "帳戶編號:" ;
        cin >> id ;
        cout << "客戶姓名:" ;
        cin >> name ;
        cout << "開戶金額:" ;
        cin >> savings ;
        psavings += savings ;
      }

     // 帳戶編號驗證
     bool checkid(int code)
      {
        if (id == code)
            return true ;
        else
            return false ;
      }

     // 存提款作業及客戶存款餘額計算
     int deposit_and_withdraw()
      {
        cout << name <<"先生/小姐您好,\n" ;
        cout << "請輸入存提款金額(負數表示提款):" ;
        int money ;
        cin >> money ;
        savings += money ;
        psavings += money ;
        cout << "存提款後，存款餘額為" << savings << endl ;
        return money;
      }

     // 客戶存款餘額查詢作業
     void look()
      {
        cout << name << "先生/小姐，您的存款餘額為"
             << savings << endl ;
      }
```

```
 } ;

// 設定郵局的初始總存款
int Postoffice::psavings = 0 ;

int main()
 {
   cout << "建立客戶基本資料\n" ;
   Postoffice customer;  // 建立customer物件

   int code ;      // 客戶帳號
   int deposit ;  // 存(提)款金額
   int choose ;   // 作業選項
   while (1)
    {
      cout << "1.存提款作業 2.查詢客戶存款餘額  0.結束:" ;
      cin >> choose ;
      if (choose == 0)
         break;
      switch(choose)
       {
         case 1:
            cout << "存提款作業\n" ;
            cout << "輸入帳戶編號:" ;
            cin >> code ;
            if (customer.checkid(code))  // 帳號驗證成功時
               deposit=customer.deposit_and_withdraw() ; // 呼叫存提款函式
            else
               cout << "帳戶編號錯誤\n" ;
            break;
         case 2:
            cout << "客戶存款餘額查詢作業\n" ;
            cout << "輸入帳戶編號:" ;
            cin >> code ;
            if (customer.checkid(code))  // 帳號驗證成功時
               customer.look() ;  // 呼叫客戶存款餘額查詢函式
            else
               cout << "帳戶編號錯誤\n" ;
            break;
         default:
            cout << "輸入錯誤\n" ;
       }
    }
   cout << "郵局總存款為"
        << Postoffice::psavings << endl ;

   return 0;
 }
```

執行結果

參考「範例 1」的結果。

程式解說

在 Postoffice 類別中包含無參數的預設建構元「Postoffice( )」，故執行的程式第 62 列「Postoffice customer ;」時，建立類別物件 customer，會同時呼叫自訂的無參數建構元「Postoffice( )」，來設定 customer 物件的成員變數「id」、「name」及「savings」的初始值。

範例 3

寫一程式，模擬一家郵局的存提款及查詢作業。建立含有兩個元素的一維類別陣列代表兩位客戶，同時呼叫自訂建構元來初始化兩位客戶的基本資料。然後根據提示，進行存提款及查詢作業。在存提款作業結束後，輸出這家郵局的總存款。

```
#include <iostream>
#include <string>
using namespace std;
class Postoffice
 {
   private:
     int id ;                // 帳戶編號
     string name ;           // 客戶姓名
     int savings ;           // 存款餘額

   public:
     static int psavings ; // 郵局總存款

     // 定義無參數的預設建構元Postoffice
     Postoffice( )
      {
      }

      // 定義有參數的建構元Postoffice
     Postoffice(int i)
      {
        cout << "第" << (i+1) << "位客戶的" ;
        cout << "帳戶編號:" ;
        cin >> id ;
        cout << "客戶姓名:" ;
        cin >> name ;
        cout << "開戶金額:" ;
        cin >> savings ;
        psavings += savings ;
      }

     // 帳戶編號驗證
     bool checkid(int code)
      {
        if (id == code)
            return true ;
        else
            return false ;
```

```
      }

     // 存提款作業及客戶存款餘額計算
     int deposit_and_withdraw()
      {
        cout << name <<"先生/小姐您好,\n" ;
        cout << "請輸入存提款金額(負數表示提款):" ;
        int money ;
        cin >> money ;
        savings += money ;
        psavings += money ;
        cout << "存提款後，存款餘額為" << savings << endl ;
        return money;
      }

     // 客戶存款餘額查詢作業
     void look()
      {
        cout << name << "先生/小姐，您的存款餘額為"
             << savings << endl ;
      }
 } ;

// 設定郵局的初始總存款
int Postoffice::psavings = 0 ;

int main()
 {
    int i ;
    cout << "建立兩位客戶基本資料\n" ;

    // 宣告有2個元素的Postoffice類別陣列customer，同時呼叫
    // Postoffice建構元函式並分別傳入參數0及1來初始化陣列元素
    Postoffice customer[2] = { Postoffice(0), Postoffice(1) } ;

   int code ;      // 客戶帳號
   int deposit ;  // 存提款金額
   int choose ;   // 作業選項
   while (1)
    {
      cout << "1.存提款作業 2.查詢客戶存款餘額  0.結束:" ;
      cin >> choose ;
      if (choose == 0)
         break;
      switch(choose)
       {
         case 1:
            cout << "存提款作業\n" ;
            cout << "輸入帳戶編號:" ;
            cin >> code ;
            for (i = 0 ; i < 2 ; i++)
              if (customer[i].checkid(code))  // 帳號驗證成功時
                break;
```

```
          if (i < 2)  // 帳號驗證成功時，去呼叫存提款作業函式
            deposit=customer[i].deposit_and_withdraw() ;
          else
            cout << "帳戶編號錯誤\n" ;
          break;
        case 2:
          cout << "客戶存款餘額查詢作業\n" ;
          cout << "輸入帳戶編號:" ;
          cin >> code ;
          for (i = 0 ; i < 2 ; i++)
            if (customer[i].checkid(code)) // 帳號驗證成功時
              break;
          if (i < 2)  // 帳號驗證成功時
            customer[i].look() ; // 呼叫客戶存款餘額查詢函式
          else
            cout << "帳戶編號錯誤\n" ;
          break;
        default:
          cout << "輸入錯誤\n" ;
      }
   }
  cout << "郵局總存款為"
       << Postoffice::psavings << endl ;

  return 0;
}
```

執行結果

建立兩位客戶基本資料

第 1 位客戶的帳戶編號 : 516888

客戶姓名 : 邏輯林

開戶金額 :10000000

第 2 位客戶的帳戶編號 :168888

客戶姓名 : 哲學林

開戶金額 :20000000

1. 存提款作業 2. 查詢客戶存款餘額 0. 結束 :1

存提款作業

輸入帳戶編號 :168888

哲學林先生 / 小姐您好，

請輸入存提款金額 (負數表示提款):100000

存提款後，存款餘額為 10100000

1. 存提款作業 2. 查詢客戶存款餘額 0. 結束 :1

存提款作業

輸入帳戶編號 : 516888

邏輯林先生 / 小姐您好，

請輸入存提款金額 (負數表示提款):-100000
存提款後，存款餘額為 19900000
1. 存提款作業 2. 查詢客戶存款餘額 0. 結束 :0
郵局總存款為 30000000

程式解說

1. 若同時要建立多個物件時，則宣告陣列物件來處理最適合。
2. 若有宣告陣列物件時，則類別定義中必須包含無參數的預設建構元，否則會出現錯誤訊息：
   `[Error] no matching function for call to '類別名稱::類別名稱()'`。
3. 程式第 33~39 列，可改寫成下列程式碼：

```
bool checkid(int id)
 {
     if (this->id == id)
        return true ;
     else
        return false ;
 }
```

   這個成員函式 checkid 的參數「id」與類別 Postoffice 的成員變數「id」一樣。為了區別「id」是代表成員函式 checkid 的參數「id」，還是物件的成員變數「id」，使用「this->id」來代表物件的成員變數「id」，使用「id」來代表成員函式 checkid 的參數「id」。

4. 程式第 72 列「Postoffice customer[2] = { Postoffice(0), Postoffice(1) } ;」，可改寫成下列程式碼：

```
// 宣告有2個元素的Postoffice陣列物件customer
 Postoffice customer[2] ;

// 為每個customer[i]物件初始化
 for (i = 0 ; i < 2 ; i++)
  {
      // 呼叫Postoffice建構元並傳入參數「i」，來建立一個Postoffice物件
      // 並初始化物件的成員變數，然後將該物件複製給customer[i]
      customer[i] = Postoffice(i);
  }
```

範例 4

寫一程式，模擬一家郵局的存提款及查詢作業。建立含有兩個元素的一維類別陣列代表兩位客戶，同時呼叫自訂建構元來初始化兩位客戶的基本資料。然後根據提示，進行存提款及查詢作業。在存提款作業結束後，呼叫靜態成員函式來輸出代表這家郵局總存款的靜態成員變數。

```
#include <iostream>
#include <string>
using namespace std;
class Postoffice
 {
   private:
     int id ;               // 帳戶編號
     string name ;          // 客戶姓名
     int savings ;          // 存款餘額

   public:
     static int psavings ; // 郵局總存款

     // 定義無參數的預設建構元Postoffice
     Postoffice( )
      {
      }

      // 定義有參數的建構元Postoffice
      Postoffice(int i)
      {
        cout << "第" << (i+1) << "位客戶的" ;
        cout << "帳戶編號:" ;
        cin >> id ;
        cout << "客戶姓名:" ;
        cin >> name ;
        cout << "開戶金額:" ;
        cin >> savings ;
        psavings += savings ;
      }

     // 帳戶編號驗證
     bool checkid(int code)
      {
        if (id == code)
            return true ;
        else
            return false ;
      }

     // 存提款作業及客戶存款餘額計算
     int deposit_and_withdraw()
      {
        cout << name <<"先生/小姐您好,\n" ;
        cout << "請輸入存提款金額(負數表示提款):" ;
        int money ;
```

```
            cin >> money ;
            savings += money ;
            psavings += money ;
            cout << "存提款後，存款餘額為" << savings << endl ;
            return money;
          }

        // 客戶存款餘額查詢作業
        void look()
          {
            cout << name << "先生/小姐，您的存款餘額為"
                 << savings << endl ;
          }

        // 郵局總存款查詢作業
        void lookpostoffice()
          {
             cout << "郵局總存款為" << psavings << endl ;
          }
    } ;

 // 設定郵局的初始總存款
 int Postoffice::psavings = 0 ;

 int main()
  {
     int i ;
     cout << "建立兩位客戶基本資料\n" ;

     // 宣告有2個元素的Postoffice類別陣列customer，同時呼叫
     // Postoffice建構元並分別傳入參數0及1來初始化陣列元素
     Postoffice customer[2] = { Postoffice(0), Postoffice(1) } ;

    int code ;      // 客戶帳號
    int deposit ;  // 存提款金額
    int choose ;   // 作業選項
    while (1)
     {
       cout << "1.存提款作業 2.查詢客戶存款餘額  0.結束:" ;
       cin >> choose ;
       if (choose == 0)
          break;
       switch(choose)
        {
          case 1:
            cout << "存提款作業\n" ;
            cout << "輸入帳戶編號:" ;
            cin >> code ;
            for (i = 0 ; i < 2 ; i++)
              if (customer[i].checkid(code))  // 帳號驗證成功時
                 break;
            if (i < 2)  // 帳號驗證成功時，去呼叫存提款作業函式
               deposit=customer[i].deposit_and_withdraw() ;
```

```
100                 else
101                     cout << "帳戶編號錯誤\n" ;
102                 break;
103               case 2:
104                 cout << "客戶存款餘額查詢作業\n" ;
105                 cout << "輸入帳戶編號:" ;
106                 cin >> code ;
107                 for (i = 0 ; i < 2 ; i++)
108                   if (customer[i].checkid(code))  // 帳號驗證成功時
109                      break;
110                 if (i < 2)  // 帳號驗證成功時
111                    customer[i].look() ;  // 呼叫客戶存款餘額查詢函式
112                 else
113                    cout << "帳戶編號錯誤\n" ;
114                 break;
115               default:
116                   cout << "輸入錯誤\n" ;
117             }
118         }
119       Postoffice::lookpostoffice() ;
120
121       return 0;
122     }
```

執行結果

類似「範例3」。

程式解說

程式第 119 列「Postoffice::lookpostoffice() ;」，是呼叫 Postoffice 類別的靜態成員函式「lookpostoffice」來輸出郵局總存款。靜態成員變數 psavings 是用來記錄郵局總存款，只能出現在靜態成員函式「lookpostoffice」中。靜態成員函式「lookpostoffice」，呼叫時前面需加上「Postoffice::」。

14-6 解構元

在物件導向程式設計中，用來釋放物件所佔據的記憶體空間的類別成員函式，被稱為「解構元」(Denstructor)。解構元與建構元的使用時機剛好相反，當物件不再需要時，解構元會自動被呼叫來釋放物件所佔用的記憶體空間。在類別定義中，若沒有包含建構元，則程式編譯時會自動產生一個預設解構元。

解構元的定義語法如下：

```
~解構元名稱( )
{
   // 程式敘述
}
```

■ 語法說明

- 解構元名的名稱，必須與所屬類別的名稱相同，且在解構元名稱前面還須加上「~」符號。
- 解構元必須宣告在「public:」底下，是公有等級的類別成員函式。
- 解構元沒有回傳值，因此解構元名稱前面不能有資料型態，而且也不能有「void」，這一點與一般函式的定義寫法不同，請特別留意。
- 一個類別最多只能定義一個解構元。若無定義解構元，則釋放物件時，會自動呼叫預設解構元。

在 C++ 中，不論類別中是否有定義解構元，當物件不再需要或程式結束時，都會自動呼叫該物件的解構元，來釋放該物件所佔用的記憶體空間並歸還給系統。然而，利用「new」運算子指令所配置的物件動態記憶體空間，並不會自動歸還給系統，必須下達「delete」運算子指令，從而呼叫該物件的解構元，來釋放物件所佔用的動態記憶體空間。

範例 5

寫一程式，模擬一家郵局的存提款及查詢作業。建立含有兩個元素的一維類別陣列代表兩位客戶，同時呼叫自訂建構元來初始化兩位客戶的基本資料。然後根據提示，進行存提款及查詢作業。在存提款作業結束後，呼叫靜態成員函式來輸出代表這家郵局總存款的靜態成員變數。在程式結束後，呼叫解構元函式將兩個類別物件所佔用的記憶體空間釋放並歸還給系統。

```
#include <iostream>
#include <string>
using namespace std;
class Postoffice
 {
   private:
     int id ;                 // 帳戶編號
     string name ;            // 客戶姓名
     int savings ;            // 存款餘額

   public:
     static int psavings ; // 郵局總存款

     // 定義無參數的預設建構元Postoffice
     Postoffice( )
```

```
        {
        }

       // 定義有參數的建構元Postoffice
       Postoffice(int i)
        {
          cout << "第" << (i+1) << "位客戶的" ;
          cout << "帳戶編號:" ;
          cin >> id ;
          cout << "客戶姓名:" ;
          cin >> name ;
          cout << "開戶金額:" ;
          cin >> savings ;
          psavings += savings ;
        }

       // 帳戶編號驗證
       bool checkid(int code)
        {
          if (id == code)
             return true ;
          else
             return false ;
        }

       // 存提款作業及客戶存款餘額計算
       int deposit_and_withdraw()
        {
          cout << name <<"先生/小姐您好,\n" ;
          cout << "請輸入存提款金額(負數表示提款):" ;
          int money ;
          cin >> money ;
          savings += money ;
          psavings += money ;
          cout << "存提款後，存款餘額為" << savings << endl ;
          return money;
        }

       // 客戶存款餘額查詢作業
       void look()
        {
          cout << name << "先生/小姐，您的存款餘額為"
                << savings << endl ;
        }

       // 郵局總存款查詢作業
       void static lookpostoffice()
        {
           cout << "郵局總存款為" << psavings << endl ;
        }

     ~Postoffice( )
        {
          cout << "動態產生的物件" << this->id << "之記憶體空間，"
```

```
              << "已被釋放並歸還給系統" << endl ;
         }
    } ;

  // 設定郵局的初始總存款
  int Postoffice::psavings = 0 ;

  int main()
   {
      int i ;
      cout << "建立兩位客戶基本資料\n" ;

      // 宣告有2個元素的Postoffice類別陣列customer，同時呼叫
      // Postoffice建構元並分別傳入參數0及1來初始化陣列元素
      Postoffice customer[2] = { Postoffice(0), Postoffice(1) } ;

      int code ;        // 客戶帳號
      int deposit ;     // 存提款金額
      int choose ;      // 作業選項
      while (1)
       {
         cout << "1.存提款作業 2.查詢客戶存款餘額 0.結束:" ;
         cin >> choose ;
         if (choose == 0)
             break;
         switch (choose)
          {
            case 1:
               cout << "存提款作業\n" ;
               cout << "輸入帳戶編號:" ;
               cin >> code ;
               for (i = 0 ; i < 2 ; i++)
                 if (customer[i].checkid(code))  // 帳號驗證成功時
                   break;
               if (i < 2)  // 帳號驗證成功時，去呼叫存提款作業函式
                  deposit=customer[i].deposit_and_withdraw() ;
               else
                 cout << "帳戶編號錯誤\n" ;
               break;
            case 2:
               cout << "客戶存款餘額查詢作業\n" ;
               cout << "輸入帳戶編號:" ;
               cin >> code ;
               for (i = 0 ; i < 2 ; i++)
                 if (customer[i].checkid(code))  // 帳號驗證成功時
                   break;
               if (i < 2)  // 帳號驗證成功時
                 customer[i].look() ;  // 呼叫客戶存款餘額查詢函式
               else
                   cout << "帳戶編號錯誤\n" ;
               break;
            default:
               cout << "輸入錯誤\n" ;
          }
       }
```

```
125        Postoffice::lookpostoffice() ;  // 呼叫郵局總存款查詢函式
126
127        return 0;
128    }
```

執行結果

建立兩位客戶基本資料
第 1 位客戶的帳戶編號 : 516888
客戶姓名 : 邏輯林
開戶金額 :10000000
第 2 位客戶的帳戶編號 :168888
客戶姓名 : 哲學林
開戶金額 :20000000
1. 存提款作業 2. 查詢客戶存款餘額　0. 結束 :0
郵局總存款為 30000000
動態產生的物件 168888 之記憶體空間，已被釋放並歸還給系統
動態產生的物件 5168888 之記憶體空間，已被釋放並歸還給系統

程式解說

當程式結束時，會呼叫第 67 列「~Postoffice( )」解構元函式，將類別物件 customer[0] 及 customer[1] 所佔用的記憶體空間釋放並歸還給系統。

範例 6

寫一程式，模擬一家郵局的存提款及查詢作業。建立含有兩個元素的一維類別陣列代表兩位客戶，同時呼叫自訂建構元來初始化兩位客戶的基本資料。然後根據提示，進行存提款及查詢作業。在存提款作業結束後，呼叫靜態成員函式來輸出代表這家郵局總存款的靜態成員變數。在程式結束後，呼叫解構元函式將兩個類別物件所佔用的記憶體空間釋放並歸還給系統。（題目與範例 5 相同，但建立含有兩個元素的一維類別陣列的做法不同）

```
#include <iostream>
#include <string>
using namespace std;
class Postoffice
 {
   private:
     int id ;                // 帳戶編號
     string name ;           // 客戶姓名
     int savings ;           // 存款餘額

   public:
     static int psavings ; // 郵局總存款
```

```

    // 定義無參數的預設建構元Postoffice
    Postoffice( )
     {
     }

    // 定義有參數的建構元Postoffice
    Postoffice(int i)
     {
       cout << "第" << (i+1) << "位客戶的" ;
       cout << "帳戶編號:" ;
       cin >> id ;
       cout << "客戶姓名:" ;
       cin >> name ;
       cout << "開戶金額:" ;
       cin >> savings ;
       psavings += savings ;
     }

    // 帳戶編號驗證
    bool checkid(int code)
     {
       if (id == code)
          return true ;
       else
          return false ;
     }

    // 存提款作業及客戶存款餘額計算
    int deposit_and_withdraw()
     {
       cout << name <<"先生/小姐您好,\n" ;
       cout << "請輸入存提款金額(負數表示提款):" ;
       int money ;
       cin >> money ;
       savings += money ;
       psavings += money ;
       cout << "存提款後，存款餘額為" << savings << endl ;
       return money;
     }

    // 客戶存款餘額查詢作業
    void look()
     {
       cout << name << "先生/小姐，您的存款餘額為"
             << savings << endl ;
     }

    // 郵局總存款查詢作業
    void static lookpostoffice()
     {
        cout << "郵局總存款為" << psavings << endl ;
     }

```

```
        ~Postoffice( )
         {
           cout << "動態產生的物件" << this->id << "之記憶體空間，"
                << "已被釋放並歸還給系統" << endl ;
         }
    } ;

   // 設定郵局的初始總存款
   int Postoffice::psavings = 0 ;

   int main()
    {
       int i ;
       cout << "建立兩位客戶基本資料\n" ;
       Postoffice *customer[2];  // 宣告包含2個元數的類別指標陣列變數
       for (int i = 0; i < 2; i++)
           customer[i] = new Postoffice(i);  // 產生 customer[i]的物件實例

       int code ;      // 客戶帳號
       int deposit ;   // 存提款金額
       int choose ;    // 作業選項
       while (1)
        {
           cout << "1.存提款作業 2.查詢客戶存款餘額 0.結束:" ;
           cin >> choose ;
           if (choose == 0)
               break;
           switch (choose)
            {
              case 1:
                 cout << "存提款作業\n" ;
                 cout << "輸入帳戶編號:" ;
                 cin >> code ;
                 for (i = 0 ; i < 2 ; i++)
                    if (customer[i].checkid(code))  // 帳號驗證成功時
                        break;
                 if (i < 2)  // 帳號驗證成功時，去呼叫存提款作業函式
                    deposit=customer[i].deposit_and_withdraw() ;
                 else
                    cout << "帳戶編號錯誤\n" ;
                 break;
              case 2:
                 cout << "客戶存款餘額查詢作業\n" ;
                 cout << "輸入帳戶編號:" ;
                 cin >> code ;
                 for (i = 0 ; i < 2 ; i++)
                     if (customer[i].checkid(code))  // 帳號驗證成功時
                         break;
                 if (i < 2)  // 帳號驗證成功時
                     customer[i].look() ;  // 呼叫客戶存款餘額查詢函式
                 else
                     cout << "帳戶編號錯誤\n" ;
                 break;
              default:
```

```
121                 cout << "輸入錯誤\n" ;
122             }
123         }
124       Postoffice::lookpostoffice() ;  // 呼叫郵局總存款查詢函式
125
126   // 釋放一維物件陣列customer所占用的記憶體
127   for (i=1 ; i >= 0 ; i--)
128     {
129        delete customer[i];
130        customer[i] = NULL;
131     }
132
133       return 0;
134   }
```

執行結果

類似「範例 5」。

程式解說

範例 5 第 84 列「Postoffice customer[2] = { Postoffice(0), Postoffice(1) } ; 」，若改成宣告 100 個類別物件，則「{ }」中需填入 customer[0]、customer[1]、…、customer[99]，這樣的表示方式，不符合程式設計的精神。因此，將它改成

範例 6 第 81~83 列的寫法：

```
Postoffice *customer[2];  // 宣告包含2個元數的類別指標陣列變數
for (int i = 0; i < 2; i++)
    customer[i] = new Postoffice(i); // 產生 customer[i]的物件實例
```

並在第 127~131 列加入以下程式碼，來釋放一維物件陣列 customer 所占用的記憶體。

```
for (i=1 ; i >= 0 ; i--)
 {
    delete customer[i];
    customer[i] = NULL;
 }
```

14-7 朋友函式

私有的成員變數及成員函式被封裝並隱藏在類別定義內，在類別定義的外部要存取它們時，除了可藉由物件去呼叫類別內的公有成員函式來處理外，也藉助於朋友函式（friend function）。雖然朋友函式可以存取類別的私有成員變數或成員函式，但它不是類別的成員函式，請勿大量使用，否則就失去物件導向所具有的封裝意義。

朋友函式的定義語法如下：

```
friend 函式型態 函式名稱(類別名稱 &obj [ ,參數型態1 參數1 ,…])
{
    // 程式敘述
}
```

■ **語法說明**

- 朋友函式可以撰寫在類別定義內的任何地方，定義完成後該朋友函式為全域函式，可在程式的任何地方被呼叫，以存取該類別的私有成員變數或成員函式。
- 在朋友函式的參數型態中，必須有一個為類別物件，做為存取該類別的私有成員變數或成員函式之管道。其他的參數型態則可以是整數、浮點數、布林、字元、字串或類別。
- 「[ ]」，表示它內部（包含[ ]）的資料是選擇性的，需要與否視情況而定。若無任何參數，則可省略。

範例 7

寫一程式，模擬一家郵局的存提款及查詢作業。建立一個物件代表一位客戶，並同時初始化他的基本資料。然後根據提示，進行存提款及查詢作業。在存提款作業結束後，輸出這家郵局的總存款。（提示：查詢客戶存款餘額的成員函式為朋友函式）

```
#include <iostream>
#include <string>
using namespace std;
class Postoffice
 {
   private:
     int id ;          // 帳戶編號
     string name ;    // 客戶姓名
     int savings ;    // 存款餘額

   public:
     static int psavings ;  // 郵局總存款

     // 開戶作業
     int openaccount()
      {
        cout << "帳戶編號:" ;
        cin >> id ;
        cout << "客戶姓名:" ;
        cin >> name ;
        cout << "開戶金額:" ;
        cin >> savings ;
        psavings += savings ;
      }
```

```
        // 帳戶編號驗證
        bool checkid(int code)
         {
           if (code == id)
               return true ;
           else
               return false ;
         }

        // 存提款作業
        int deposit_and_withdraw()
         {
           cout << name <<"先生/小姐您好,\n" ;
           cout << "請輸入存提款金額(負數表示提款):" ;
           int money ;
           cin >> money ;
           savings += money ;
           psavings += money ;
           cout << "存提款後，存款餘額為" << savings << endl ;
           return money;
         }

        // 客戶存款餘額查詢作業
        friend void look(Postoffice &obj)
         {
            cout << obj.name << "先生/小姐，您的存款餘額為"
                 << obj.savings << endl ;
         }
    } ;

  // 設定郵局的初始總存款
  int Postoffice::psavings = 0 ;

  int main()
   {
     cout << "建立客戶基本資料\n" ;
     Postoffice customer;  // 建立customer物件
     customer.openaccount();  // 呼叫開戶作業函式

     int code ;       // 客戶帳號
     int deposit ;  // 存提款金額
     int choose ;   // 作業選項
     while (1)
      {
        cout << "1.存提款作業 2.查詢客戶存款餘額 0.結束:" ;
        cin >> choose ;
        if (choose == 0)
            break;
        switch(choose)
         {
           case 1:
               cout << "存提款作業\n" ;
```

```
78                 cout << "輸入帳戶編號:" ;
79                 cin >> code ;
80                 if (customer.checkid(code))  // 帳號驗證成功時
81                    deposit=customer.deposit_and_withdraw() ; //呼叫存提款函式
82                 else
83                    cout << "帳戶編號錯誤\n" ;
84                 break;
85              case 2:
86                 cout << "客戶存款餘額查詢作業\n" ;
87                 cout << "輸入帳戶編號:" ;
88                 cin >> code ;
89                 if (customer.checkid(code))  // 帳號驗證成功時
90                     look(customer) ;  // 呼叫朋友函式查詢客戶存款餘額
91                 else
92                     cout << "帳戶編號錯誤\n" ;
93                 break;
94              default:
95                 cout << "輸入錯誤\n" ;
96            }
97         }
98      cout << "郵局總存款為"
99           << Postoffice::psavings << endl ;
100
101     return 0;
102  }
```

執行結果

參考「範例 1」的結果

程式解說

程式第 7~9 列的成員變數「id」、「name」及「savings」為私有的，要存取它們可以藉由呼叫公有的非靜態成員函式「openaccount」、「checkid」及「deposit_and_withdraw」，或朋友函式「look」。

自我練習

一、選擇題

1. 定義類別的關鍵字是哪一個？
   (A) const (B) void (C) class (D) struct
2. 建構元是哪一種成員函式？
   (A) 私有的 (B) 公有的 (C) 被保護的 (D) 以上皆非
3. 在類別外，需使用哪一種函式才能存取類別的私有成員變數及私有成員函式？
   (A) 私有的成員函式 (B) 公有的成員函式 (C) 被保護的成員函式 (D) 建構元
4. 下列哪一個不是類別的成員？
   (A) 成員變數 (B) 成員函式 (C) 朋友函式 (D) 建構元
5. 出現在類別定義內的成員函式中之 this，它代表甚麼？
   (A) 成員變數 (B) 成員函式 (C) 物件變數 (D) 類別變數

二、問答題

1. 在 C++ 的類別定義中，成員變數被分成哪幾種不同的存取等級？
2. 在下面 test 類別定義中，哪裡出錯了？

```
class test
{
  private :
      int grade ;
  public :
      string code ;
}
```

3. 靜態成員變數的作用為何？
4. 在下面 Bank 類別定義中，哪裡出錯了？

```
class Bank
{
  private:
      int savings ; // 個人的總存款
  public:
      string name ;
      static int psavings ;

      static void operate( )
      {
         psavings += savings ;
      }
} ;
```

5. 建構元的作用為何？
6. 建構元與解構元在什麼狀況下會自動被呼叫？

三、實作題

1. 設計一個類別名稱 student，它所包含的成員變數及成員函式如下：name、birth、sex、tel 及 grade 為成員變數，它們的意義分別為學生姓名、出生日期、性別、電話及成績。其中 birth、tel 及 grade 為私有的成員變數，name 及 sex 為公有的成員變數。name、birth 及、tel 的資料型態均為字串，sex 的資料型態為字元，grade 的資料型態為整數。

   set_student( )、record_grade( ) 及 lookup_grade( ) 均為公有的成員函式，它們的意義分別為學生基本資料填寫作業、成績登錄作業及成績查詢作業。

   set_student( ) 為無回傳值的無參數成員函式；record_grade( ) 為無回傳值的無參數成員函式；lookup_grade( ) 為傳回整數值的無參數成員函式。

   寫一程式，定義類別名稱 student 及宣告一個資料型態為 student 的物件 code。輸入物件 code 的成員變數 name、birth、sex 及 tel 的內容，然後輸入物件 code 的成績及查詢物件 code 的成績。

2. （承上題）在類別名稱 student 的私有區中，刪除 grade 成員變數，增加 normal_grade、midterm_grade 及 final_grade 三個成員變數，其意義分別為平時成績、期中成績及期末成績。在類別名稱 student 的公有區中，增加建構元 student( )，設定學生的平時、期中及期末成績之初始值為 0。將成績登錄作業的成員函式 record_grade( )，修改成登錄平時、期中及期末成績。將成績查詢作業的成員函式 lookup_grade( )，修改成無回傳值的函式且可選擇查詢平時、期中、期末或總成績。寫一程式，宣告一個資料型態為 student 的物件 code。輸入物件 code 的成員變數 name、birth、sex 及 tel 的內容，然後輸入物件 code 的成績及查詢物件 code 的成績。

3. 寫一程式，定義一類別名稱 circle。radius 及 pi 是它的公有成員變數，其意義分別為圓形的半徑及圓周率（為常數 3.14）；area() 及 length() 是它的公有成員函式，其意義分別為計算圓形的面積及圓形的周長。宣告一個資料型態為 circle 的物件 mycircle 及輸入 mycircle 的成員變數 radius 的值，輸出 mycircle 的面積及周長。

Chapter

15 運算子的多載

在生活中，有些識別符號，在不同的狀況下具有不同的意義或作用。以「+」（加號）為例，若其作用在數字上，則其意義為兩數相加；若其作用在化學物上，則其意義為混合兩化學物。在 C++ 物件導向程式設計中，也可以重新定義運算符號，使其對不同的運算元有不同的作用。

15-1 運算子的多載

在 C++ 中，由於類別物件的成員變數至少兩個（含）以上。因此，大部份的運算子是不能用於類別物件處理上，除非重新定義這些運算子並以類別物件為運算元。在「表 2-11」中的運算子，除了「::」、「.」、「? :」及「sizeof」運算子外，其他皆可重新被定義。

一個運算子為了處理不同的運算元，重新定義它的用法，被稱為運算子的多載。運算子被重新定義後，其使用原則如下：

1. 重新被定義的運算子，其優先權與原本運算子相同。
2. 若原本運算子為一元運算子，則重新被定義的運算子只能為一元運算子……，以此類推。
3. 運算子重新定義後，使用的方式與未重新定義之前相同，只差在作用的運算元不同。以「+」運算子為例，「a+b」在「+」未重新定義之前，表示兩個數字相加；在「+」重新定義之後，可用來表示兩個物件的成員變數相加或其他功能。
4. 運算子的多載無法應用在內建的資料型態上。以「-」（負號）為例，無法重新定義運算子在數值型態的資料上。

15-2 定義一元運算子「-」的多載

在類別物件上，重新定義一個一元運算子「-」的語法如下：

```
類別名稱  operator-( )
{
    // 重新定義「-」運算子的功能
}
```

■ 語法說明

- 關鍵字「operator」是做為運算子重新定義之用。
- 關鍵字「operator」後的「-」為重新定義的運算子。

■ 範例 1

重新定義「-」（負號）運算子的多載，來計算 A 矩陣的副矩陣（-A）：

```
#include <iostream>
using namespace std ;
class Matrix
 {
  public:
    int row,column;
    int **element ;

    Matrix(int m, int n)
     {
       row=m ;
       column=n ;

       // 配置mxn的二維陣列element之動態記憶體
       element = new int *[m];
       int i, j;
       for (i=0 ; i<m ; i++)
           element[i] = new int [n];
     }

    // 定義矩陣的「-」(負號)前置運算子的多載
    Matrix operator-( )
     {
       Matrix temp(row, column);
       int i,j;
       for (i=0 ; i<row ; i++)
          for (j=0 ; j<column ; j++)
              temp.element[i][j] = -(this->element[i][j]);
       return temp ;
     }
 } ;

int main()
 {
  int i, j, row, column;
  cout << "重新定義「-」(負號)運算子的多載，求A矩陣的副矩陣(-A):\n" ;
  cout << "輸入矩陣A的列數(row):" ;
  cin >> row ;
  cout << "輸入矩陣A的行數(column):" ;
  cin >> column ;
  Matrix a(row, column), b(row, column);
  cout << "輸入一" << row << 'x' << column << "矩陣A" << endl ;
  for (i=0 ; i<row ; i++)
```

```
44        for (j=0 ; j<column ; j++)
45         {
46           cout << "A["<< i << "][" << j << "]=" ;
47           cin >> a.element[i][j] ;
48         }
49      b = -a ;
50      cout << "矩陣A的負矩陣(-A):\n" ;
51      for (i=0 ; i<row ; i++)
52       {
53         for (j=0 ; j<column ; j++)
54             cout << b.element[i][j] << '\t' ;
55         cout << endl ;
56       }
57
58      return 0;
59    }
```

執行結果

```
重新定義「-」(負號)運算子的多載，求 A 矩陣的副矩陣 (-A):
輸入矩陣 A 的列數 (row):2
輸入矩陣 A 的行數 (column):3
輸入一 2x3 矩陣 A
A[0][0]=1
A[0][1]=2
A[0][2]=3
A[1][0]=4
A[1][1]=5
A[1][2]=6
矩陣 A 的負矩陣 (-A):
  -1    -2    -3
  -4    -5    -6
```

程式解說

1. 程式第 28 列中的「this」，代表「-」（負號）運算子後面的物件「a」。
2. 當執行到程式第 49 列「b = -a ;」時，會呼叫「Matrix」類別中的「-」（負號）運算子之新定義用法，並將結果回傳給物件「b」。

15-3 定義一元運算子「++」的多載

在類別物件上，重新定義一個一元運算子「++」的語法如下：

```
類別名稱  operator++([int])
{
    // 重新定義遞增運算子「++」的功能
}
```

■ 語法說明

「[ ]」，表示它內部（包含 [ ]）的資料是選擇性的，需要與否視情況而定。若省略「[int]」，則是定義前置運算子「++」，否則是定義後置運算子「++」。

範例 2

重新定義「++」（遞增）後置運算子的多載，使其能應用在矩陣遞增上。

```
#include <iostream>
using namespace std ;
class Matrix
 {
    public:
    int row,column;
    int **element ;
    Matrix(int m,int n)
     {
       row=m ;
       column=n ;

       // 配置mxn的二維陣列element之動態記憶體
       element = new int *[m];
       int i;
       for (i=0 ; i<m ; i++)
         element[i] = new int [n];
     }

    // 定義矩陣的「++」(遞增)後置運算子的多載
    Matrix operator++(int)
     {
       Matrix temp(row,column); // 備分後置++運算子執行前的物件內容
       for (int i = 0; i < row; i++)
         for (int j = 0; j < column; j++)
          {
             temp.element[i][j]  = this->element[i][j] ;
             this->element[i][j] = this->element[i][j]+1 ;
          }
       return temp; // 回傳後置++運算子執行前的物件內容
     }
 } ;
```

```
int main()
 {
   int i,j,row,column;
   cout << "重新定義「++」後置運算子多載，使其能應用在矩陣遞增上\n" ;
   cout << "輸入矩陣a的列數(row):" ;
   cin >> row ;
   cout << "輸入矩陣a的行數(column):" ;
   cin >> column ;
   Matrix a(row, column), b(row, column);
   cout << "輸入一" << row << 'x' << column << "矩陣a" << endl ;
   for (i=0 ; i<row ; i++)
     for (j=0 ; j<column ; j++)
      {
         cout << "a["<< i << "][" << j << "]=" ;
         cin >> a.element[i][j] ;
      }
   cout << "執行「b = a++ ;」的順序，是先執行「b = a ;」，"
        << "然後執行「a++ ;」\n" ;
   b=a++;  // 先執行b = a ;，然後再執行 a++ ;
   cout << "矩陣b的內容為:\n" ;
   for (i=0 ; i<row ; i++)
    {
       for (j=0 ; j<column ; j++)
        {
          cout << "b["<< i << "][" << j << "]=" ;
          cout << b.element[i][j] << "\t";
        }
       cout << endl ;
    }

   cout << "矩陣a的內容為:\n" ;
   for (i-0 ; i<row ; i++)
    {
       for (j=0 ; j<column ; j++)
        {
          cout << "a["<< i << "][" << j << "]=" ;
          cout << a.element[i][j] << "\t";
        }
       cout << endl ;
    }

   return 0;
 }
```

執行結果

重新定義「++」後置運算子多載，使其能應用在矩陣遞增上

輸入矩陣 a 的列數 (row):2

輸入矩陣 a 的行數 (column):2

輸入一 2x2 矩陣 a

a[0][0]=1
a[0][1]=2
a[1][0]=3
a[1][1]=4
執行「b = a++ ;」的順序，是先執行「b = a ;」，然後執行「a++ ;」
矩陣 b 的內容為：
b[0][0]=1　　b[0][1]=2
b[1][0]=3　　b[1][1]=4
a 的內容為：
a[0][0]=2　　a[0][1]=3
a[1][0]=4　　a[1][1]=5

程式解說

1. 在程式第 21 列重新定義「++」（遞增）後置運算子。其中資料型態「int」是沒有作用的，其目的是說明「++」為後置運算子。
2. 程式第 27 及 28 列中的「this」，代表「++」後置運算子前面的物件「a」。
3. 執行到程式第 52 列「b = a++ ;」時，會呼叫「Matrix」類別中的「++」後置運算子之新定義用法，並將結果回傳給物件「b」。
4. 「--」（遞減）後置運算子的多載，也可依這樣的方式重新定義，去處理矩陣遞減問題。

其他一元運算子的多載練習，請參考「自我練習」。

15-4 定義二元運算子的多載

在類別物件上，重新定義一個二元運算子的語法如下：

```
資料型態operator運算子符號(類別名稱　參數)
{
        // 重新定義運算子的功能
}
```

■ **語法說明**

- 關鍵字「operator」是做為運算子重新定義之用。
- 關鍵字「operator」後的「運算子符號」為重新定義的運算子。

- 資料型態可以是 int、char、float、string、或 class 資料型態。若無回傳值，則資料型態為 void。
- 「( )」內的參數代表運算子後面的物件運算元，而代表運算子前面的物件運算元，則是使用「this」來表示。以「a + b」為例，「( )」內的參數代表 b，而在定義中使用的「this」代表「a」。

下列分別以二元運算子中的「+」（加號）及「*」（乘號）運算子為例，重新定義它們的作用後，可用於類別物件處理上。其他二元運算子的多載練習，請參考「自我練習」。

■ 範例 3

重新定義「+」（加號）運算子的多載，使其能應用在矩陣加法上。

```
#include <iostream>
using namespace std ;
class Matrix
 {
  public:
    int row,column;
    int **element ;
    Matrix(int m,int n)
     {
        row=m ;
        column=n ;

        // 動態配置mxn的二維陣列element之記憶體
        element = new int *[m];
        int i;
        for (i=0 ; i<m ; i++)
           element[i] = new int [n];
     }

    Matrix(char name,int m,int n)
     {
        row=m ;
        column=n ;

        // 動態配置mxn的二維陣列element之記憶體
        element = new int *[m];
        int i, j ;
        for (i=0 ; i<m ; i++)
           element[i] = new int [n];

        cout << "輸入一" << m << 'x' << n << "矩陣" << name << endl ;
        for (i=0;i<m;i++)
          for (j=0;j<n;j++)
           {
             cout << name <<'['<< i << "]["
```

```
                        << j << "]=" ;
                    cin >> element[i][j] ;
                }
            }

        // 定義矩陣的「+」(加號)運算子的多載
        Matrix operator+(Matrix x)
        {
            int i,j,k;
            Matrix temp(this->row,this->column) ;
            for (i=0;i<this->row;i++)
              for (j=0;j<this->column;j++)
                 temp.element[i][j]= this->element[i][j] + x.element[i][j] ;

            return temp ;
        }
    } ;

int main()
 {
    int i,j,row,column;
    cout << "重新定義「+」(加號)運算子多載，使其能應用在矩陣加法上\n" ;
    cout << "輸入矩陣A及B的列數(row):" ;
    cin >> row ;
    cout << "輸入矩陣A及B的行數(column):" ;
    cin >> column  ;
    Matrix a('A',row,column) ;
    Matrix b('B',row,column) ;
    Matrix c(row,column) ;

    c=a+b ;  // 矩陣A + 矩陣B

    cout << "矩陣A + 矩陣B = \n" ;
    for (i=0;i<row;i++)
     {
       for (j=0;j<column;j++)
          cout << c.element[i][j]<< '\t' ;
       cout << endl ;
     }

    return 0;
 }
```

執行結果

重新定義「+」(加號) 運算子多載，使其能應用在矩陣加法上

輸入矩陣 A 及 B 的列數 (row):2

輸入矩陣 A 及 B 的行數 (column):3

輸入一 2x3 矩陣 A

A[0][0]=1

A[0][1]=2

A[0][2]=3
A[1][0]=4
A[1][1]=5
A[1][2]=6
輸入一 2x3 矩陣 B
B[0][0]=0
B[0][1]=1
B[0][2]=2
B[1][0]=3
B[1][1]=4
B[1][2]=5
矩陣 A + 矩陣 B =
1 3 5
7 9 11

程式解說

1. 程式第 42 列重新定義「+」（加號）運算子，使「+」可以處理矩陣相加的問題。
2. 以「a+b」為例，在程式第 48 列中的參數 x，代表「+」運算子後面的物件「b」在程式第 45、46、47 及 48 列中的「this」，代表「+」運算子前面的物件「a」。
3. 執行到程式第 66 列「c=a+b;」時，會呼叫「Matrix」類別中的「+」運算子，並將結果回傳給型態為「Matrix」的物件「c」。
4. 「-」（減號）運算子的多載，也可依這樣的方式重新定義，去處理矩陣減法問題。

範例 4

重新定義「*」（乘號）運算子的多載，使其能應用在矩陣乘法上。

```
#include <iostream>
using namespace std ;
class Matrix
 {
   public:
     int row,column;
     int **element ;
     Matrix(int m,int n)
      {
         row=m ;
         column=n ;

```

```
            // 動態配置mxn的二維陣列element之記憶體
            element = new int *[m];
            int i;
            for (i=0 ; i<m ; i++)
                element[i] = new int [n];
        }

        Matrix(char name,int m,int n)
        {
            row=m ;
            column=n ;

            // 動態配置mxn的二維陣列element之記憶體
            element = new int *[m];
            int i;
            for (i=0 ; i<m ; i++)
                element[i] = new int [n];

            int j;
            cout << "輸入一" << m << 'x' << n << "矩陣" << name << endl ;
            for (i=0;i<m;i++)
               for (j=0;j<n;j++)
                {
                  cout << name <<'['<< i << "]["
                       << j << "]=" ;
                  cin >> element[i][j] ;
                }
        }

        // 定義矩陣的「*」(乘號)運算子的多載
        Matrix operator*(Matrix x)
        {
            int i,j,k;
            Matrix temp(this->row,x.column) ;
            for (i=0;i<this->row;i++)
               for (j=0;j<x.column;j++)
                {
                  temp.element[i][j]=0 ; // 矩陣相乘後的第i列第j行之元素
                  // 每列有column個資料(或column行資料)
                  for (k=0;k<this->column;k++)
                    temp.element[i][j]+=this->element[i][k]*x.element[k][j] ;
                }
            return temp ;
        }
    } ;

   int main()
   {
      int i,j,row1,column1,row2,column2;
      cout << "重新定義「*」乘號運算子多載，使其能應用在矩陣乘法上\n" ;
      cout << "輸入矩陣A的列數(row):" ;
      cin >> row1 ;
      cout << "輸入矩陣A的行數(column):" ;
      cin >> column1 ;
```

```
    Matrix a('A',row1,column1) ;

    while (1)
    {
       cout << "輸入矩陣B的列數(row):" ;
       cin >> row2 ;
       cout << "輸入矩陣B的行數(column):" ;
       cin >> column2 ;
       if (column1 != row2 )
           cout << "矩陣B的列數不等於矩陣A的行數，故無法相乘.\n"   ;
       else
           break;
    }

   Matrix b('B',row2,column2) ;
   Matrix c(row1,column2) ;

   c=a*b ;  // 矩陣A*矩陣B

   cout << "A * B = \n" ;
   for (i=0;i<row1;i++)
    {
      for (j=0;j<column2;j++)
           cout << c.element[i][j]<< '\t' ;
           cout << endl ;
    }

   return 0;
}
```

執行結果

重新定義「*」(乘號) 運算子多載，使其能應用在矩陣乘法上

輸入矩陣 A 的列數 (row):2

輸入矩陣 A 的行數 (column):3

輸入一 2x3 矩陣 A

A[0][0]=1

A[0][1]=2

A[0][2]=3

A[1][0]=4

A[1][1]=5

A[1][2]=6

輸入矩陣 B 的列數 (row):3

輸入矩陣 B 的行數 (column):2

輸入一 3x2 矩陣 B

B[0][0]=1

B[0][1]=2

```
B[1][0]=3
B[1][1]=4
B[2][0]=5
B[2][1]=6
A * B =
22    28
49    64
```

程式解說

1. 在程式第 43 列重新定義重新定義「*」乘號運算子多載，使其可以處理矩陣相乘的問題。
2. 以「a*b」為例，在程式第 43 列中的參數「x」，代表「*」（乘號）運算子後面的物件「b」。在程式第 46、47、52 及 53 中的「this」，代表「*」（乘號）運算子前的物件「a」。
3. 執行到程式第 84 列「c=a*b;」時，會呼叫「Matrix」類別中的「*」（乘號）運算子的新定義用法，並將結果回傳給型態為「Matrix」的物件「c」。

自我練習

實作題

1. 重新定義「--」前置運算子的多載，使其能將座標平面上的點 (x, y) 移動到點 (x-1, y)。
2. 重新定義「-」運算子的多載，使其能計算座標平面上的兩點 (x1, y1) 及 (x2, y2) 的距離。
3. 重新定義 「/」運算子的多載，使其能計算座標平面上的兩向量 (x1, y1) 及 (x2, y2) 的內積。
4. 重新定義「--」（遞增）後置運算子的多載，使其能應用在矩陣遞增上。
5. 重新定義「++」（遞增）前置運算子的多載，使其能應用在矩陣遞增上。
6. 重新定義「--」（遞增）前置運算子的多載，使其能應用在矩陣遞增上。

Chapter 16 繼承

人的膚色、相貌、個性等特徵，都是透過遺傳機制，由父母輩遺傳給子輩或祖父母輩隔代遺傳給孫子輩。而子孫經過生活歷練後，會擁有屬於自己獨有的特徵。

在物件導向程式設計中，繼承的概念與人類的遺傳概念類似，但其機制更加彈性。繼承時，除了繼承上一代的特性外，還可以建立屬於自己獨有的特性，甚至還可以重新定義上一代的特性。

繼承的機制，是為了重複利用相同的程式碼，以提升程式撰寫效率及建立更符合需求的新類別。以定義飛機類別為例，來說明類別繼承的機制。程式中已定義飛行物類別，這個飛行物類別具備一般飛行物體的特徵與行為，若現在要建立一個能夠載客的飛機類別，則只要以繼承飛行物類別的方式去定義飛機類別，並在定義中加入飛機類別本身的特徵或行為，且不必重新撰寫飛行物類別的程式碼，就能將飛行物類別擴充為飛機類別。飛機類別繼承飛行物類別後，就擁有飛行物類別的特徵或行為。

16-1 基礎類別與衍生類別

將一個已經定義好的類別（例如：飛行物類別），擴充為更符合需求的類別（例如：飛機類別），這種過程稱為類別繼承。在繼承關係中，將被繼承者（飛行物類別）稱為基礎類別（basis class）或父類別（parent class），而繼承者（飛機類別）被稱為衍生類別（derived class）或子類別（child class）。在繼承的過程中，除了父類別的 private（私有的）成員變數和成員函式、建構元函式、解構元函式、「=」（指定）運算子的多載函式、及「friend」（朋友）函式外，都會繼承給子類別。

雖然子類別無法繼承父類別的 private 成員變數及 private 成員函式，但可以透過父類別的 public（公有的）成員函式來存取。另外，雖然子類別無法繼承父類別的建構元函式，但可呼叫父類別的建構元函式。

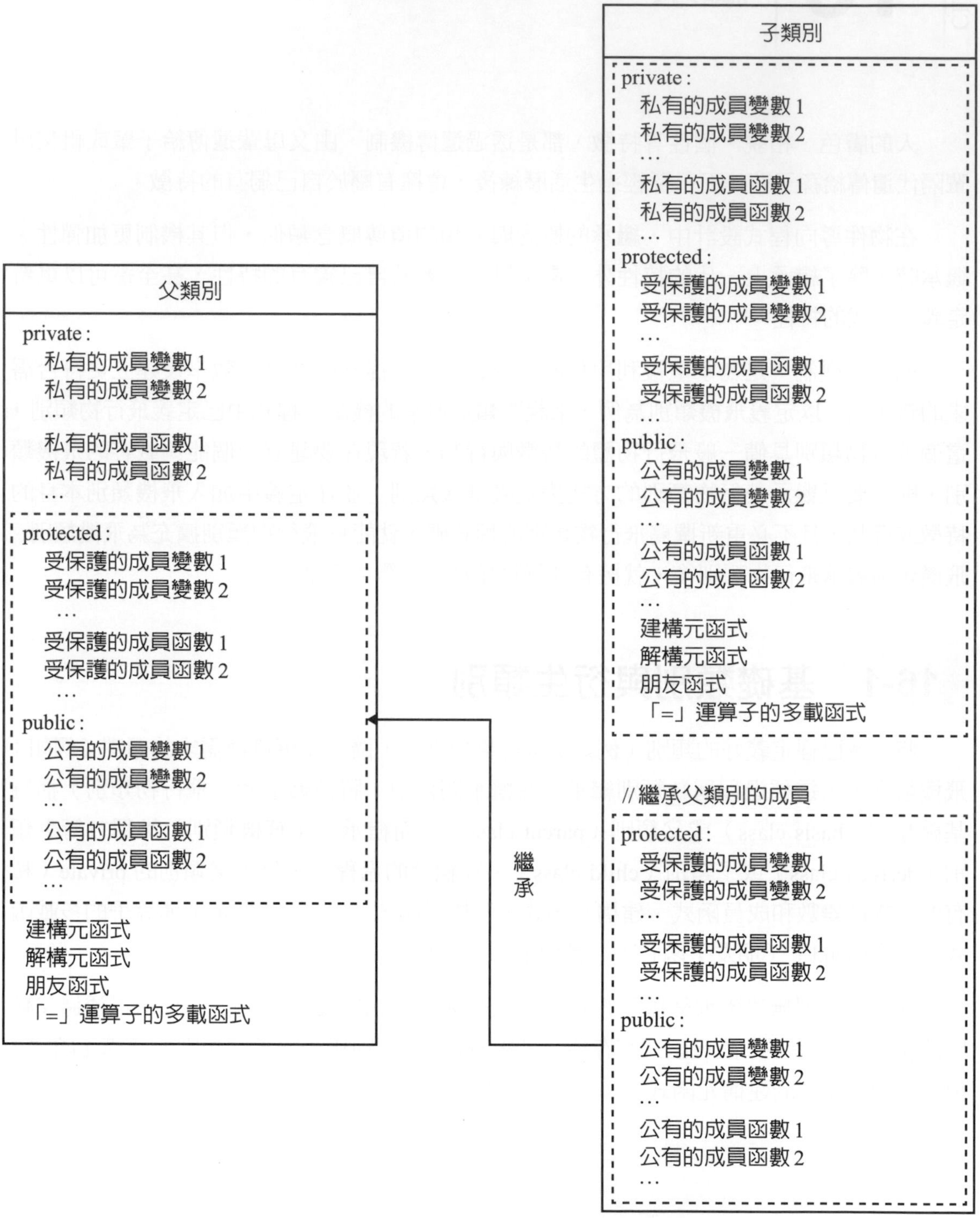

▲圖16-1 類別成員的繼承關係圖

類別繼承的形式分成下列三種：

1. **單一繼承**

只涉及父類別與子類別上下兩代間的一種繼承關係，請參考「圖 16-2」。一個子類別只會有一個父類別，而一個父類別可以同時擁有多個子類別。

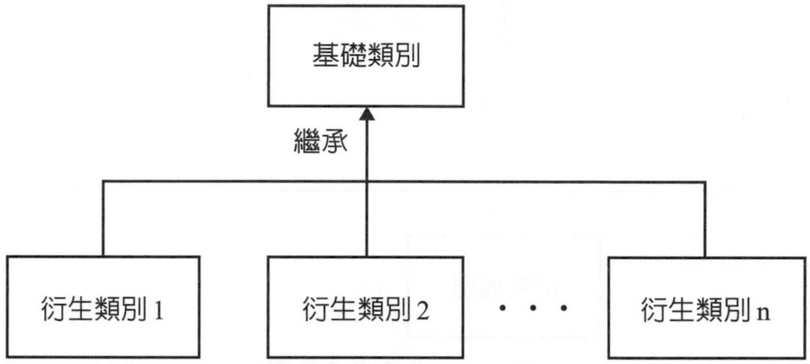

▲圖16-2 單一繼承示意圖

2. **多層繼承**

涉及上下三代（或以上）間的一種繼承關係，請參考「圖 16-3」。在具有先後關係的多層繼承中，下層的衍生類別會繼承其所有上層的基礎類別之成員，故越下層的衍生類別將繼承越多的上層基礎類別之成員。

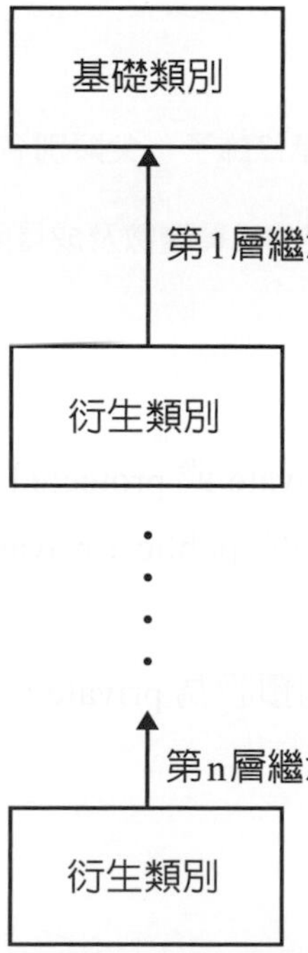

▲圖16-3 多層繼承示意圖

3. 多重繼承

涉及多個父類別與一個子類別上下兩代間的一種繼承關係，請參考「圖 16-4」。

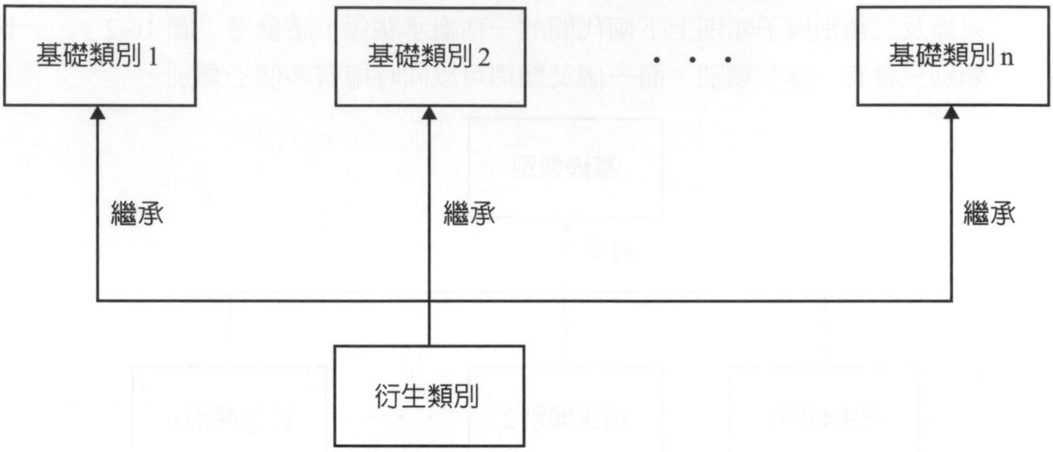

▲圖16-4 多重繼承示意圖

16-2 單一繼承

一個子類別只能繼承一個父類別，就如同一個小孩只有一個親生的父親（或母親），這種概念被稱為「單一繼承」。

單一繼承的語法如下：

```
class  子類別名稱:繼承修飾子  父類別名稱
{
    // 宣告子類別自己的成員變數及成員函式
} ;
```

■ 語法說明

- 繼承修飾子可為 public、private 或 protected。繼承修飾子是用來控制子類別分別以何種等級存取父類別中的 public、private 及 protected 等級的成員變數及成員函式。
- 若繼承修飾子被省略時，則預設為 private。

若繼承修飾子為public，則父類別的public、private及protected等級的成員，繼承到子類別時會保持原先的等級。若繼承修飾子為protected，則父類別的public等級的成員，繼承到子類別時會轉成protected等級的成員，其餘等級的成員會保持原先的等級。若繼承修飾子為private，則父類別的public及protected等級的成員，繼承到子類別時會轉成private等級的成員，而父類別的private等級的成員，繼承到子類別時會保持原先的等級。繼承修飾子對父類別不同等級成員在子類別的影響，請參考「表16-1」。

▼表 16-1　繼承修飾子對父類別不同等級成員在子類別的轉換對照表

父類別	繼承修飾子	子類別	繼承後，是否可在子類別內部存取？	繼承後，是否可在子類別外部存取？
public等級成員	public	public等級成員	是	是
	protected	protected等級成員	是	否
	private	private等級成員	是	否
protected等級成員	public	protected等級成員	是	否
	protected	protected等級成員	是	否
	private	private等級成員	是	否
private等級成員	public	private等級成員	否	否
	protected	private等級成員	否	否
	private	private等級成員	否	否

父類別中public等級的成員，若是以繼承修飾子public的方式被子類別繼承後，它們可以在子類別中的成員函式中及子類別的外部被存取。父類別中public等級的成員，若是以繼承修飾子private或protected的方式被子類別繼承後，它們只能在子類別中的成員函式中被存取。父類別中protected等級的成員，無論是以繼承修飾子public、private或protected的方式被子類別繼承後，它們只能在子類別中的成員函式中被存取。父類別中private等級的成員，無論是以繼承修飾子public、private或protected的方式被子類別繼承後，它們都無法在子類別中的成員函式中及子類別的外部被存取。

當子類別之物件被建立的同時，會先呼叫父類別的建構元函式，然後再呼叫子類別的建構元函式。而子類別之物件被釋放的同時，是先呼叫子類別的解構元函式，再呼叫父類別的解構元函式。

■ 範例 1

類別單一繼承之實例練習。（使用繼承修飾子 public）

```
#include <iostream>
#include <string>
using namespace std ;
// 飛行物體類別
class flight_object
 {
    private:
      string name;     // 飛行物名稱
      int id;          // 飛行物編號
      int pilot;       // 駕駛員人數
      float kerosene;  // 煤油量(煤油是飛行物使用的燃料)

    public:
      // flight_object類別建構元函式,設定飛行物的資料
      flight_object( )
      {
         cout << "執行父類別flight_object的建構元函式\n" ;
         cout << "實作一架飛行物:\n" ;
         cout << "名稱:" ;
         cin >> name ;
         cout << "編號:" ;
         cin >> id;
         cout << "駕駛員人數:" ;
         cin >> pilot ;
         cout << "煤油量(公升):" ;
         cin >> kerosene;
      }

     // flight_object類別解構元函式
     ~flight_object()
      {
         cout << "執行父類別flight_object的解構元函式.\n" ;
      }

     // 顯示飛行物的資料
     void display()
      {
         cout << "\n飛行物名稱:" << name << endl ;
         cout << "編號:" << id << endl ;
         cout << "駕駛員人數:" << pilot << endl ;
         cout << "煤油量(公升):" << kerosene << endl ;
      }
 } ;

// 大型客機類別
class airliner:public flight_object
 {
    private:
       int passenger;         // 乘客人數
       int service_person ;  // 服務人員的數目
```

```

      public:
        // airliner類別建構元函式,設定大型客機的資料
        airliner()
        {
           cout << "\n執行子類別airliner的建構元函式\n" ;
           cout << "乘客人數:" ;
           cin >> passenger;
           cout << "服務人員的數目:" ;
           cin >> service_person ;
        }

       // airliner類別解構元函式
       ~airliner()
        {
           cout << "執行子類別airliner的解構元函式.\n" ;
        }

       // 顯示大型客機的資料
       void display_airliner()
        {
           cout << "乘客人數:" << passenger << endl ;
           cout << "服務人員的數目:" << service_person << endl ;
        }
   } ;

  int main()
   {
      airliner air1;
      air1.display();
      air1.display_airliner();

      return 0;
   }
```

執行結果

執行父類別 flight_object 的建構元函式
實作一架飛行物：
名稱：華航客機
編號 :5168
駕駛員人數 :2
煤油量 (公升):183380

執行子類別 airliner 的建構元函式
乘客人數 :200
服務人員的數目 :8

```
飛行物稱：華航客機
編號:5168
駕駛員人數:2
煤油量(公升):183380
乘客人數:200
服務人員的數目:8
執行子類別 airliner 的解構元函式.
執行父類別 flight_object 的解構元函式
```

程式解說

1. 程式第5~43列是父類別「flight_object」的定義，而第46~75列是子類別「airliner」的定義，是採用「public」方式繼承父類別成員。因此，父類別「flight_object」中「public」等級的成員函式「display」，被子類別「airliner」繼承後仍為「public」等級。父類別「flight_object」中「private」等級的「name」、「id」、「pilot」及「kerosene」，被子類別「airliner」繼承後仍為「private」等級，無法被子類別「airliner」中成員函式「display_airliner」所存取，但可以被繼承而來的父類別公有成員函式「display」所存取。
2. 程式執行到第79列，建立類別「airliner」的物件「air1」，同時會先呼叫父類別「flight_object」的建構元函式，然後再呼叫子類別「airliner」的建構元函式。
3. 程式執行到第83列「return 0;」，結束程式，同時會先呼叫子類別「airline」的解構元函式，然後再呼叫父類別「flight_object」的解構元函式。

❖ 16-2-1 在子類別中宣告與父類別相同的成員變數

在子類別中宣告的成員變數名稱，是否可以與父類別的成員變數相同？答案是可以的。當子類別的成員變數與父類別的成員變數名稱相同時，則兩者之間要如何區分與使用呢？在子類別定義的內部或外部要存取父類別中同名的成員變數，必須透過下列語法才能達成：

一、在子類別定義的外部且成員變數為 public 等級

```
子類別物件名稱.父類別名稱::成員變數名稱
```

二、在子類別定義的內部之成員函式中且成員變數為 public 等級

```
父類別名稱::成員變數名稱
```

三、在子類別定義的內部之成員函式中且成員變數為 protected 等級

```
父類別名稱::成員變數名稱
```

範例 2

在子類別中宣告與父類別相同的成員變數之實例練習。

```
#include <iostream>
#include <string>
using namespace std ;
// 飛行物體類別
class flight_object
 {
   private:
     string name;      // 飛行物名稱
     int id;           // 飛行物編號
     int pilot;        // 駕駛員人數
     float kerosene;   // 煤油量(煤油是飛行物使用的燃料)

   public:
      string manufacturer;  // 製造者

    // flight_object類別建構元函式,設定飛行物的資料
    flight_object( )
     {
       cout << "實作一架飛行物:\n" ;
       manufacturer="波音公司";
       cout << "名稱:" ;
       cin >> name ;
       cout << "編號:" ;
       cin >> id;
       cout << "駕駛員人數:" ;
       cin >> pilot ;
       cout << "煤油量(公升):" ;
       cin >> kerosene;
     }

    // 顯示飛行物的資料
    void display()
     {
       cout << "\n飛行物名稱:" << name << endl ;
       cout << "編號:" << id << endl ;
       cout << "駕駛員人數:" << pilot << endl ;
       cout << "煤油量(公升):" << kerosene << endl ;
     }
```

```
 } ;

// 大型客機類別
class airliner:public flight_object
 {
   private:
     int passenger;           // 乘客人數
     int service_person ;  // 服務人員的數目
     string manufacturer;  // 製造者

   public:
   // airliner類別建構元函式,設定大型客機的資料
   airliner()
     {
       cout << "乘客人數:" ;
       cin >> passenger;
       cout << "服務人員的數目:" ;
       cin >> service_person ;
       cout << "製造者:" ;
       cin >> manufacturer ;
     }

    // 顯示大型客機的資料
    void display_airliner()
     {
       cout << "乘客人數:" << passenger << endl ;
       cout << "服務人員的數目:" << service_person << endl ;
       cout << "子類別的製造者:" << manufacturer << endl ;
     }
 } ;

int main()
 {
   airliner air1;
   air1.display();
   air1.display_airliner();
   cout << "父類別的製造者:"
        << air1.flight_object::manufacturer << endl ;

   return 0;
 }
```

執行結果

實作一架飛行物：

名稱：華航客機

編號 :5168

駕駛員人數 :2

煤油量 (公升):183380

乘客人數 :200

服務人員的數目 :8

製造者：波音子公司

飛行物名稱 : 華航客機
編號 :5168
駕駛員人數 :2
煤油量 (公升):183380
乘客人數 :200
服務人員的數目 :8
子類別的製造者 : 波音子公司
父類別的製造者 : 波音公司

程式解說

在程式第 14 列與第 47 列，分別宣告父類別「flight_object」的「manufacturer」成員變數與子類別「airliner」的「manufacturer」成員變數。若要在子類別「airliner」定義的外部存取父類別「flight_object」的「manufacturer」成員變數，則必須使用「air1.flight_object::manufacturer 」，參考程式第 76 列。

❖ 16-2-2 在子類別中定義與父類別相同的成員函式

在子類別中宣告的成員函式名稱，是否可以與父類別的成員函式相同？答案是可以的。當子類別的成員函式與父類別的成員函式名稱相同時，則兩者之間要如何區分與使用呢？在子類別定義的內部或外部要存取父類別中同名的成員函式，必須透過下列語法才能達成：

一、在子類別定義的外部且成員函式為 public 等級

```
子類別物件名稱.父類別名稱::成員函式名稱([參數])
```

二、在子類別定義的內部之成員函式中且成員函式為 public 等級

```
父類別名稱::成員函式名稱([參數])
```

三、在子類別定義的內部之成員函式中且成員函式為 protected 等級

```
父類別名稱::成員函式名稱([參數])
```

若在子類別中定義與父類別相同的成員函式名稱，且成員函式的函式型態及參數串列的資料型態與個數也都相同，則稱這種現象為父類別成員函式的改寫（override）。在子類別中改寫從父類別繼承過來的成員函式之目的，是在定義更符合子類別自己需求的成員函式。注意，父類別的建構元函式、解構元函式及朋友函式，無法在子類別中被改寫。

範例 3

在子類別中定義與父類別相同的成員函式之改寫實例練習。

```
#include <iostream>
#include <string>
using namespace std ;
// 飛行物體類別
class flight_object
 {
  private:
    string name;    // 飛行物名稱
    int id;         // 飛行物編號
    int pilot;      // 駕駛員人數
    float kerosene; // 煤油量(煤油是飛行物使用的燃料)

  public:
    string manufacturer; // 製造者

    // flight_object類別建構元函式,設定飛行物的資料
    flight_object( )
     {
        cout << "實作一架飛行物:\n" ;
        manufacturer="波音公司";
        cout << "名稱:" ;
        cin >> name ;
        cout << "編號:" ;
        cin >> id;
        cout << "駕駛員人數:" ;
        cin >> pilot ;
        cout << "煤油量(公升):" ;
        cin >> kerosene;
     }

    // 顯示飛行物的資料
    void display()
     {
        cout << "\n飛行物名稱:" << name << endl ;
        cout << "編號:" << id << endl ;
        cout << "駕駛員人數:" << pilot << endl ;
        cout << "煤油量(公升):" << kerosene << endl ;
     }
 } ;

// 大型客機類別
class airliner:public flight_object
 {
  private:
    int passenger;          //乘客人數
    int service_person ; //服務人員的數目
    string manufacturer; //製造者

  public:
    // airliner類別建構元函式,設定大型客機的資料
```

```
    airliner()
     {
        cout << "乘客人數:" ;
        cin >> passenger;
        cout << "服務人員的數目:" ;
        cin >> service_person ;
        cout << "製造者:" ;
        cin >> manufacturer ;
     }

    // 顯示大型客機的資料
    void display()
     {
        cout << "乘客人數:" << passenger << endl ;
        cout << "服務人員的數目:" << service_person << endl ;
        cout << "子類別的製造者:" << manufacturer << endl ;
        cout << "父類別的製造者:" << flight_object::manufacturer << endl ;
     }
 } ;

int main()
 {
    airliner air1;
    air1.flight_object::display();
    air1.display();

    return 0;
 }
```

執行結果

實作一架飛行物：
名稱：華航客機
編號:5168
駕駛員人數:2
煤油量(公升):183380
乘客人數:200
服務人員的數目:8
製造者：波音子公司

飛行物名稱：華航客機
編號:5168
駕駛員人數:2
煤油量(公升):183380
乘客人數:200
服務人員的數目:8
子類別的製造者：波音子公司
父類別的製造者：波音公司

程式解說

1. 在程式第 32 列與第 62 列，分別定義父類別「flight_object」的「display」成員函式及子類別「airliner」的「display」成員函式。因此，子類別「airliner」的「display」成員函式改寫了父類別「flight_object」的「display」成員函式。若在子類別「airliner」定義的外部要呼叫父類別「flight_object」的「display」成員函式，則必須使用「air1.flight_object::display()」，參考程式第 74 列。
2. 若在子類別「airliner」定義的外部要呼叫子類別「airliner」的「display」成員函式，則直接使用 「air1.display()」即可。
3. 在程式第 74 列與第 75 列，分別為呼叫父類別「flight_object」的「display」成員函式及子類別「airliner」的「display」成員函式。

16-3 多層繼承

由於時代的變遷及人類不斷追求創新，物件也跟隨演變，使得類別必須不斷擴充才能符合需求。因此，有了多層繼承的概念。

多層繼承，是涉及上下三代（或以上）間的一種繼承關係。在具有先後關係的多層繼承中，下層的衍生類別會繼承其所有上層的基礎類別之成員，故越下層的衍生類別將繼承越多的上層基礎類別之成員。因此，越下層的衍生類別越複雜且功能越多。多層繼承的示意圖，請參考「圖 16-3」。

範例 4

類別多層繼承之實例練習。

```
#include <iostream>
#include <string>
using namespace std ;
// 飛行物體類別
class flight_object
 {
   private:
     string name;      // 飛行物名稱
     int id;           // 飛行物公升號
     int pilot;        // 駕駛員人數
     float kerosene;   // 煤油量(煤油是飛行物使用的燃料)

   public:
     string manufacturer;  // 製造者
```

```

    // flight_object類別建構元函式,設定飛行物的資料
    flight_object( )
    {
      cout << "實作一架飛行物:\n" ;
      cout << "名稱:" ;
      cin >> name ;
      cout << "製造者:" ;
      cin >> manufacturer ;
      cout << "編號:" ;
      cin >> id;
      cout << "駕駛員人數:" ;
      cin >> pilot ;
      cout << "煤油量(公升):" ;
      cin >> kerosene;
    }

    // 顯示飛行物的資料
    void display()
    {
      cout << "\n飛行物名稱:" << name << endl ;
      cout << "製造者:" << manufacturer << endl;
      cout << "編號:" << id << endl ;
      cout << "駕駛員人數:" << pilot << endl ;
      cout << "煤油量(公升):" << kerosene << endl ;
    }
 } ;

// 大型客機類別
class airliner:public flight_object
 {
   private:
    int passenger;        // 乘客人數
    int service_person;  // 服務人員的數目

   public:
    // airliner類別建構元函式,設定大型客機的資料
    airliner()
    {
      cout << "乘客人數:" ;
      cin >> passenger;
      cout << "服務人員的數目:" ;
      cin >> service_person ;
    }

    // 顯示大型客機的資料
    void display()
    {
      cout << "乘客人數:" << passenger << endl ;
      cout << "服務人員的數目:" << service_person << endl ;
    }
 } ;

// 空中巴士客機類別
```

```
class airbus:public airliner
 {
   private:
     int bath_room ;   // 沐浴設備數目

   public:
     // airbus類別建構元函式,設定空中巴士客機的資料
     airbus()
     {
       cout << "沐浴室之數目:" ;
       cin >> bath_room ;
     }

     // 顯示空中巴士客機的資料
     void display()
     {
       cout << "沐浴室之數目:" << bath_room << endl ;
     }
 } ;

int main()
 {
   airbus airbus1;
   airbus1.flight_object::display();
   airbus1.airliner::display();
   airbus1.display();

   return 0;
 }
```

執行結果

實作一架飛行物：
名稱：空中巴士 A3XX
製造者：空中巴士集團
編號：300
駕駛員人數 :3
煤油量 (公升):320000
乘客人數 :259
服務人員的數目 :9
沐浴室之數目 :10

飛行物名稱：空中巴士 A3XX
製造者：空中巴士集團
編號：300
駕駛員人數 :3
煤油量 (公升):320000

乘客人數 :259
服務人員的數目 :9
沐浴室之數目 :10

程式解說

1. 在程式的第 5~41 列、第 44~66 列及第 69~87 列，分別定義類別「flight_object」、類別「airliner」及類別「airbus」。其中，類別「airliner」是由類別「flight_object」衍生而來，而類別「airbus」是由類別「airliner」類別衍生而來。因此，類別「flight_object」、類別「airbus」及類別「airliner」三者屬於多層繼承的關係。
2. 由於類別「airliner」的「display」成員函式改寫了類別「flight_object」的「display」成員函式，類別「airbus」的「display」成員函式改寫了類別「airliner」的「display」成員函式。故類別「airbus」的物件，要呼叫類別「flight_object」的「display」成員函式及類別「airliner」的「display」成員函式時，必須在「display」成員函式前冠上所屬的類別名字，參考程式第 92 與第 93 列。

16-4 多重繼承

當繼承者的父類別有兩個（含）以上時，則稱這種繼承方式為多重繼承。多重繼承的示意圖，請參考「圖 16-4」。

類別之多重繼承的語法如下：

```
class 子類別名稱:繼承修飾子 父類別名稱1, 繼承修飾子 父類別名稱2 [, …]
{
    // 宣告子類別自己的成員變數及成員函式
} ;
```

■ 語法說明

- 繼承修飾子可為 public、private 或 protected。繼承修飾子是用來控制子類別分別以何種等級存取父類別中的 public、private 及 protected 等級的成員變數及成員函式。
- 若繼承修飾子被省略時，則預設為 private。
- 「[ ]」，表示它內部（包含 [ ]）的資料是選擇性的，需要與否視情況而定。

在子類別定義的內部或外部要存取父類別中同名的成員變數，必須透過下列語法才能達成：

一、在子類別定義的外部且成員變數為 public 等級

```
子類別物件名稱.父類別名稱::成員變數名稱
```

二、在子類別定義的內部之成員函式中且成員變數為 public 等級

```
父類別名稱::成員變數名稱
```

三、在子類別定義的內部之成員函式中且成員變數為 protected 等級

```
父類別名稱::成員變數名稱
```

■ 範例 5

類別多重繼承之實例練習。

```
#include <iostream>
#include <string>
using namespace std ;
// 飛行物體類別
class flight_object
 {
   private:
     string name;      // 飛行物名稱
     int id;           // 飛行物編號
     int pilot;        // 駕駛員人數
     float kerosene;   // 煤油量(煤油是飛行物使用的燃料)

   public:
     string manufacturer; //製造者

     // flight_object類別建構元函式,設定飛行物的資料
     flight_object( )
     {
       cout << "實作一架飛行物:\n" ;
       cout << "名稱:" ;
       cin >> name ;
       cout << "製造者:" ;
       cin >> manufacturer ;
       cout << "編號:" ;
       cin >> id;
       cout << "駕駛員人數:" ;
       cin >> pilot ;
       cout << "煤油量(公升):" ;
       cin >> kerosene;
     }
```

```
      // 顯示飛行物的資料
      void display()
       {
         cout << "\n飛行物名稱:" << name << endl ;
         cout << "製造者:" << manufacturer << endl;
         cout << "編號:" << id << endl ;
         cout << "駕駛員人數:" << pilot << endl ;
         cout << "煤油量(公升):" << kerosene << endl ;
       }
   } ;

  // 水上航行物體類別
  class ship_object
   {
      public:
      string pump_jet ;  // 噴水推進器名稱

      // ship_object類別建構元函式,設定飛行物的資料
      ship_object( )
       {
          cout << "噴水推進器名稱:" ;
          cin >> pump_jet ;
       }
   } ;

  // 大型客機類別
  class airliner:public flight_object,protected ship_object
   {
     private:
        int passenger;          // 乘客人數
        int service_person ;  // 服務人員的數目

     public:
       // airliner類別建構元函式,設定大型客機的資料
       airliner()
       {
         cout << "乘客人數:" ;
         cin >> passenger;
         cout << "服務人員的數目:" ;
         cin >> service_person ;
       }

       // 顯示大型客機的資料
       void display()
       {
         cout << "噴水推進器名稱:" << pump_jet << endl ;
         cout << "乘客人數:" << passenger << endl ;
         cout << "服務人員的數目:" << service_person << endl ;
       }

   } ;

```

```
84  int main()
85   {
86     airliner air1;  // 兼具空中及水上功能
87     air1.flight_object::display();
88     air1.display();
89
90     return 0;
91   }
```

執行結果

實作一架飛行物 :
名稱 : 華航客機
製造者 : 波音子公司
編號 :5168
駕駛員人數 :2
煤油量 (公升):183380
噴水推進器的數目 :4
乘客人數 :200
服務人員的數目 :8

飛行物名稱 : 華航客機
製造者 : 波音子公司
編號 :5168
駕駛員人數 :2
煤油量 (公升):183380
噴水推進器的數目 :4
乘客人數 :200
服務人員的數目 :8

程式解說

1. 在程式的第 5~41 列、第 44~55 列及第 58~82 列，分別定義類別「flight_object」、類別「ship_object」及類別「airliner」。其中類別「airliner」是由類別「flight_object」及類別「ship_object」衍生而來。因此，類別「flight_object」、類別「ship_object」及類別「airliner」三者屬於多重繼承的關係。
2. 在程式的第 58 列，類別「airliner」是以「protected」等級繼承類別「ship_object」的成員。因此，在類別「airliner」的「display」成員函式中，可以直接使用「ship_object」的成員變數「pump_jet」。

16-5 虛擬函式

資料型態為基礎類別的物件指標變數，除了可指向以資料型態為基礎類別的一般物件變數，還可指向以資料型態為其衍生類別的一般物件變數。若基礎類別的成員函式與其衍生類別的成員函式同名且函式型態、參數型態及參數個數也相同，但兩個成員函式的內容不同時，則資料型態為基礎類別的物件指標變數（指向資料型態為其衍生類別的一般物件變數）在呼叫此成員函式時，其呼叫的是基礎類別的成員函式，而不是衍生類別的成員函式。

為了解決這樣的困擾，可以將基礎類別中的成員函式定義成虛擬函式（Virtual Function），當物件指標變數呼叫此虛擬函式時，編譯器會根據物件指標變數所指向的資料型態，自動呼叫所屬類別的成員函式。

定義一個虛擬函式的步驟如下：

1. 首先在基礎類別中的成員函式前面加上「virtual」。
2. 接著在其衍生類別內重新定義（或改寫）此成員函式（函式名稱、函式型態、參數型態及參數個數完全相同，但內容不同）。

虛擬函式的定義語法如下：

```
virtual 函式型態 函式名稱(參數型態1 參數1 [,參數型態2 參數2, …])
{
   // 基礎類別中的虛擬函式之程式敘述
}
```

■ 語法說明

- 關鍵字「virtual」是做為虛擬函式定義之用。
- 虛擬函式必須是定義於類別內的非靜態之成員函式。
- 虛擬函式被繼承後，可以在衍生類別中被重新定義（或改寫）。
- 在衍生類別中重新定義（或改寫）虛擬函式的語法如下：

```
virtual 函式型態 函式名稱(參數型態1  參數1 [,參數型態2  參數2, …])
{
    // 衍生類別中的虛擬函式之程式敘述
}
```

範例 6

定義基礎類別中的虛擬函式與基礎類別物件指標變數之實例練習。

```
#include <iostream>
#include <string>
using namespace std ;
// 飛行物體類別
class flight_object
 {
   private:
    string name;    // 飛行物名稱
    int id;         // 飛行物編號
    int pilot;      // 駕駛員人數
    float kerosene; // 煤油量(煤油是飛行物使用的燃料)

   public:
    // create_flight_object:建立飛行物的資料
    void create_flight_object( )
     {
       cout << "建立基礎類別flight_object的資料\n";
       cout << "實作一架飛行物:\n" ;
       cout << "名稱:" ;
       cin >> name ;
       cout << "編號:" ;
       cin >> id;
       cout << "駕駛員人數:" ;
       cin >> pilot ;
       cout << "煤油量(公升):" ;
       cin >> kerosene;
     }

    // 顯示飛行物的資料
    // display為虛擬函式
    virtual void display()
     {
       cout << "\n呼叫基礎類別flight_object的display()\n";
       cout << "飛行物名稱:" << name << endl ;
       cout << "編號:" << id << endl ;
       cout << "駕駛員人數:" << pilot << endl ;
       cout << "煤油量(公升):" << kerosene << endl ;
     }
 } ;

// 大型客機類別
class airliner:public flight_object
 {
   private:
    int passenger;          // 乘客人數
    int service_person ;    // 服務人員的數目
    string manufacturer;    // 製造者

   public:
    // create_airliner:建立飛大型客機的資料
```

```
        void create_airliner()
         {
           cout << "\n建立衍生類別airliner的資料\n";
           cout << "實作一架大型客機:\n";
           cout << "乘客人數:" ;
           cin >> passenger;
           cout << "服務人員的數目:" ;
           cin >> service_person ;
           cout << "製造者:" ;
           cin >> manufacturer ;
         }

        // 顯示大型客機的資料
        // display為虛擬函式
        virtual void display()
         {
           cout << "\n呼叫衍生類別airliner的display()\n";
           cout << "乘客人數:" << passenger << endl ;
           cout << "服務人員的數目:" << service_person << endl ;
           cout << "製造者:" << manufacturer << endl ;
         }
     } ;

    int main()
     {
       flight_object *flight,flight1;
       airliner air1;

       flight1.create_flight_object();
       flight=&flight1;  // flight指向flight1的位址
       flight->display();

       air1.create_airliner();
       flight=&air1;  // flight指向air1的位址
       flight->display();

       return 0;
     }
```

執行結果

建立基礎類別 flight_object 的資料

實作一架飛行物 :

名稱 : 華航客機

編號 :5168

駕駛員人數 :2

煤油量 (公升):183380

呼叫基礎類別 flight_object 的 display()

名稱 : 華航客機

編號 :5168

```
駕駛員人數:2
煤油量(公升):183380
建立衍生類別airliner的資料
實作一架大型客機:
乘客人數:200
服務人員的數目:8
製造者:波音子公司
呼叫衍生類別airliner的display()
乘客人數:200
服務人員的數目:8
製造者:波音子公司
```

程式解說

1. 在程式的第 31~38 列，將類別「flight_object」的成員函式「display」定義成虛擬函式，並在程式第 65~71 列重新定義衍生類別「airliner」中之成員函式「display」的內容。
2. 在程式的 76 列，宣告類別「flight_object」的物件指標變數「flight」，並在程式第 80 及 84 列，分別指向類別「flight_object」的物件變數「flight1」及類別「airliner」的物件變數「air1」。因此，程式第 81 及 85 列，是分別呼叫類別「flight_object」的虛擬函式「display」及類別「airliner」的虛擬函式「display」。

16-6 抽象類別

定義在基礎類別中的虛擬函式，若只有外部架構沒有實作內容，則被稱為純虛擬函式（Pure Virtual Function）。至少包含一個純虛擬函式的類別，被稱為抽象類別（Abstract Class）。

純虛擬函式的宣告語法如下：

```
virtual 函式型態  函式名稱(參數型態1  參數1 [,參數型態2  參數2, …]) = 0 ;
```

抽象類別的作用，只是在架構繼承它的衍生類別之共用純虛擬函式的外觀而無實作內容。純虛擬函式必須在衍生類別中被定義，即實作它的內容，否則編譯時會產生錯誤。另外，無法建立以抽象類別為資料型態的一般物件變數，但可建立以抽象類別為資料型態的物件指標變數，並呼叫衍生類別的純虛擬函式。

■ 範例 7

純虛擬函式與抽象類別之實例練習。

```
#include <iostream>
#include <string>
using namespace std ;
// 飛行物體類別,是一種抽象類別
class flight_object
 {
   public:
    string name;           // 飛行物名稱
    int id;                // 飛行物編號
    int pilot;             // 駕駛員人數
    float kerosene;        // 煤油量(煤油是飛行物使用的燃料)
    string manufacturer;  // 製造者

    // 建立飛行物的資料
    // create_flight_object為純虛擬函式
    virtual void create_flight_object()=0;

    // 顯示飛行物的資料
    // display為純虛擬函式
    virtual void display()=0;
 } ;

// 大型客機類別
class airliner:public flight_object
 {
   private:
    int passenger;         // 乘客人數
    int service_person ;  // 服務人員的數目

   public:
    // 建立大型客機的部分資料
    void create_airliner()
     {
       cout << "乘客人數:" ;
       cin >> passenger;
       cout << "服務人員的數目:" ;
       cin >> service_person ;
       cout << "製造者:" ;
       cin >> manufacturer ;
     }

    // 建立大型客機的部分資料
    // 純虛擬函式create_flight_object的實作內容
    virtual void create_flight_object()
     {
       cout << "建立衍生類別airliner物件的資料\n";
       cout << "實作一架大型客機:\n" ;
       cout << "名稱:" ;
       cin >> name ;
       cout << "編號:" ;
```

```
          cin >> id;
          cout << "駕駛員人數:" ;
          cin >> pilot ;
          cout << "煤油量(公升):" ;
          cin >> kerosene;
        }

      // 顯示大型客機的資料
      // 純虛擬函式display的實作內容
      virtual void display()
        {
          cout << "\n顯示衍生類別airliner物件的資料\n";
          cout << "大型客機名稱:" << name << endl ;
          cout << "編號:" << id << endl ;
          cout << "駕駛員人數:" << pilot << endl ;
          cout << "煤油量(公升):" << kerosene << endl ;
          cout << "乘客人數:" << passenger << endl ;
          cout << "服務人員的數目:" << service_person << endl ;
          cout << "製造者:" << manufacturer << endl ;
        }
  } ;

// 戰鬥機類別
class battleplane:public flight_object
  {
    private:
      string weapon;

    public:
      // 建立戰鬥機的部分資料
      void create_battleplane()
        {
          cout << "武器名稱:" ;
          cin >> weapon;
          cout << "製造者:" ;
          cin >> manufacturer;
        }

      // 建立戰鬥機的部分資料
      // 純虛擬函式create_flight_object的實作內容
      virtual void create_flight_object()
        {
          cout << "\n建立衍生類別battleplane物件的資料\n";
          cout << "實作一架戰鬥機:\n" ;
          cout << "名稱:" ;
          cin >> name ;
          cout << "編號:" ;
          cin >> id;
          cout << "駕駛員人數:" ;
          cin >> pilot ;
          cout << "煤油量(公升):" ;
          cin >> kerosene;
        }

```

```
    // 顯示戰鬥機的資料
    // 純虛擬函式display的實作內容
    virtual void display()
     {
       cout << "\n顯示衍生類別battleplane物件的資料\n";
       cout << "戰鬥機名稱:" << name << endl ;
       cout << "編號:" << id << endl ;
       cout << "駕駛員人數:" << pilot << endl ;
       cout << "煤油量(公升):" << kerosene << endl ;
       cout << "武器名稱:" << weapon << endl ;
       cout << "製造者:" << manufacturer << endl ;
     }
 } ;

int main()
 {
   flight_object *flight;
   airliner air1;
   battleplane battle1;

   flight=&air1;  // flight指向air1的位址
   flight->create_flight_object();
   air1.create_airliner();
   flight->display();

   flight=&battle1;  // flight指向battle1的位址
   flight->create_flight_object();
   battle1.create_battleplane();
   flight->display();

   return 0;
 }
```

執行結果

建立衍生類別 airliner 物件的資料

實作一架大型客機：

名稱：華航客機

編號 :5168

駕駛員人數 :2

煤油量 (公升):183380

乘客人數 :200

服務人員的數目 :8

製造者：波音子公司

顯示衍生類別 airliner 物件的資料

實作一架大型客機：

名稱：華航客機

```
編號 :5168
駕駛員人數 :2
煤油量 ( 公升 ):183380
乘客人數 :200
服務人員的數目 :8
製造者 : 波音子公司

建立衍生類別 battleplane 物件的資料
實作一架戰鬥機 :
名稱 :F5E
編號 :51
駕駛員人數 :2
煤油量 ( 公升 ):2563
武器名稱 : 小牛飛彈
製造者 : 諾斯洛普公司

顯示衍生類別 battleplane 物件的資料
實作一架戰鬥機 :
名稱 :F5E
編號 :51
駕駛員人數 :2
煤油量 ( 公升 ):2563
武器名稱 : 小牛飛彈
製造者 : 諾斯洛普公司
```

程式解說

1. 在程式的第 16 及 20 列，基礎類別「flight_object」中宣告「create_flight_object」成員函式及「display」成員函式為純虛擬函式，並分別衍生類別「airliner」中的程式第 44~56 列及與第 60~70 列，定義純虛擬函式「create_flight_object」及「display」的實作內容。
2. 在程式的 121 列，宣告類別「flight_object」的物件指標變數「flight」，並在程式第 125 及 130 列，分別指向類別「airliner」的物件變數「air1」及類別「battleplane」的物件變數「battle1」。因此，程式第 126 及 128 列，是呼叫類別「airliner」的「create_flight_object」成員函式及「display」成員函式；程式第 131 及 133 列，是呼叫類別「battleplane」的「create_flight_object」成員函式及「display」成員函式。

由上例可看出，抽象類別的作用是在定義不同行為的物件之共同介面，方便程式設計者對介面的管理及擴充。至於個別物件的行為，則在所屬的衍生類別中定義。

16-7 虛擬繼承

由於衍生類別會繼承基礎類別的成員，故在多重繼承的架構中，當多個衍生類別繼承同一個基礎類別，而這些衍生類別又被其衍生類別繼承，此時第三層的衍生類別會重複繼承第一層的基礎類別之成員，因而浪費了記憶體空間。多重重複繼承示意圖，請參考「圖 16-5」。

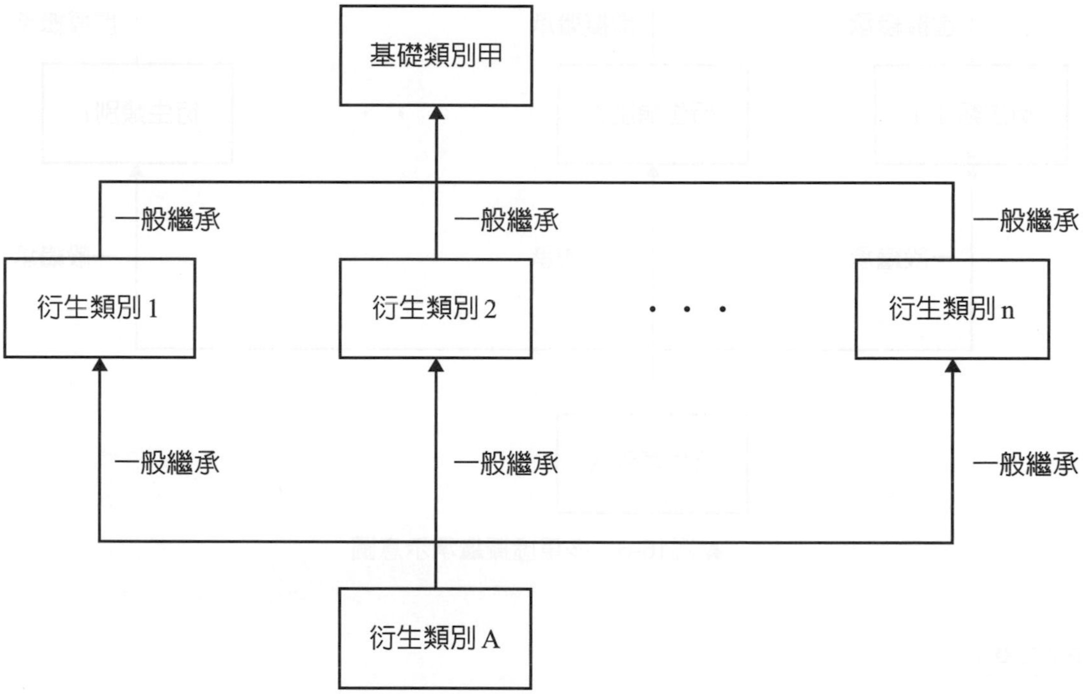

▲圖16-5　多重重複繼承示意圖

在上圖中，由於衍生類別 1 繼承基礎類別甲的成員，衍生類別 2 繼承基礎類別甲的成員、…、衍生類別 n 繼承基礎類別甲的成員，故衍生類別 A 重複繼承了基礎類別甲的成員 n 次。重複繼承不只浪費記憶體空間，而且像這樣的衍生類別 A 所存取的繼承成員，是屬於衍生類別 1、衍生類別 2、…、或衍生類別 n 中的哪一個是無法得知的。

為了解決重複繼承問題的缺失，因此發展出虛擬繼承（Virtual Inheritance）的架構。衍生類別若以虛擬繼承方式來繼承基礎類別的成員，則衍生類別是以傳址的方式，間接指向所繼承的成員。因此，被繼承的相同成員只會共用一塊記憶體空間，而不會發生重複配置記憶體給相同成員的問題。多重虛擬繼承示意圖，請參考「圖 16-6」。

建立虛擬繼承的語法如下：

```
class  衍生類別名稱:繼承修飾子  virtual  基礎類別名稱
{
    // 宣告衍生類別自己的成員變數及成員函式
};
```

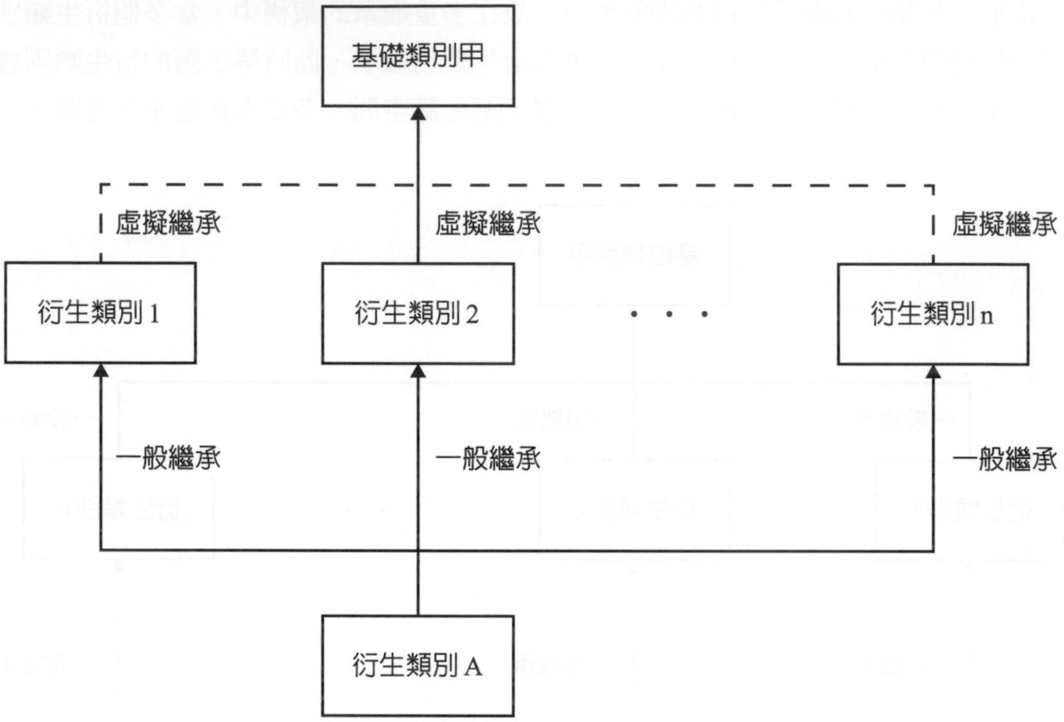

▲圖16-6　多重虛擬繼承示意圖

範例 8

虛擬繼承之實例練習。

```
#include <iostream>
#include <string>
using namespace std ;
// 飛行物體類別,是一種抽象類別
class flight_object
 {
   public:
     string name;             // 飛行物名稱
     int id;                  // 飛行物編號
     int pilot;               // 駕駛員人數
     float kerosene;          // 煤油量(煤油是飛行物使用的燃料)
     string manufacturer;     // 製造者

```

```
    // 建立飛行物的部分資料
    void create_flight_object(string obj)
     {
       cout << "建立飛行物的資料\n";
       cout << "實作一架" << obj << endl ;
       cout << "名稱:" ;
       cin >> name ;
       cout << "編號:" ;
       cin >> id;
       cout << "駕駛員人數:" ;
       cin >> pilot ;
       cout << "煤油量(公升):" ;
       cin >> kerosene;
     }
 } ;

// 大型客機類別
class airliner:public virtual flight_object
 {
   protected:
     int passenger;  // 乘客人數
     int service_person ;  // 服務人員的數目

   public:
     // 建立大型客機的部分資料
     void create_airliner()
     {
       cout << "乘客人數:" ;
       cin >> passenger;
       cout << "服務人員的數目:" ;
       cin >> service_person ;
       cout << "製造者:" ;
       cin >> manufacturer ;
     }

     // 顯示大型客機的資料
     void display()
     {
       cout << "\t顯示大型客機的資料\n";
       cout << "名稱:" << name << endl ;
       cout << "編號:" << id << endl ;
       cout << "駕駛員人數:" << pilot << endl ;
       cout << "煤油量(公升):" << kerosene << endl ;
       cout << "乘客人數:" << passenger << endl ;
       cout << "服務人員的數目:" << service_person << endl ;
       cout << "製造者:" << manufacturer << endl ;
     }
 } ;

// 戰鬥機類別
class battleplane:public virtual flight_object
 {
   protected:
     string weapon;
```

```
    public:
      // 建立戰鬥機的部分資料
      void create_battleplane()
      {
        cout << "製造者:" ;
        cin >> manufacturer ;
      }

      // 顯示戰鬥機的資料
      void display()
      {
        cout << "\n顯示衍生類別battleplane物件的資料\n";
        cout << "戰鬥機名稱:" << name << endl ;
        cout << "編號:" << id << endl ;
        cout << "駕駛員人數:" << pilot << endl ;
        cout << "煤油量(公升):" << kerosene << endl ;
        cout << "武器名稱:" << weapon << endl ;
        cout << "製造者:" << manufacturer << endl ;
      }
  } ;

 // 轟炸機類別
 class bombplane:public airliner, public battleplane
  {
    public:
      // 建立轟炸機的部分資料
      void create_bombplane()
      {
        cout << "乘客人數:" ;
        cin >> passenger ;
        cout << "武器名稱:" ;
        cin >> weapon;
        cout << "製造者:" ;
        cin >> manufacturer;
      }

      // 顯示轟炸機的資料
      void display()
      {
        cout << "\n顯示轟炸機的資料\n";
        cout << "名稱:" << name << endl ;
        cout << "編號:" << id << endl ;
        cout << "駕駛員人數:" << pilot << endl ;
        cout << "煤油量(公升):" << kerosene << endl ;
        cout << "乘客人數:" << passenger << endl ;
        cout << "武器名稱:" << weapon << endl ;
        cout << "製造者:" << manufacturer << endl ;
      }
  } ;

 int main()
  {
    bombplane bomb1;
    bomb1.create_flight_object("轟炸機");
    bomb1.create_bombplane();
```

```
124     bomb1.display();
125
126     return 0;
127   }
```

執行結果

建立飛行物的資料
實作一架轟炸機
名稱 :B52
編號 :521
駕駛員人數 :2
煤油量 (公升):179430
工作人員 (人):2
武器名稱 :Bomb
製造者 : 波音公司

顯示轟炸機的資料
名稱 :B52
編號 :521
駕駛員人數 :2
煤油量 (公升):179430
工作人員 (人):2
武器名稱 :Bomb
製造者 : 波音公司

程式解說

1. 程式第 31~61 列的衍生類別「airliner」及第 64~88 列的衍生類別「battleplane」，是以虛擬繼承的方式繼承基礎類別「flight_object」中的成員，而程式第 91~117 列的衍生類別「bombplane」，是以一般繼承的方式繼承類別「airliner」及別「battleplane」。因此，「bombplane」只會繼承一份基礎類別「flight_object」中的成員。
2. 若將程式第 31 及 64 列中的「virtual」拿掉，則程式編譯時會出現類似下列的錯誤訊息：

   「reference to '成員變數名稱' is ambiguous」

   或

   「request for member '成員函式名稱' is ambiguous」

   代表無法得知使用的「成員變數名稱」及「成員函式名稱」是屬於衍生類別「airliner」，還是屬於衍生類別「battleplane」。

自我練習

實作題

1. （單一繼承）寫一程式，定義一 shape 類別，且其成員變數為 name 與 shape_area，及成員函式為 area()，分別表示圖形的名稱與圖形的面積，及顯示圖形的面積。接著定義 shape 類別的衍生類別 rectangle，且其成員變數為 length 與 width，及成員函式為 data_input()，分別表示長方形的長與寬，及輸入長方形的長與寬並計算面積。程式執行時，輸入長方形的長與寬，輸出長方形的面積。

2. （多層繼承）寫一程式，定義一 shape 類別，且其成員變數為 name 與 shape_area，及成員函式為 area()，分別表示圖形的名稱與圖形的面積，及顯示圖形的面積。接著定義 shape 類別的衍生類別 rectangle，且其成員變數為 length 與 width，及成員函式為 data_input()，分別表示長方形的長與寬，及輸入長方形的長與寬。
   接著定義 rectangle 類別的衍生類別 cube，且其成員變數為 height 及成員函式為 data_input()，分別表示長方體的高及輸入長方體的高並計算體積。
   程式執行時，輸入長方體形的長、寬及高，輸出長方體的體積。

3. （多重繼承及虛擬繼承）寫一程式，定義 people 類別，其成員變數有 id 及 name，分別代表個人的編號及姓名。接著定義 people 類別的衍生類別 student，其成員變數有 course_id、course_name 與 course_credit，成員函式有 data_input( )，分別代表學生所修的課程編號、課程名稱與學分，及作為課程編號、課程名稱與學分輸入之用。
   接著定義 people 類別的衍生類別 teacher，其成員變數有 course_id、course_name 與 course_credit， 成員函式有 data_input( )，分別代表教師所教授的課程編號、課程名稱與學分，及作為所教授的課程編號、課程名稱與學分輸入之用。最後定義同時繼承 teacher 類別及 student 類別的衍生類別 teacher_student，且其成員函式為 show()，作為顯示教師所教授的課程編號、課程名稱與學分及所修的課程資料、課程名稱與學分。
   程式執行時，輸入擁有學生及教師雙重身分者的相關資料，輸出此人所教授的課程編號、課程名稱與學分及所修的課程資料、課程名稱與學分。

4. （純虛擬函式及抽象類別）以含有純虛擬函式抽象類別為基礎類別，並利用其衍生類別中來求長方形及圓形的面積。

Chapter

17 檔案處理

無論是從鍵盤輸入資料，或從檔案中讀取資料，或將程式的執行結果輸出到螢幕及寫入檔案中，C++ 語言都是以串流（stream）的方式來處理。與串流有關的資訊，是記錄在一個資料型態為串流類別（Class）的串流物件變數，其作用為串流與檔案的溝通橋樑，透過這個串流物件變數，就能對串流進行讀寫，如「圖 17-1」所示。

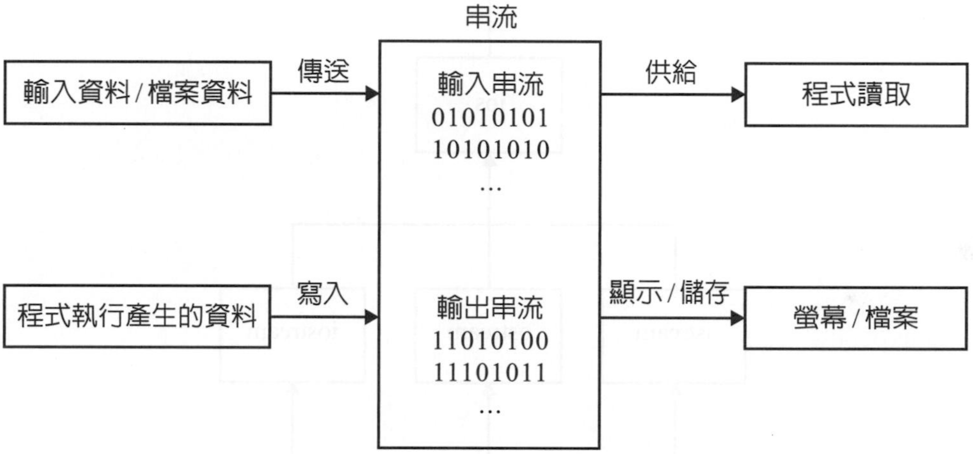

▲圖17-1　串流處理示意圖

根據資料的讀取或寫入方式，串流可成輸入串流（input stream）、輸出串流（output stream）及輸入 / 輸出串流（input/output stream）。這三種串流，分別由輸入串流類別（ifstream）、輸出串流類別（ofstream）及輸入 / 輸出串流類別（fstream）所建構出來的。與檔案處理類別的繼承關係圖，請參考「圖 17-2」。因 ifstream、ofstream 及 fstream 三種類別，都是定義在 fstream 標頭檔中，故處理檔案的輸入 / 輸出時，必須在前置處理指令區中撰寫：「#include <fstream>」，否則無法建構相關的串流物件。

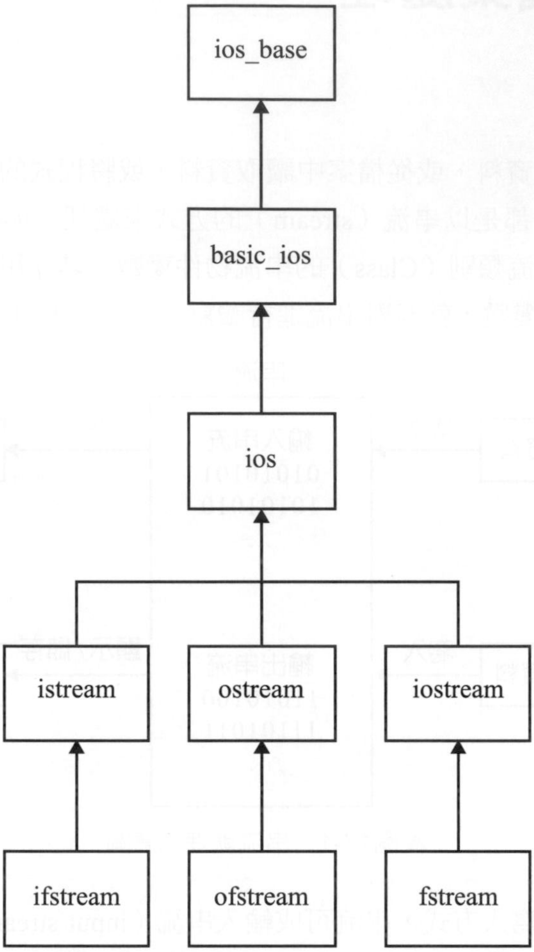

▲圖17-2　檔案處理類別的繼承關係示意圖

17-1 檔案類型

對於 C++ 語言而言，檔案有下列兩種類型：

1. **文字檔（Text file）**

   資料中的每一個字元，是以其所對應的 ASCII 碼來儲存。一般文書編輯軟體（例：NotePad），是以文字檔方式儲存資料。

2. **二進位檔（Binary file）**

   資料中的每一個字元是以二進位的格式儲存。一般執行檔、圖形檔及影像聲音檔，都是以二進位檔方式儲存。二進位檔是無法使用文書編輯軟體來處理，若用文書編輯軟體開啟，則看到的內容是一堆無法了解的亂碼。

檔案依儲存方式分成下列兩種類型：

1. **循序存取（Sequential Access）**

   資料寫入檔案時，是附加在檔案的尾端，從檔案中讀取資料時，是由檔案的開端由前往後一個字元一個字元讀出。以這種方式存取資料的檔案，被稱為循序檔，例如文字檔。

2. **隨機存取（Random Access）**

   資料是以一筆記錄（結構型態）為單位寫入檔案，且每一筆記錄的長度相同，可利用目前資料記錄所在位置，算出實際資料的位置並取得資料。以這種方式存取資料的檔案，被稱為隨機存取檔，例如二進位檔。

17-2 檔案存取

要對一檔案內的資料進行存取時，首先必須開啟檔案，然後才能進行存取工作。資料存取工作完成後，必須關閉檔案，避免造成檔案內的資料在電腦系統不穩的狀態下流失。有關檔案的 I/O（輸入 / 輸出）處理，C++ 語言都是藉由 ifstream、ofstream 或 fstream 類別來處理。首先利用 ifstream、ofstream 或 fstream 類別建立串流物件變數，然後呼叫串流物件變數的公有成員函式「open」，開啟串流與檔案間的溝通橋樑，進而可對串流進行存取作業。串流被處理後不再使用時，記得呼叫串流物件變數的公有成員函式「close」，將串流與檔案的溝通橋樑關閉，以保障檔案的正確性。

檔案處理的步驟如下：

步驟 1 利用 ifstream、ofstream 或 fstream 類別建立串流物件變數。

步驟 2 呼叫 ifstream、ofstream 或 fstream 類別的公有成員函式「open」，開啟指定的檔案。

步驟 3 呼叫 ifstream（或 fstream）類別的公有成員函式「get」、「getline」及「read」，或 ifstream（或 fstream）類別所建立的輸入串流物件變數，將資料從指定的檔案中讀取出來。或利用 ofstream（或 fstream）類別的公有成員函式「put」及「write」，或 ofstream（或 fstream）類別所建立的輸出串流物件變數，將資料寫入指定的檔案中。

步驟 4 呼叫 ifstream、ofstream 或 fstream 類別的公有成員函式「fclose」，關閉指定的已開啟檔案。

❖ 17-2-1 串流開啟

要開啟串流，可藉由 istreamo、ofstream 或 fstream 類別的「open」函式來處理。

函式名稱	open( )
函式原型	void open(const char* filename, ios_base::openmode mode);
功能	以mode模式開啟filename檔案
傳回	無
原型宣告所在的標頭檔	fstream

■ 函式說明

- 「open」函式被呼叫時，需傳入兩個參數。第一個參數「filename」代表要開啟的檔案名稱（含路徑），它的資料型態為「const char*」，代表「filename」是指向常數字元陣列或常數字串的指標變數。在程式中，若將包含路徑的檔案名稱設定給 filename，則必須在有「'\'」字元的位置前再加上一個「'\'」字元。若 filename 代表的檔案與程式檔皆位於同一資料夾，則可省略路徑。第二個參數「mode」代表檔案的開啟模式，它的資料型態為「ios_base::openmode」，表示「mode」只能是定義在「ios_base」類別中的「openmode」公有列舉之列舉常數名稱。列舉常數名稱，請參考「表 17-1」。
- 「ios_base」類別是定義在 std 命名空間中，使用前須在前置處理區加入「using namespace std;」。

▼表 17-1　常用的串流開啟模式

「openmode」列舉的列舉常數名稱	開啟模式
in	開啟只供讀取之唯讀文字檔。若文字檔不存在，則無法讀取資料
out	開啟可供寫入之文字檔。若文字檔已存在，則文字檔內容會先被清除。若文字檔不存在，則會建立此文字檔
app	開啟可供寫入之檔案，並將資料寫到檔案尾部。若文字檔已存在，則新增的資料，會寫入文字檔的尾部。若文字檔不存在，則會建立此文字檔
binary	開啟二進位檔。同時配合上面四種開檔模式之一，對此二進位檔進行各種資料處理

【註】

- 「in」、「out」、「app」及「binary」在使用上，是以「ios_base::in」、「ios_base::out」、「ios_base::app」及「ios_base::binary」，或「ios::in」、「ios::out」、「ios::app」及「ios::binary」來表示。「ios」是「ios_base」的衍生類別名稱。
- 若要同時使用兩種（含）以上的開啟模式，則必須使用「|」（位元或運算子），來連接這些開檔模式。例如：若要開啟可供讀取及寫入之文字檔，則開檔模式為「ios::in | ios::out」。若文字檔已存在，則檔案的游標會位於檔頭。若文字檔不存在，則會建立此文字檔。
- 開啟模式為「ios::in」，只能用在 ifstream 或 fstream 類別所建立的串流物件上。開檔模式為「 ios::out」或「ios::app」，只能用在 ofstream 或 fstream 類別所建立的串流物件上。

要開啟一檔案，首先必須宣告一個 ifstream 串流物件變數，ofstream 串流物件變數或 fstream 串流物件變數，作為串流與檔案間的橋樑，然後呼叫「open」函式，將指定的檔案開啟。開啟串流物件的語法有下列三種方式：

一、開啟輸入串流的語法

```
ifstream  輸入串流物件變數 ;
輸入串流物件變數.open(filename, mode) ;
```

■ 語法說明

- 宣告輸入串流物件變數，然後以「mode」模式來開啟「filename」檔案。
- 「mode」模式，請參考「表 17-1」

二、開啟輸出串流的語法

```
ofstream  輸出串流物件變數 ;
輸出串流物件變數.open(filename, mode) ;
```

■ 語法說明

- 宣告輸出串流物件變數，然後以「mode」模式來開啟「filename」檔案。
- 「mode」模式，請參考「表 17-1」。

三、開啟輸入 / 輸出串流的語法

```
fstream  輸入/輸出串流物件變數 ;
輸入/輸出串流物件變數.open(filename, mode) ;
```

■ 語法說明

- 宣告輸入 / 輸出串流物件變數，然後以「mode」模式來開啟「filename」檔案。
- 「mode」模式，請參考「表 17-1」。

❖ 17-2-2 串流關閉

串流處理完畢後不再使用時，一定要呼叫 istreamo、ofstream 或 fstream 類別的「close」函式來關閉串流，否則可能會造成檔案損壞或資料流失。若要變更已開啟的串流模式，則必須先呼叫「close」函式將串流關閉，然後再重新開啟串流。例如：先讀後寫。關閉串流時，會同時將緩衝區內的資料，寫入檔案內。

函式名稱	close( )
函式原型	void close( );
功能	關閉串流物件
傳回	無
原型宣告所在的標頭檔	fstream

關閉串流物件的語法如下：

```
串流物件變數.close( ) ;
```

在 C++ 中，串流物件變數有「goodbit」、「badbit」、「failbit」及「eofbit」四種狀態，分別代表「沒有錯誤」、「不可恢復的資料串流錯誤」、「輸入 / 輸出操作失敗」及「資料串流已到達文件的尾端」。這四種狀態都是在公有列舉型態「ios_base::iostate」中定義的列舉常數名稱，它們的值分別為 0、1、2 及 4。

若要取得資料串流物件變數的狀態，則可分別呼叫 ios_base 類別中的公有成員函式「good」、「bad」、「fail」及「eof」，來檢查「goodbit」、「badbit」、「failbit」及「eofbit」四種狀態是否為「true」。

呼叫「open」函式來開啟串流物件或呼叫「close」函式來關閉串流物件後，可呼叫 ios 類別的「fail」函式，來取得開啟串流物件或關閉串流物件是否失敗。

函式名稱	fail( )
函式原型	bool fail( ) const;
功能	取得串流物件在開啟(或關閉)時，是否失敗
傳回	若串流物件開啟(或關閉)失敗，則回傳true，否則回傳false
原型宣告所在的標頭檔	ios

■ 函式說明

- 「fail」函式被呼叫時，無須傳入任何參數。
- 「bool fail( ) const;」中的「const」，代表呼叫「fail」函式過程中，串流物件變數的狀態不會被改變。

■ 範例 1

寫一程式，輸入一文字檔名稱，然後以唯讀方式開啟該文字檔，然後再將它關閉。（假設有一test.txt 檔案）。

```
#include <iostream>
#include <fstream>
#include <string>
using namespace std;
int main()
 {
    // 宣告型態為ifstream的輸入串流物件變數readfile
    // 做為讀取檔案之用
    ifstream readfile;

    string filename;
    cout << "輸入要開啟的文字檔名稱:" ;
    cin >> filename;

    // 以唯讀模式開啟檔案
    readfile.open(filename, ios_base::in);
    if (readfile.fail())  // 檔案無法開啟時
     {
         cout << filename << "檔案無法開啟!\n" ;
         exit(1);  // exit(1)函式作用為強迫結束程式
     }
    cout << filename << "檔案已開啟!\n" ;

    // 關閉readfile串流
    readfile.close();
    if (readfile.fail())  // readfile串流關閉失敗時
     {
         cout << filename << "檔案無法關閉!\n" ;
         exit(1);
```

```
    }
    cout << filename << "檔案已關閉!\n" ;

    return 0 ;
}
```

執行結果

輸入要開啟的文字檔名稱 : test.txt
test.txt 檔案已開啟 !
test.txt 檔案已關閉 !

❖ 17-2-3　檔案資料讀取與寫入

指定的檔案被成功開啟後，則可呼叫 ifstream（或 fstream）類別的函式「get」，「getline」及「read」，或 ifstream（或 fstream）類別所建立的輸入串流物件變數，將資料從檔案中讀取出來。也可呼叫 ofstream（或 fstream）類別的函式「put」及「write」，或 ofstream（或 fstream）類別所建立的輸出串流物件變數，將資料寫入檔案中。

一、讀取字元

函式名稱	get( )
函式原型	int get( );
功能	從輸入串流物件中，讀取一個字元。讀取後，檔案游標會移往下一個字元的位置
傳回	1. 若成功讀取一個字元，則回傳字元所對應的ASCII碼。 2. 若檔案游標在檔尾，則輸入串流物件變數的「eofbit」狀態會被設為「true」，且輸入串流物件變數的「failbit」狀態也會被設為「true」。
原型宣告所在的標頭檔	istream

■ **函式說明**

- 「get」函式被呼叫時，無須傳入任何參數。
- 呼叫「get」函式後，可呼叫 ios 類別的「eof」函式來取得檔案指標是否在檔尾，若在檔尾，則「eof」函式會回傳「true」，否則會回傳「false」。

函式名稱	eof( )
函式原型	bool eof( ) const;
功能	取得輸入串流的檔案指標是否在檔尾
傳回	若檔案指標在檔尾，則傳回true，否則傳回false
原型宣告所在的標頭檔	ios

■ 函式說明

- 「eof」函式被呼叫時，無須傳入任何參數。
- 「bool eof( ) const;」中的「const」，代表呼叫「eof」函式過程中，輸入串流物件變數的狀態不會被改變。

從輸入串流物件中讀取一個字元的語法如下：

```
輸入串流物件變數.get( )
```

■ 範例 2

寫一程式，開 test.txt 文字檔，然後輸出其內容及所佔用的記憶體空間（單位：位元組）。

假設文字檔 test.txt 的內容如下：

2023/1/22 是農曆大年初一

星期日

```
#include <iostream>
#include <fstream>
#include <string>
using namespace std;
int main()
 {
   // 宣告型態為ifstream的輸入串流物件變數readfile
   // 做為讀取檔案之用
   ifstream readfile;

   // 以唯讀模式開啟test.txt檔案
   readfile.open("test.txt",ios_base::in);
   if (readfile.fail())
    {
      cout << "test.txt檔案無法開啟!\n" ;
      exit(1) ;
    }

   char ch;
   int filespace=0;  // 計算檔案所佔用的記憶體空間
   cout << "test.txt文字檔內容為:\n";
```

```
    while (1)
     {
        ch=readfile.get();

        // readfile串流的檔案指標在檔尾時
        if (readfile.eof())
            break;
        cout << ch ;
        filespace ++;
     }
    cout << '\n' << "test.txt文字檔所佔的空間為";
    cout << filespace << "個位元組(包括換列字元)\n" ;

    // 清除readfile串流的狀態
    readfile.clear();

    readfile.close();
    if (readfile.fail())
     {
       cout << "test.txt檔案無法關閉!\n" ;
       exit(1) ;
     }

    return 0;
}
```

執行結果

test.txt 文字檔內容為：

2023/1/22 是農曆大年初一
星期日

test.txt 文字檔所佔的空間為 30 個位元組 (包括換列字元)

程式解說

1. 因 test.txt 檔案的第一列佔 24 個位元組（含換列字元），第二列佔 6 個位元組（不含換列字元），所以所佔的空間共 30 個位元組。
2. 串流物件被讀取或寫入時，串流物件的狀態會隨時改變。例如：當檔案指標在檔尾時，串流物件的「eofbit」狀態會被設為「true」；當串流物件被讀取或寫入發生錯誤時，串流物件的「failbit」狀態會被設為「true」。若想恢復串流物件的狀態為正常狀態，則可呼叫 ios 類別的公有成員函式「clear」來處理。

函式名稱	clear( )
函式原型	void clear( );
功能	清除串流物件的狀態及緩衝區
傳回	無
原型宣告 所在的標頭檔	ios

■ 函式說明

- 「clear」函式被呼叫時，無須傳入任參數。
- 清除串流物件的狀態，是將串流物件的「goodbit」狀態設為「true」，「badbit」狀態設為「false」，「failbit」狀態設為「false」及「eofbit」狀態設為「false」。清除串流物件的狀態，即是將串流物件的狀態恢復為到正常狀態。

清除串流物件的狀態之語法如下：

```
串流物件變數.clear( ) ;
```

■ 語法說明

- 若串流物件的「goodbit」狀態為「false」，「badbit」狀態為「true」，「failbit」狀態為「true」或「eofbit」狀態為「true」，則必須呼叫「串流物件變數.clear( ) ;」清除串流物件的狀態，否則下次使用該串流物件變數進行讀寫操作時，可能會受到之前的錯誤狀態所影響。
- 當檔案內容被全部讀取過一次後，檔案指標會停在檔尾，串流物件變數的「eofbit」狀態會被設為「true」。若要再從頭讀取資料時，則必須先使用「串流物件變數 .clear( ) ;」後，才能再次讀取。

二、寫入字元

函式名稱	put( )
函式原型	ostream& put (char c);
功能	將字元資料，寫入輸出串流中
傳回	資料寫入後的輸出串流
原型宣告所在的標頭檔	ostream

■ 函式說明

- 「put」函式被呼叫時，須傳入參數「c」，它的資料型態為 char。
- 「ostream& put (char c);」中的「ostream&」，表示回傳資料寫入後的輸出串流。

將一個字元寫入輸出串流中的語法如下：

```
輸出串流物件變數.put(字元變數或常數) ;
```

■ 語法說明

將字元變數（或常數）的內容，寫入輸出串流中。

三、寫入任意型態的資料

將任意型態的資料寫入輸出串流中的語法如下：

```
輸出串流物件變數 << 運算式1 [<< 運算式2 …] ;
```

■ 語法說明

- 「運算式」可以是常數，變數或函式，也可以常數，變數或函式的組合。
- 「[]」，表示它內部（包含[]）的資料是選擇性的。若不需要，則可省略，包括「[]」在內，但最後的「;」要留著。

範例 3

（承「範例 2」）寫一程式，開啟 test.txt 文字檔，然後輸入要增加的資料，直到按下 Enter 鍵才結束輸入，並將這些資料寫入 test.txt 文字檔內容的後面。

```
#include <iostream>
#include <fstream>
#include <string>
using namespace std;
int main()
 {
   // 宣告型態為ofstream的輸出串流物件變數appendfile
   // 做為寫入檔案之用
   ofstream appendfile;

   cout << "開啟test.txt文字檔，並新增資料於檔尾\n" ;

   // 以寫入模式開啟test.txt檔案，並將新增的資料寫到檔案尾部
   appendfile.open("test.txt", ios_base::app);
   if (appendfile.fail())
    {
      cout << "test.txt檔案無法開啟!\n" ;
      exit(1) ;
    }
```

```
20
21      string data;
22      cout << "輸入(要新增的)資料，以Enter鍵作為結束:\n" ;
23      getline(cin, data);
24      appendfile << data << '\n' ;
25      if (appendfile.fail())  // 資料寫入appendfile串流失敗時
26       {
27         cout << "寫入失敗\n" ;
28         exit(1);
29       }
30
31      appendfile.close();
32      if (appendfile.fail())
33       {
34         cout << "test.txt檔案無法關閉!\n" ;
35         exit(1) ;
36       }
37
38      return 0 ;
39    }
```

執行結果

開啟 test.txt 文字檔，並新增資料於檔尾
輸入 (要新增的) 資料，以 Enter 鍵作為結束 :
，今年是兔年

程式解說

1. 程式第 23 列「getline(cin,data); 」，表示從鍵盤輸入資料，並以 Enter 鍵作為該列資料的結束，同時將輸入的資料存入字串物件變數 data 中。
2. 因資料寫入檔案並不會自動換列，所以程式第 24 列「appendfile << data << '\n' ;」，是將 data 的內容寫入 appendfile 串流後，接著再將「'\n'」寫入，才能達到換列的效果。

四、讀取一列資料

函式名稱	getline( )
函式原型	istream& getline(istream& is, string& str);
功能	從輸入串流中，讀取一列資料並存入字串物件變數str中
傳回	讀取資料後的輸入串流
原型宣告所在的標頭檔	istream

■ 函式說明

- 「getline」函式被呼叫時，須傳入 2 個參數。第一個參數「is」的資料型態為「istream&」，表示 is 為輸入串流物件變數。第二個參數「str」的資料型態為「string&」，表示 str 必須為字串物件變數。
- 「istream& getline(istream& is, string& str);」中的 istream&，表示讀取資料後的輸入串流。

從輸入串流中讀取一列資料的語法如下：

```
getline(輸入串流物件變數, 字串變數) ;
```

■ 語法說明

- 從輸入串流中，讀取一列資料，並存入字串變數中。
- 若輸入串流為鍵盤，則語法可改寫成： getline(cin, 字串變數);

範例 4

(承「範例 3」) 寫一程式，開啟 test.txt 文字檔，並將其內容一次一列顯示在螢幕上。

```
#include <iostream>
#include <fstream>
#include <string>
using namespace std;
int main()
 {
   // 宣告型態為ifstream的輸入串流物件變數readfile
   // 做為讀取檔案之用
   ifstream readfile;

   // 以唯讀模式開啟test.txt檔案
   readfile.open("test.txt",ios_base::in);
   if (readfile.fail())
    {
      cout << "test.txt檔案無法開啟!\n" ;
      exit(1) ;
    }

   string data;
   cout << "test.txt文字檔內容為:\n";

   // readfile串流的檔案指標不在檔尾，繼續讀取資料
   while (!readfile.eof())
    {
      getline(readfile,data);
      cout << data ;
      if (!readfile.eof())
          cout << '\n' ;
    }
```

```
30
31        // 清除readfile串流的狀態
32        readfile.clear();
33
34        readfile.close();
35        if (readfile.fail())
36         {
37           cout << "test.txt檔案無法關閉!\n" ;
38           exit(1) ;
39         }
40
41        return 0;
42      }
```

執行結果

test.txt 文字檔內容為：

2023/1/22 是農曆大年初一

星期日，今年是兔年

程式解說

因資料從檔案中讀取出來並顯示在螢幕時，並不會自動換列。因此，若要換列，則必須使用程式第 28 列「cout << '\n';」。

範例 5

寫一程式，將學習程式設計的心得報告存入 learn_c++.txt 檔案中，並將其內容從檔案中讀取出來。

【註】每列最多 80 個位元組，要結束時，請在該列的最前面按下 Ctrl+Z 鍵。

```
#include <iostream>
#include <fstream>
#include <string>
using namespace std;
int main()
 {
   // 宣告型態為ofstream的輸出串流物件變數writefile
   // 做為寫入檔案之用
   ofstream writefile;

   // 以寫入模式開啟learn_c++.txt檔案
   writefile.open("learn_c++.txt",ios_base::out);
   if (writefile.fail())  //  開檔失敗時
    {
      cout << "learn_c++.txt檔案無法開啟!\n" ;
      exit(1) ;
    }
```

```

      string data;
      cout << "輸入學習程式設計的心得報告"
           << "(要結束時，請在該列的最前面按Ctrl+Z鍵):\n" ;
      while(1)
       {
         getline(cin, data);
         if (cin.eof())  // 輸入的資料被讀取完畢時
            break;

         writefile << data << '\n';
         if (writefile.fail())  // 寫入失敗時
          {
            cout << "寫入失敗\n" ;
            break;
          }
       }

      writefile.close();
      if (writefile.fail())  // 關檔失敗時
       {
         cout << "learn_c++.txt檔案無法關閉!\n" ;
         exit(1) ;
       }

      // 宣告型態為ifstream的輸入串流物件變數readfile
      // 做為讀取檔案之用
      ifstream readfile;

      // 以唯讀模式開啟learn_c.txt檔案
      readfile.open("learn_c++.txt", ios_base::in);
      if (readfile.fail())
       {
         cout << "learn_c++.txt檔案無法開啟!\n" ;
         exit(1) ;
       }

      cout << "learn_c++.txt文字檔內容為:\n";

      // readfile串流的檔案指標不在檔尾時，繼續讀取資料
      while (!readfile.eof())
       {
         getline(readfile,data);
         cout << data ;
         if (!readfile.eof())
             cout << '\n' ;
       }

      // 清除readfile串流的狀態
      readfile.clear();

      readfile.close();
      if (readfile.fail())
       {
```

```
72        cout << "learn_c++.txt檔案無法關閉!\n" ;
73        exit(1) ;
74      }
75
76    return 0;
77  }
```

執行結果

輸入學習程式設計的心得報告 (要結束時 , 請在該列的最前面按 Ctrl+Z 鍵):
多數的初學者，對學習程式設計的恐懼與排斥，
主要原因有下列兩點 :
1. 對所要處理的問題之程序不是很熟悉
2. 上機練習時間不夠
(按 Ctrl+Z)
learn_c++.txt 檔案的內容為
多數的初學者，對學習程式設計的恐懼與排斥，
主要原因有下列兩點 :
1. 對所要處理的問題之程序不是很熟悉
2. 上機練習時間不夠

程式解說

- 在 Windows 作業系統中，使用 cin 串流物件從鍵盤中讀取資料時，若換列後再按 Ctrl+Z，則表示結束資料輸入並將 cin 關閉。讀取資料已到了鍵盤檔尾。
- 程式第 25 列「if (cin.eof())」，是判斷從鍵盤中讀取資料時，是否已經到達了檔案結尾？若回傳「true」，表示已經到達了檔案結尾，即輸入的資料已經被讀取完畢時；否則還有其他的輸入資料可以被讀取。

五、寫入格式化的資料

將資料依據指定的格式寫入輸出串流中的語法如下：

```
輸出串流物件變數 [  << I/O格式操縱器 ] << 運算式1
                 [ [<< I/O格式操縱器 ] << 運算式2 …] ;
```

■ **語法說明**

- 將格式化的資料，寫入輸出串流中。

- I/O 格式操縱器的相關設定，請參考「第三章 輸出物件及輸入物件」的「表 3-1 常用的格式旗標」。
- 「運算式」可以是常數，變數或函式，也可以常數，變數或函式的組合。
- 「[]」，表示它內部（包含[]）的資料是選擇性的。若不需要，則可省略，包括「[]」在內，但最後的「;」要留著。

範例 6

寫一程式，將下列資料寫入 animal.txt 檔案中。

動物	年齡	身高
馬	2	165
狗	3	35
貓	4	25

```
#include <iostream>
#include <fstream>
#include <string>
using namespace std;
int main()
 {
   // 宣告型態為ofstream的輸出串流物件變數writefile
   // 做為寫入檔案之用
   ofstream writefile;

   // 以寫入模式開啟檔案animal.txt
   writefile.open("animal.txt",ios_base::out);
   if (writefile.fail())
    {
      cout << "animal.txt檔案無法開啟!\n" ;
      exit(1) ;
    }

   writefile << "動物\t年齡\t身高\n" ;
   int i;
   string name;
   int age,height;
   for (i=1;i<=3;i++)
    {
      cout << "輸入第" << i
           << "種動物名稱，年齡及身高(以空白鍵作區隔):\n" ;
      cin >> name >> age >> height ;
      writefile << name << '\t' << age << '\t' << height << '\n';
      if (writefile.fail())
       {
         cout << "寫入失敗\n" ;
         break;
       }
    }
```

```
35
36        writefile.close();
37        if (writefile.fail())
38         {
39           cout << "animal.txt檔案無法關閉!\n" ;
40           exit(1) ;
41         }
42
43        return 0;
44    }
```

執行結果

輸入第 1 種動物名稱，年齡及身高 (以空白鍵作區隔):

馬 2 165

輸入第 2 種動物名稱，年齡及身高 (以空白鍵作區隔):

狗 3 35

輸入第 3 種動物名稱，年齡及身高 (以空白鍵作區隔):

貓 4 25

程式解說

- 程式執行後 animal.txt 檔案內容如下：

動物	年齡	身高
馬	2	165
狗	3	35
貓	4	25

  程式第 27 列「cin >> name >> age >> height ; 」代表一次輸入 3 個資料， 並以空白鍵作為資料間的區隔，最後以 Enter 結束輸入。第一個資料存入 name，第二個資料存入 age，第三個資料存入 height。

- 程式第 28 列「writefile << name << '\t' << age << '\t' << height << '\n'; 」中的「'\t'」，它的作用是讓資料寫入 writefile 串流時能夠對齊。

六、讀取資料遇空白字元即完成一次讀取

從檔案中，讀取資料遇空白字元即完成一次讀取的語法如下：

```
輸入串流物件變數 >> 變數1 [ >> 變數2 …] ;
```

■ **語法說明**

- 從輸入串流中讀取資料，並依次存入變數 1[，變數 2，…] 中。
- 空白鍵、Tab 鍵及 Enter 鍵，都屬於空白字元的一種。
- 「[ ]」，表示它內部（包含 [ ]）的資料是選擇性的。若不需要，則可省略，包括「[ ]」在內，但最後的「;」要留著。

範例 7

（承「範例 6」）寫一程式，計算 animal.txt 檔案中動物的平均年齡及身高，並將結果寫入檔案中。

```
#include <iostream>
#include <fstream>
#include <string>
using namespace std;
int main()
 {
   // 宣告型態為fstream的輸入/輸出串流物件變數read_writefile
   // 做為讀取/寫入檔案之用
   fstream read_writefile;

   // 以讀取寫入模式開啟檔案animal.txt
   // 新增的資料會寫到檔尾
   read_writefile.open("animal.txt",ios_base::in | ios::out);
   if (read_writefile.fail())
    {
      cout << "animal.txt檔案無法開啟!\n" ;
      exit(1) ;
    }
   string name;
   int age,height;

   getline(read_writefile, name) ;

   float total_age=0,total_height=0;
   int i;
   for (i=1;i<=3;i++)
    {
      read_writefile >> name >> age >> height ;
      if (read_writefile.fail())
       {
         cout << "讀取失敗\n" ;
         break;
       }
      total_age=total_age+age;
      total_height=total_height+height;
    }

   // 設定顯示小數一位
   cout.precision(1);
```

```
40      cout.setf(ios::fixed);
41      // 設定顯示小數一位
42
43      cout << "平均年齡:" << total_age/3
44          << "\t平均身高:" << total_height/3  << '\n' ;
45
46      // 將檔案的游標移到檔尾
47      read_writefile.seekg(0, ios::end) ;
48
49      read_writefile << "平均年齡:" << total_age/3
50                     << "\t平均身高:" << total_height/3 << '\n' ;
51
52      // 清除read_writefile串流的狀態
53      read_writefile.clear();
54
55      read_writefile.close();
56      if (read_writefile.fail())
57       {
58         cout << "animal.txt檔案無法關閉!\n" ;
59         exit(1) ;
60       }
61
62      return 0;
63    }
```

執行結果

平均年齡 :3 平均身高 :75

程式解說

- 本題目要計算的資料與 read_writefile 串流的第一列無關，因此利用程式第 22 列「getline(read_writefile, name) ;」，先將 read_writcfile 串流的第一列讀取出來存入 name 中 (但此時的 name 不代表任意義)，方便後續讀取所要計算的資料。
- 程式第 47 列「read_writefile.seekg(0, ios::end) ;」，表示將 read_writefile 串流的檔案指標移到檔尾，使新增的資料加在檔尾之後。
- 若想將 read_writefile 串流的檔案指標移到檔頭，則指令為「read_writefile.seekg (0, ios::beg) ;」

❖ 17-2-4 檔案指標取得與移動

串流處理時，了解串流檔案指標的位置，有助於查詢或插入檔案資料。ifstream 類別提供了公有成員函式「tellg」和「seekg」，用於取得和移動輸入串流的檔案指標位置。ofstream 類別提供了公有成員函式「tellp」和「seekp」，用於取得和移動輸出串流的檔案指標位置。

▼表 17-2 串流檔案指標成員函式

函數名稱	說明	語法
tellg( )	回傳輸入串流的檔案指標位置	輸入串流物件變數.tellg( );
seekg(n, ios::beg)	將輸入串流的檔案指標位置設定在距離檔頭位置n(>=0)個位元組的地方	輸入串流物件變數.seekg(n, ios::beg);
seekg(n, ios::cur)	將輸入串流的檔案指標位置設定在距離目前檔案指標位置n個位元組的地方。n>=0表示往後移動n個位元組，n<=0表示往前移動|n|個位元組	輸入串流物件變數.seekg(n, ios::cur);
seekg(n, ios::end)	將輸入串流的檔案指標位置設定在距離檔尾位置|n|(n<=0)個位元組的地方	輸入串流物件變數.seekg(n, ios::end);
tellp( )	回傳輸出串流的檔案指標位置	輸出串流物件變數.tellp( );
seekp(n, ios::beg)	將輸出串流的檔案指標位置設定在距離檔頭位置n(>=0)個位元組的地方	輸出串流物件變數.seekp(n, ios::beg);
seekp(n, ios::cur)	將輸出串流的檔案指標位置設定在距離目前檔案指標n個位元組的地方。n>=0表示往後移動n個位元組，n<=0表示往前移動|n|個位元組	輸出串流物件變數.seekp(n, ios::cur);
seekp(n, ios::end)	將輸出串流的檔案指標位置設定在距離檔尾位置|n|(n<=0)個位元組的地方	輸出串流物件變數.seekp(n, ios::end);

【註】「beg」、「cur」及「end」是定義在「ios_base」 類別中的「seekdir」公有列舉之三個列舉常數名稱，分別代表「檔頭位置」、「目前位置」及「檔尾位置」。「beg」、「cur」及「end」在使用上，是以「ios_base::beg」、「ios_base::cur」及「ios_base::end」，或「ios::beg」、「ios::cur」及「ios::end」來表示。

❖ 17-2-5 存取二進位檔資料

資料能以 ASCII 碼的形式儲存於文字檔，或以二進位碼（Binary Code）的形式儲存於二進位檔。在二進位模式下，任意類型的資料都能以二進位的形式寫入檔案。要將資料寫入二進位檔中，可呼叫 ofstream 類別的「write」函式來處理。要將資料從二進位檔中讀取出來，可呼叫 ifstream 類別的「read」函式來處理。

一、將資料寫入二進位檔

函式名稱	write( )
函式原型	ostream& write(const char* s, streamsize n) ;
功能	將指標變數s所指向的常數字元陣列（或常數字串）的前n個位元組，寫入輸出串流中
傳回	資料寫入後的輸出串流
原型宣告所在的標頭檔	ostream

■ 函式說明

- 「write」函式被呼叫時，須傳入 2 個參數。第一個參數「s」的資料型態為「const char*」，代表 s 是指向常數字元陣列（或常數字串）的字元指標變數。第二個參數「n」的資料型態為 「streamsize」，是一種有符號的整數型態，n 代表寫入的資料之位元組數。
- 「ostream& write(const char* s, streamsize n) ;」 中的「ostream&」，表示回傳資料寫入後的輸出串流。

資料寫入二進位檔的語法有下列三種：

1. 寫入常數字元陣列或常數字串資料

```
輸出串流物件變數.write(字元陣列變數(或常數字串),
                   sizeof(字元陣列變數(或常數字串)) ;
```

■ 語法說明

- 將字元陣列變數 (或常數字串) 的「sizeof(字元陣列變數 (或常數字串))」個位元組之資料，以二進位碼的形式寫入輸出串流的檔案指標所在位置中。

- 例：
```
char welcome[9]= "Hi, Mike";
writefile.write(welcome, sizeof(welcome));
// 或 writefile.write("Hi, Mike", sizeof("Hi, Mike")) ;
```

將字元陣列變數 name 的 9(=sizeof(welcome)) 個位元組之資料，以二進位碼的形式寫入 writefile 串流的檔案指標所在位置中。

2. 寫入非字元型態的資料

```
輸出串流物件變數.write((char *)&變數, sizeof(變數的型態)) ;
```

■ **語法說明**

- 將長度為「sizeof(變數的型態)」個位元組的變數內容，以二進位碼的形式寫入輸出串流的檔案指標所在位置中。

⚠注意

變數的型態，必須為整數型態，浮點數型態，結構型態或類別型態。

- 請參考「範例 8」。

3. 寫入非字元型態的陣列資料

```
輸出串流物件變數.write((char *)&陣列變數,
                      sizeof(陣列變數的型態) * 陣列變數的元素個數) ;
```

■ **語法說明**

- 將長度為「sizeof(陣列變數的型態) * 陣列變數的元素個數」個位元組的陣列變數內容，以二進位碼的形式寫入輸出串流的檔案指標所在位置中。

⚠注意

陣列變數的型態，必須為整數型態、浮點數型態、結構型態或類別型態。

- 請參考「範例 9」。

範例 8

寫一程式，定義紀錄電影資訊的結構型態：

```
struct cinema
 {
    char name[10];     // 電影名稱
    char date[9];      // 上映日期
    char place[7];     // 上映廳處
```

```
    int price;         // 票價
  }
```

以寫入模式開啟 movie.bin 二進位檔，且每輸入一筆電影資訊後，就寫入 movie.bin 中，直到回答不是 y (或 Y) 才結束輸入。

```
#include <iostream>
#include <fstream>
#include <cctype>
#include <conio.h>
using namespace std;
int main()
 {
   // 定義cinema結構型態
   struct cinema
    {
       char name[10];  // 電影名稱
       char date[9];   // 上映日期
       char place[7];  // 上映廳處
       int price;      // 票價
    };

   // 宣告movie為struct cinema結構變數
   struct cinema movie;


   // 宣告型態為ofstream的輸出串流物件變數writebinaryfile
   // 做為寫入檔案之用
   ofstream writebinaryfile;

   // 以二進制的寫入模式開啟movie.bin
   writebinaryfile.open("movie.bin", ios_base::out | ios_base::binary);
   if (writebinaryfile.fail())
    {
      cout << "movie.bin檔案無法開啟!\n" ;
      exit(1) ;
    }

   cout << "建立電影資訊:" ;
   do
    {
       cout << "\n電影名稱:" ;
       cin >> movie.name ;
       cout << "上映日期:" ;
       cin >> movie.date ;
       cout << "上映廳處:" ;
       cin >> movie.place ;
       cout << "票價:" ;
       cin >> movie.price ;

       // 寫入1筆cinema結構型態的資料到
       // writebinaryfile串流的檔案指標所在位置中
       writebinaryfile.write((char *)&movie, sizeof(struct cinema));

```

```
49          cout << "是否繼續輸入? (y/n):" ;
50       } while (toupper(getche()) == 'Y' );
51      // getche函式宣告在conio.h，toupper函式宣告在cctype
52
53      cout << '\n' ;
54
55      writebinaryfile.close();
56      if (writebinaryfile.fail())
57       {
58          cout << "movie.bin檔案無法關閉!\n" ;
59          exit(1) ;
60       }
61
62       return 0;
63   }
```

執行結果

建立電影資訊：
電影名稱：天龍傳
上映日期 :2023/03/24
上映廳處：交大廳
票價 :100
是否繼續輸入？(y/n):y
電影名稱：有你在
上映日期 :2023/03/24
上映廳處：清華廳
票價 :100
是否繼續輸入？(y/n):n

程式解說

1. 程式第 47 列「writebinaryfile.write((char *)&movie, sizeof(struct cinema)) ;」，是將結構變數 movie 的內容，寫入 writebinaryfile 串流的檔案指標所在位置中。
2. 每筆 movie 結構資料所佔的記憶體空間為 32 (=sizeof(struct cinema)=ceil(float(10+9+7)/4)*4+4)) 個位元組。
3. 程式執行後，movie.bin 的內容為二進位檔，若使用文書編輯軟體開啟，則所看到的資料是一堆無法了解的亂碼。想正確知道其內容，可以呼叫「read」函式將資料讀取出來。
4. 若要存入 n 筆 movie 結構資料，則指令如下：
   「`writebinaryfile.write((char *)&movie, sizeof(struct cinema)*n) ;`」
   （參考「範例 9」）

範例 9

（承「範例 8」）以新增模式開啟 movie.bin 二進位檔，輸入最多 3 筆電影資訊，並以回答不是 y（或 Y）作為結束輸入，並將新增的資料寫入 movie.bin 內容的後面。

```
#include <iostream>
#include <fstream>
#include <cctype>
#include <conio.h>
using namespace std;
int main()
 {
   // 定義cinema結構型態
   struct cinema
    {
       char name[10];  // 電影名稱
       char date[9];   // 上映日期
       char place[7];  // 上映廳處
       int  price;     // 票價
    };

   // 宣告movie為有3個元素的struct cinema結構陣列變數
   struct cinema movie[3];


   // 宣告型態為ofstream的輸出串流物件變數appbinaryfile
   // 做為寫入檔案之用
   ofstream appbinaryfile;

   // 以二進制的新增模式開啟movie.bin
   appbinaryfile.open("movie.bin", ios_base::app | ios_base::binary);
   if (appbinaryfile.fail())
    {
       cout << "movie.bin檔案無法開啟!\n" ;
       exit(1) ;
    }

   int i=0;
   cout << "最多建立3筆電影資訊:" ;
   do
    {
       cout << '\n' << i+1 << ".電影名稱:" ;
       cin >> movie[i].name ;
       cout << "上映日期:" ;
       cin >> movie[i].date ;
       cout << "上映廳處:" ;
       cin >> movie[i].place ;
       cout << "票價:" ;
       cin >> movie[i].price ;
       i++;
       cout << "\n是否繼續輸入? (y/n):" ;
    } while (toupper(getche()) == 'Y' && i<3);

   cout << '\n' ;

```

```
51        // 寫入i筆cinema結構型態的資料到
52        // appbinaryfile串流的檔案指標所在位置
53        appbinaryfile.write((char *)&movie, sizeof(struct cinema)*i);
54
55        appbinaryfile.close();
56        if (appbinaryfile.fail())
57         {
58           cout << "movie.bin檔案無法關閉!\n" ;
59           exit(1) ;
60         }
61
62        return 0;
63      }
```

執行結果

最多建立 3 筆電影資訊 :
1. 電影名稱 : 老虎王
上映日期 :2023/03/24
上映廳處 : 師大廳
票價 :100
是否繼續輸入 ? (y/n):y
2. 電影名稱 : 斯巴達
上映日期 :2023/03/24
上映廳處 : 台科廳
票價 :100
是否繼續輸入 ? (y/n):n

程式解說

程式第 53 列「appbinaryfile.write((char *)&movie, sizeof(struct cinema)*i) ;」，是將結構陣列變數 movie 的內容共「32*i」個位元組，寫入 appbinaryfile 串流的檔案指標所在位置。

二、讀取二進位檔資料

函式名稱	read( )
函式原型	istream& read(char* s, streamsize n);
功能	從輸入串流中，讀取長度為n個位元組之資料，存入字元陣列變數s中
傳回	資料讀取後的輸入串流
原型宣告所在的標頭檔	istream

■ 函式說明

- 「read」函式被呼叫時，須傳入 2 個參數。第一個參數「s」的資料型態為「char*」，s 代表字元指標變數。第二個參數「n」的資料型態為「streamsize」，n 代表讀取的資料長度。一般是以「sizeof(s)」來表示 n。
- 「istream& read(char* s, streamsize n) ;」中的「istream&」，表示回傳資料讀取後的輸入串流。

二進位檔資料的讀取語法，有下列三種：

1. 讀取二進位檔資料並存入字元陣列變數中

```
輸入串流物件變數.read(字元陣列變數, sizeof(字元陣列變數)) ;
```

■ 語法說明

- 從輸出串流中，讀取「sizeof(字元陣列變數)」個位元組的資料，並存入字元陣列變數中。
- 例：
```
char name[8];  // 陣列名稱被視為指向陣列第一個元素的指標
// 或 char* name = new char[8] ;
readfile.read(name, sizeof(name)) ;
cout << name[0] << name[1] << name[2] << name[3]
     << name[4] << name[5] << name[6] << name[7] ;
// 從 readfile 串流中，讀取 8 (=sizeof(name)) 個位元組的二進位資料，
// 並存入字元陣列變數 name 中。
```

2. 讀取非字元型態的二進位檔資料並存入變數中

```
輸入串流物件變數.read((char *)&變數, sizeof(變數的型態)) ;
```

■ 語法說明

- 從輸入串流中，讀取「sizeof(變數)」個位元組的資料，並存入變數中。

> **⚠注意**
>
> 變數的型態，必須為整數型態，浮點數型態，結構型態或類別型態。

- 請參考「範例 10」。

3. 讀取非字元型態的二進位檔資料並存入陣列變數中

```
輸入串流物件變數.write((char *)&陣列變數,
                     sizeof(陣列變數的型態) * 陣列變數的元素個數) ;
```

■ 語法說明

- 從輸入串流中，讀取「sizeof(陣列變數的型態) * 陣列變數的元素個數」個位元組的資料，並存入陣列變數中。

> **⚠注意**
>
> 陣列變數的型態，必須為整數型態，浮點數型態，結構型態或類別型態。

- 請參考「範例 11」。

■範例 10

（承「範例 9」）寫一程式，以讀取模式開啟 movie.bin 二進位檔，並從 movie.bin 中一次讀取一筆電影資訊。

```
#include <iostream>
#include <fstream>
using namespace std;
int main()
 {
   // 定義cinema結構型態
   struct cinema
    {
       char name[10];   // 電影名稱
       char date[9];    // 上映日期
       char place[7];   // 上映廳處
       int price;       // 票價
    };

   // 宣告movie為struct cinema結構變數
   struct cinema movie;

   // 宣告型態為ifstream的輸入串流物件變數readbinaryfile
   // 做為讀取檔案之用
   ifstream readbinaryfile;

   // 以二進制的讀取模式開啟movie.bin
   readbinaryfile.open("movie.bin", ios_base::in | ios_base::binary);
   if (readbinaryfile.fail())
    {
      cout << "movie.bin檔案無法開啟!\n" ;
      exit(1) ;
    }
   cout << "電影資訊:\n" ;
   int i;

   while (1)
    {
      // 讀取1筆cimena結構型態的資料，並存入movie結構變數
      readbinaryfile.read((char *)&movie, sizeof(struct cinema));

```

```
37          // readbinaryfile串流的檔案指標不在檔尾時
38          if (!readbinaryfile.eof())
39           {
40               cout << "電影名稱:" << movie.name << '\t'
41                    << "上映日期:" << movie.date << '\n'
42                    << "上映廳處:" << movie.place << '\t'
43                    << "票價:" << movie.price << "\n\n" ;
44           }
45          else
46               break ;
47      }
48
49      //清除readbinaryfile串流的狀態
50      readbinaryfile.clear();
51
52      readbinaryfile.close();
53      if (readbinaryfile.fail())
54       {
55          cout << "movie.bin檔案無法關閉!\n" ;
56          exit(1) ;
57       }
58
59      return 0;
60  }
```

執行結果

電影資訊:
電影名稱 : 天龍傳 上映日期 :2023/03/24
上映廳處 : 交大廳 票價 :100
電影名稱 : 有你在 上映日期 :2023/03/24
上映廳處 : 清華廳 票價 :100
電影名稱 : 老虎王 上映日期 :2023/03/24
上映廳處 : 師大廳 票價 :100
電影名稱 : 斯巴達 上映日期 :2023/03/24
上映廳處 : 台科廳 票價 :100

程式解說

1. 程式第 35 列「readbinaryfile.read((char *)&movie, sizeof(struct cinema)) ;」，表示從 readbinaryfile 串流中，讀取一筆 struct cinema 結構資料，並存入結構變數 movie 中。
2. 若要讀取 n 筆 movie 結構陣列資料，則指令如下：

   「`readbinaryfile.write((char *)&movie, sizeof(movie cinema)*n) ;`」

   （請參考「範例 11」）

範例 11

（承「範例 9」）寫一程式，以讀取模式開啟 movie.bin 二進位檔，並從 movie.bin 中一次最多讀取 3 筆電影資訊。

```
#include <iostream>
#include <fstream>
#include <cctype>
#include <conio.h>
using namespace std;
int main()
 {
   // 定義cinema結構型態
   struct cinema
    {
      char name[10];  // 電影名稱
      char date[9];   // 上映日期
      char place[7];  // 上映廳處
      int price;      // 票價
    };

   // 宣告movie為有3個元素的struct cinema結構陣列變數
   struct cinema movie[3];

   // 宣告型態為ifstream的輸入串流物件變數readbinaryfile
   // 做為讀取檔案之用
   ifstream readbinaryfile;

   // 以二進制的讀取模式開啟movie.bin
   readbinaryfile.open("movie.bin", ios_base::in | ios_base::binary);
   if (readbinaryfile.fail())
    {
      cout << "movie.bin檔案無法開啟!\n" ;
      exit(1) ;
    }

   int tcount;  // 讀取電影資訊的筆數
   int i,cursor_pos;  // 目前電影資訊記錄檔的游標位置
   do
    {
      system("cls");
      cout << "輸入要讀取電影資訊的筆數(最多3筆):" ;
      cin >> tcount;

      // 目前電影資訊記錄檔的游標位置
      cursor_pos=readbinaryfile.tellg();

      // 讀取tcount筆cimena結構型態的資料，並存入movie結構陣列變數
      readbinaryfile.read((char *)&movie, sizeof(struct cinema)*tcount);

      // readbinaryfile串流的檔案指標不在檔尾時
      if (!readbinaryfile.eof())
       {
```

```
                cout << "電影資訊:\n" ;
                cursor_pos=readbinaryfile.tellg();
                for (i=0;i<tcount;i++)
                    cout << "電影名稱:" << movie[i].name << '\t'
                         << "上映日期:" << movie[i].date << '\n'
                         << "上映廳處:" << movie[i].place << '\t'
                         << "票價:" << movie[i].price << "\n\n" ;
            }
            else
            {
                while (1)
                {
                    // 清除readbinaryfile串流的狀態
                    readbinaryfile.clear();
                    readbinaryfile.seekg(cursor_pos, ios::beg);
                    tcount--;
                    if (tcount>0)
                    {
                        readbinaryfile.read((char *)&movie, sizeof(struct cinema)*tcount);
                        if (!readbinaryfile.eof())
                        {
                            cout << "電影資訊:\n" ;
                            for (i=0;i<tcount;i++)
                                cout << "電影名稱:" << movie[i].name << '\t'
                                     << "上映日期:" << movie[i].date << '\n'
                                     << "上映廳處:" << movie[i].place << '\t'
                                     << "票價:" << movie[i].price << "\n\n" ;
                            break;
                        }
                    }
                    else
                    {
                        cout << "已無電影資訊\n" ;
                        break;
                    }
                }
            }
            cout << "是否繼續讀取電影資訊? (y/n):" ;
        } while (toupper(getche()) == 'Y');

        cout << '\n' ;

        readbinaryfile.clear();

        readbinaryfile.close();
        if (readbinaryfile.fail())
        {
            cout << "movie.bin檔案無法關閉!\n" ;
            exit(1) ;
        }

        return 0;
```

```
101    }
```

執行結果

輸入要讀取電影資訊的筆數 (最多 3 筆):2
 電影名稱 : 天龍傳 上映日期 :2023/03/24
 上映廳處 : 交大廳 票價 :100

 電影名稱 : 有你在 上映日期 :2023/03/24
 上映廳處 : 清華廳 票價 :100

是否繼續讀取電影資訊 ? (y/n):y
輸入要讀取電影資訊的筆數 (最多 3 筆):1
 電影名稱 : 老虎王 上映日期 :2023/03/24
 上映廳處 : 師大廳 票價 :100

是否繼續讀取電影資訊 ? (y/n):n

程式解說

程式第 44 列「readbinaryfile.read((char *)&movie,sizeof(struct cinema)*tcount) ;」，表示從 readbinaryfile 串流中，讀取 tcount 筆「struct cinema」結構資料，並存入結構陣列變數 movie 中。

17-3 隨機存取結構資料

檔案每次被開啟後，檔案指標一定指在第一個字元，如果使用循序存取的方式來處理資料，是非常沒有效率的。例：想要讀取檔案的第 101 個字元，則必須先將檔案前面 100 個字元讀取完後，檔案指標才會移動到第 101 個字元所在的位置。為了解決這樣的困擾，C++ 語言提供了控制檔案指標位置的成員函式，讓檔案指標隨意往前或往後移動，隨機存取檔案中的資料。

範例 12

（承「範例 9」）寫一程式，顯示 movie.bin 檔案內所有的電影名稱，並標示序號（從 1 開始）。輸入電影名稱的序號，輸出該電影名稱的相關資訊。

```
#include <iostream>
#include <fstream>
using namespace std;
int main()
```

```
    {
      // 定義cinema結構型態
      struct cinema
       {
          char name[10];     // 電影名稱
          char date[9];      // 上映日期
          char place[7];     // 上映廳處
          int price;         // 票價
       };

      // 宣告movie為struct cinema結構變數
      struct cinema movie;

      // 宣告型態為ifstream的輸入串流物件變數readbinaryfile
      // 做為讀取檔案之用
      ifstream readbinaryfile;

      // 以二進制的讀取模式開啟movie.bin
      readbinaryfile.open("movie.bin", ios_base::in | ios::binary);
      if (readbinaryfile.fail())
       {
          cout << "movie.bin檔案無法開啟!\n" ;
          exit(1) ;
       }
      cout << "電影資訊:\n" ;
      int i=1;

      // 顯示所有的電影資訊
      while (1)
       {
          // 讀取1筆cimena結構型態的資料，並存入movie結構變數
          readbinaryfile.read((char *)&movie, sizeof(struct cinema));

          // readbinaryfile串流的檔案指標不在檔尾時
          if (!readbinaryfile.eof())
              cout << i << ".電影名稱:" << movie.name << '\n' ;
          else
              break;
          i++;
       }

      //清除readbinaryfile串流的狀態
      readbinaryfile.clear();

      cout << "輸入要看之電影名稱的序號:" ;
      int no;  // 電影名稱序號
      cin >> no ;

      // 將檔案指標移動到距離檔頭
      //「sizeof(struct cinema)*(no-1)」個位元組的位置
      readbinaryfile.seekg(sizeof(struct cinema)*(no-1), ios::beg);

      // 讀取1筆cimena結構型態的資料，並存入movie結構變數
```

```
    readbinaryfile.read((char *)&movie, sizeof(struct cinema));

    // readbinaryfile串流的檔案指標不在檔尾時
    if (!readbinaryfile.eof())
        cout << "電影名稱:" << movie.name << '\t'
             << "上映日期:" << movie.date << '\n'
             << "上映廳處:" << movie.place << '\t'
             << "票價:" << movie.price << '\n' ;
    else
        cout << "查無電影資料:\n" ;

    // 清除readbinaryfile串流的狀態
    readbinaryfile.clear();

    readbinaryfile.close();
    if (readbinaryfile.fail())
     {
        cout << "movie.bin檔案無法關閉!\n" ;
        exit(1) ;
     }

    return 0;
}
```

執行結果

電影資訊：
1. 天龍傳
2. 有你在
3. 老虎王
4. 斯巴達

輸入要看的電影名稱之序號 :3
電影名稱 : 老虎王　上映日期 :2023/03/24
上映廳處 : 師大廳　票價 :100

程式解說

1. 「seekg」及「seekp」函式除了用在固定的移動方式外，也經常用在越過檔案開頭的特殊資料區（例：欄位標題），移動到真正想要讀取的結構資料區域的起始位置。
2. 另外一種直接搜尋資料方法，可參考「範例 13」。

範例 13

（承「範例 9」）寫一程式，從 movie.bin 檔案內搜尋電影名稱資訊，並顯示電影名稱的相關資訊。

```
#include <iostream>
#include <fstream>
using namespace std;
int main()
 {
   // 定義cinema結構型態
   struct cinema
    {
       char name[10];  // 電影名稱
       char date[9];   // 上映日期
       char place[7];  // 上映廳處
       int price;      // 票價
    };

   // 宣告movie為struct cinema結構變數
   struct cinema movie;

   // 宣告型態為ifstream的輸入串流物件變數readbinaryfile
   // 做為讀取檔案之用
   ifstream readbinaryfile;

   // 以二進制的讀取模式開啟movie.bin
   readbinaryfile.open("movie.bin", ios_base::in | ios_base::binary);
   if (readbinaryfile.fail())
    {
       cout << "movie.bin檔案無法開啟!\n" ;
       exit(1) ;
    }

   cout << "輸入要搜尋的電影名稱:" ;
   string data;  // 電影名稱
   cin >> data ;
   bool found=false;

   while (1)
    {
       // 讀取1筆cimena結構型態的資料，並存入movie結構變數
       readbinaryfile.read((char *)&movie, sizeof(struct cinema));

       // readbinaryfile串流的檔案指標不在檔尾時
       if (!readbinaryfile.eof())
        {
           if (data == movie.name)
            {
               cout << "電影名稱:" << movie.name << '\t'
                    << "上映日期:" << movie.date << '\n'
                    << "上映廳處:" << movie.place << '\t'
                    << "票價:" << movie.price << '\n' ;
               found=true;
               break;
            }
        }
       else
           break;
    }
```

```
    if (!found)
        cout << "查無" << data << "資料.\n" ;

    // 清除readbinaryfile串流的狀態
    readbinaryfile.clear();

    readbinaryfile.close();
    if (readbinaryfile.fail())
     {
        cout << "movie.bin檔案無法關閉!\n" ;
        exit(1) ;
     }

    return 0 ;
}
```

執行結果

輸入要搜尋之電影名稱 : 有你在

電影名稱 : 有你在 上映日期 :2023/03/24

上映廳處 : 清華廳 票價 :100

17-4 進階範例

範例 14

寫一程式，開啟「大學聯考報名考生 .txt」資料檔（內容自行輸入或到網路搜尋），分別輸出名字相同最多的男生與女生之名字。

```
#include <iostream>
#include <fstream>
using namespace std;

// 定義student結構資料型態，紀錄考生資料
struct student
 {
   char sex;
   char name[7];
 };

// 定義market_name結構資料型態，紀錄考生最多的姓名
struct market_name
 {
   string name;   // 紀錄出現最多次的考生名字
   int number;    // 紀錄考生名字出現最多次的人數
 };

```

```
// 宣告find_name函式:統計考生名字相同最多的男生與女生
void find_name(int , int);

// 宣告型態為ifstream的資料輸入串流物件變數readfile
// 做為讀取檔案之用
ifstream readfile;

int main()
 {
   // 以讀取模式開啟"大學聯考報名考生.txt"
   readfile.open("大學聯考報名考生.txt",ios_base::in);
   if (readfile.fail())
    {
      cout << "大學聯考報名考生.txt無法開啟!\n" ;
      exit(1) ;
    }

   // 宣告enroll為student結構變數
   struct student enroll; //錄取的學生

   int boy=0,girl=0;  // 男生,女生人數

   while (1)
    {
      // 讀取1筆student結構型態的資料，並存入enroll結構變數
      readfile >> enroll.sex >> enroll.name ;
      if (!readfile.eof())
        if (enroll.sex=='1')
          boy++;
        else
          girl++;
      else
        break;
    }

   // 清除readfile串流的狀態
   readfile.clear();

   readfile.seekg(0,ios::beg);
   find_name(boy,girl);

   readfile.clear();

   // 關閉readfile串流
   readfile.close();
   if (readfile.fail())
    {
      cout << "大學聯考報名考生.txt無法關閉!\n" ;
      exit(1) ;
    }

   return 0;
 }

```

```cpp
73      // 定義find_name函式:統計考生名字相同最多的男生與女生
74      void find_name(int boy,int girl)
75      {
76         int i;
77
78         // 動態宣告一維陣列結構變數,記錄最多的男生的名字及人數
79         struct market_name *boylist = new struct market_name[boy];
80
81         // 動態宣告一維陣列結構變數,記錄最多的女生的名字及人數
82         struct market_name *girllist = new struct market_name[girl];
83
84         struct student enroll;
85         int boy_num=0,girl_num=0;
86         char temp[5];
87
88         // 人數最多的男生及女生名字
89         string boy_most_name,girl_most_name;
90         // 最多的男生及女生人數
91         int boy_most_number,girl_most_number;
92
93         while (1)
94         {
95            // 讀取2個資料,並存入enroll結構的成員變數 sex及 name
96            readfile >> enroll.sex >> enroll.name ;
97            if (!readfile.eof())
98               if (enroll.sex=='1')   // 表示男生
99               {
100                  // 取出enroll.name第2個位元組之後的內容(即名字)
101                  // 存入 boylist結構陣列的成員變數 name
102                  boylist[boy_num].name=enroll.name+2;
103                  if (boy_num==0)   // 表示第一個男生
104                  {
105                     boylist[boy_num].number=1;
106                     boy_num=1;
107                  }
108                  else
109                  {
110                     for (i=boy_num-1;i>=0;i--)
111                        if (boylist[boy_num].name==boylist[i].name)
112                           break;
113
114                     // 若這個男生的名字與之前男生的名字相同
115                     // 則之前男生的名字所對應的人數+1
116                     // 否則這個男生的名字所對應的人數設為1,表示
117                     // 第一次出現,並且將不同名字的男生人數+1
118                     if (i>=0)
119                        boylist[i].number++;
120                     else
121                     {
122                        boylist[boy_num].number=1;
123                        boy_num++;
124                     }
125                  }
126               }
```

```
          else
           {
                // 取出enroll.name第2個位元組之後的內容(即名字)
                // 存入 girllist結構陣列的成員變數 name
                girllist[girl_num].name=enroll.name+2;
                if (girl_num==0)  // 表示第一個女生
                 {
                    girllist[girl_num].number=1;
                    girl_num=1;
                 }
                else
                 {
                    for (i=girl_num-1;i>=0;i--)
                       if (girllist[girl_num].name==girllist[i].name)
                           break;

                    // 若這個女生的名字與之前女生的名字相同
                    // 則之前女生的名字所對應的人數+1
                    // 否則這個女生的名字所對應的人數設為1，表示
                    // 第一次出現，並且將不同名字的女生人數+1
                    if (i>=0)
                       girllist[i].number++;
                    else
                     {
                       girllist[girl_num].number=1;
                       girl_num++;
                     }
                 }
           }
      else
         break;
   }

  boy_most_name=boylist[0].name;
  boy_most_number=boylist[0].number;
  for (i=1;i<boy_num;i++)
    if (boy_most_number<=boylist[i].number)
     {
        boy_most_number=boylist[i].number;
        boy_most_name=boylist[i].name;
     }
  cout << "人數最多的男生為" << boy_most_name
       << "共有" << boy_most_number << "個\n" ;

  girl_most_name=girllist[0].name;
  girl_most_number=girllist[0].number;
  for (i=1;i<girl_num;i++)
    if (girl_most_number<=girllist[i].number)
     {
        girl_most_number=girllist[i].number;
        girl_most_name=girllist[i].name;
     }
  cout << "人數最多的女生為" << girl_most_name
       << "共有" << girl_most_number << "個\n" ;
}
```

執行結果

人數最多的男生為子豪，共有 5 個
人數最多的女生為明珠，共有 3 個

自我練習

一、選擇題

1. 下列哪一個函式可用來開啟檔案？
(A)open (B) close (C) fread (D) fwrite
2. 下列哪一個函式可用來關閉檔案？
(A) open (B) close (C) fread (D) fwrite
3. 下列那一個函式可用來從文字檔中讀取字元？
(A) fclose (B) fopen (C) get (D) gets
4. 下列那一個函式可用來將字元寫入文字檔中？
(A) write (B) fopen (C) get (D) put
5. 下列那一個函式可用來從文字檔中讀取一列資料？
(A) putline (B) writeline (C) raedline (D) getline
6. 下列那一個函式可用來將字元寫入二進位檔中？
(A) write (B) fopen (C) get (D) put
7. 下列那一個函式可用來清除串流的狀態？
(A) wash (B) close (C) clear (D) push
8. 下列那一個函式可用來取得串流是否在檔尾？
(A) good (B) fail (C) eof (D) bail
9. 下列那一個函式可用來取得檔案是否開啟失敗？
(A) good (B) fail (C) eof (D) bail

二、問答題

1. 開啟一個只供讀取的檔案之前，要先宣告一個輸入串流物件變數。宣告輸入串流物件變數，是使用哪一個標準庫類別？
2. 開啟一個只供寫入讀取的檔案之前，要先宣告一個輸出串流物件變數。宣告輸出串流物件變數，是使用哪一個標準庫類別？
3. 常用的檔案開啟模式，有哪幾種？
4. 串流有哪四種狀態？
5. 要取得串流的四種狀態是否為 true，可分別使用哪四種函式？
6. 若檔案要供讀取及寫入資料，則需以何種模式開啟檔案？
7. 若要將資料寫入二進位檔中，則需以何種模式開啟檔案？

三、實作題

1. （模擬檔案拷貝）寫一程式，輸入一檔案名稱（.txt），並以 getline 函式讀取其內容，並利用輸出串流物件變數，將資料寫入 backupfile.txt 中。
2. 寫一程式，利用輸出串流物件變數，將以下消費資料寫入 daily_expense.txt。

日期	項目	金額
1120717	sugar	20
1120717	salt	15
1120718	clothes	1250
1120719	gasoline	600
1120719	rent	8000
1120721	book	1200

3. （承上題）寫一程式利用輸入串流物件變數，將 daily_expense.txt 內所花費的金額累計輸出。
4. （承上題）寫一程式，利用輸入串流物件變數，將 daily_expense.txt 內日期為 1120719 的花費金額累計輸出。

Chapter

18 例外處理

程式撰寫時，要面面俱到是很難的。即使程式編譯時沒有出現錯誤訊息，也不代表程式執行時會永遠是正確的。例如：程式敘述「a=b/c;」執行時，若 c 值不為 0，則程式能運作正常，但 c 值若不慎被設定為 0，則會回傳「3221225620」，是作業系統的一個錯誤代碼，代表「除零錯誤」。

對 C++ 而言，程式執行時發生無法預期的錯誤，稱為「例外」。常見的例外除了「除數為零」，還有「陣列的索引值超出宣告的範圍」、「資料輸入的型態違反規定」、「磁碟容量不足，導致資料無法儲存」及「網路不通，導致無法讀取遠端的資料庫」等。

18-1 標準例外類別

C++ 語言提供許多內建的例外類別，用來處理程式執行期間產生的錯誤，以防止程式異常中止。常用的標準例外類別，是定義在 C++ 標準函式庫的四個標頭檔中：

1. exception 標頭檔：定義了 exception 例外類別。所有的例外類別都是 exception 類別的子類別。
2. stdexcep 標頭檔：定義了 runtime_error 及 logic_error 兩個例外類別。runtime_error 類別，是程式執時才能偵測到的例外，它包含了 rangc_error、overflow_erro 及 runderflow_error 三個子類別。logic_error 類別，是一般邏輯錯誤的例外，它包含了 invalid_argument、domain_error、length_error 及 out_of_range 四個子類別。
3. new 標頭檔：定義了 bad_alloc 例外類別。
4. typeinfo 標頭檔：定義了 bad_cast 例外類別。

例外，並非都是由 C++ 的例外機制來處理。像「算術溢出」和「除以零」例外，則是由硬體和作業系統提供的例外機制來處理，也可由程式設計者設定偵測條件來拋出例外並處理。

「what」是「exception」，所有標準例外類別也都會繼承它。若想取得所引發的例外類別名稱或錯誤訊息，則可透過「例外類別物件變數 .what( )」的方式。

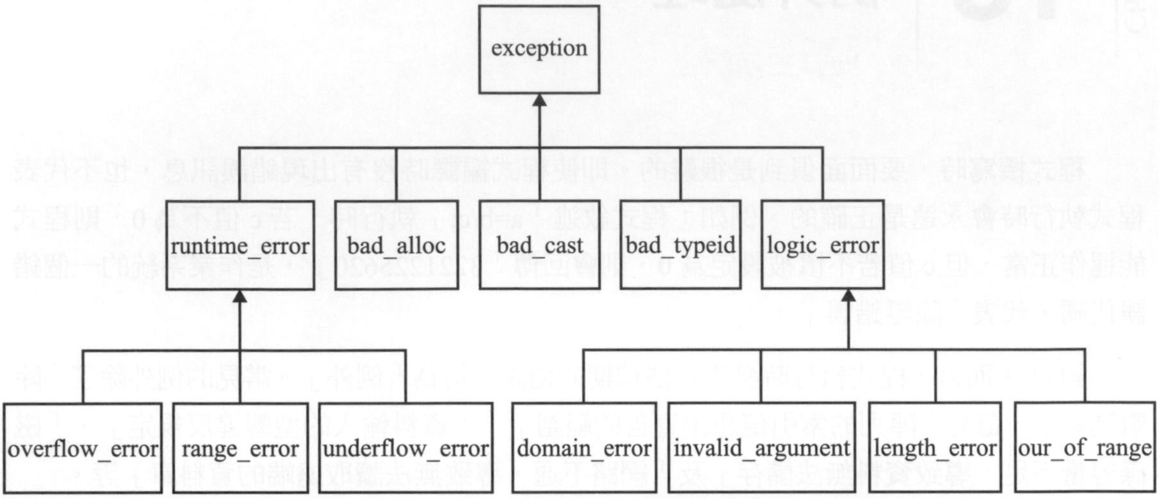

▲圖18-1 常用的C++標準例外類別繼承關係示意圖

▼表 18-1 常用的 C++ 標準例外類別

例外類別名稱	描述
exception	所有標準例外類別都是從exception繼承而來，可偵測所有C++程式發生錯誤時所引發的例外
logic_error	程式碼邏輯錯誤時所引發的例外，都歸類在logic_error中
domain_error	參數超出其定義域的範圍時所引發的例外，都歸類在domain_error中
invalid_argument	無效的參數時所引發的例外，都歸類在invalid_argument中
length_error	長度超過限制時所引發的例外，都歸類在length_error中
out_of_range	參數超出其有效範圍時所引發的例外，都歸類在out_of_range中
runtime_error	執行時所引發的例外，都歸類在runtime_error中
overflow_error	計算數值產生上溢位時所引發的例外，都歸類在overflow_error中
range_error	數據超出規定範圍時所引發的例外，都歸類在range_error中
underflow_error	計算數值產生下溢位時所引發的例外，都歸類在underflow_error中
bad_typeid	存取一個空指針或未定義型別的物件時所引發的例外，都歸類在bad_typeid中
bad_alloc	配置系統無法允許記憶體空間時所引發的例外，都歸類在bad_alloc中

18-2 例外處理流程

C++ 語言的例外處理架構，是由關鍵字「try」、「throw」及「catch」所組成。寫在try 區塊內的程式碼，執行時若出現問題，則透過 throw 程式敘述拋出例外，並由捕捉到例外的 catch 區塊來善後。這種拋出並捕捉例外及善後的程序稱為「例外處理」（Exception Handling）。

try-throw-catch 的語法如下：

```
try
 {
   // 可能會發生例外的程式敘述撰寫區
   // [包含由if選擇結構及throw拋出例外敘述]
 }
catch (例外類別名稱1  e)
 {
   // 例外類別名稱1發生時，要處理的程式敘述撰寫區
   // 可以使用e.what()方法來取得引發的例外類別名稱或錯誤訊息
 }
 ……
catch (例外類別名稱n  e)
 {
   // 例外類別名稱n發生時，要處理的程式敘述撰寫區
   // 可以使用e.what()方法來取得引發的例外類別名稱或錯誤訊息
 }
catch (exception  e)
 {
   // exception例外類別發生時，要處理的程式敘述撰寫區
   // 可以使用e.what()方法來取得引發的例外類別名稱或錯誤訊息
 }
```

■ **語法說明**

- 「try{ }」區塊內的程式敘述被執行時，若無例外發生，則程式會直接執行最後一個「catch( ){ }」區塊後的程式敘述；否則透過 throw 程式敘述拋出例外，並由捕捉到例外的「catch( ){ }」區塊來善後，之後會跳到最後一個「catch( ){ }」區塊後的敘述程式。若所有的「catch( ){ }」區塊都沒有捕捉到所引發的例外，則會中止程式並顯示錯誤訊息。（參考「圖 18-2」）
- 若拋出的例外是由屬硬體和作業系統來處理，則程式設計者需使用 throw 程式敘述：「if (條件) throw 例外」，將例外拋出，否則省略「包含由 if 選擇結構及 throw 拋出例外敘述」。

- 「類例外類別名稱 1」到「類例外類別名稱 n」代表「try{ }」區塊內可能引發的例外類別名稱。「e」，代表引發的例外類別物件變數。
- 「catch( ){ }」區塊的個數，取決於要捕捉多少不同類型的例外，但至少一個。
- 「catch (exception e) { }」區塊，可有可無。若有此區塊，則其位置必須在所有「catch( ){ }」區塊中的最後一個，否則程式編譯時會出現警告（Warning）訊息：說明「exception」被捕捉到的時間點早於其後面的例外。因為「exception」類別是所有例外的父類別，任何例外發生時所擲回的類型都屬於「exception」類別。

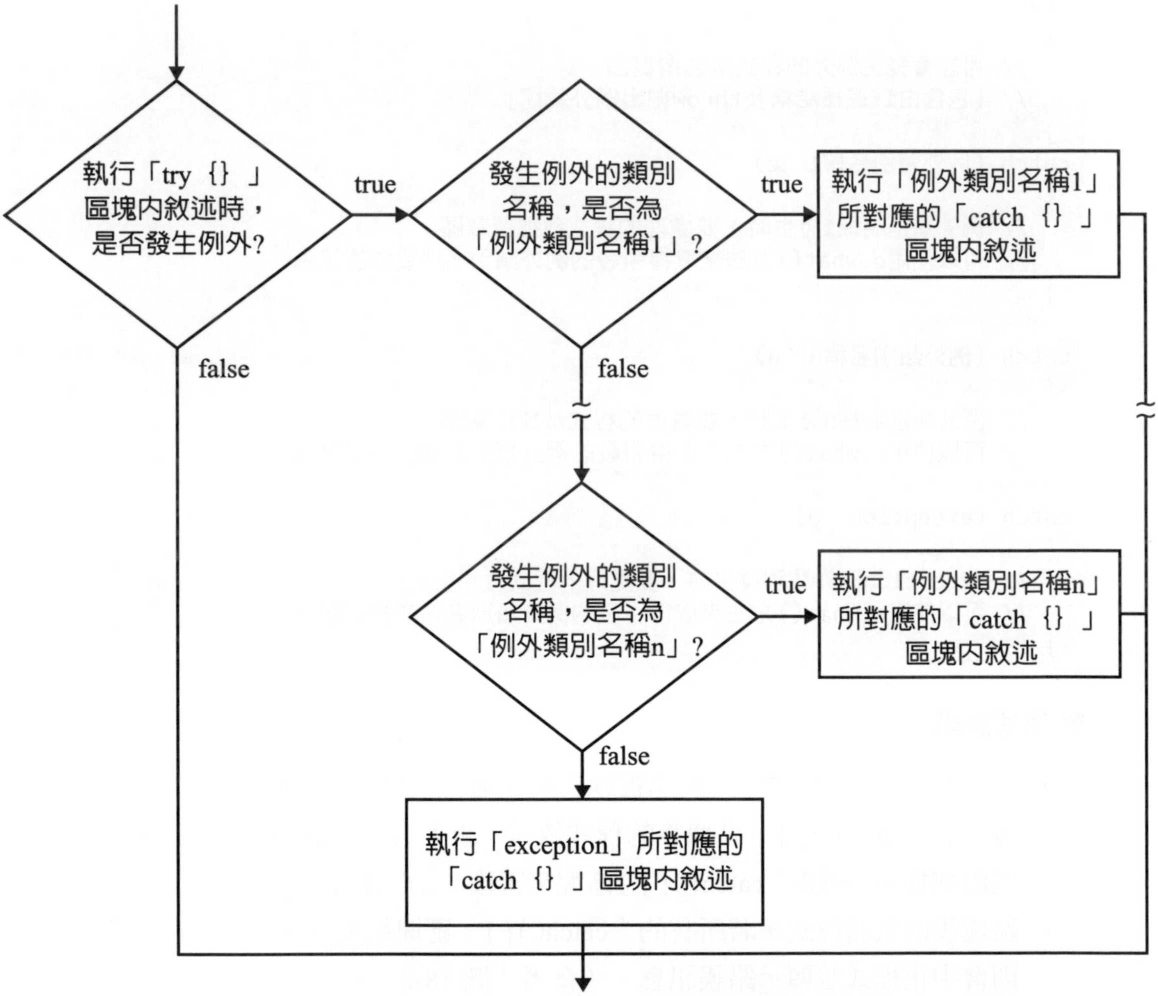

▲圖18-2 例外處理之流程示意圖

■ 範例 1

寫一程式，捕捉除數為 0 及浮點數值溢位時所引發的 overflow_error 例外及處置。

```
#include <stdexcept>
#include <iostream>
using namespace std;
int main()
 {
    int x, y ;
    double a, b ;
    try
     {
        cout << "輸入兩個整數(以空白隔開):" ;
        cin >> x >> y ;
        if (y == 0)
            throw overflow_error("除數為0 ");
        cout << x << "/" << y << "=" << x/y << endl;

        cout << "輸入兩個浮點數(以空白隔開):" ;
        cin >> a >> b ;
        if (a/b > 1.79e308)
           throw overflow_error("浮點數值溢位") ;
        cout << a << "/" << b << "=" << a/b << endl;
     }
    catch (overflow_error e)
     {
        cerr << e.what() ;
     }

   return 0;
 }
```

執行1結果

輸入兩個整數 (以空白隔開):5 2

5/2=2

輸入兩個浮點數 (以空白隔開):5.0 2.0

5.0/2.0=2.5

執行2結果

輸入兩個整數 (以空白隔開):2 0

除數為 0

執行3結果

輸入兩個整數 (以空白隔開):9 5

9/5=1

輸入兩個浮點數 (以空白隔開):1.0e300 1.0e-300

浮點數值溢位

程式解說

1. 程式第 24 列「cerr << e.what() ;」，是將「e.what()」回傳的錯誤訊息輸出到標準錯誤輸出裝置 (通常是指命令列視窗) 上。「cerr」，是標準錯誤輸出串流物件。
2. 第 1 次執行時，輸出結果是正確的。
3. 第 2 次執行時，因為 x/y 的 y=0，而由程式拋出 overflow_error 例外，然後由 catch(overflow_error e) 捕捉，並透過 overflow_errorc 例外類別變數「e」去呼叫「what」成員函數，輸出錯誤訊息「除數為 0」
4. 第 3 次執行時，因 a/b 的結果超過倍精確浮點數的範圍，而由程式拋出 overflow_error 例外，然後由 catch(overflow_error e) 捕捉，並透過 overflow_errorc 例外類別變數「e」去呼叫「what」成員函數，輸出錯誤訊息「浮點數值溢位」。

範例 2

寫一程式，捕捉配置一維陣列變數動態記憶體時所引發的 bad_alloc 例外及處置。

```
#include <iostream>
#include <new>
using namespace std ;
int main( )
 {
  try
   {
     long long a;
     cout << "配置一維陣列變數的動態記憶體\n" ;
     cout << "輸入一維陣列變數的元素個數:" ;
     cin >> a;
     int *ptr = new int[a];
     for (int i=0 ; i<a ; i++)
      {
        ptr[i]=i;
        cout << "ptr[" << i << "]=" << ptr[i] << endl ;
      }
   }
  catch(bad_alloc  e)
   {
     cerr << "要求系統配置無法負荷的動態記憶體而引發例外:"
          << e.what() ;
   }

   return 0;
 }
```

執行1結果

配置一維陣列變數的動態記憶體
輸入一維陣列變數的元素個數 :2
ptr[0]=0
ptr[1]=1

執行2結果

配置一維陣列變數的動態記憶體
輸入一維陣列變數的元素個數 :1000000000000000
要求配置系統無法負荷的動態記憶體而引發例外 :std::bad_alloc

程式解說

1. 第 1 次執行時，請求系統配置的動態記憶體有成功，輸出結果是正確的。
2. 第 2 次執行時，因請求系統配置的動態記憶體太多，而自動引發 bad_alloc 例外，然後由 catch(bad_alloc e) 捕捉，並透過 bad_alloc 例外類別變數「e」去呼叫「what」成員函數，以取得引發 bad_alloc 例外的錯誤訊息。

範例 3

寫一程式，捕捉變更字串中的字元時所引發的 out_of_range 例外及處置。

```
#include <stdexcept>
#include <iostream>
using namespace std ;
int main( )
 {
    string software = "Dev C++ 5" ;
    cout << "字串變更前為:" << software << endl ;
    int index ;
    try
     {
        cout << "輸入(要被更改字元的)索引值:" ;
        cin >> index ;
        // 將software字串中索引值為index的字元，更改為'6'
        software.at(index)='6';  //「at」函式是用來存取字串中的字元
        cout << "字串變更後為:" << software ;
     }
    catch (out_of_range  e)
     {
        cerr << "字串的參數值超出字串範圍而引發例外:\n" << e.what() ;
     }

    return 0;
 }
```

執行1結果

字串變更前為 :Dev C++ 5
輸入 (要被更改字元的) 索引值 :8
字串變更後為 :Dev C++ 6

執行2結果

字串變更前為 :Dev C++ 5
輸入 (要被更改字元的) 索引值 :9
字串的參數值超出字串範圍而引發例外 :
basic_string::at: __n (which is 9) >= this->size() (which is 9)

程式解說

1. 因字串變數 software 的內容長度 =9，故可使用的索引值是 0~8。
2. 第 1 次執行時，輸出結果是正確的。
3. 第 2 次執行時，因輸入的索引值 (index) 為 9，超出 software 的索引值範圍，且使用「at( )」函式來存取字串中的字元時，會自動引發 out_of_range 例外，然後由 catch(out_of_range e) 捕捉，並透過 out_of_range 例外類別變數「e」去呼叫「what」成員函數，以取得引發 out_of_range 例外的錯誤訊息。

範例 4

寫一程式，使用 throw 敘述來捕捉變更字串中的字元時所引發的 out_of_range 例外及處置。

```
#include <stdexcept>
#include <iostream>
using namespace std ;
int main( )
 {
    string software = "Dev C++ 5";
    cout << "字串變更前為:" << software << endl ;
    int index ;
    try
     {
        cout << "輸入(要被更改字元的)索引值:" ;
        cin >> index ;
        if (index >= 9)
           throw out_of_range("索引值超過範圍") ;
        software[index]='6';  // 將索引值為index的字元更改為'6'
        cout << "字串變更後為:" << software ;
     }
    catch (out_of_range  e)
     {
```

```
            cerr << e.what() ;
         }

      return 0;
   }
```

執行1結果

字串變更前為 :Dev C++ 5

輸入 (要被更改字元的) 索引值 :8

字串變更後為 :Dev C++ 6

執行2結果

字串變更前為 :Dev C++ 5

輸入 (要被更改字元的) 索引值 :9

索引值超過範圍

程式解說

1. 因字串變數 software 的內容長度 =9，故可使用的索引值是 0~8。
2. 第 1 次執行時，輸出結果是正確的。
3. 第 2 次執行時，輸入的索引值（index）為 9，超出 software 的索引值範圍，但使用「[ ]」方式來存取字串中的字元時，C++ 語言是不會檢查索引值是否超出範圍，必須自行判斷並撰寫 throw 敘述拋出 out_of_range 例外，然後由 catch(out_of_range e) 捕捉，並透過 out_of_range 例外類別變數「e」去呼叫「what」成員函數，輸出錯誤訊息「索引值超過範圍」。

範例 5

寫一程式，使用 throw 敘述來捕捉開啟檔案失敗時所引發的 runtime_error 例外及處置。

```
#include <stdexcept>
#include <iostream>
#include <fstream>
using namespace std;
int main( )
 {
   try
    {
      string doc ;
      cout << "輸入文件檔名稱:" ;
      cin >> doc ;
      ifstream ofile ;
      ofile.open(doc, ios::in) ;  // 開啟只供讀取資料的檔案
```

```
            if (!ofile.is_open())  // 開檔失敗時
               throw runtime_error(doc + "開啟失敗") ;
            cout << doc << "已開啟，內容如下:\n" ;
            string str ;
            while (!ofile.eof())  // 檔案指標不是在檔尾時
             {
                getline(ofile, str) ;  // 讀取一列資料，並存入str中
                cout << str << endl ;
             }
            ofile.close();
         }
      catch(runtime_error  e)
       {
          cerr << e.what() ;
       }

      return 0;
    }
```

執行1結果

輸入文件檔名稱 :d:\ 範例 5.txt

d:\ 範例 5.txt 已開啟，內容如下 :

```
#include <stdexcept>
#include <iostream>
#include <fstream>
using namespace std;
int main( )
 {
   try
    {
      string doc ;
      cout << "輸入文件檔名稱:" ;
      cin >> doc ;
      ifstream ofile;
      ofile.open(doc, ios::in) ;
      if (!ofile.is_open())
         throw runtime_error("檔案開啟失敗") ;
      cout << "檔案已開啟" << endl ;
      string str ;
      while (!ofile.eof())
        {
           getline(ofile, str);
           cout << str << endl ;
        }
      ofile.close();
    }
   catch(runtime_error  e)
    {
      cerr << e.what() ;
```

```
    }

  return 0;
}
```

執行2結果

輸入文件檔名稱 :d:\ 範例 6.txt
d:\ 範例 6.txt 開啟失敗

程式解說

1. 第 1 次執行時，d:\ 範例 5.txt 成功開啟，並輸出其內容。
2. 第 2 次執行時，因為輸入的檔案名稱「d:\ 範例 6.txt」不存在，且 C++ 語言不會自動拋出 out_of_range 例外，必須自行判斷並撰寫 throw 敘述拋出例外，然後由 catch(runtime_error e) 捕捉，並透過 runtime_error 例外類別變數「e」去呼叫「what」成員函數，輸出錯誤訊息「d:\ 範例 6.txt 開啟失敗」。

自我練習

一、選擇題

1. 例外處理機制，是處理程式在哪一個階段所發生的錯誤？
   (A) 程式撰寫階段 (B) 程式編譯階段 (C) 程式執行階段 (D) 以上皆非
2. 所有例外類別，都是哪一個內建類別的子類別？
   (A) logic_error (B) runtime_error (C) exception (D) 以上皆非
3. 大部份的例外，都可以被下列哪一個類別捕捉到？
   (A) logic_error (B) runtime_error (C) out_of_range (D) exception
4. 要捕捉程式執行時所發生的例外，應使用下列何種結構？
   (A) if (B) while (C) try-catch-finally (D) switch
5. 在 try-throw-catch 結構中，至少要包含幾個 catch 區塊？
   (A) 1 (B) 2 (C) 3 (D) 5
6. 在 try-throw-catch 結構中，哪一個區塊是用來監控程式碼是否會引發例外？
   (A) try (B) catch (C) finally (D) check
7. 在 try-throw-catch 結構中，哪一個區塊，是用來攔截執行時所引發的例外？
   (A) try (B) catch (C) finally (D) check
8. 當程式執行時出現例外，會引發下列那一種例外？
   (A) logic_error (B) runtime_error (C) out_of_range (D) exception
9. 若當程式執行時所引發的例外屬於邏輯例外，則會引發下列那一種例外？
   (A) logic_error (B) overflow_error (C) underflow_error (D) range_error
10. 若當程式執行時所引發的例外屬於執行期例外，則會引發下列那一種例外？
   (A) domain_error (B) length_error (C) out_of_range (D) runtime_error

二、問答題

1. C++ 常用的標準例外類別，是定義在哪四個標頭檔？
2. 在 stdexcep 標頭檔中，定義了哪兩例外類別？
3. runtime_error 類別的衍生子類別有哪三個？
4. logic_error 類別的衍生子類別有哪四個？
5. 程式執行時，若請求系統配置無法負荷的動態記憶體，則會引發哪一種例外？
6. 使用字串物件的成員函式「at」來存取字串中的字元時，若索引值超出範圍，則會引發哪一種例外？

三、實作題

1. 寫一程式，宣告字串變數 address，並設定其初始值為 "臺北市大安區羅斯福路四段 "。輸入 address 字串中要被刪除子字串的起始索引值及被刪除子字串的總長度，若刪除字元的起始索引值超過 address 的長度，則由程式拋出「out_of_range」例外，並顯示錯誤訊息。

   【提示】

   - 使用字串物件的成員函式「erase」，來刪除字串中的資料。（請參考第七章的 7-4-3 節）
   - 若輸入（字串中被刪除子字串的）起始索引值為 20，（被刪除子字串的）長度為 4，則原字串被刪除 4 個字元後的結果為 " 臺北市大安區羅斯福路 "。
   - 若輸入（字串中被刪除子字串的）起始索引值為 26，（被刪除子字串的）長度為 2，則因（字串中被刪除字元的）起始索引值超出原字串的總長度 24，而引發「out_of_range」例外，且錯誤訊息為：
     「basic_string::erase: __pos (which is 26) > this->size() (which is 24)」

2. 寫一程式，設定使用者密碼。密碼最多為 12 個字元，若密碼超過 12 個字元，則由程式拋出「domain_error」例外，並顯示錯誤訊息「超過 12 位不符合規定」。

讀者回函卡

掃 QRcode 線上填寫 ▶▶▶

姓名：＿＿＿＿＿＿ 生日：西元＿＿＿年＿＿＿月＿＿＿日 性別：□男 □女

電話：（ ）＿＿＿＿＿ 手機：＿＿＿＿＿＿

e-mail：（必填）＿＿＿＿＿＿

註：數字零，請用 Φ 表示，數字 1 與英文 L 請另註明並書寫端正，謝謝。

通訊處：□□□□□＿＿＿＿＿＿

學歷：□高中・職 □專科 □大學 □碩士 □博士

職業：□工程師 □教師 □學生 □軍・公 □其他

學校／公司：＿＿＿＿＿＿ 科系／部門：＿＿＿＿＿＿

・需求書類：

□ A. 電子 □ B. 電機 □ C. 資訊 □ D. 機械 □ E. 汽車 □ F. 工管 □ G. 土木 □ H. 化工 □ I. 設計

□ J. 商管 □ K. 日文 □ L. 美容 □ M. 休閒 □ N. 餐飲 □ O. 其他

・本次購買圖書為：＿＿＿＿＿＿ 書號：＿＿＿＿＿＿

・您對本書的評價：

封面設計：□非常滿意 □滿意 □尚可 □需改善，請說明＿＿＿＿＿＿

內容表達：□非常滿意 □滿意 □尚可 □需改善，請說明＿＿＿＿＿＿

版面編排：□非常滿意 □滿意 □尚可 □需改善，請說明＿＿＿＿＿＿

印刷品質：□非常滿意 □滿意 □尚可 □需改善，請說明＿＿＿＿＿＿

書籍定價：□非常滿意 □滿意 □尚可 □需改善，請說明＿＿＿＿＿＿

整體評價：請說明＿＿＿＿＿＿

・您在何處購買本書？

□書局 □網路書店 □書展 □團購 □其他＿＿＿＿＿＿

・您購買本書的原因？（可複選）

□個人需要 □公司採購 □親友推薦 □老師指定用書 □其他＿＿＿＿＿＿

・您希望全華以何種方式提供出版訊息及特惠活動？

□電子報 □ DM □廣告（媒體名稱＿＿＿＿＿＿）

・您是否上過全華網路書店？（www.opentech.com.tw）

□是 □否 您的建議＿＿＿＿＿＿

・您希望全華出版哪方面書籍？＿＿＿＿＿＿

・您希望全華加強哪些服務？＿＿＿＿＿＿

感謝您提供寶貴意見，全華將秉持服務的熱忱，出版更多好書，以饗讀者。

填寫日期： / /

2020.09 修訂

親愛的讀者：

感謝您對全華圖書的支持與愛護，雖然我們很慎重的處理每一本書，但恐仍有疏漏之處，若您發現本書有任何錯誤，請填寫於勘誤表內寄回，我們將於再版時修正，您的批評與指教是我們進步的原動力，謝謝！

全華圖書 敬上

勘誤表

書號		書名		作者	
頁數	行數	錯誤或不當之詞句		建議修改之詞句	

我有話要說：（其它之批評與建議，如封面、編排、內容、印刷品質等・・・）